Internet of Things

사물인터넷

기술과 비즈니스

송유진 · 양호경 · 차현종 공저

홍릉과학출판사

머리말

미래 사회에는 모든 사물이 연결되는 초연결 사회로 발전할 것이다. 이러한 초연결 사회에서 중요한 역할을 하게 될 기술은 사물인터넷 기술이다. 사물인터넷 기술은 사물에 내장된 센서를 통해 수집된 정보를 인터넷과 같은 매체를 통해 플랫폼(클라우드 서버)에 전송되어 빅데이터 형태로 분석과정을 거쳐 정보의 새로운 가치를 창출하여 스마트한 서비스를 제공하는 것이다.

이러한 다양한 서비스를 가능하게 하는 기술은 4차산업혁명 기술이라고 일컬어지는데, 본 교재에서는 4차산업혁명 기술의 하나인 사물인터넷 기술을 크게 개념, 구조, 기술 및 구성 관점에서 설명한다. 또한 사물인터넷을 기술 관점에서 뿐만 아니라 서비스 관점. 즉, 비즈니스 관점에서 어떻게 활용하는 것이 중요한지에 대해 설명한다.

비즈니스와 사물인터넷의 융합을 통해 향후 전개될 초연결 사회, 즉, 지능정보화 사회의 새로운 가치를 창출하고 스마트 서비스를 제공할 수 있는 기본서로써 활용되기를 기대한다.

본 교재는 대학교 학부 컴퓨터공학, 정보기술과 융복합될 수 있는 경영계열, ICT를 전공하지 않은 독자 등을 주요 대상으로 하고 있다.

본 교재의 구성은 크게 3부로 구성되는데, “제1부 사물인터넷의 개요”는 사물인터넷 개념, 구조, 기술 및 구성이 주요내용이고, “제2부 사물인터넷 보안”은 정보보안의 개요, 사물인터넷 취약점 및 보안 요구사항, 그리고 사물인터넷 보안 기술로 구성된다. 마지막으로 “제3부 사물인터넷 비즈니스”에서는 사물인터넷 비즈니스, 사물인터넷제품의 서비스 융합, 그리고 사물인터넷 비즈니스 모델에 대해 설명한다. 또한 사물인터넷을 이해하기 위한 간략한 실습내용도 포함된다.

본 교재의 내용은 사물인터넷 기술 및 비즈니스에 관한 모든 내용을 포함하고 있지 못하기 때문에 사물인터넷의 주요 이슈 등에 대해서는 추후 개정판을 통해 추가할 예정입니다. 아울러 교재의 내용 상 부족한 점이나 보완할 사항이 있으면 언제든지 연락주시기 바랍니다.

마지막으로 본 교재의 출판에 도움을 주신 홍릉과학출판사 관계자분들께 감사의 말씀을 드립니다.

2019년 2월 저자 일동

Contents

차례

PART 01 사물인터넷의 개요

Chapter 01 사물인터넷 개념

Chapter 02 사물인터넷 구조

Chapter 03 사물인터넷 기술 및 구성

PART 02 사물인터넷 보안

Chapter 04 정보 보안의 개요

Chapter 05 사물인터넷 취약점 및 보안 요구사항

Chapter 06 사물인터넷 보안 기술

PART 03 사물인터넷 비즈니스

Chapter 07 사물인터넷 비즈니스

Chapter 08 사물인터넷 제품의 서비스 융합

Chapter 09 사물인터넷 비즈니스 모델

Part 01

사물인터넷의 개요

Chapter 01
사물인터넷 개념

1.1. 사물인터넷의 전반적인 이해

사물인터넷(Internet of Things)은 약어로 IoT라 부른다. 사물과 인터넷이 결합된 개념이다. 즉 각종 사물에 센서와 통신 기능을 내장하여 인터넷에 연결하는 기술이다.

사물에 센서가 내장되면 어떤 일이 생길까? 우선 센서가 작동하면서 사물과 관련된 정보를 축적하고 분석한다. 예를 들어, 우리가 쉽게 접할 수 있는 사물인 의자를 상상해보자. 의자에 센서를 추가한다면 어느 부분 에 어떤 센서를 추가하는 것이 좋을까? 의자의 등받이에 센싱을 둔다면, 센싱된 데이터를 축적하여 사람이 등받이에 얼마나 오랫동안 기대어 일을 했는지를 측정할 수 있다. 이렇게 데이터를 수집하여 축적할 수 있다.

그렇다면 사물에 인터넷이 연결되면 어떤 일이 생길까? 인터넷으로 연결된 사물들이 서로 데이터를 주고받는다. 인터넷으로 연결된 사물의 데이터는 클라우드 또는 데이터를 저장할 수 있는 서버로 전송된다. 그 후 클라우드에서는 센싱된 데이터를 분석하고 학습한 정보를 이용자에게 제공한다.

대표적인 사물인터넷 기술이 적용된 사례로 홈 오토메이션의 진화가 있다. 집 안에 가스 보일러의 사례를 생각해보자. 과거에는 주인이 집에 와서 실내가 추우면 '날이 춥네' 하고 가스보일러를 켜면 가스비는 절약할지 몰라도 집안의 훈훈한 온기를 귀가 후 바로 느낄 수 없다. 그렇다고 1인 세대가 많은 요즘, 아침에 출근하면서부터 가스보일러를 틀어 놓고 갈 수도 없다. 바로 이럴 때 사물인터넷 기술은 빛이 난다. 원격지에 있는 이용자가 날이 추워지자, 가스보일러를 사무실에서부터 켜두고 귀가할 수 있기 때문이다. 이런 기술은 사용자가 이를 원격 조정할 수 있는 인공지능 기술과 함께 더욱 발전하고 있다.

이상의 기술은 새로운 환경을 만드는데 사물통신 환경에서 사물인터넷 환경으로 그리고 만물 인터넷 환경으로 발전 중에 있다.

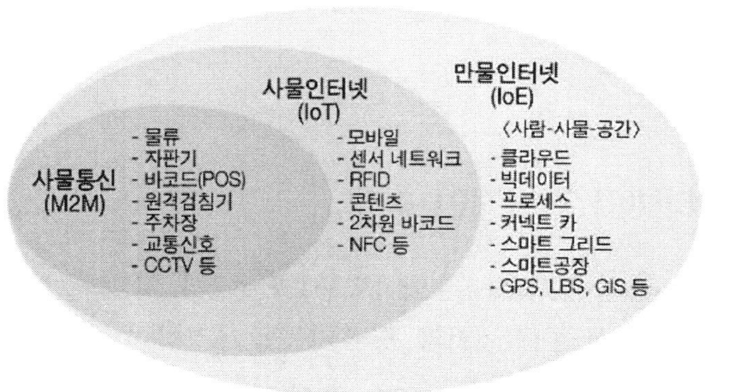

그림 1-1 사물통신, 사물인터넷, 만물인터넷의 포괄적 개념
*출처: 산업연구연구원

새로운 기술로 도래한 미래는 이미 현실이 되었다. 우버는 자율주행차량과 함께 무인 택시 서비스를 선보일 예정이다. 사물인터넷의 센싱기술과 이를 통한 빅데이터 분석이 없이는 불가능한 서비스이다. 이런 환경이 태동한 기술인 사물인터넷은 기반 기술로 자리잡고 있다.

이상의 기술은 갑자기 도래한 것이 아니다. 다른 기술 사조와 함께 경쟁하면서 성장하였다. 이를 산업 혁명의 차원에서 살펴보면 다음과 같다.

1.2.
4차 산업 혁명의 도래와 사물인터넷

1784년 1차 산업혁명이 도래하였다. 1차 산업 혁명의 원동력은 증기 기관 혁명과 기계화 생산 설비 때문이었다. 주로 농경 사회에서 농촌 사회로의 전환이 산업과 도시로 바뀌는 시기로 본다. 철강 산업이 증기 엔진의 개발과 함께 산업 혁명에서 핵심적인 역할을 수행했다.

1870년 2차 산업혁명이 발생하였다. 전기를 활용한 대량 생산의 시대가 온 것이다. 1차 산업혁명의 진화였다. 석유 및 전기 분야와 같은 신규 산업의 확장과 대량 생산을 위해 전력을 사용했다. 이 기간 동안 주요 기술 진보는 모터, 전화, 전구, 축음기, 확률변동탄 및 내연 기관을 포함했다.

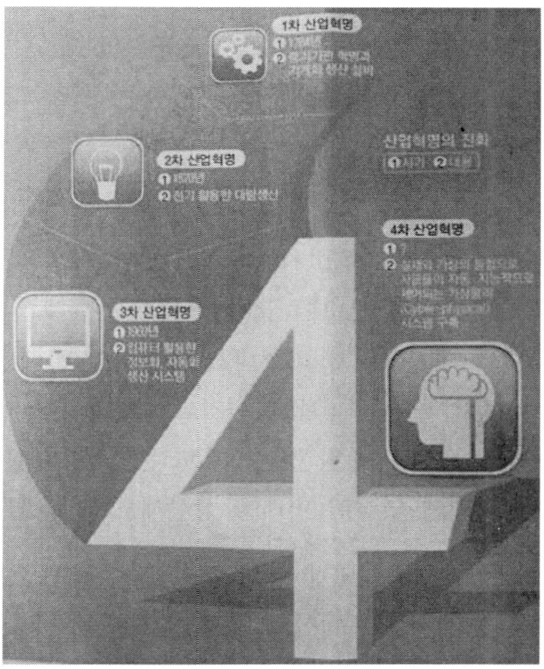

그림 1-2 마이클포터가 발표한 논문(How Smart Connectec Products Are Transforming Competition)에 제시된 1차 혁명부터 4차 혁명
*인용: http://monoist.atmarkit.co.jp/mn/articles/1505/07/news027.html

1969년 3차 산업혁명이 시작하여 지금에 이르고 있다. 컴퓨터를 활용한 정보화와 자동화 생산 시스템이 이룬 성과였다. 개인용 컴퓨터, 인터넷 및 정보 통신 기술(ICT)이 주로 발전되었다.

오늘날 또는 어느 미래를 4차 산업혁명이라고 언급하는 것은 학자마다 다양하다. 그러나 실재와 가상의 통합으로 사물들이 자동적으로 지능적으로 제어되는 가상과 물리 융복합 시스템의 구축으로 4차 산업혁명이 올 것으로 예견되고 있다.

산업분야로는 로봇 공학, 인공 지능, 나노 기술, 생명 공업 혁명이 주로 보고 있다. 이는 기술 발전에 의해 특징 지어 졌던 이전의 세 가지 혁명과 근본적으로 다른 점을 보인다. 이러한 기술은 수십억 명의 사람들을 계속해서 웹에 연결하고 비즈니스 및 조직의 효율성을 획기적으로 향상시키며 더 나은 자산 관리를 통해 자연 환경을 재생산 할 수 있는 커다란 잠재력을 가지고 있다.

즉, 가상과 현실의 결합이 4차 산업혁명의 주요 징표로 본 학자들이 많다. 이 학자들의 의견을 정리하면 다음과 같다.

2000년대에 들어서 컴퓨터가 인터넷에 연결되어 생활에 밀착되었다. 이 시대를 웹 플랫폼의 시대라 부른다. 2010년대에는 더욱 발전하여 스마트폰이 인터넷에 연결되었다. 이 시대를 모바일 플랫폼의 시대로 본다. 컴퓨터와 스마트 폰 등이 인터넷에 연결되면서 비즈니스와 산업 전반에 변화가 왔다. 사물인터넷이란 바로 사물이 인터넷에 연결된 환경을 뜻한다. 앞에서 컴퓨터와 스마트폰이 인터넷에 연결된 것만으로도 큰 변화가 왔는데 우리 주변의 모든 사물이 인터넷에 연결된 미래를 상상해보자.

사물인터넷은 기존 웹과 레거시 시스템 등의 하드웨어, 클라우드 등의 네트워크, 빅데이터 분석 등의 소프트웨어로 구성된다. 이들 하드웨어와 네트워크 그리고 소프트웨어 요소를 기반으로 한 빅데이터 서비스가 완성된다. 사물인터넷의 사물은 이루 말할 수 없을 만큼 많다. 이 하드웨어 간의 표준의 문제가 대두된다. 뿐만 아니라 각 하드웨어 장치별 보안의 문제도 대두된다. 그러면 구체적으로 사물인터넷을 배워보자.

1.3.
사물인터넷의 정의

사물인터넷(IoT, Internet of Things)은 생활 속 사물들을 대상으로 한다. 세상의 펼쳐진 다양한 사물들을 무선 또는 유선 네트워크로 연결한다. 그리고 사물에 부착된 센서로부터 데이터를 수집한다. 수집된 데이터는 정보를 공유하는 클라우드 환경을 통해 다양하게 활용된다.

ITU-T[1]에 따르면 상호운용이 가능한 정보통신기술이 사물인터넷의 주요 기술이 될 것으로 전망했다. 상호운용이란 하나의 시스템이 동일 또는 이기종의 다른 시스템과 아무런 제약이 없이 서로 호환되어 사용할 수 있는 성질을 말한다. 이것은 실세계 또는 가상의 사물을 연결한다. 또한 실세계에 밀착된 향상된 서비스를 제공하는 정보사회를 이끌 수 있다. 따라서 ITU-T는 사물인터넷 기술을 글로벌 인프라로 정의하고 있다.

세계적인 컨설팅 회사인 가트너[2] 역시 모든 사물이 인간의 구체적인 개입이나 지시 없이 협력적인 환경에 놓일 것으로 보았다. 특히 사물 간, 사물과 인간 간 네트워킹, 정보처리, 센싱을 하는 사물 공간 연결망을 강조하였다. 또는 각종 사물에 컴퓨터 칩과 통신 기능을 내장하는 임베디드 기술이 각광받는다. 클라우드 등 기존 인프라에 사물이 연결되는 기술도 발전 중에 있다.

기존 인프라로 대표적인 망이 이동통신망이다. 우리 주변에는 스마트폰을 연결해주는 수 많은 기지국이 있다. 이 기지국을 이용하여 사람과 사물, 사물과 사물 간 지능통신을 할 수 있다. 물론 기존 M2M의 개념을 인터넷으로 확장한 것이 사물인터넷이다. 기존의 M2M이란 기계와 기계간의 소통을 뜻한다. 즉 스마트폰과 스마트폰간의 관계로 보았을 때, 스마트폰이라는 기계간의 소통을 뜻한다.

---

1) International Telecommunication Union Telecommunication Standardization Sector: 국제전기통신연합 전기통신표준화부문
2) Gartner: 미국의 정보 기술 연구 및 자문 회사

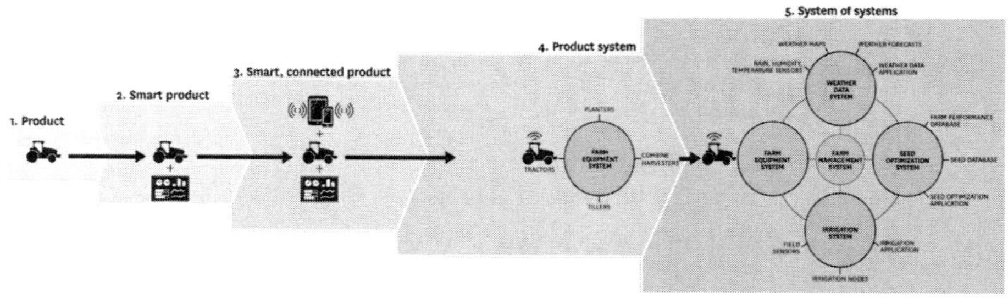

그림 1-3 사물인터넷의 정보 순환 과정
*인용: https://hbr.org/2014/11/how-smart-connected-products-are-transforming-competition

1.4. 사물인터넷의 구성 및 특징

사물인터넷이라는 용어는 1999년 처음 소개되었다. 캐빈 애시톤(Kevin Ashoton)은 당시 MIT AUTO-ID center의 소장이었는데, 사물인터넷의 아버지로 불린다.

그림 1-4 사물인터넷의 아버지
*인용: https://emear.thecisconetwork.com/media/1418270893.9-ashton.jpg

사물인터넷 기술의 전반적인 구성은 인간과 사물, 그리고 이들을 연결하는 서비스의 세 가지 분산된 환경이다. 즉, 사물인터넷은 이 세부 요소에 대해 인간의 명시적인 개입 없이 상호 협력적으로 센싱, 네트워킹, 정보 처리 등 지능적 관계를 형성하는 사물 공간 연결망을 의미한다.

이상의 정의로부터 사물인터넷의 구성요소를 뽑아보면 그림 1-5와 같다.

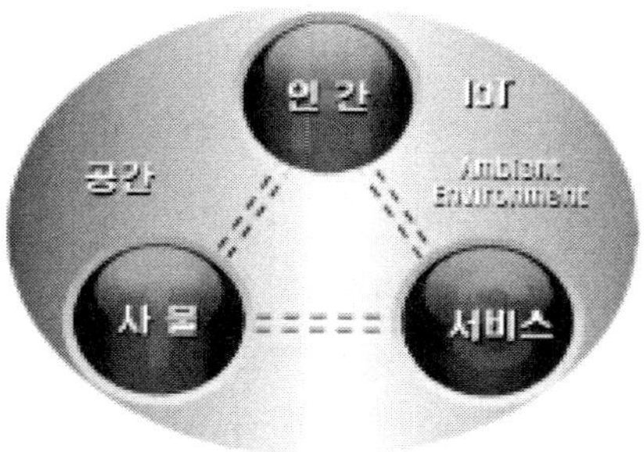

그림 1-5 사물인터넷의 3대 주요 구성 요소
*출처: www.kisa.or.kr

사물인터넷은 사람, 사물 그리고 서비스로 구성되어 이들을 연결한다. 즉 사물의 센서 혹은 디바이스간의 연결을 통해 처리 및 가공된다. 가공된 정보를 바탕으로 서비스화를 통해 새로운 가치를 창출한다.

이를 위해 사물인터넷을 위한 3대 주요기술이 필요하다.

3대 주요기술은 사물과 주위 환경에서 정보를 얻기 위한 '센싱 기술', 인간-사물-서비스를 연결하는 데 필요한 '유무선 통신 및 네트워크 인프라 기술', 그리고 인간-사물-서비스가 서로 연결되어 특정 기능을 수행하기 위해 필요한 '서비스 및 인터페이스 기술'이다.

첫째, 센서는 대상으로부터 물리, 화학, 생물학적 요소를 측정하여 사용자나 시스템에서 사용할 수 있게 해주는 기능을 제공하며 전통적인 온도, 습도, 열, 가스, 조도, 초음파 센서 등에서부터 원격 감지, SAR, 레이더, 위치, 모션, 영상 센서 등 유형 사물과 주위 환경으로부터 정보를 얻을 수 있는 물리적 센서를 포함한다. 물리적인 센서는 응용 특성을 좋게 하기 위해 표준화된 인터페이스와 정보 처리 능력을 내장한 스마트 센서로 발전하고 있다. 또한, 이미 센싱한 데이터로부터 특정 정보를 추출하는 가상 센싱 기능도 포함되며, 가상 센싱 기술은 실제 IoT 서비스 인터페이스에 구현된다. 기존의 독립적이고 개별적으로 정보를 생산해내는 센서보다는 한 차원 높은 다중(다분야) 센서 기술을 사용하기 때문에 한층 더 지능적이고 고차원적인 정보를 추출할 수 있다. 대개의 센서들은 배터리를 이용하므로 센싱

기술에서는 저전력 네트워킹이 가능해야 하며, 무선 센서들의 지속성을 위해 스스로 에너지를 생산해내는 에너지 하베스팅(Energy Harvesting)에 관한 연구도 활발하게 진행 중 이다.

둘째, 유·무선 통신 및 네트워크 인프라를 위한 기술로는 기존의 WPAN(Wireless Personal Area Networks), WIFI, 3G/4G/LTE, Bluetooth, Ethernet, BcN(Broad-band convergence Network), 위성통신, Microwave, 시리얼 통신, PLC(Power Line Communi cation) 등 인간과 사물, 서비스를 연결시킬 수 있는 모든 IoT의 유무선 통신 및 네트워크 장치가 포함된다.

셋째, IoT 서비스 인터페이스는 특정 기능을 수행하는 응용서비스와 IoT의 주요 3개 구성요소(인간·사물·서비스)를 연동하는 역할을 하는 기술이다. IoT 서비스 인터페이스는 네트워크 인터페이스의 개념이 아니라, 정보를 센싱, 가공/추출/처리, 저장, 판단, 상황인식, 인지, 보안/프라이버시 보호, 인증/인가, 디스커버리, 객체 정형화, 온톨러지 기반의 시맨틱, 오픈 센서 API, 가상화, 위치확인, 프로세스 관리, 오픈 플랫폼 기술, 미들웨어 기술, 데이터 마이닝 기술, 웹 서비스 기술, 소셜 네트워크 등 서비스 제공을 위해 인터페이스(저장, 처리, 변환 등) 역할을 수행한다. 이들은 그림 1-6과 같은 가치를 갖는다.

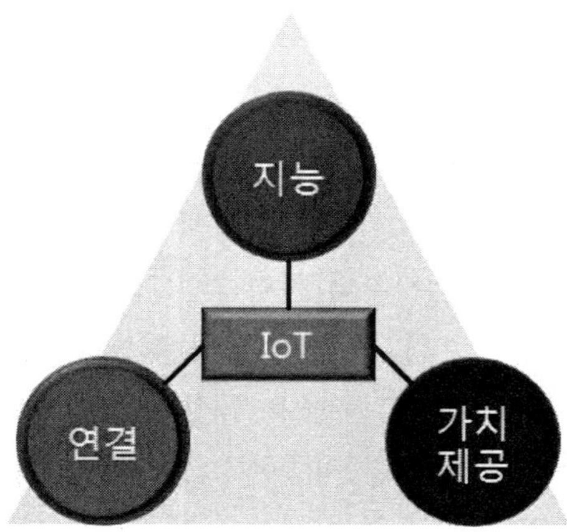

그림 1-6 사물인터넷의 3가지 가치
*인용: "지혜를 갖춘 사물의 시대 사물인터넷 4원칙과 시장리더의 조건", p.62

사물인터넷은 연결성, 비개입성, 자기인식성의 가치를 갖는다. 즉, 인간의 개입을 최소화 하는 특징을 갖는다. 특히 주위의 모든 사물을 연결하여 사람과 사물, 사물과 사물 간의 정보를 수집, 처리, 교류 및 소통한다. 이들 가치는 지속성, 표준성, 보안성 그리고 가치성으로 구체화된다.

사물인터넷(커넥팅랩 지음, 미래의창, 2014)에서 4가지 특성을 설명하였다. 첫째, 지속성은 "사물인터넷으로 연결된 모든 디바이스들은 스스로 작동하고 유지해야 한다."는 특징이다. 둘째, 표준성은 "인터넷으로 연결된 모든 디바이스는 공통의 언어로 소통해야 한다". 즉, 모든 디바이스들을 연결하는 플랫폼이 있어야 한다. 셋째, 보안성은 "모든 사물에는 자물쇠가 채워져야 한다." 즉, 개인 정보가 인터넷을 통해 유출되지 않아야 한다. 넷째, 가치성은 "사물인터넷이 제공하는 정보는 개인이 이미 알고 있거나 쉽게 얻을 수 있는 정보 이상이어야 한다."

1.5. 사물인터넷의 환경

최근 센서 네트워크와 유비쿼터스 컴퓨팅(Ubiquitous Computing) 기술이 발달하였다. 따라서 이로 인하여 사물인터넷 즉 인터넷을 기반으로 모든 사물들을 연결하는 서비스가 가능해졌다. 사물인터넷은 사람과 사물, 사물과 사물 간의 상호 소통을 가능하게 하는 지능형 기술 및 서비스의 시대로 진입시켰다.

텔레비전에서 광고를 보면 다음과 같은 익숙한 장면이 나온다. 스마트폰으로 집안의 냉장고, 보일러, 전기밥솥 등을 작동시키는 장면이다. 사물인터넷의 대표적인 사례이다. 사물인터넷은 모든 사물이 유무선 인터넷으로 연결되어 스스로 정보를 생성, 수집, 공유, 활용하는 것을 말한다. 사물인터넷의 주요 구성 요소는 인간, 사물, 서비스이며, 이 세 가지 구성 요소가 분산된 환경에서 인간의 개입 없이 상호 협력하여 지능 관계를 형성한다.

사물인터넷은 컴퓨터, 스마트폰 뿐만 아니라 스마트 TV, 태블릿 PC, 웨어러블 기기, 카메라 그리고 자동차도 연결한다. 스마트폰이 사람과 사람을 연결했다면 사물인터넷은 사람과 모든 사물을 연결하여 상호작용한다. 인터넷에 연결된 모든 사물은 사람의 지시 없이 스스로 네트워킹, 정보 처리, 센싱을 통해 정보를 교환하고 처리한다. 이상 연결된 모든 것이 사물인터넷의 환경이다.

사물인터넷 환경은 그림 1-7과 같이 지능, 소통, 가치를 갖는 사물이 연결된 환경이다.

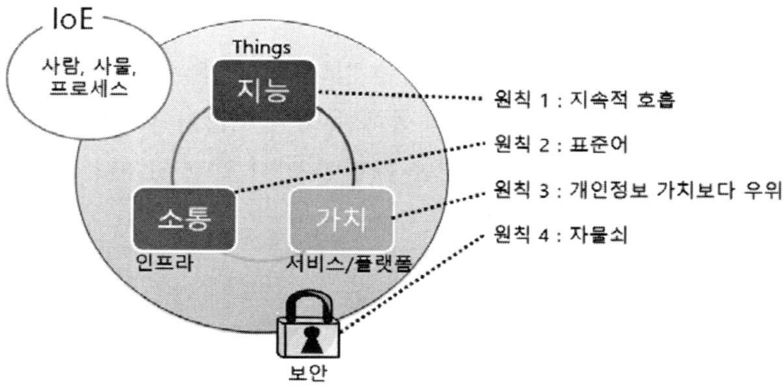

그림 1-7 사물인터넷의 서비스 환경

따라서 사물인터넷 서비스의 본질은 ICBM(IoT-Cloud-Big Data-Mobile) 융합을 통한 센서데이터의 서비스화이다. 사물로부터 실시간으로 수집된(센싱된) 데이터에 대한 분산 형태의 안전하고 효율적인 저장/조회/검색을 "어떻게 처리할 것인가"가 핵심 기술이고 부가가치가 된다. 즉, 사물인터넷 서비스란 기본적으로 사물인터넷 센서가 수집한 데이터를 클라우드에 저장하고, 빅데이터 분석 기술로 이를 분석해서, 적절한 서비스를 모바일 기기 서비스 형태로 제공함으로써 관련 산업을 활성화하는 것이다.

이런 기술은 향후 문화, 생활, 건강, 교육, 교통 등 여러 분야에서 새로운 서비스로 창출되고 있으며 향후에도 다양한 영역의 사회 문제를 해결하기 위한 중요한 기술 분야로서 더욱 발전할 것이다. 또한, 가정, 자동차, 사무실 등의 일상생활에서 뿐만 아니라 의료, 화학, 원자력 등의 특수한 환경에서 사용자 지원을 가능하게 함으로써 사물인터넷 서비스는 지금까지 불가능했던 다양한 서비스를 제공하게 되어 새로운 가치를 창출할 수 있을 것으로 예측된다.

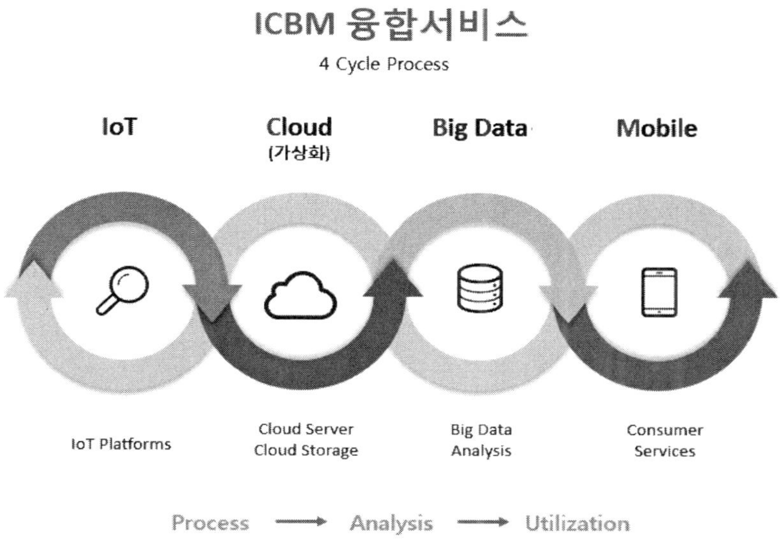

그림 1-8 사물인터넷의 융합 서비스 환경

한편, 정보기술이 제품에 혁신의 바람을 불어넣고 있다. 예전에는 단지 기계와 전기 부품들로 구성됐던 제품이 하드웨어, 센서, 저장장치, 마이크로프로세서, 소프트웨어, 네트워크를 무수히 다양한 방식으로 결합한 복합 시스템으로 거듭나고 있는 것이다. 정보 처리 속도의 비약적인 발전, 기기의 소형화, 어디서나 연결 가능한 무선 네트워크 환경을 바탕으로 현실이 된 '스마트, 커넥티드 제품(Smart, Connected Products)' 즉, 인터넷에 연결된 스마트기기로 인해 기업 간 경쟁에도 새로운 시대의 막이 열렸다. 여기서, 스마트, 커넥티드 제품은 물리적 요소, '스마트' 요소, 연결성 요소라는 세 가지 핵심 요소로 구성된다. 스마트 요소는 물리적 요소의 기능과 가치를 확장한다. 연결성 요소는 스마트 요소의 기능과 가치를 확장하는 한편, 스마트 요소의 일부를 물리적 제품 자체의 틀을 벗어난 외부 세상으로 옮겨주는 역할을 한다. 이 구조는 선순환적 가치 향상이라는 결과를 가져온다.

1.6.
사물인터넷의 6가지 범주

2014년에 소개된 한국인터넷백서_special_report에서는 사물인터넷의 범주를 다음과 같이 정리하고 있다.

사물인터넷은 모든 사물이 인터넷에 연결되는 기술을 지칭하기 때문에 모든 제조품에 적용할 수 있다. 최근 일반 이용자를 대상으로 출시된 사물인터넷 기기들을 기준으로 사물인터넷은 크게 6가지 범주로 분류할 수 있다.

1) 리모트 컨트롤

그림 1-9 리모트 컨트롤들

첫 번째는 스마트폰 등을 이용해 연동함으로써 기기를 제어하여 동작시키거나 촬영 등의 작업을 수행할 수 있는 리모트 컨트롤이다. ‘드론’이라고도 불리며 근거리 혹은 원격에서도 제어할 수 있다. 아마존의 프라임 에어 드론처럼 택배 서비스로 활용되는 것부터 정밀한 촬영이나 감시를 하는 등 그 쓰임도 다양하다.

2) 오픈플랫폼 게임

그림 1-10 오픈플랫폼 게임
*인용: LG전자(http://social.lge.co.kr/technology/smart_device_2/)

두 번째는 오픈플랫폼 게임으로, 마치 스마트폰처럼 API가 오픈되어 다양한 서드 파티(third party) 서비스들이 연계해서 이용할 수 있는 장난감 완구도 있다. 스마트폰의 앱이 이들 완구와 연결되어 다양한 게임을 즐길 수 있도록 해준다.

3) 헬스케어 디바이스

그림 1-11 헬스케어 디바이스
*인용: LG전자(http://social.lge.co.kr/technology/smart_device_2/)

세 번째는 헬스케어 디바이스로, 이용자의 신체 정보를 수집, 분석해주는 사물인터넷 기기이다. 몸에 직접 부착하는 제품에서부터 신체 정보를 측정하는 독립된 기기 등이 있다. 체중, 혈압, 심장 박동 수와 맥박, 그리고 조깅 정보 등을 기록해주는 것들이 대표적이다. 이렇게 측정된 신체 변화 정보는 건강을 체계적으로 관리할 수 있도록 도와준다.

4) 접속

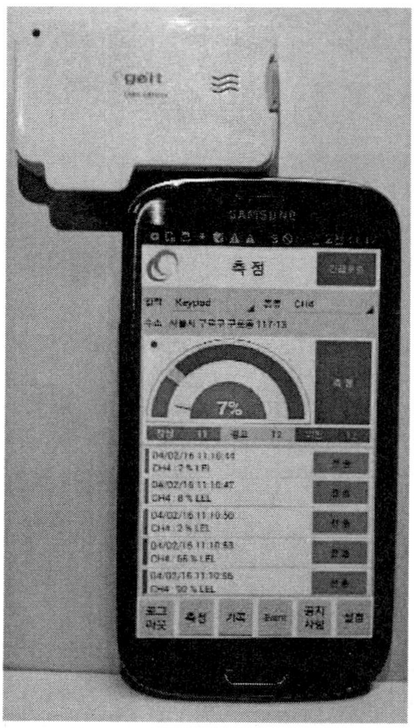

그림 1-12 스마트폰에 센서를 연결하여 가스누출탐지기로 사용
*인용: 전자신문 (http://www.etnews.com/20160215000137)

네 번째 범주는 접속(Attached)이며, 이는 기존 사물에 스마트폰 등과 연결해주는 인터페이스를 넣어 스마트폰만으로 측정하기 어려운 새로운 데이터를 측정하고 수집할 수 있도록 해준다. 기타에 스마트폰을 연결함으로써 기존 기타로는 내기 어려운 효과음을 만들어준다. 또한 온도와 습도를 측정할 수 있는 센서를 스마트폰에 부착하여 기존에는 측정하기 어려웠던 데이터를 수집할 수 있도록 해준다.

5) DIY 센서

그림 1-13 아두이노용 센서들

다섯 번째로 DIY(Do It Yourself) 센서는 주변 환경을 감지해서 데이터로 저장하고 이것을 활용해 새로운 서비스를 제공해준다. 구글이 인수한 네스트(Nest)는 보일러 온도조절 장치로 집안 온도를 측정하고 이용자가 설정한 보일러 온도를 기록하여 그간의 온도 변화와 보일러 설정 추이를 분석하여 에너지 절감 방안을 제시하기도 한다. 또한 식물에 센서를 꽂아 햇볕이 필요하거나 물이 필요한 시점에 이용자에게 알려주는 서비스가 제공된다.

6) 스마트 워치

그림 1-14 스마트워치
*인용: 삼성전자 기어S2

마지막으로, 스마트워치는 스마트폰 이후 가장 주목받는 대표적인 사물인터넷 디바이스로 웨어러블 컴퓨팅에 속한다. 손목에 부착하면 스마트폰과 연결되어 스마트폰에서 수시로 확인하는 메시지나 알람 정보를 볼 수 있다. 더 나아가 시계 본연의 기능을 다양한 템플릿을 통해 나만의 시계 디자인으로 이용할 수 있게 해준다. 최근에는 특정 지역이나 가게에서 쿠폰, 상품 정보를 보고 결재를 할 수 있는 기능이 제공되기도 한다.

1.7. 사물인터넷 관련 개념들

사물인터넷과 기존의 관련된 개념들이 다양하게 있다. 본 절에서는 이러한 개념들에 관해 살펴보고자 한다.

1) 사물지능통신(M2M, Machine-to-Machine)

사물지능통신(M2M)은 유선 혹은 무선 시스템들이 주로 같은 유형의 다른 디바이스들과 통신할 수 있도록 하는 기술로 정의할 수 있다. 연결된 시스템들은 컴퓨터 네트워킹 기반의 자동화가 출현한 이후로 다양한 형태로 존재해 왔다.

"M2M"이라는 용어가 정확히 언제부터 사용됐는지는 분명하지 않지만, 휴대전화 기반의 M2M 통신은 독일의 지멘스(siemens)가 무선전화 사업본부에 관련 부서를 만든 1995년부터 사용한 것으로 알려지고 있다. 유럽에서는 이미 통상적인 용어로 사용하고 있었으며, 국내에서는 '사물통신'으로도 불렸었다. 2009년 방송통신위원회가 주최하는 M2M 공식명칭 공모전을 통하여 '사물지능통신'이라는 공식명칭으로 불리게 되었다.

M2M(Machine-to-Machine)은 사물에 센서·통신 기능을 부과하여 지능적으로 정보를 수집하고, 무선 또는 유선을 통해 디바이스 간 커뮤니케이션을 지원하는 모든 기술을 말한다. 즉, M2M이란 우리 주변에 있는 모든 기기들이 센서로 모은 단편 정보를 다른 기기와 통신하는 것을 가능하게 하며, 인간이 편리하게 생활 할 수 있도록 주변 환경을 조절해주는 지능형 기술을 의미한다.

M2M의 대표적인 사례로는 하이패스를 생각해볼 수 있는데, 주행상태의

차량에서 무선 통신에 의해 송수신용 안테나와 정보를 전달 및 수신하여 요금을 책정하는 것과 같은 원리로 생각해 볼 수 있다. 즉, 통신의 과정에 '사람'이 개입하지 않음으로써 새로운 변화를 창출해 낼 수 있다는 것이다.

EU가 정보통신 산업의 경쟁력 회복을 위해 시행하고 있는 제7차 프레임워크 프로그램(FP7)의 일환으로 진행하는 RFID 관련 국제 공동연구 프로젝트인 Casagras는 "데이터 캡처 및 통신 기능의 가용성을 활용해 물리적 객체 및 가상 객체를 연결하는 글로벌 네트워크 인프라를 연구한다. 이 인프라는 기존의 발전하고 있는 인터넷과 네트워크 인프라를 포함한다. 그것은 독립적인 협력 서비스 및 응용 프로그램 개발을 위한 기초로 특정 개체 식별, 센서 및 연결 기능을 제공하며 자율적인 데이터 캡처, 이벤트 전송, 네트워크 연결 및 높은 수준의 상호 운용성을 특징으로 한다"라는 정의를 내리고 있다. 유사한 용어로 MTC(Machine Type Communications), MOC (Machine-Oriented Communications)가 있다.

2) USN(Ubiquitous Sensor Network)/WSN(Wireless Sensor Network)

USN이란 센서네트워크인 무선통신 기술을 이용하는 유비쿼터스 센서네트워크(Ubiquitous Sensor Network)를 의미한다. 즉, 모든 사물에 RFID(radio frequency identification)와 같은 전자태그를 부착해 인터넷에 연결하여 사물과 환경 등 정보를 인식하고 관리 및 활용하는 네트워크이다. 오늘날 정보화의 범위가 사람에서 사물로 확대됨에 따라 광대역망(BcN)과 통합해 유비쿼터스 네트워크로 발전하기 위한 목적이 있다.

또한 비슷한 용어로, WSN이 있다. 무선센서네트워크(Wireless Sensor Network)로써 각종 센서에서 수집한 정보를 무선으로 수집할 수 있도록 구성한 네트워크를 의미한다. 센서로 센싱이 가능하고 수집된 정보를 가공하는 프로세서가 달려 있으며 이를 전송하는 소형 무선 송수신 장치를 통해 정보를 수집하는 센서 노드(Sensor Node)와 외부로 내보내는 싱크 노드(Sink Node)로 구성되어 있다. 센서의 종류로는 온도, 가속도, 위치 정보, 압력, 지문, 가스 등 다양하게 존재한다. 최근에는 물류의 흐름을 파악하기 위하여 RFID 기술을 이용하여 사물에 태그(tag)를 부착하여 각종 물류 정보의 흐름을 파악하는 기술도 등장하고 있다.

USN기술은 전자태그, 리더, 미들웨어, 응용서비스 플랫폼 등을 중심으로 유·무선망을 이용한 네트워크로 구성된다. 특히 RFID 기술은 전원이 없는 저가의 수동 태그를 이용해 10m까지의 비교적 긴 인식거리를 제공함으로써 향후 물류, 유통, 의약품관리, 군사 등에 폭 넓게 활용될 핵심적인 기술이라 할 수 있다. 과거에는 활용범위에 제약이 많았지만 최근 무선통신 기술을 바탕으로 하는 센서네트워크 기술들이 활발히 개발 및 이용되고 있다.

3) 만물인터넷

인터넷 환경과 스마트 기기가 대중화되고 네트워크 환경이 개선되면서 사물인터넷에 이어 만물인터넷(IoE, Internet of Everything)이 등장하였다.

IoE란 사물을 넘어 세상의 모든 만물이 인터넷에 연결되고, 인터넷에 연결된 만물은 스스로 상황인식 능력을 가짐으로써, 보다 향상된 대응 능력과 함께 인지 능력을 발휘할 수 있는 환경을 의미한다.

만물 인터넷은 사람, 사물, 데이터, 프로세서 등 세상의 모든 만물이 인터넷으로 연결되어 소통하는 시대이다. 사물인터넷 IoT에서 확장된 개념으로, 사물이 사람에 의존하지 않고 상호 통신하여 데이터를 주고 받는다는 점에서 유비쿼터스, 사물지능통신(M2M, Machine to Machine)과 유사하다. 그러나 사물은 물론 현실과 가상 세계의 모든 정보와 상호작용한다는 점에서 사물인터넷과 다르다.

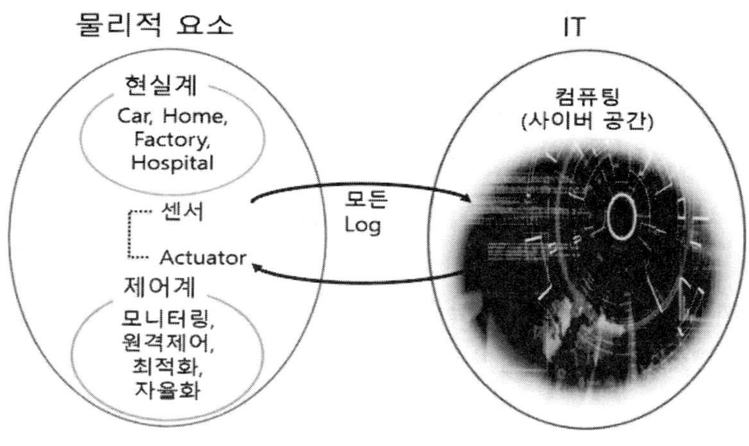

그림 1-15 실세계와 가상공간의 융복합

만물 인터넷은 사물인터넷이 진화하여 만물이 인터넷에 연결되는 미래 인터넷이다. 모든 사람, 프로세스, 빅데이터, 모바일, 클라우드 등이 서로 결합되어 우리의 생활을 빠르게 변화시키고 있다.

적용 분야로는 의료 분야, 가전제품, 통신, 자동차 등 다양한 분야에서 사용될 수 있다. 예를 들어 사용자가 냉장고에 "요구르트 있어?"라고 메시지를 보내면 "5개 있다"고 대답을 한다. 빌딩 에너지 관리 시스템은 건물에 설치된 각종 센서가 온도, 습도 등을 측정하여 건물의 냉난방 및 조명을 자동으로 조절한다. 스마트키를 가지고 자동차에 접근하면 자동으로 잠금장치가 해제되고 키를 사용하지 않아도 시동을 걸 수 있다. 제품의 제조과정과 애플리케이션을 연결시켜 생산성을 증대시키고 실시간 제품 관리를 통해서 재고 수준을 낮추어 비용 절감을 한다. 스마트 그리드는 전기, 가스, 상하수도를 포함한 모든 에너지의 생산에서부터 소비까지 전 과정을 인터넷으로 연결해 경제적이고 안정적으로 공급한다. 만물 인터넷은 사람과 도시, 집, 자동차, 건물 등을 하나로 묶는 초연결 사회(Hyper-connected Society)를 구현한다.

기존의 M2M과 IoT에서 진화된 '만물 인터넷'이라 불리는 IoE는 앞서 설명한 기존의 M2M이나 IoT의 개념을 넘어서 세상의 모든 것이 인터넷으로 연결되어 실시간에 가깝도록 긴밀하게 상호작용할 수 있는 것을 의미한다. 즉 IoE는 사람과 프로세스, 그리고 그를 통하여 수립되는 데이터간의 역학관계에서 발생하는 새로운 가치(Value)에 초점을 맞추고 있는 것이다.

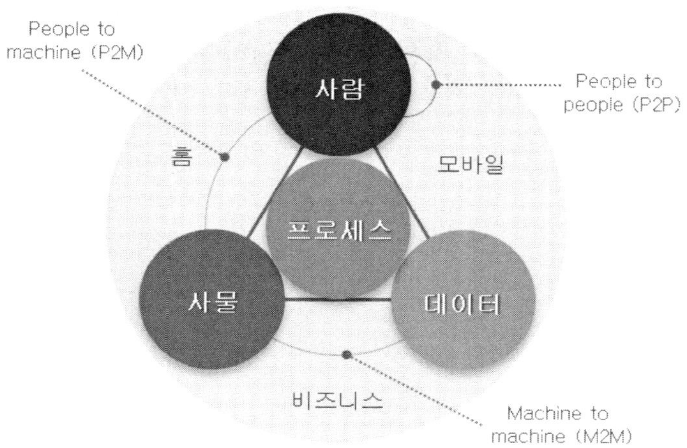

그림 1-16 만물 인터넷의 구성

4) 사이버물리시스템(CPS)

사물인터넷(IoT)은 모든 사물에 태그, 센서 등을 부착하고 인터넷으로 연결하는 개념에서 사물 자체가 스마트 디바이스化되는 개념으로 진화하였으며, CPS는 산업시설, 제조설비 등 물리시스템(Physical System)을 네트워크로 연결하고 센서, 엑추에이터 등을 활용하여 관리 통제하는 개념이다.

[표 1-1] IoT-CPS 비교

구분		IoT	CPS
등장		1999, Kevin Ashton, MIT	2006, Helen Gill, NSF
차이점	주된 관심 영역	스마트 디바이스, 네트워크, 주로 개방형 시스템	물리시스템, 임베디드 시스템, 주로 폐쇄형 시스템
	접근 방식	센서, 인터넷 등 기술을 융합하여 새로운 서비스를 개발	현존하는 물리시스템에 센서 등 ICT 기술을 접목하여 신뢰성 높은 시스템을 구현
공통점	핵심 개념	네트워크를 기반으로 구성 요소(센서, 장치 등)을 연계	
	주요 적용 분야	- 농축수산 · 식품, 제조 · 유통, 교통 · 물류, 의료 · 복지, 문화관광 · 교육, 에너지 · 환경, 홈 · 도시, 국방 등[3]	- 스마트제조 · 생산, 교통, 에너지, 기반시설, 헬스케어, 빌딩 및 건설, 국방, 재난대응 등[4]

*출처: Everything 4.0? – Drivers and Challenges of Cyber Physical Systems, Sabina Jeschke(2013.12)

이는 센서 등을 기반으로 각종 시설 디바이스를 네트워크로 연결하여 서비스하는 핵심개념과 주요 적용분야가 동일하다.

3) 사물인터넷 기본계획
4) Strategic RnD Opportunities for 21 Century Cyber-Physical Systems(NIST, 2013. 01)

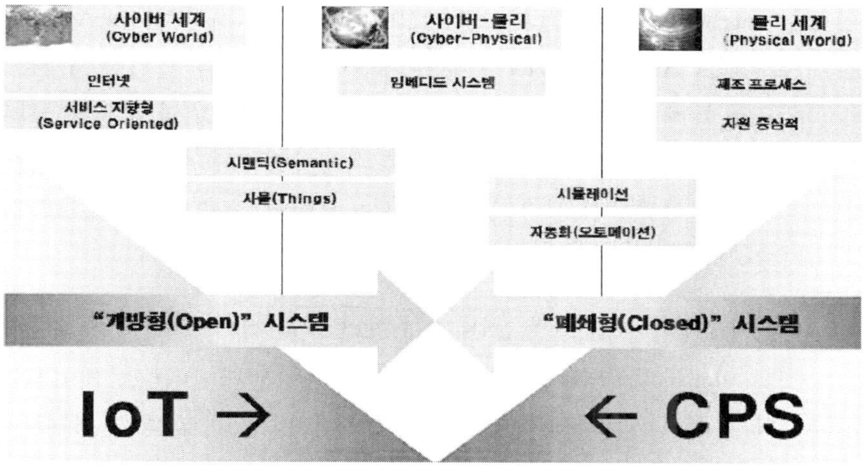

그림 1-17 IoT-CPS 비교
*출처: Everything 4.0?-Drivers and Challenges of Cyber Physical Systems, Sabina Jeschke(2013.12)

5) 유사성 및 차이점

'사물인터넷'이라는 용어는 사물지능통신(M2M), 유비쿼터스(Ubiquitous), NFC 등의 기존의 기술 개념들로부터 시작하여 현재도 혼용되어 사용 되거나 '만물인터넷'과 같은 또 다른 용어로도 파생되는 등 그 변화의 속도로 인하여 혼란스럽게 느껴질 수 있다. 그러나 사물인터넷은 분명 기존의 정의된 기술 개념들과는 거리가 있으며 최근에 와서야 그 개념이 널리 받아들여지며 그 가능성이 주목 받고 있다.

[표 1-2] **사물통신, 사물인터넷, 만물인터넷의 차이와 공통점**

구분	지능	인터넷연결	데이터생산	데이터 송수신 시간	데이터 송수신 상대
M2M	×	×	×	불규칙	사물
USN/WSN	×	×	○	규칙	사람, 사물, 장소
IoT	○	○	○	규칙	사람, 사물, 장소
IoE	○	○	○	규칙	모든 것

***출처: 홍릉과학출판사, 김학용, 사물인터넷 저서 참조**

'Internet of Things' 라는 말은 1999년 캐빈 애시톤(Kevin Ashton) 이라는 당시 MIT Auto-ID Center 소장이 제안하였다. 이후, 관련한 시장분석 자료 발표를 통해 대중화되었다. 우리는 앞서 사물인터넷의 정의를 살펴보고 사물간의 통신을 주고받는 것이라고 이해하였으나 이와 같은 정의에 의하면 기존의 사물통신과 유비쿼터스와는 무엇이 다른지 의문을 제기할 수 있을 것이다.

표 1-2에서는 M2M과 USN, IoT 그리고 IoE에 이르러 혼용될 수 있는 용어를 비교분석하였다. 각각의 용어는 지능, 인터넷 연결, 데이터 생산, 데이터 송수신 시간, 데이터 송수신 상태에 따라 서로 다른 특징이 있다는 것을 확인 할 수 있었다. 즉, 사물인터넷은 위의 기본전제에 지능을 더하고 이미 과거부터 존재해왔던 각각 존재하는 사물 망을 인터넷과 같은 거대한 망에 연결하여 하나의 틀로 묶어내어 제공하는 서비스에 대한 기술을 통칭 하는 것 이라고 할 수 있다.

1장. 요약

1. 사물인터넷은 생활 속 사물들을 무선 또는 유선 네트워크로 연결하여 데이터를 수집한다. 수집된 데이터는 정보를 공유하는 클라우드 환경을 통해 다양하게 활용된다.

2. 사물인터넷은 인간, 사물, 서비스의 분산된 환경으로 구성된다.

3. 사물인터넷은 인간의 명시적인 개입 없이 상호 협력적으로 센싱, 네트워킹, 정보 처리 등 지능적 관계를 형성하는 사물 공간 연결망을 의미한다.

4. 사물인터넷의 3대 주요 기술
   - 센싱기술: 주위 환경에서 정보를 얻기 위한 기술
   - 유무선 통신 및 네트워크 인프라 기술: 인간-사물-서비스를 연결하는 데 필요한 기술
   - 서비스 및 인터페이스 기술: 인간-사물-서비스가 서로 연결되어 특정 기능을 수행하기 위해 필요한 기술

5. 사물인터넷은 모든 사물이 인터넷에 연결되는 기술을 지칭하기 때문에 모든 제조품에 적용할 수 있다. 최근 일반 이용자를 대상으로 출시되는 사물인터넷 기기들을 기준으로 크게 6가지 범주로 분류할 수 있다.

6. 사물지능통신(M2M)은 유선 혹은 무선 시스템들이 주로 같은 유형의 다른디바이스들과 통신할 수 있도록 하는 기술로 정의할 수 있다.

7. USN은 모든 사물에 RFID(radio frequency identification)와 같은 전자태그를 부착해 인터넷에 연결하여 사물과 환경 등 정보를 인식하고 관리 및 활용하는 네트워크이다.

8. 만물 인터넷은 사물인터넷 IoT에서 확장된 개념으로, 사물이 사람에 의존하지 않고 상호 통신하여 데이터를 주고 받는다는 점에서 유비쿼터스, 사물지능통신(M2M, Machine to Machine)과 유사하다.

9. CPS(사이버물리 시스템)은 산업시설, 제조설비 등 물리시스템(Physical System)을 네트워크로 연결하고 센서, 엑추에이터 등을 활용하여 관리 통제하는 개념이다.

1장. 연습문제

1. 사물인터넷의 주요 기능을 기술하시오.

2. 사물인터넷을 구성하는 3가지 요소는 무엇인가?

3. 사물인터넷을 위한 3대 주요기술을 설명하시오.

4. 사물인터넷 기기를 중심으로 6가지 범주를 예를 들어 설명하시오.

5. 사물인터넷, 사물지능통신, USN, 만물인터넷, CPS을 구분하여 설명하시오.

Chapter 02
사물인터넷 구조

2.1.
사물인터넷 구조의 이해

사물인터넷의 구조를 이해하기 위해서는 센서와 정보처리 과정을 이해해야 한다. 사물인터넷은 네트워크에 반드시 연결되어야 하고 특정 데이터를 가지고 있어야 한다.

예를 들어, 여러분이 친구와 이야기를 하려면 말을 할 줄 알아야 한다. 이와 같이, "말할 줄 아는 것"은 커뮤니케이션 기술로써 사물에서는 인터넷이 해당된다. 동시에 친구와 이야기를 나누려면 이야기 거리가 있어야 한다. 여기서, "이야기 거리"인 내용이 없다면 말을 할 수 없다.

사물이 이야기의 용건을 갖는다는 것을 무슨 의미일까?

예를 들어, 자동차가 여러분에게 말을 한다면, 무슨 내용을 가질까? 여러분의 책상이 우리에게 말을 건다면 어떤 내용일까? 이런 질문의 답을 생각해야 한다. 즉, 자동차나 책상 등의 사물은 측정한 데이터를 전달하고자 하는 용건을 가질 것이다.

예를 들어, 자동차는 운전자에게 백미러 사각지대에 다른 차가 접근하고 있다는 경고음을 주고 싶을 것이다. 그리고, 책상은 이용자에게 너무 장시간 책상에 앉았으면 허리 등이 경직될 수 있으니 일어나서 스트레칭을 하라고 알려줄 수 있을 것이다. 이런 예제 들이 바로 사물이 갖는 용건이다.

사물이 사물과 대화하거나 사물이 인간과 대화하는 것은 쉬운 일이 아니다. 즉, 인터넷만 연결된다고 되는 일이 아니다. 사물이 나누고자 하는 대화 내용을 보고 그 대화 내용에 맞는 방법을 결정해야 한다. 이와 같은 전 과정은 1) 사물이 센싱하고, 2) 그 값의 성격과 서비스를 보고, 3) 가장 최적의 네트워크 환경을 찾고, 4) 그 안에서 분석 결과를 "언제, 왜, 누구에게 전달할지"를 결정하는 것이 가장 중요하다.

위의 내용을 구조화시켜 설명하면 그림 2-1과 같다. 센싱된 데이터는 다양한 과정을 거쳐 최종적으로 하나의 서비스가 되어 고객에게 전달된다. 데이터가 서비스로 전개되는 과정에서 비즈니스 가치가 발생한다. 즉, 정제되지 않은 데이터를 수집 및 생성하고, 네트워크로 전달된 데이터를 처리, 분석하여 고객가치를 제공하는 일련의 정보 처리 과정이 포함된다.

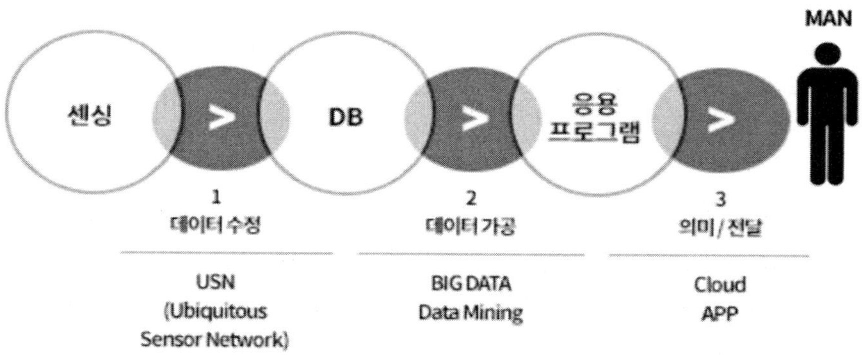

그림 2-1 사물인터넷의 구조
*인용: http://www.splex.co.kr/wp-content/uploads/2015/03/IoT_006.jpg

사물이 정보를 수집하는 데이터의 생성(Creation), 각각의 사물은 인간과 또 다른 사물과 네트워크로 전달하기 위한 연결(Connection), 데이터의 수집, 저장, 가공을 포함하는 데이터의 처리(Processing), 그리고 그 결과로 발생하는 정보를 통하여 새로운 가치 및 서비스의 제공(Presentation)이 바로 그것이다. 즉, 사물인터넷의 구조를 통해 '스스로 행동할 수 있는 지능을 가진 각각의 사물이 네트워크를 통하여 사람 혹은 다른 사물과 소통하고,

그 결과로 얻은 정보를 바탕으로 새로운 가치 및 서비스를 제공하는 것'이라는 정의를 파악할 수 있다.

사물인터넷 구조를 단계적으로 설명하면 다음과 같이 첫째 데이터 수집 및 생성 둘째, 데이터 전달 셋째, 데이터 처리 마지막으로 가치 제공으로 볼 수 있다.

이를 사물인터넷과 비즈니스의 이해로 설명하면 다음과 같다.

2.2. 사물인터넷과 비즈니스의 이해

1) 데이터 수집 및 생성(Creation)

데이터의 생성영역은 고유한 사물인터넷 영역이다.

사물에서 센싱을 통해 데이터를 수집한다. 즉, 하드웨어와 관련된 영역이다.

다양한 센서나 디바이스들이 환경 정보들을 측정하거나 물리적인 변화를 인지한다. 사물이 센싱을 하면, 사물인터넷 즉 인터넷을 통해 서버로 데이터를 전송하게 된다. 서버로 전송되는 데이터는 대부분 디지털화된 값으로, 센서 혹은 디바이스에서 디지털화된 값으로 변환된다.

사물인터넷과 기계간 통신은 차이가 있지만 주로 비교되는 개념이다.

과거 M2M의 범주에서는 고정적 장소에서 정해진 두 세 가지의 환경 정보만을 센싱하여 수집하는 단순한 수준에 그치는 경우가 대부분이었다. 드문 통신 기능이 있는 장치를 함께 이용하기도 했으나, 최근에는 복잡한 수준의 정보를 필요로 하게 되었으며, 이에 따라 센서와 통신 기능이 모두 포함된 디바이스 형태를 취하는 것이 일반적이다. 바로 이 기술이 사물인터넷인 것이다.

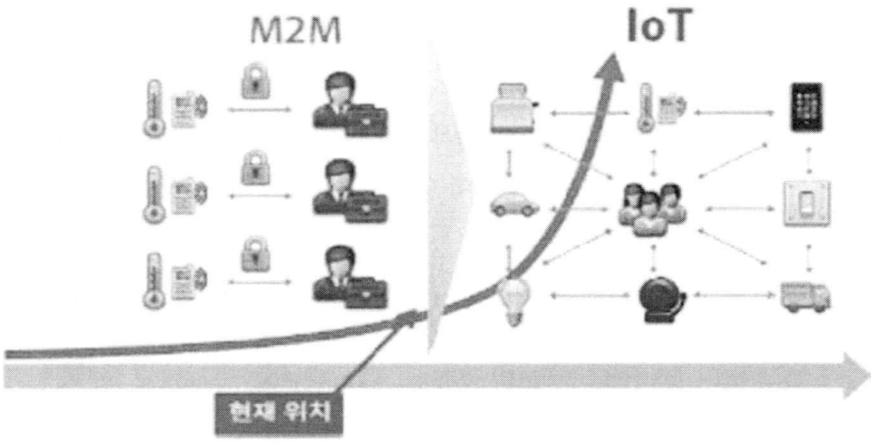

그림 2-2 사물인터넷과 기계간 통신의 비교
*인용: http://cfile23.uf.tistory.com/image/24547A3C54B6139C0BB2AC

데이터 생성 영역은 센서, 센서를 포함하고 있는 디바이스, 사물인터넷을 위한 게이트웨이, 액추에이터(actuator), 디스플레이(display) 등으로 구성되어 있다. 사물은 주위 환경이나 물리적인 변화를 측정한다. 측정된 값은 원시 데이터(raw data)를 생성하는 기능으로 처리된다. 또한 센싱을 통해 만들어진 데이터 혹은 이용자들의 다양한 활동에 의해 만들어진 데이터를 수집하고 전달하는 기능을 부가할 수 있다. 그리고 자신 혹은 자신과 연결된 다른 디바이스를 제어하는 기능 및 데이터나 정보를 텍스트, 소리, 이미지 등의 방법으로 표시하는 기능, 데이터나 제어정보를 송수신하기 위한 네트워크 기능 등의 주된 기능이 있다.

2) 데이터 전달(Connection)

연결 영역은 센서나 디바이스가 생성한 데이터를 인터넷 상의 서버에 전달하는 부분이다. 네트워크 인프라의 발달, 특히 무선 네트워크의 발달은 사물인터넷 환경에 있어서도 큰 변화를 가져오고 있다. 빠른 네트워크 속도로 인해 많은 정보들을 빠르게 전송할 수 있다. 더욱이 유선 네트워크 설비가 들어가기 어려운 공간에서도 설치가 가능하여 공간의 자유를 부여할 수 있다.

이더넷이나 3G/LTE와 같은 이동통신 기술을 이용해서 디바이스가 직접 인터넷에 연결될 수 있다. 스마트폰이나 모바일 라우터와 같은 중개장치를 통해서 인터넷에 연결되기도 한다.

사물인터넷 이전의 기술인 유비쿼터스 센스 네트워크의 개념에서 설명하면 다음과 같다.

유비쿼터스 센서네트워크의 관점에서는 센서 노드들이 다른 여러 개의 노드들을 경유하여 인터넷에 연결되기도 한다. 센서나 디바이스가 사물인터넷 게이트웨이를 통해 인터넷에 연결되는 경우, 이들 사이에는 와이파이, 블루투스, 지그비 등과 같은 근거리 무선통신기술이 주로 이용된다.

디바이스 네트워크는 여러 디바이스들과 사물인터넷 게이트웨이 연결하기 위해 근거리 통신 기술 이용한 센싱 데이터를 교환한다. 제한된 배터리 양을 사용하기 때문에 대용량 데이터의 고속 전송은 불가하다. 관련기술로는 Wi-Fi, ZigBee, Z-Wave, Bluetooth, 적외선 통신, PLC 등이 있다.

백본 네트워크(BcN)란 디바이스/게이트웨이와 서버를 연결하는 망으로 인터넷, 모바일 통신기술을 통한 데이터 교환한다. 관련기술로는 Frame Relay, X.25, ATM(패킷교환망기술), HDLC, PPP(회선교환망), 모바일 통신기술, 위선통신기술, 마이크로웨이브, 무선 WAN 등이 있다.

3) 데이터 처리(Processing)

데이터 처리 영역은 다양한 통신 기술 및 인터넷을 통해 전송된 센서 및 디바이스 데이터를 수집하고, 저장하고, 분석하고, 가공하는 역할을 하며, 서비스를 제공하기 위한 다양한 결정을 한다. 전송된 데이터들 중에서 의미 있는 데이터만을 걸러내는 데이터 필터링 기술이 중요하다.

특히, 서로 다른 포맷으로 전송된 데이터를 효율적으로 저장하고 가져다 쓰기위한 데이터 저장 기술, 그리고 데이터로부터 지식을 추출하기 위한 데이터 과학 기술 등이 필요하다. 또한, 응용 서비스 제공을 위한 다양한 표준 인터페이스를 제공한다.

서비스를 할 수 있도록 하는 주체를 서비스 플랫폼이라 한다. 이 플랫폼에는 디바이스 소프트웨어, 미들웨어, 데이터베이스(DB), 분석 소프트웨어, 게이트웨이 등의 종류가 있다.

4) 가치 제공(Presentation)

서비스 제공 영역은 비즈니스적 가치를 창출한다. 즉 데이터를 분석하고 가공된 데이터를 사람 혹은 다른 사물이 이해할 수 있도록 만든다. 사람을 대상으로 하는 경우 스마트폰이나 컴퓨터에서 사용되는 애플리케이션이나 웹의 형태가 될 수도 있고, 키오스크나 디지털 사이니지와 같은 전용 디스플레이 장치를 통해 전달될 수도 있다.

사물을 대상으로 하는 경우는 센서나 디바이스 혹은 액추에이터에 직간접으로 피드백을 제공하기도 한다.

이 과정이 사람들에게는 보이지 않기 때문에 서비스 제공 영역을 따로 분리하지 않는 경우고 있다.

서비스 제공 영역의 주된 기능으로는 서비스 디바이스를 통해 애플리케이션/서버의 목적에 맞는 서비스를 제공하는 기능과 사물인터넷에 연결된 디바이스들을 관리하고 제어하는 기능이 있다.

표 2-1에서는 서비스 유형에 따른 서비스 제공 주체가 결정된다.

[표 2-1] **서비스 제공 주체별 디바이스와의 관계**

서비스 유형	서비스 제공 주체	센서 디바이스와 서비스 디바이스의 관계
서비스 플랫폼	서비스 플랫폼	동일
서비스 디바이스	서비스 디바이스	동일
서비스 플랫폼	서비스 플랫폼	상이
서비스 디바이스	서비스 디바이스	상이

서비스 플랫폼 유형은 센서 디바이스를 통해서 수집되고 처리되어야 하는 데이터의 양이 많거나, 동시에 다수의 서비스 디바이스를 통해 서비스를 제공해야 하는 경우에 해당된다. 혹은 센서 디바이스들이 연결된 네트워크의 종류에 무관하게 서비스를 제공해야 하는 경우나 사물인터넷 서비스를 다양한 애플리케이션을 통해 제공해야 하는 경우이다.

한편, 서비스 디바이스 유형은 센서 디바이스와 서비스 디바이스가 동일할 때 선택된다. 또는 센서 디바이스가 서비스 디바이스에 직접 연결된 경우나 센서 디바이스를 통해서 수집되고 처리되어야 하는 데이터의 양이 적은 경우에 해당된다. 혹은 동시에 다수의 서비스 디바이스를 통해 서비스를 제공해야 할 필요가 없는 경우, 사용자의 프라이버시와 관련된 서비스인 경우에는 서비스 디바이스에서 전용 애플리케이션을 통해 직접 제공되는 방식을 따른다.

이상의 기술을 적용하기 위해서는 참조 모델이 반드시 필요하다.

2.3. 사물인터넷 아키텍처

사물인터넷을 위한 최적의 플랫폼이자 컴퓨팅 환경으로 클라우드 컴퓨팅이 이슈가 되고 있다. 사물인터넷에서 수집된 방대한 데이터를 처리하기 위해서 방대한 저장소와 컴퓨터가 필요하기 때문이다. 이러한 문제를 클라우드를 이용할 경우 비용절감의 효과가 있기 때문이다. 그러나 클라우드 컴퓨팅의 구조는 해당 서비스가 지연될 문제가 있다. 예를 들어, 센서에서 수집한 정보를 기반으로 화재진압 또는 교통관제를 수행할 때에는 바로바로 처리가 되어야한다. 하지만, 방대한 양이 클라우드 데이터 센터에 전송되고 처리까지 기다리면 문제가 될 수 있다. 또한 인터넷에 연결되는 사물들이 다양해짐에 따라 이기종 간에 생성된 데이터가 혼재되어 이를 중앙에서 수집하고 분석하기에는 상당한 비용이 소요된다. 때문에 사물인터넷의 컴퓨팅 환경은 보다 유연한 환경이 되어야 한다. 즉, IoT를 위한 플랫폼에는 사물을 연결하고 데이터를 신속하고 정확하게 처리할 수 있어야 한다.

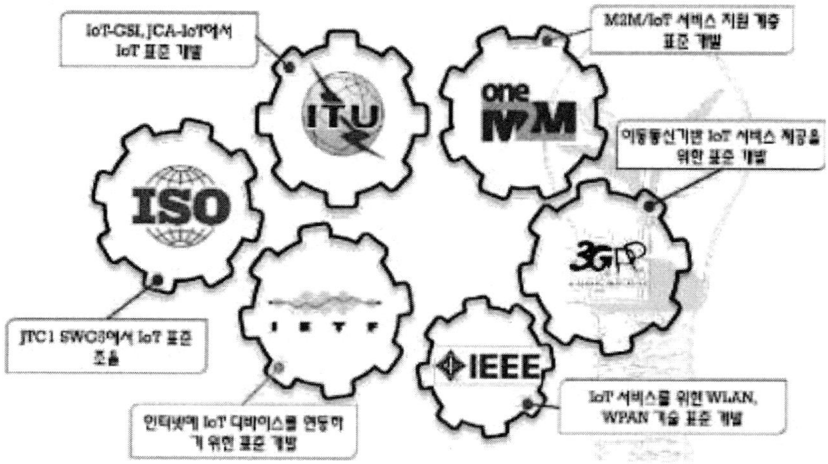

그림 2-3 주요 IoT 표준화 단체
*출처: MTC, Machine-Type Communication

IoT의 주요 표준화 단체는 ITU-T, oneM2M, 3GPP, IEEE, IETF, ISO가 있다. ITU-T는 통신사업자 관점의 IoT 요구사항, 네트워크 기능, 서비스 표준을 개발하고 있으며, 별도의 IoT-GSI와 JCA-IoT 그룹을 운영하고 있다. oneM2M은 다양한 M2M과 IoT 서비스를 지원하고 공통 서비스 지원 계층 표준을 개발하고 있다. 3GPP는 기존의 이동통신기술을 확장하는 표준을 개발하고 있으며, 이동통신에 대한 네트워크 표준을 개발하고 있다. IEEE는 802.x계열의 무선기술을 M2M과 IoT에 적합하도록 수정한 표준을 개발하고 있다. IETF는 저전력 무선 기술을 사용하는 단말을 인터넷에 연동하는 표준을 개발하고 있다. 또한 인터넷에 기반한 IoT 서비스를 지원하고 있다. ISO는 IoT의 개념과 시장의 요구사항을 분석하고 IoT 표준화 분석 작업을 시작하였으며, JTC1 SWG5에서 IoT 표준을 조율하고 있다.

1) ITU-T의 IoT 아키텍처

ITU-T는 그림 2-4와 같이 디아비스 레이어(Device Layer), 네트워크 레이어(Network Layer), 서비스 및 애플리케이션 지원 레이어(Service Support and Application Suport Layer), 애플리케이션 레이어(Applicaton Layer)로 IoT 아키텍처를 분류하였다. 디바이스 레이어의 역할은 사물로부터 데이터를 수집하여 이를 다른 디바이스 또는 중계자인 게이트웨이로 전송하는 것이다. 네트워크 레이어는 데이터를 송수신하는 통신로이다. 애플리케이션 레이어는 서비스의 관리 통제의 역할을 수행한다. 디바이스와 네트워크의 운영 체제, 미들웨어로 구성된다.

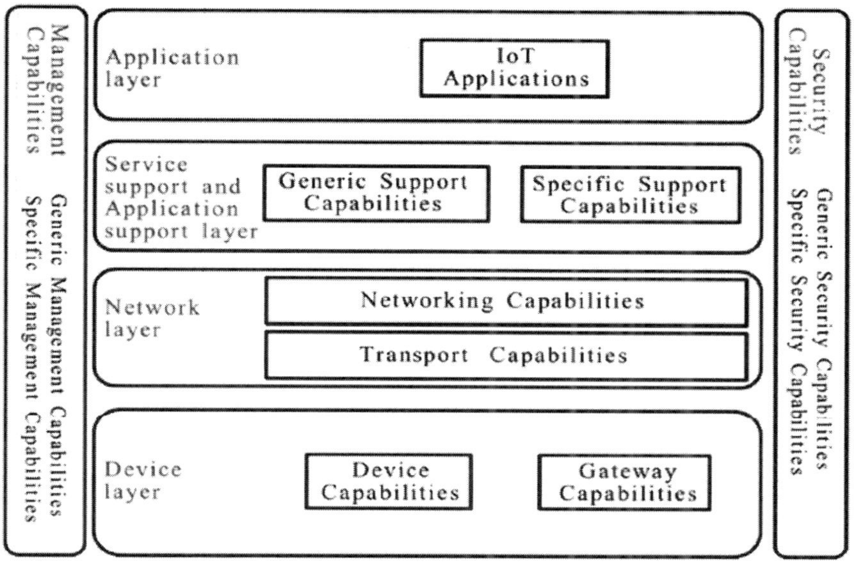

그림 2-4 ITU-T의 IoT 아키텍처
*출처: ITU-T 2012, Overview of the Internet of Things

2) 칸(Khan, R., et al.)의 IoT 아키텍처

칸은 2012년에 IoT의 아키텍처를 제안하고 이를 기반으로 서비스와 주요 이슈를 분석하였다. 칸은 IoT 아키텍처를 인식레이어, 네트워크 레이어, 미들웨어 레이어, 애플리케이션 레이어, 비즈니스 레이어인 5개의 레이어로 제안하였다. 인식 레이어는 ITU-T에서 제안한 디바이스와 같은 역할을 한다. 미들웨어 레이어는 ITU-T의 서비스 및 애플리케이션 지원 레이어와 유사한 기능을 한다. 서로 다른 데이터가 데이터베이스에 연결되어 서비스화 될 수 있도록 지원하는 레이어이다. 비즈니스 레이어는 전반적인 비즈니스 모델과 전략을 수립하는 역할을 한다.

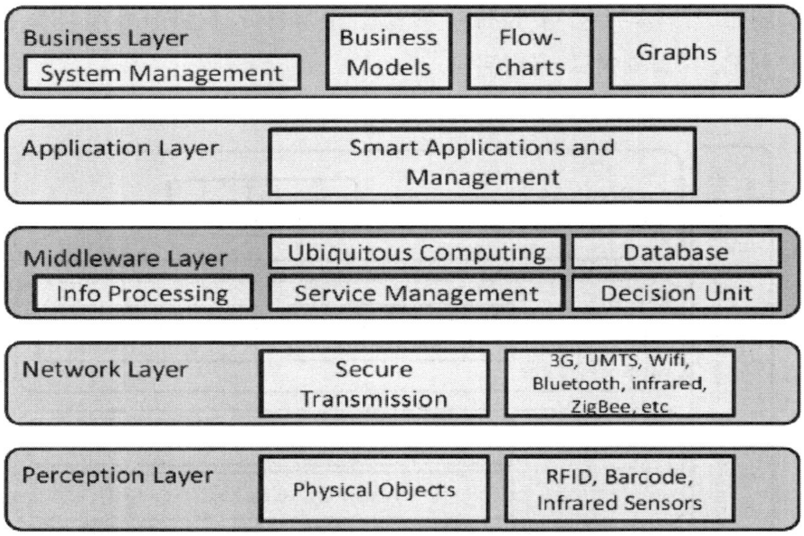

그림 2-5 칸(Khan, R., et al.)의 IoT 아키텍처
*출처: 논문, "Future Internet: The Internet of Things Architecture, Possible Applications and Key Challenges", 2012

3) 굽비(Gubbi, J., et al.)의 IoT 아키텍처

위에서 언급한 ITU-T의 아키텍처와 칸의 아키텍처는 공통적으로 디바이스 레이어, 네트워크 레이어, 미들웨어 레이어, 애플리케이션 레이어의 관점을 갖고 있다. 하지만, 데이터의 생성과 수집과정에서 WSN을 바탕을 둔 구조이므로 IoT보다는 이전 개념인 M2M에 더 가깝다. 그러므로 여러 데이터의 유형과 대용량 데이터의 처리를 위해서는 추가적인 자원이 필요하다. 이에 굽비는 클라우드 컴퓨팅 환경에서 아키텍처를 제안하였다.

굽비의 IoT 아키텍처는 클라우드 컴퓨팅 환경을 통해 다양한 단말기에서 수집되는 데이터를 효과적으로 활용, 관리하여 대용량 데이터에 대한 처리와 서비스 연결성 확보, 서비스 제공 방식에 대해 고려하였다. 또한 개발자와 사용자 중심의 데이터 센터와 인프라 스트럭처에 대한 고려도 시도하였다.

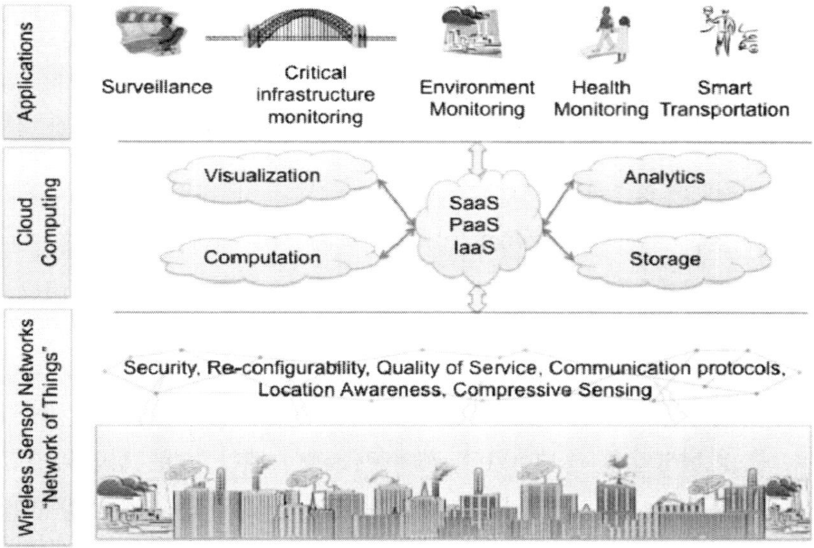

그림 2-6 굽비(Gubbi, J., et al.)의 IoT 아키텍처
*출처: 논문, Internet of Things(IoT): A Vision, Architectural Elements, and Future Directions, 2013

아키텍처는 크게 애플리케이션 레이어, 클라우드 컴퓨팅 레이어, 네트워크 레이어인 3개의 레이어로 구분하였다. 그 세부적으로 네트워크 레이어에서는 네트워크에 필요한 보안, QoS 프로토콜 등의 역할을 규정하였다. WSN을 기반으로 클라우드 컴퓨팅을 이용한 서비스들을 제공할 수 있도록 규정하였다.

2.4. 사물인터넷 참조모델

조직 입장에서 중요한 사항은 자체 기술의 표준 및 모범 사례와 일치시켜 조직 간의 상호 운용성을 보장하는 것이다. 이러한 표준 또는 규칙이 이루어지면 모든 이해 관계자가 기존 비즈니스와 "상호 운용"되는 새로운 비즈니스를 창출할 수 있는 환경이 형성 될 수 있다. 사물인터넷 구조는 참조모델을 이해할 때 반드시 선행되어야 할 지식이다.

1) CISCO의 사물인터넷 참조모델

CISCO에서는 사물인터넷 참조모델을 소개하면서 각 레벨에 대한 표준 용어를 정의하였고, 각 레벨 간의 기능 및 각 레벨간의 상호 작용을 설명하였다.

참조모델은 7개의 레벨로 이루어져 있다. 각 레벨은 해당 구성 요소의 범위 또는 지역을 제한하지 않는다. 예를 들어 물리적 관점에서 모든 요소는 단일 장비 랙에 존재하거나 전 세계에 분산될 수 있는 것이다. 또한 단순하게 정의하여 확장성을 허용하고 있다.

그림 2-7은 CISCO의 IoT 참조모델과 각 레벨을 보여준다. 데이터의 방향은 양방향으로 정의하였다. 제어 패턴에서 제어정보는 상단(레벨 7)에서 하단(레벨 1)로 흐른다. 모니터링 패턴에서의 정보 흐름은 반대방향이다. 그리고 대부분의 시스템에서 흐름은 양방향이다.

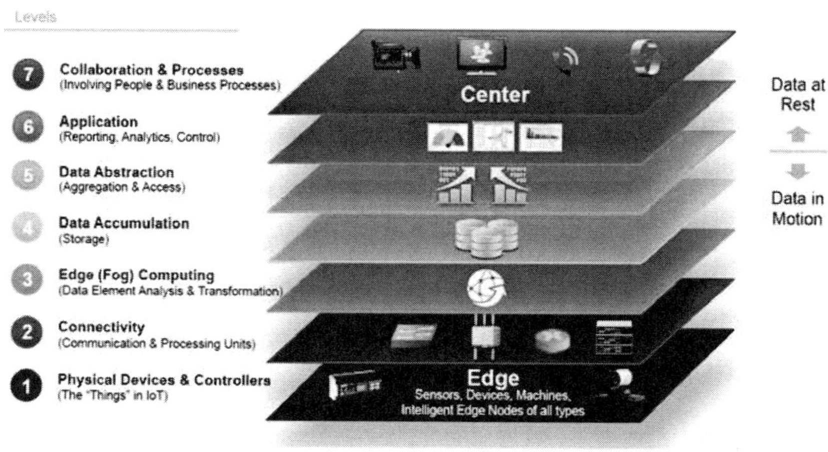

그림 2-7 CISCO의 사물인터넷 참조 모델
*출처: CISCO, "IoT Reference Model White Paper", 2014

가. 레벨 1: 물리적 기기 및 컨트롤러

사물인터넷 참조모델은 여러 기기를 제어할 수 있는 레벨 1인 물리적 기기 및 컨트롤러부터 시작한다. 이 영역에서는 사물인터넷의 "사물"에 해당된다. 정보를 보내고 받는 다양한 통신기기 및 단말기기를 포함한다. 오늘날 사용하고 있는 장비의 종류는 다양하고, 시간이 지남에 따라 더 많은 장비가 사물인터넷에 추가되면서 무제한으로 증가될 것이다.

기기는 크기, 위치, 형식 등에 대한 규칙이 없다. 일부 장비는 손톱만한 크기를 갖는다. 사물인터넷은 모든 범위를 지원해야한다. 수십 또는 수백 대의 장비 제조업체가 사물인터넷 기기를 생산할 것이다. 사물인터넷 참조모델은 일반적으로 기기간의 호환성을 단순화하고 제조 가능성을 지원하기 위해 레벨 1 기기에서 필요한 처리수준을 설명한다. 그림 2-8은 기기의 기본적인 기능을 보여주고 있다.

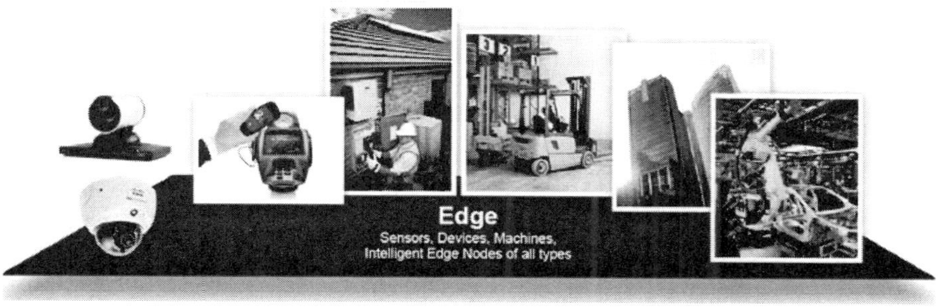

그림 2-8 레벨 1: 물리적 기기와 컨트롤러
*출처: CISCO, "IoT Reference Model White Paper", 2014

사물인터넷에서의 기기(레벨 1)는 다음과 같은 기능들을 수행되어야 한다.

- 아날로그 - 디지털 변환 (필요한 경우)
- 데이터 생성
- 네트워크를 통한 질의/제어

나. 레벨 2: 연결

통신 및 연결은 레벨 2에 집중되어 있다. 레벨 2의 가장 중요한 기능은 신뢰할 수 있고 시기 적절한 정보의 전송이다. 여기에는 다음과 같은 전송 기능이 포함된다.

- 기기(레벨 1)와 네트워크 사이 전송
- 네트워크간 전송
- 네트워크(레벨 2)와 레벨 3에서 발생하는 낮은 수준의 정보

전통적인 데이터 통신 네트워크는 ISO에서 제안하는 7계층 참조모델과 같이 다수의 기능을 갖는다. 그러나 완전한 사물인터넷 시스템은 통신 네트

워크뿐만 아니라 많은 레벨을 포함한다.

사물인터넷 참조모델 레벨 2에서의 목적은 기존 네트워크에서 실행되는 통신 및 처리를 위한 것이다. 다른 네트워크를 만들 필요가 없이 기존 네트워크를 그대로 사용한다. 그러나 일부 기기는 IP가 지원되지 않으므로 통신 게이트웨이의 도입이 필요하다. 다른 기기는 통신 기능을 제공하기 위해 독자적인 컨트롤러가 필요하다. 그러나 시간이 지나면 표준화도 늘어날 것이다. 레벨 1 기기가 확산됨에 따라 이들 기기가 레벨 2의 연결 기기와 상호 작용하는 방법이 달라질 수 있다. 그림 2-9는 레벨 1 기기와 레벨 2 기기간의 상호작용하는 것을 보여주고 있다.

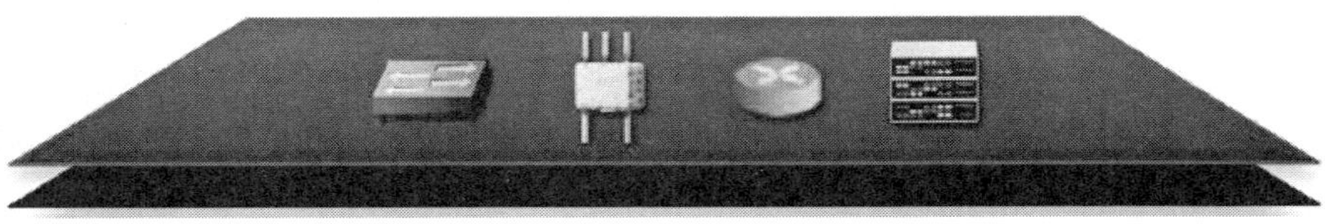

그림 2-9 레벨 2: 연결(통신과 처리 장치)
*출처: CISCO, "IoT Reference Model White Paper", 2014

연결(레벨 2)에서는 아래와 같은 기능이 포함되어야 한다.

- 레벨 1 기기와의 통신
- 네트워크를 통한 안정적인 정보 전달
- 다양한 프로토콜 구현
- 스위칭 및 라우팅
- 프로토콜 간 변환
- 네트워크 수준의 보안
- 자기 학습을 통한 네트워킹 분석

다. 레벨 3: 엣지(포그) 컴퓨팅

레벨 3의 기능은 네트워크 데이터 상위레벨(레벨 4) 처리에 적합한 정보로 변환해야하는 필요성에 의해 유도된다. 즉, 레벨 3의 활동은 대용량 데이터 분석 및 변환에 중점을 둔다. 예를 들어, 레벨 1의 센서 디바이스는 하루 종일 초당 여러 번 데이터 샘플을 생성 할 수 있다. IoT 참조 모델의 기본

원리는 가장 지능적인 시스템이 가능한 한 네트워크의 가장자리에 가깝게 정보 처리를 시작한다는 것이다. 이를 포그 컴퓨팅 이라고도 한다. 레벨 3에서는 이러한 상황이 발생한다. 그림 2-10은 레벨 3의 포그 컴퓨팅을 보여주고 있다.

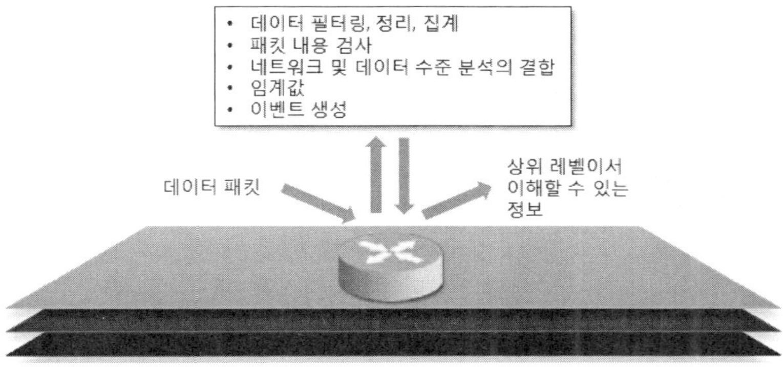

그림 2-10 레벨 3: 엣지(포그) 컴퓨팅
*출처: CISCO, "IoT Reference Model White Paper", 2014

일반적으로 데이터는 연결 단위(레벨 2) 네트워킹 장비에 장치별로 전송되므로 레벨 3 처리는 패킷 단위로 수행된다. "세션"또는 "트랜잭션"이 아닌 데이터 단위에 대한 인식만 있기 때문에 제한적이다. 레벨 3의 처리는 다음과 같은 많은 예제를 포함 할 수 있다.

- 평가: 상위 수준에서 처리해야하는지 여부에 대한 기준에 대한 데이터 평가
- 재구성: 상위 수준의 일관된 처리를 위해 데이터를 재구성
- 확장/디코딩: 추가 컨텍스트(출처 등)로 숨겨진 데이터 처리
- 증류/환원: 데이터 및 트래픽이 네트워크 및 상위 처리 시스템에 미치는 영향을 최소화하기 위해 데이터 감소 및 요약
- 평가: 데이터가 임계값 또는 경고인지 여부를 결정. 여기에는 추가 대상으로 데이터를 리디렉션하는 것이 포함될 수 있다.

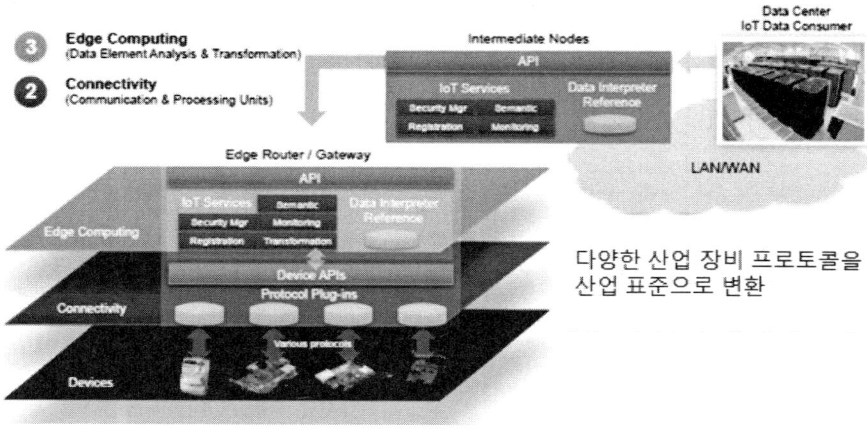

그림 2-11 레벨 2 및 레벨 3의 데이터 분석 요소 예
*출처: CISCO, "IoT Reference Model White Paper", 2014

그림 2-11은 레벨 2와 레벨 3의 연결 및 데이터 요소의 분석 예를 보여주고 있다. 즉, 다양한 산업 장비 프로토콜을 산업 표준으로 변환하는 것이다. 레벨 1의 디바이스에서 수집된 내용은 다양한 프로토콜로 레벨 2로 전송되고 이것을 상위레벨에서 분석을 위하여 산업 표준화된 프로토콜로 변환된다. 이렇게 데이터를 수집하고 분석을 할 수 있게 된다.

라. 레벨 4: 데이터 축적

네트워크 시스템은 데이터를 안정적으로 이동할 수 있도록 구축된다. 레벨 4 이전의 데이터는 네트워크를 통해 데이터를 생성하는 장치에 의해 결정되고 속도로 이동하고 있다. 이 모델은 이벤트 기반 모델이다.

앞서 정의한 대로 레벨 1 기기는 컴퓨팅 기능 자체를 포함하지 않는다. 그러나, 레벨 2에서는 네트워크 보안 정책의 프로토콜 변환 또는 적용과 같은 일부 컴퓨터 작업이 발생할 수 있다. 레벨 3에서는 패킷 검사와 같은 추가 컴퓨팅 작업을 수행할 수 있다. 여러 관리 도메인에 분산된 이기종 시스템을 사용하여 컴퓨팅 작업을 IoT에 최대한 근접하게 추진하는 것은 포그 컴퓨팅의 한 예이다. 포그 컴퓨팅과 포그 서비스는 IoT의 특징으로 자리 매김할 것이다. 그림 2-12는 레벨 4에 발생하는 활동에 대한 그림이다.

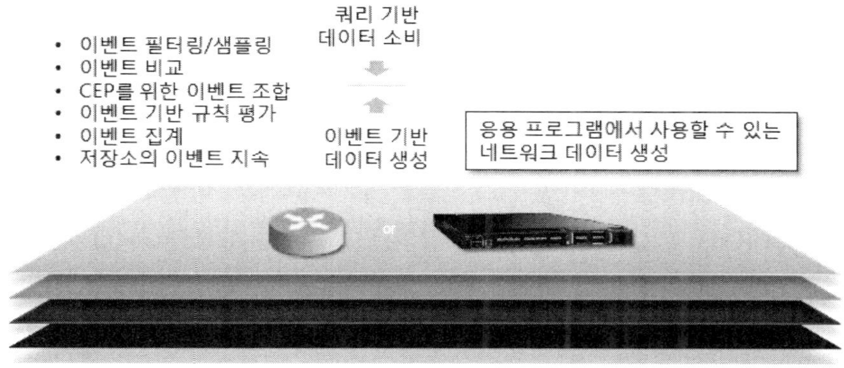

그림 2-12 레벨 4: 데이터 축적
*출처: CISCO, "IoT Reference Model White Paper", 2014

대부분의 애플리케이션은 네트워크 속도로 데이터를 처리할 수 없거나 처리할 필요가 없다. 애플리케이션은 일반적으로 데이터가 메모리나 디스크에서 "정지" 되거나 변경되지 않은 상태로 가정한다. 레벨 4, 데이터 축적에서 이동 중인 데이터는 유휴 데이터로 변환된다. 레벨 4에서는 다음을 결정한다.

- 상위 레벨 데이터에 관심이 있는 경우: 상위 레벨의 특정한 요구를 충족하도록 구성된 첫 번째 레벨은 레벨 4 프로세싱이다.
- 데이터를 유지해야하는 경우: 비휘발성 상태로 디스크에 데이터를 보관하거나, 단기간 사용하기 위해 메모리에 데이터를 축적해야 한다.
- 필요한 스토리지 유형 : 파일 시스템, 빅 데이터 시스템 또는 관계형 데이터베이스가 지속적으로 필요한지?
- 데이터가 적절하게 정리되어 있다면: 데이터가 필요한 스토리지 시스템에 맞게 정리되어 있는지?
- 데이터를 재생하거나 재구성해야 하는 경우: 데이터를 이전에 저장한 정보와 결합, 재구성 또는 집계할 수 있으며, 이 중 일부는 IoT 이외의 것일 수 있다.

레벨 4는 데이터를 캡처하여 안정적으로 저장하므로 실시간이 아닌 애플리케이션에서 사용할 수 있다. 애플리케이션은 필요할 때 데이터에 액세스한다. 즉, 레벨 4는 이벤트 기반 데이터를 쿼리 기반 프로세싱으로 변환한다.

이는 실시간 네트워킹 환경과 실시간이 아닌 애플리케이션 환경 간의 차이를 좁히는 데 있어 매우 중요한 단계이다.

마. 레벨 5: 데이터 추상화

IoT 시스템은 기업 또는 글로벌 수준까지 확장해야하며 기존의 ERP, HRMS, CRM 및 기타 시스템의 IoT 디바이스 데이터 및 데이터를 수용하기 위해 여러 스토리지 시스템이 필요하다. 레벨 5의 데이터 추상화 기능은 보다 단순하고 성능이 향상된 응용 프로그램을 개발할 수 있도록 데이터 및 저장소를 렌더링하는 데 중점을 둔다. 그림 2-13은 레벨 5 데이터 추상화에 대해 보여주고 있다.

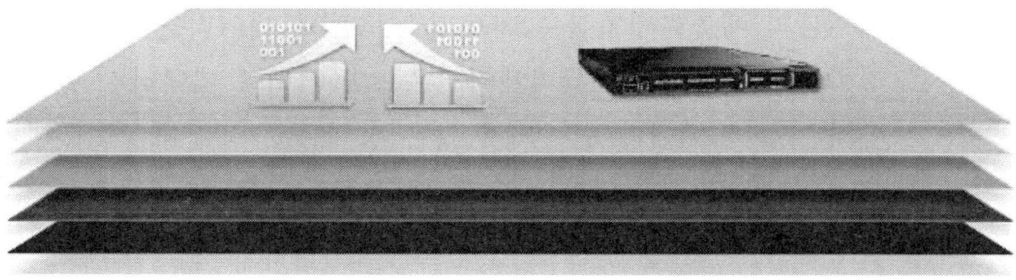

그림 2-13 레벨 5: 데이터 추상화
*출처: CISCO, "IoT Reference Model White Paper", 2014

여러 장치가 데이터를 생성 할 때, 이 데이터가 동일한 데이터 저장소에 저장되지 않는 이유는 다음과 같다.

- 데이터를 데이터베이스로 이동하면 처리 능력이 너무 많이 소비 될 수 있으므로 데이터를 검색하는 과정을 데이터 생성 프로세스와 분리해야 한다. 온라인 트랜잭션 처리(OLTP) 데이터베이스 및 데이터웨어 하우스를 사용하여 이 작업을 수행한다.
- 디바이스는 지리적으로 분리되어 처리가 로컬에서 최적화된다.
- 레벨 3과 4는 "연속 데이터 스트림"과 "이벤트를 나타내는 데이터"를 분리 할 수 있다. 스트리밍 데이터의 데이터 저장 장치는 Hadoop과 같은 큰 데이터 시스템 일 수 있다. 이벤트 데이터 저장 영역은 더 빠른 조회 시간을 갖는 관계형 데이터베이스 관리 시스템(RDBMS) 일 수 있다.
- 다양한 종류의 데이터 처리가 필요할 수 있다. 예를 들어, 매장 내 처리

는 매장 전체 요약 처리가 아닌 다양한 작업에 초점을 맞춘다.

이러한 이유로 데이터 추상화 수준은 많은 다른 것들을 처리해야한다. 여기에는 다음이 포함된다.

- 서로 다른 소스에서 여러 데이터 형식 조정
- 여러 소스에서 일관된 데이터 의미 확보
- 상위 응용 프로그램에 데이터가 완료되었는지 확인
- 데이터를 한 곳으로 통합(ETL, ELT 또는 데이터 복제 사용)하거나 데이터 가상화를 통해 여러 데이터 저장소에 액세스 제공
- 적절한 인증 및 권한 부여를 통한 데이터 보호
- 신속한 응용 프로그램 액세스를 제공하기 위해 데이터 정규화 또는 표준화 및 인덱싱

바. 레벨 6: 애플리케이션

레벨 6은 정보 해석이 이루어지는 애플리케이션 레벨이다. 이 레벨의 소프트웨어는 레벨 5 및 휴면 상태의 데이터와 상호 작용하므로 네트워크 속도로 작동 할 필요가 없다. 그림 2-14는 레벨 6의 애플리케이션을 나타내고 있다.

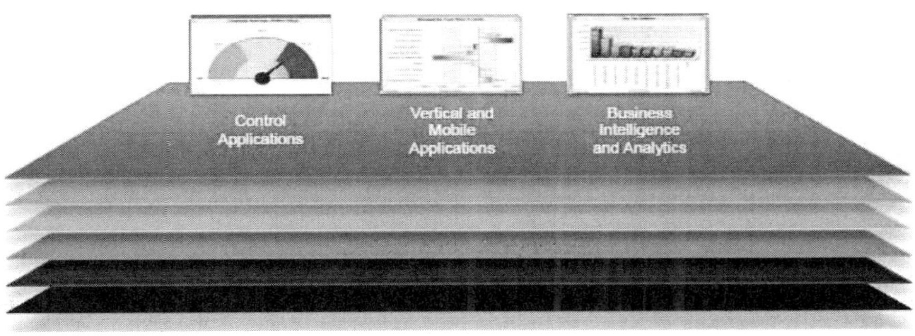

그림 2-14 레벨 6: 애플리케이션
*출처: CISCO, "IoT Reference Model White Paper", 2014

IoT 참조 모델은 엄격하게 애플리케이션을 정의하지 않는다. 애플리케이션은 디바이스 데이터의 특성 및 비즈니스 요구 사항에 따라 다르다. 예를 들어, 일부 애플리케이션은 디바이스 데이터 모니터링에 중점을 둔다. 일부는 제어 디바이스에 중점을 두고, 일부는 디바이스 및 비-디바이스 데이

터를 결합한다. 모니터링 및 제어 애플리케이션은 다양한 애플리케이션 모델, 프로그래밍 패턴 및 소프트웨어 스택을 나타내므로 운영 체제, 애플리케이션 서버, 하이퍼 바이저, 멀티 스레딩, 멀티 테넌시 등이 논의된다. 이러한 항목은 IoT 참조 모델 논의의 범위를 벗어난다. 애플리케이션 복잡성이 크게 달라질 것이라고만 알아두자.

예를 들면 다음과 같다.

- 일반화된 ERP 또는 전문화 된 산업 솔루션과 같은 미션 크리티컬 비즈니스 애플리케이션
- 간단한 상호 작용을 처리하는 모바일 애플리케이션
- 비즈니스 인텔리전스 보고서(애플리케이션이 BI 서버인 경우)
- 비즈니스 의사 결정을 위해 데이터를 해석하는 분석 애플리케이션
- IoT 시스템 자체를 제어하고 이에 의해 생성 된 데이터에 영향을 미치지 않는 시스템 관리/제어 센터 애플리케이션

레벨 1-5가 올바르게 설계되면 레벨 6에 필요한 작업량이 줄어든다. 레벨 6이 적절하게 설계되면 사용자는 자신의 업무를 더 잘 수행 할 수 있다.

사. 레벨 7: 협업 및 프로세스

IoT는 사람과 프로세스를 포함한다. 이는 특히 레벨 7에서 분명히 나타난다. IoT 시스템과 그것이 생성하는 정보는 종종 사람과 프로세스를 필요로 하는 조치를 취하지 않는 한 가치가 없다. 그림 2-15는 레벨 7을 나타내고 있다.

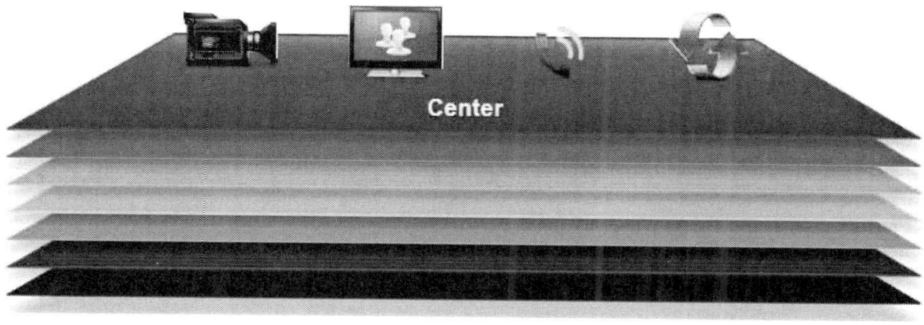

그림 2-15 레벨 7: 협업 및 프로세스
*출처: CISCO, "IoT Reference Model White Paper", 2014

애플리케이션은 사람들에게 권한을 부여하기 위해 비즈니스 로직을 실행한다. 사람들은 특정 요구에 맞게 응용 프로그램 및 관련 데이터를 사용한다. 종종 여러 사람이 서로 다른 용도로 동일한 애플리케이션을 사용한다. 따라서 목표는 애플리케이션이 아니라 사람들이 업무를 효율적으로 수행 할 수 있도록 지원하는 것이다. 애플리케이션(레벨 6)은 비즈니스 담당자에게 올바른 작업을 할 수 있도록 적시에 적절한 데이터를 제공한다. 그러나 필요한 행동을 위해서는 여러 사람이 필요한 경우가 많다. 사람들은 IoT를 유용하게 만들기 위해 때로는 전통적인 인터넷을 사용하여 의사 소통하고 공동 작업 할 수 있어야한다. 의사 소통 및 협업에는 여러 단계가 필요하다.

아. 보안

각 레벨의 보안 및 레벨 간의 데이터 이동에 대한 논의는 다양한 문서에서 볼 수 있다. IoT 참조모델에서는 다음과 같은 보안 수단을 사용해야 한다.

- 각각의 디바이스 또는 시스템 보호
- 각 레벨의 모든 공정에 대한 보안 제공
- 각 층 간의 이동 및 통신 보장

다음 그림 2-16은 IoT 참조 모델 전체에 대한 보안에 대한 내용을 보여주고 있다.

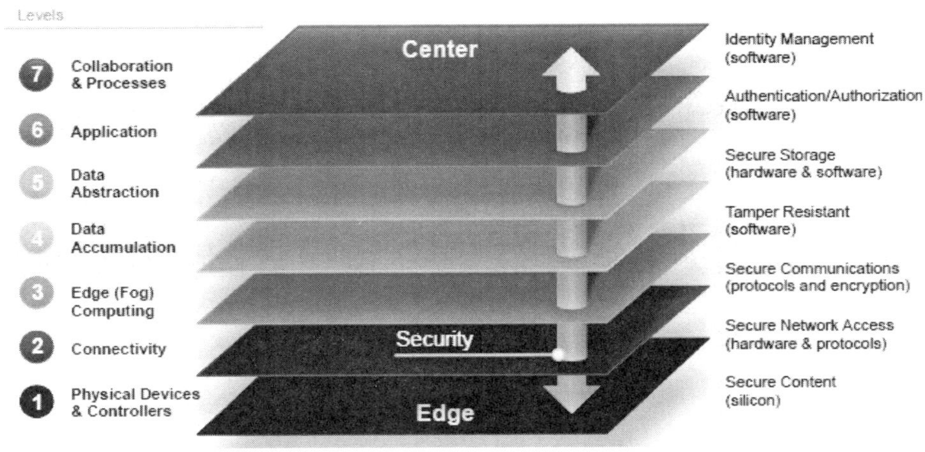

그림 2-16 IoT 참조 모델 전반에 걸친 보안
*출처: CISCO, "IoT Reference Model White Paper", 2014

2) IoT-A의 사물인터넷 기능모델

IoT-Architecture(IoT-A) 프로젝트에서는 그림 2-17과 같이 사물인터넷의 구조를 기능적인 관점에서 정의하고 있다. 이렇게 하면 사물인터넷의 복잡한 시스템을 이해하고 설명하는 것도 쉬워질 뿐만 아니라, 시스템의 개발 및 관리도 용이해 지기 때문이다. 즉, IoT-A 프로젝트에서 정의하는 사물인터넷의 기능 모델들을 도식화한 것이다. 이것을 사물인터넷 구조에 대한 참조모델(IoT ARM, Architecture Reference Model)이라 한다. 기능별로 관련 있는 부분을 묶어 기능그룹(FG, Functionality Group)으로 정의하고 있다.

사물인터넷 기능모델은 주요 기능을 하는 7개의 그룹과 이들을 보완하기 위한 Management와 Security인 2개의 그룹으로 구성되어 있다. Management와 Security 기능그룹의 경우 대부분의 다른 기능그룹들과 인터페이스를 하기 때문에 기능그룹들간의 관계를 나타내는 화살표가 표시되지 않았다. 각 기능 그룹에 대해 알아보자.

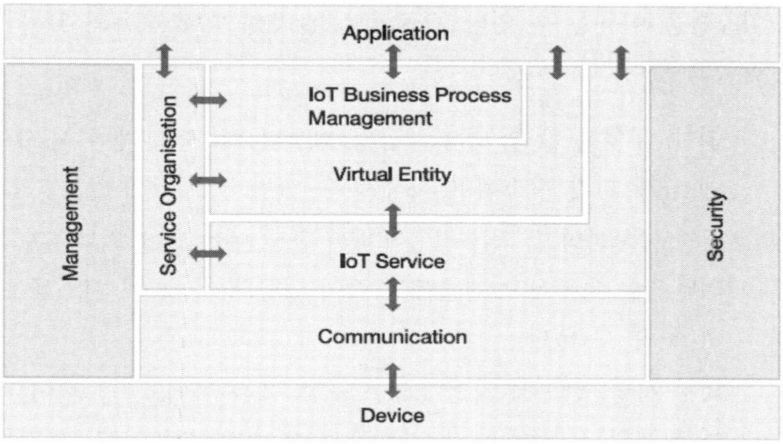

그림 2-17 IoT-A의 사물인터넷 기능모델(IoT Functional Model)
*출처: IoT-A, "The IoT Architectural Reference Model(ARM) – D1.3", 2012

이 참조모델은 다양한 애플리케이션 영역에서 호환 가능한 IoT 아키텍처를 만들 수 있도록 기업에 최상의 방법을 제공한다. 이러한 IoT 아키텍처는 실시간을 고려하거나 보안 기능을 선택하는 것과 같이 몇 가지 아키텍처를 선택할 수 있다. 또한 상호운용성을 보장하기 위해 참조된다.

애플리케이션 도메인이 겹쳐질 경우 IoT 참조 아키텍처를 준수하면 솔루션의 상호 운용성이 보장되고 해당 도메인에서 새로운 시너지 효과를 창출할 수 있다.

가. 사물인터넷 프로세스 관리(IoT Process Management) 기능 그룹

사물인터넷 비즈니스 프로세스 관리(IoT Business Process Management)는 이후 사물인터넷 프로세스 관리로 변경되었다. 비즈니스에 국한된 프로세스가 아닌 포괄적인 영역으로 확대 된 것이다. 이 기능그룹의 목적은 전통적인 비즈니스 및 일반적인 프로세스와 기능적인 개념을 사물인터넷에서 사용되는 독특한 것들과 통합하기 위한 인터페이스를 제공하는 것이다. 즉, 기업에서 사용하는 공통 표준 및 모범사례를 기반으로 효과적으로 사물인터넷 시스템을 이용할 수 있도록 해준다. 또한 개별적이고 독자적인 사물인터넷 솔루션을 구축하는데 발생하는 비용과 노력을 줄여준다. 또한 사물인터넷 구조를 통합하기 위해 필요한 애플리케이션들과의 인터페이스 역할을 한다. 애플리케이션들은 프로세스 관리 기능 그룹에서 정의된 도구와 인터페이스들을 이용할 수 있다. 프로세스 관리를 위해 다음의 3가지 항목을 포함하고 있다.

- 권한: 무엇을 할 수 있다는 규정. 예를 들어, 중앙 제어 시스템에 의해 자체 규제 환기 시스템이 시작될 수 있다.
- 금지: 수행하면 안 되는 작업에 대한 규정. 예를 들어, 외부 온도가 사전에 정의된 값을 초과하고 건물에 사람이 있을 경우, 환기 시스템을 완전히 끄지 못할 수 있다.
- 의무 사항: 반드시 지켜야하는 규정. 예를 들어, 중앙 제어 시스템은 건물 전체의 각 방에 대해 기록된 환경 매개 변수(온도, 습도, 환기 설정)를 저장해야 한다. 이런 기록은 국가적인 직업-건강에 관한 법에 의해 요구될 수 있다.

나. 서비스 구성(Service Organization) 기능 그룹

서비스 구성 기능 그룹은 여러 기능 그룹들 사이에 중계자와 같은 역할을 한다. 사물인터넷 참조모델 내에서는 통신의 단위가 서비스이다. 그렇기 때문에, 이 기능 그룹은 서로 다른 수준의 추상화를 통해 서비스를 구성하고 조직할 때 사용된다. 참조 모델 내에서 프로세스 관리 기능 그룹이나 외부의 애플리케이션과 같은 높은 수준의 기능그룹으로부터의 서비스 요구들을 사물인터넷 서비스(IoT Service) 기능 그룹이 제공하는 서비스들에게 연결해준다. 또한 가상 개체(Virtual Entity) 기능 그룹을 사용하는 서비스들과 개체들을 연결시킨다.

다. 가상 개체(Virtual Entity)와 사물인터넷 서비스(IoT Service)기능 그룹

가상 개체 기능 그룹은 가상 개체에 관한 정보를 제공하거나 가상 개체들과의 상호작용을 허용할 수 있는 서비스를 탐지하는 기능을 한다. 또한 가상 개체들을 기반으로 사물인터넷 시스템과의 상호작용에 대한 기능을 포함한다. 더불어 새로운 동적 관계를 찾고 유효성을 감시, 관리하기 위한 필요한 기능들을 포함한다.

사물인터넷 서비스(IoT Service) 기능 그룹은 사물인터넷 서비스들의 발견, 조회, 이름 결정 등과 같은 기능을 포함한다.

가상 개체와 사물인터넷 서비스 기능그룹은 각각의 가상 개체와 사물인터넷 서비스의 추상화 레벨들과 상호작용하는 관련된 기능을 포함한다. 그림 2-18은 추상화 레벨들과 두 기능그룹이 어떻게 상호 연관되어 있는지를 보여준다. 실제 세계에서는 수 많은 센서와 액추에이터들의 특정한 측면들의 변화를 포착하거나 변화를 허용한다. 센서와 액추에이터와 관련된 자원들은 사물인터넷 서비스 레벨에서 사물인터넷 서비스들로 나타내어진다.

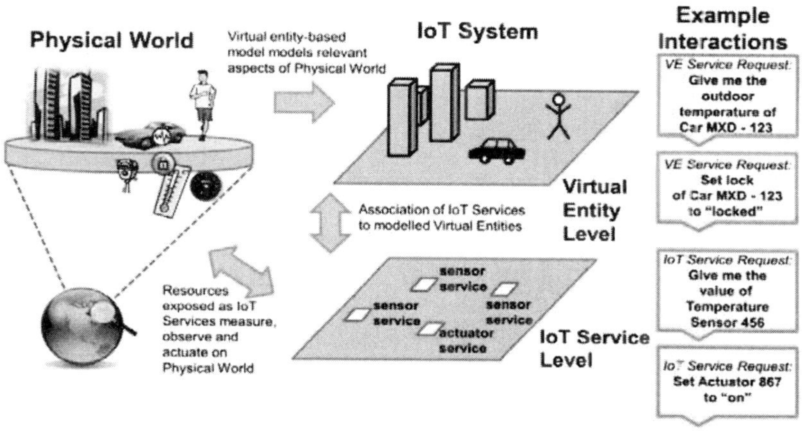

그림 2-18 사물인터넷 서비스와 가상 개체 추상화 레벨
*출처: IoT-A, "Internet of Things Architecture Deliverable D1.5", 2013

이러한 추상화 수준에서 애플리케이션과 IoT System 간의 상호작용하는 예로 "온도센서 456의 값을 달라" 또는 "액추에이터 867을 ON으로 설정하라"를 생각해보자. 애플리케이션들은 서비스들과 의미 있는 방식으로만 상호작용을 하게 된다. 예를 들어, 센서 456이 값 20을 반환한 경우에는 애플리케이션은 관심차량인 MXD-123의 실외온도인지를 알 수 있는 방식으로 프로그램 되거나 구성되어야 한다. 따라서 이 수준에서는 정보 자체에 의미가 포함되어 있지 않으며 IoT System에서도 이러한 정보를 않는다. 따라서 정보는 센서와 애플리케이션 사이에 사전에 공유되어야만 한다.

IoT 서비스 레벨에서의 상호작용은 특정한 환경에 대해 프로그램 되거나 설정된 특정 애플리케이션들에게 유용하다. 하지만, 수시로 변화하는 환경에서 적합한 서비스를 사용하고자하는 애플리케이션들도 있다. 이러한 유형의 애플리케이션들과 사용자들을 위해 가상개체 레벨은 실제 세계의 상위 측면을 모델링하며 서비스를 검색에 사용할 수 있다.

이러한 추상화 수준에서 애플리케이션과 IoT System 간의 상호 작용의 예로 "자동차 MXD-123의 실외 온도를 달라" 또는 "자동차 MXD-123의 잠금장치를 잠금상태로 설정하라"를 생각해 보자. 가상개체 레벨에서의 상호작용을 지원하기 위해 IoT 서비스와 가상개체 간의 관계를 모델링해야하며 이는 연결의 형태로 이루어진다. 예를 들어, 자동차 MXD-123의 실외온도가 센서 456에 의해 제공되고 있다는 정보를 포함하고 있을 것이다.

라. 통신(Communication) 기능 그룹

통신 기능 그룹의 목적은 사물인터넷 구조를 따르는 시스템들의 모든 통신 사항들을 처리하는 것이다. 데이터 정보와 제어 정보가 고려의 대상이 된다. 즉, IoT System에 속하는 여러 기술(디바이스 기능 그룹)에서 파생되는 다양한 상호작용 방식을 추상화한다. 그리고 IoT 서비스 기능 그룹에 대한 공통 인터페이스를 제공한다. 상위 수준의 정보 흐름을 인스턴스화하고 관리하기 위한 간단한 인터페이스를 제공한다. 특히, ISO/OSI 모델의 최상위 계층에서 시작하여 데이터 표현, 종단간(hop-to-hop) 경로정보, 주소 문제(Locator/ID 분할), 네트워크 관리 및 장치 관련 기능을 고려한다.

통신 기능 그룹은 통합 요구 사항 목록에 정의된 다양한 요구 사항, 특히 WP3에 명시된 통신과 관련된 요구 사항에 따라 사용자 정의할 수 있다. 예를 들어, ISO/OSI 계층에서 다양한 서명 및 암호화 체계를 활용하여 무결성 및 보안을 적용할 수 있다. 신뢰성은 링크 계층의 확인/응답 또는 상위 계층의 종단간(end-to-end) 오류 정정 프로토콜을 통해 구현된다. 또한 큐 관리 기술을 제공하여 서비스 품질을 실현한다. 마지막으로, 서로 다른 기술 간의 통신을 설명하기 위해 프로토콜 변환 및 컨텍스트 전달 기능이 기술된다.

마. 디바이스(Device) 기능 그룹

디바이스는 사이버 세상과 실제 세상 사이의 접점을 제공한다. 따라서 디바이스에 포함되는 하드웨어는 사물인터넷의 목적을 위해 적어도 통신 능력, 계산 능력, 저장 능력을 가지고 있어야 한다. 더불어 독자적인 동작을 위한 전력자원이 매우 중요하다. 많은 기술과 제품들을 사용할 수 있으며 능력 또한 다양하다.

통신능력은 디바이스간에 전달되는 데이터의 유형(ID, 센서 데이터, 명령 등)과 통신 토폴로지(네트워크 구조)에 대해 상대적이다. 따라서 에너지 소모, 데이터 수집 주기, 전송되는 데이터의 양에 매우 큰 영향을 끼친다. 또한 보안 특성들은 장비에 꾸준하게 부하를 주기 때문에 통신능력에 영향을 미친다.

바. 애플리케이션(Application) 기능 그룹

애플리케이션은 소프트웨어로 구현되는 기술적인 서비스로 국한된다. 즉, 서비스는 표준화된 인터페이스들을 제공한다. 이는 다양한 자원들에 대한 접근을 유용하게 해준다. 물리적인 개체와의 상호작용은 그와 대응되는 가상개체와 관련된 하나 혹은 그 이상의 서비스들에 의해 수행된다. 이러한 관계는 서비스의 준비 또는 발견 과정에서 중요하다. 따라서 서비스의 유형을 추상화의 정도에 따라 분류할 수 있다.

- 리소스(Resource) 차원의 서비스: 어떤 디바이스가 관리하는 자원에 접근하여 해당 기능을 제공한다. 단일 리소스라고도 불린다. 또한 의존성, 접속 제어와 같은 보안, 가용성과 같은 기능적이지 않은 측면을 다룬다.
- 가상개체 차원의 서비스: 가상개체 차원의 정보에 접근할 수 있도록 한다. 이 서비스들은 관계를 시작하기 위한 정보를 읽거나 업데이트하기 위해 특성값에 접근하도록 하는 가상개체와 관련된 서비스들일 수 있다. 또는 하나의 공통된 가상 개체 차원의 서비스에 서로 다른 가상 개체들의 특성값에 접근하기 위한 인터페이스를 제공한다.
- 통합 서비스: 리소스 차원의 서비스와 가상 개체 차원의 서비스의 결합뿐만 아니라 이 서비스들이 합성된 결과이다.

사. 관리(Management) 기능그룹

하나 혹은 그 이상의 기능 그룹들을 포함시키는 액션들에 대한 합성과 추적을 담당한다. 예를 들면, 배터리를 충전하는 동안 IoT System 전체를 대기보드로 전환시킬 수 있다. 또한 애플리케이션 혹은 디바이스 기능그룹의 상호작용에 대해 2개 이상의 기능그룹에서 합성 또는 추적이 필요하다면 관리를 진행한다.

하지만 특정한 기능그룹에만 관련된 활동들은 포함되지 않는다. 예를 들면, 보안 기능그룹에서의 권한 부여 관리 등이 있다. 또한 외부의 중재가 필요하지 않은 기능그룹들 사이의 상호작용에도 적용되지 않는다.

또한 관리 기능그룹은 IoT 시스템을 관리하는데 필요한 모든 기능을 결합한다. 관리의 필요성은 4가지 상위레벨 시스템 목표로 들 수 있다.

- 비용절감: 시스템 비용을 제어하기 위해 최대 사용자 및 사용을 위해 설계
- 예기치 못한 사건 발생: IoT 시스템은 불완전한 현실 모델을 기반으로 한다. 예를 들어, 동일한 유형의 사용자에 대해 예기치 않는 실제 세계에서의 활동 패턴이 발생할 수 있다. 오류는 명확한 오류 관리 지침을 통해 시스템에 도입된다. 또 다른 예로, 장비가 갑자기 꺼질 수 있다. 이는 현재의 장비보다 비용은 높아지나 신뢰성이 낮을 수 있기 때문에 보편화될 가능성이 크다. 관리 기능그룹은 예기치 못한 상황으로부터의 영향을 완화하기 위한 전략과 조치를 제공할 수 있다.
- 오류 처리: 시스템 자체의 향후 동작에 대한 예측 불가능성을 해결한다. 이는 복잡한 사물인터넷 시스템에 특히 중요하다. 오류처리에 대한 조치는 잠재적인 오류 예측, 기존 오류 감지, 오류의 영향 감소, 복구로 볼 수 있다. 복구를 제외한 방법들은 사물인터넷 시스템 장치의 이전 또는 예상된 동작과 현재동작을 비교하여 수행할 수 있다.
- 융통성: 시스템 설계는 요구사항을 기반으로 한다. 그러나 요구사항이 바뀔 때마다 새로운 시스템을 설계하는 대신 시스템에 몇 가지 융통성을 내장해야 한다.

아. 보안(Security) 기능 그룹

사물인터넷 구조를 따르는 시스템의 보안 및 개인정보 보호를 담당한다. 예를 들어, 네트워크에 접속하려는 클라이언트들의 등록이나, 접근 제어 등이 이에 해당된다. 이 기능 그룹은 익명성을 보장하는 방식으로 사용자의 사적인 정보들을 보호하는 역할도 한다.

서로 상호작용하도록 승인되었거나 혹은 시로 신뢰하는 두 주체들 사이에서 합법적인 상호작용이 발생할 수 있도록 보장한다. 또한 서로에 대한 지

식이 없는 초기상태에서 두 주체들 사이의 무결성과 기밀성을 관리함으로써 주체들 사이의 안전한 통신을 보장한다.

3) IoT-A의 사물인터넷 기능모델의 기능 뷰

뷰는 구체적인 시스템 아키텍처의 설계 및 구현 단계에서 사용된다. 이것은 하나 이상의 이해관계자가 갖는 관심사를 통해 구조적 측면을 나타내는 것이다. 또한 뷰는 작업을 더 쉽게 하기 위해 여러 가지 아키텍처 개념을 집계하는 관점으로 구성된다. 관점은 1가지 유형의 관점을 구성하기 위한 지침 및 규약에 관심이 있는 이해관계자를 정의한다. 관점에 대한 대표적인 예로는 기능 뷰와 정보 뷰가 있다. 여기에서는 기능 뷰를 알아본다. 기능 뷰는 기능 분해관점, 상호작용 관점, 인터페이스 관점을 다룬다.

그림 2-19는 사물인터넷 참조 모델의 기능 뷰를 표현한 것이다.

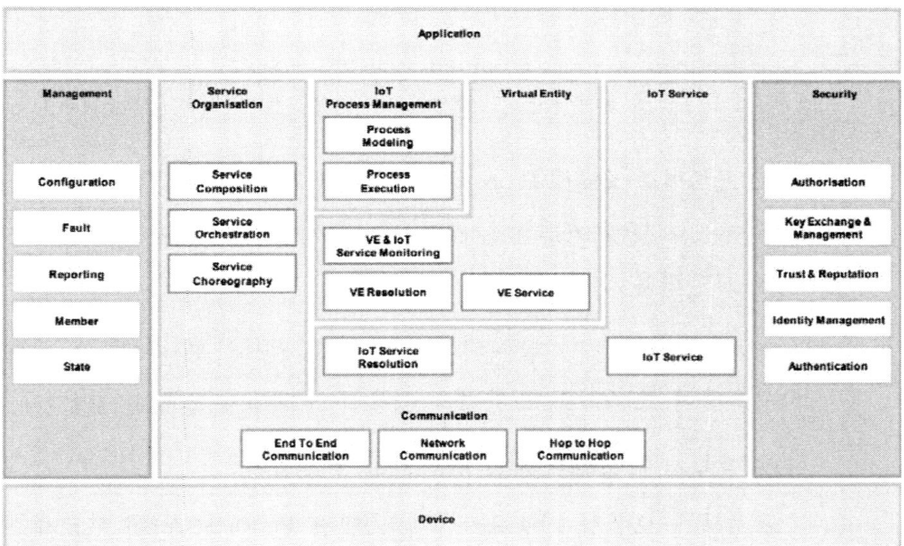

그림 2-19 IoT-A의 사물인터넷 기능모델의 Funcional View
*출처: IoT-A, "Internet of Things Architecture Deliverable D1.5", 2013

기능 뷰에서는 기능 구성요소에 대한 설명을 하지만, 기능 구성 요소간에 발생하는 상호작용에 대해서는 설명하지 않는다. 이는 상호작용이 일반적으로 추상화 레벨에서 수행되지 않는 설계에 의존하기 때문이다.

가. 사물인터넷 프로세스 관리 기능 그룹

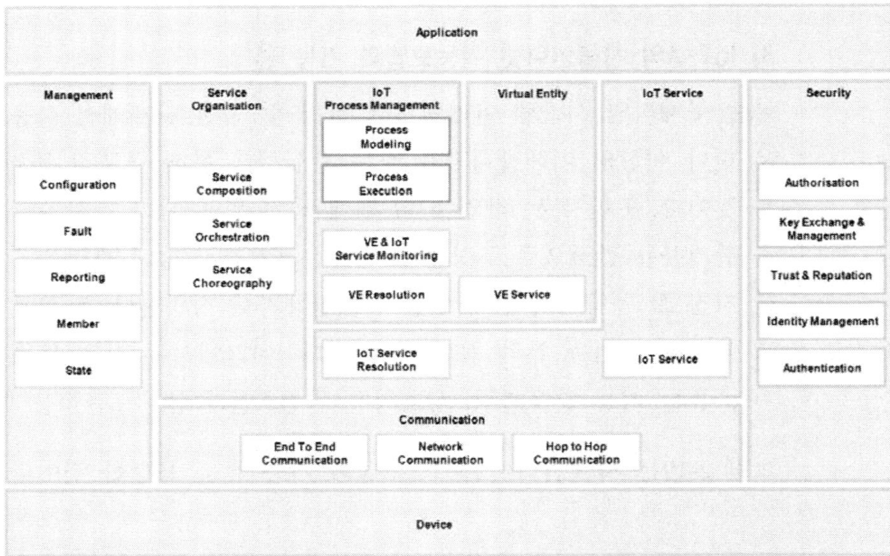

그림 2-20 사물인터넷 프로세스 관리 기능 그룹
*출처: IoT-A, "Internet of Things Architecture Deliverable D1.5", 2013

① 프로세스 모델링(Process Modeling) 기능요소

프로세스 실행 기능요소에서 실행될 사물인터넷 관련 비즈니스 프로세스의 모델링을 위한 환경을 제공한다.

주요 기능으로는 사물인터넷 환경의 특성을 다루는 새로운 모델링 개념을 사용하여 표준화된 표기법을 사용한 모델링에 필요한 툴을 제공한다.

② 프로세스 실행(Process Execution) 기능요소

프로세스 모델링 기능요소에서 모델링 된 사물인터넷 프로세스를 실행한다. 이 실행은 서비스 조직 계층에서 조율된 사물인터넷 서비스를 사용하여 수행된다. 또한 프로세스 모델을 실행환경에 구축하는 역할을 담당한다. 사물인터넷 프로세스 모델의 활동은 적절한 사물인터넷 서비스를 찾아 호출하여 실제 프로세스 실행을 수행하는 실행환경에 적용된다.

이 구성요소는 애플리케이션 요구사항을 서비스 기능에 맞춰 조정한다. 애플리케이션을 실행하려면 사물인터넷 서비스 요구사항을 먼저 해결해야 적정 서비스를 호출할 수 있다. 이 단계에서는 프로세스 실행 구성요소가 서비스 조직 기능 그룹의 구성요소를 사용한다.

프로세스 실행 요소는 애플리케이션을 실행할 수 있다. 사물인터넷 서비스를 확인한 후 해당 서비스가 호출된다. 서비스를 호출하면 프로세스 실행을 점진적으로 추진하게 된다. 따라서 호출 결과에 따라 적절한 프로세스가 실행된다.

나. 서비스 구성 기능 그룹

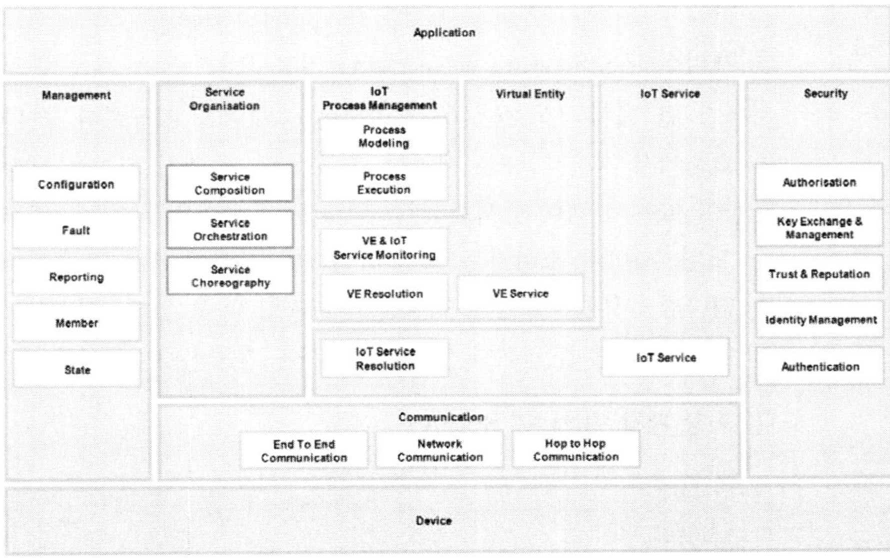

그림 2-21 서비스 구성 기능 그룹의 요소들
*출처: IoT-A, "Internet of Things Architecture Deliverable D1.5", 2013

① 서비스 조정(Service Orchestration) 기능 요소

프로세스 실행 요소 또는 사용자의 서비스 요청을 충족하는데 적합한 사물인터넷 서비스를 해결한다. 기능으로는 사물인터넷 서비스를 조정하는 것이다. 사용자의 요청을 처리할 수 있는 적절한 서비스를 해결한다. 필요한 경우, 서비스 구성 또는 복잡한 이벤트 처리에 영향을 주는 중간결과를 저장하도록 임시자원이 설정된다.

② 서비스 구성(Service Composition) 기능 요소

서비스 구성 요소는 확장된 기능으로 서비스를 생성하기 위해 사물인터넷 서비스 및 기타 서비스로 구성된 서비스를 해결한다. 유연한 서비스 구성을 지원하고, 정보의 품질 향상의 2가지 기능을 갖는다.

유연한 서비스 구성을 지원하기 위해 다른 서비스로 구성된 복잡한 서비스를 동적으로 분석해야한다. 이러한 결합이 가능한 서비스는 요청한 사용자의 가용성 및 액세스 권한에 따라 선택된다.

여러 소스의 정보를 결합하여 정보의 품질을 높일 수 있다. 예를 들어, 본질적으로 낮은 불확실성을 갖는 평균값은 여러 자원을 통해 액세스 된 정보를 기반으로 계산될 수 있다.

③ **서비스 구상**(Service Choreography) **기능 요소**

서비스 간 게시/구독 통신을 처리하는 중개인을 제공한다. 하나의 서비스가 요소에서 자체 기능을 제공할 수 있으며, 중개자 기능은 해당 서비스에 관심이 있는 고객이 원하는 기능을 갖춘 서비스를 찾을 수 있도록 보장한다. 또한, 서비스 소비자는 요청이 일어난 시점에 적절한 서비스를 이용할 수 없다면, 서비스 요청을 기능요소에 저장할 수 있다. 서비스 소비자는 이전의 서비스 요청을 충족하는 서비스가 사용 가능해지면 통보를 받게 된다.

다. 가상 개체(Virtual Entity)

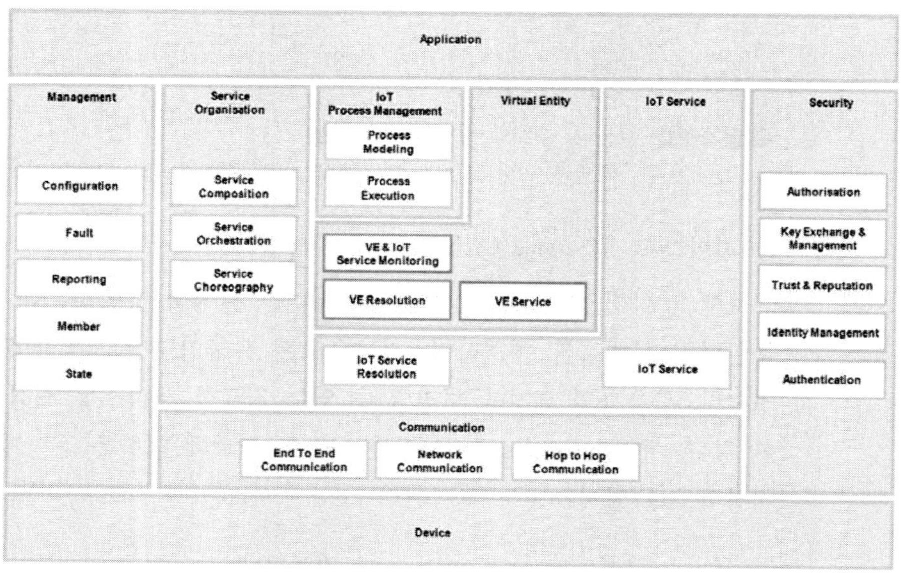

그림 2-22 가상 개체 기능 그룹의 요소들
*출처: IoT-A, "Internet of Things Architecture Deliverable D1.5", 2013

① **가상 개체 결정**(Resolution)

가상 개체와 사물인터넷 서비스 간의 연관성을 찾기 위해 사용자에게 기능을 제공한다. 가상 개체와 관련 서비스 간의 신규 및 대부분의 동적 연관성이 포함된다. 사용자는 제공된 가상 개체 또는 서비스의 사양에 맞는 연결 검색에 대한 지속적인 알림을 구독하거나 취소할 수 있다. 또한 연결 조회에 대한 통지를 구독하거나 취소할 수 있다. 가상 개체와 관련된 사물인터넷 서비스 간의 연결에 대해 삽입, 삭제 및 업데이트를 관리할 수 있다.

② **가상 개체 및 IoT 서비스 모니터링**

새로운 연결을 자동으로 찾아 가상 개체 결정 요소에 삽입하는 업무를 담당한다. 기존의 연관성, 서비스 설명 및 가상 개체 정보를 기반으로 새로운 연결을 할 수 있다. 정적 연결을 규정한다. 즉, 가상 개체와 서비스 간의 새로운 동적 또는 모니터링 된 연결을 작성한다.

③ **가상 개체 서비스**

개체 서비스를 처리한다. 개체 서비스는 특정 개체에 대한 전체 액세스 지점을 나타내며 개체의 상태를 학습하고 조작하는 수단을 제공한다. 개체 서비스는 개체의 속성값을 읽거나 업데이트 할 수 있는 작업을 통해 개체에 대한 액세스를 제공한다. 특정 속성에 대한 액세스 유형은 해당 속성의 세부사항에 따라 다르다.

주요 기능은 개체에 대한 속성값을 읽고 설정하는 것이다.

가상 개체에 대해 명시적으로 등록할 필요는 없지만 가상 개체 결정 요소를 확장해서 이러한 기능을 사용할 수 있다.

라. 사물인터넷 서비스(IoT Service)기능 그룹

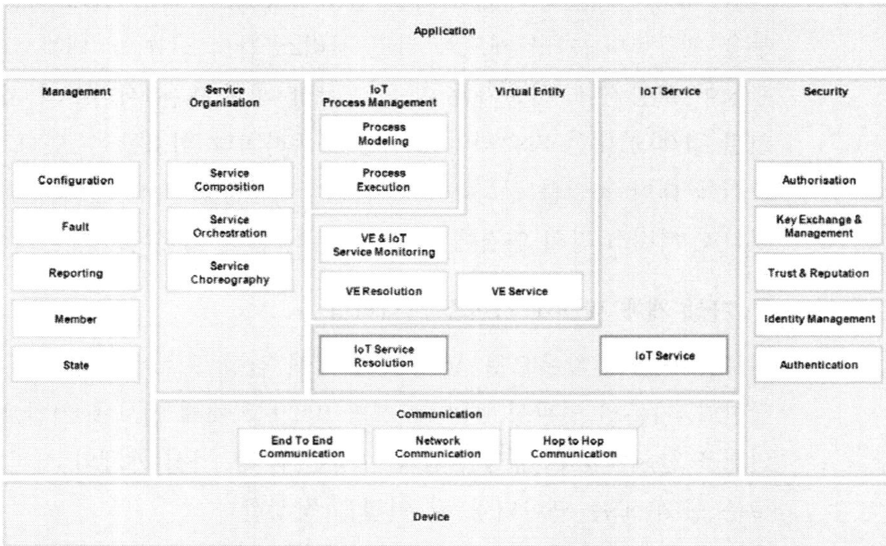

그림 2-23 사물인터넷 서비스 기능 그룹의 요소들
출처: IoT-A, "Internet of Things Architecture Deliverable D1.5", 2013

① 사물인터넷 서비스 기능 요소

주요 기능은 첫째, 자원이 제공하는 정보를 동기식으로 제공한다. 둘째, 정보를 저장하거나 자원을 구성하거나 액추에이터 장치를 제어하기 위해 자원으로 전송된 정보를 수락한다. 마지막으로, 비동기 방식으로 자원이 제공하는 정보를 제공하는 것이다.

② 사물인터넷 서비스 결정 기능 요소

사물인터넷 서비스를 찾고 연락할 수 있도록 사용자가 필요로 하는 모든 기능을 제공한다. 또한, 서비스 설명(일반적으로 데이터베이스에 하나의 항목으로 저장됨)을 관리할 수 있는 기능을 제공하므로 사용자가 조회할 수 있다. 사용자는 사람 또는 소프트웨어 일 수 있다. 주요 기능으로는 4가지로 나뉜다. 첫째, 발견기능으로 서비스 식별자와 같은 사전 지식없이 사물인터넷 서비스를 찾을 수 있다. 둘째, 조회기능으로 사용자가 서비스 식별자와 관련된 사전지식이 있는 서비스 설명에 액세스 할 수 있게 해주는 기능이다. 셋째, 결정기능은 사용자가 서비스에 연결할 수 있는 서비스 식별자를 찾아준다. 마지막으로, 서비스 설명 관리이다. 이것은 설명에 대한 삽입, 삭제, 업데이트가 해당된다.

마. 통신(Communication) 기능 그룹

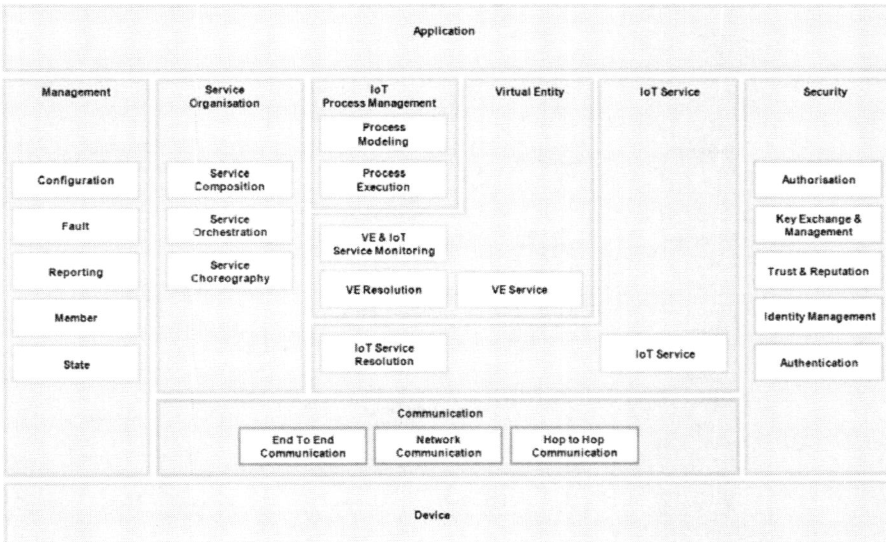

그림 2-24 통신 기능 그룹의 요소들
*출처: IoT-A, "Internet of Things Architecture Deliverable D1.5", 2013

① **단말간 통신**(Hop To Hop Communication)

장치의 물리적 통신 기술에서 첫 번째 추상화 계층을 제공한다. 다른 링크 계층 기술의 사용과 구성을 가능하게 하는 추상화이다. 주요 기능으로 네트워크 통신 요소에서 hop-to-hop 통신 요소로 프레임을 전송하고 장치에서 hop-to-hop 요소로 프레임을 전송하는 것이다. 또한 프레임 라우팅을 담당한다. 이외에도 QoS를 위한 프레임 관리를 한다.

② **네트워크 통신**(Network Communication)

주소 지정 및 ID확인을 통해 네트워크 간의 통신을 지원한다. 라우팅 기능이 포함되어 있어 소로 다른 네트워크 주소 공간을 연결할 수 있다 또한 네트워크 프로토콜 변환을 통해서도 서로 다른 네트워크 기술을 융합할 수 있다.

③ **종단간 통신**(End To End Communication)

전체 종단간 통신의 추상화를 관리한다. 이는 종단간 통신 추상화가 안정적인 전송, 변환기능, 프록시 게이트웨이 지원과 서로 다른 통신 환경에서 서로 다른 통신 구성 변소의 조정을 처리한다는 것을 의미한다.

바. 보안(Security) 기능 그룹

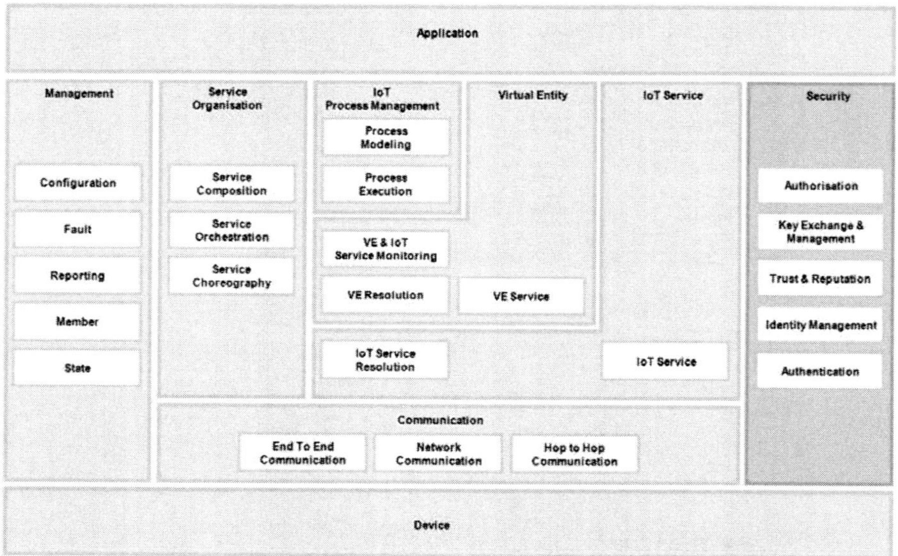

그림 2-25 보안 기능 그룹의 요소들
*출처: IoT–A, "Internet of Things Architecture Deliverable D1.5", 2013

① **권한부여**(Authorization)

정책을 관리하고 액세스 제어 정책을 기반으로 액세스 제어 결정을 수행하기 위한 프런트 엔드입니다. 이 액세스 제어 결정은 제한된 자원에 대한 액세스가 요청될 때마다 호출 될 수 있다. 예를 들어, 사물인터넷 서비스 결정 요소 내부에서 이 기능을 호출하여 사용자가 요청된 자원을 조회할 수 있는지 여부를 확인할 수 있다. 이것은 개인 정보보보 메커니즘의 중요한 부분이다.

② **키 교환 및 관리**(Key Exchange & Management)

서로에 대한 초기 지식이 없거나 상호 운용성이 보장되지 않은 2개 이상의 피어간에 안전한 통신을 지원한다. 2가지 기능을 수행한다. 첫째, 안전한 방식으로 키를 배포하는 것이다. 요청 시 서로간의 공통 보안 프레임워크를 찾아 키를 만든 다음 안전하게 배포한다. 둘째, 보안연결을 설정하는 과정이다.

③ **신뢰와 평판**(Trust & Reputation)

사용자 평판 점수를 수집하고 서비스 신뢰 수준을 계산한다. 2가지 기능을 수행한다. 첫째, 평판 정보 요청으로 주어진 개체에서 다른 개체에 대한 평판 정보를 요청하기 위해 호출된다. 둘째, 평판 정보 제공으로 주어진 개체에서 다른 개체에 대한 평판 정보를 제공하기 위해 호출된다.

④ **계정 관리**(Identity Management)

익명으로 작동할 수 있도록 신뢰할 수 있는 주체에 대한 계정 및 부속 정보를 발급 및 관리함으로써 개인 정보보호 문제를 해결한다. 즉, 자격 증명과 가상의 계정을 생성하는 기능을 제공한다.

⑤ **인증**(Authentication)

사용자 및 서비스 인증을 수행한다. 사용자가 제공한 자격을 검사하고 유효한 경우 사물인터넷 서비스 클라이언트를 사용하는데 필요한 권리를 표시한다. 새로 가입한 노드가 제공하는 자격이 확인되면, 보안 컨텍스트가 설정된다.

사. 관리(Management) 기능 그룹

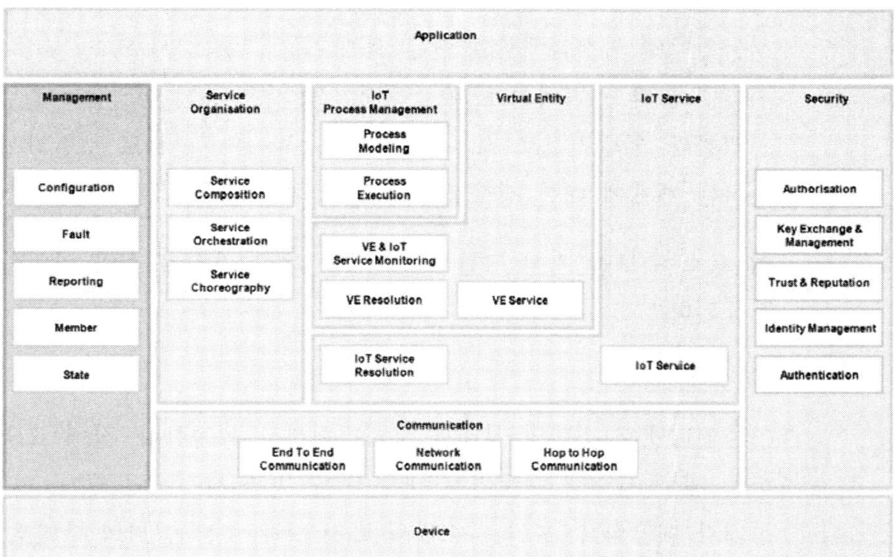

그림 2-26 관리 기능 그룹의 요소들
*출처: IoT–A, "Internet of Things Architecture Deliverable D1.5", 2013

① **구성**(Configuration)

기능 요소 및 장치를 수집하고 저장구성과 같이 시스템 구성을 초기화를 담당한다. 또한 구성 변경 사항을 추적하고 시스템의 향후 확장을 계획한다. 따라서 주요 기능으로는 검색과 설정기능이 있다.

② **장애**(Fault)

이 요소의 목표는 사물인터넷 시스템에서 발생하는 장애를 식별, 분리, 수정 및 기록하는 것이다. 장애가 발생하면 각 요소들은 장애 요소에 알린다. 장애를 처리하고, 모니터링하고, 검색하는 기능이 포함된다. 장애 처리 기능은 알람 생성, 장애 기록 또는 조치를 적용하여 장애 감지에 대해 대응하는 것이다.

③ **보고**(Reporting)

다른 관리 요소의 오버레이를 볼 수 있다. 즉, 다른 요소들에 의해 제공된 정보를 추출한다. 주요 목표는 현재 시스템의 효율성을 결정하는 것이다. 주요 기능으로는 보고서 검색이 있다. 이것은 시스템에 대한 보고서를 생성하는 것이다.

④ **구성원**(Member)

사물인터넷 시스템에서 관련된 객체(기능 그룹, 기능요소, 사상 개체, 사물인터넷 서비스, 디바이스, 애플리케이션, 사용자)의 멤버십과 관련된 정보를 관리한다. 일반적으로 소유권, 기능, 규칙 및 권한으로 포함하여 시스템에 속하는 개체에 대한 정보를 저장하는 데이터베이스를 중심으로 표현된다.

이 요소는 보안 기능 그룹의 인증 및 계정 관리 요소와 긴밀한 협조하에 작동된다.

⑤ **상태**(State)

사물인터넷 시스템의 상태를 모니터링하고 예측한다. 장애 요소에서 요구하는 대로 시스템의 준비 상태 진단을 위해 시스템의 과거, 현재 및 향후 상태가 제공된다. 또한 시스템의 특정 상태 또는 일련의 상태로 강제로 설정하는 기능도 포함된다.

2.5. 사물인터넷 보안 참조모델

사물인터넷 보안 구조는 그림 2-27과 같이 4가지 계층으로 구분된다. 가장 기본적인 인식단계는 지각계층이다. 지각 계층은 물리 장치를 통해 모든 종류의 정보를 수집하고 물리적 세계를 식별한다.

이 계층에서는 실세계의 물리적 장비를 통해 식별한다. 식별 정보는 개체 속성, 환경 조건 등을 포함한다. 식별과정에서 물리적 장비는 RFID 리더, 센서의 모든 종류, GPS 및 기타 장비를 포함한다. 지각계층의 핵심 구성 요소는 캡처하고 디지털 세계에서 실제 세계를 표현하기 위한 센서이다.

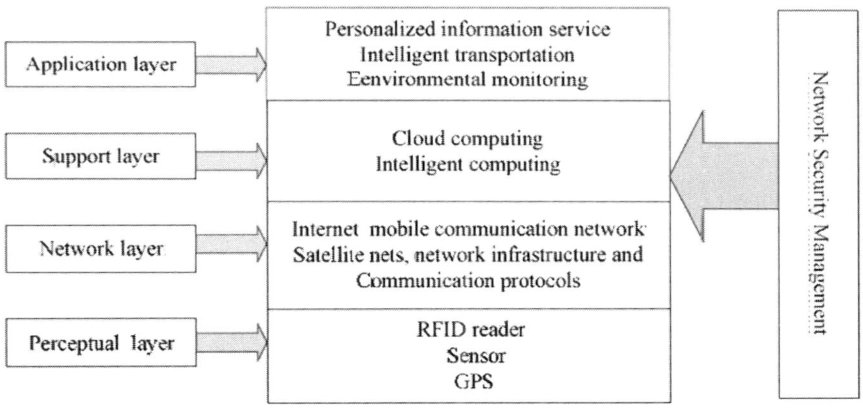

그림 2-27 보안 관련 사물인터넷 구조

네트워크 계층은 지각계층에서의 정보의 초기 처리, 분류 및 취합을 통해 정보의 신뢰성 있는 송신을 담당한다. 정보 전송은 네트워크 기반 시설과 통신 프로토콜은 또한 디바이스들 사이의 정보 교환에 필수적인 여러 가지 기본적인 인터넷 망, 이동 통신망, 위성 망, 무선 네트워크에 의존한다.

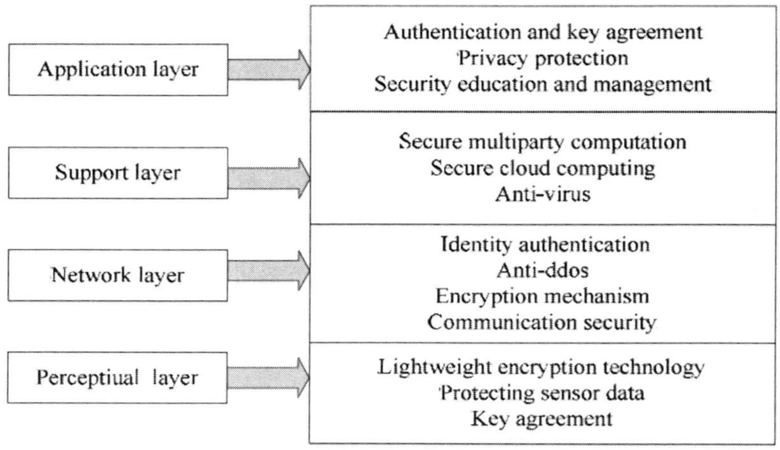

그림 2-28 각 계층의 보안 요구사항

서포터 계층은 응용 계층에 대한 안정적인지지 플랫폼을 설정할 수 있다.

플랫폼에서 지능형 컴퓨팅 능력의 모든 종류의 네트워크 그리드와 클라우드 컴퓨팅을 통해 구성된다.

또한 이 계층에서는 하향 상향 응용 계층과 네트워크 계층을 결합하는 역할을 한다.

마지막으로 응용 계층은 최상위 터미널 계층으로 사용자의 요구에 따라 개인화 된 서비스를 제공한다. 사용자의 텔레비전, 개인 컴퓨터나 모바일 기기 등의 사용과 애플리케이션 계층 인터페이스를 통해 물건의 인터넷에 액세스 할 수 있다.

이상의 구조화된 분류를 해당 계층별로 상세하게 살펴보면 다음과 같다.

1) 지각(Perception)계층

지각계층은 간단하고 적은 전력으로 운용되기 때문에 일반적으로 컴퓨터 전원 및 저장 용량이 작다. 따라서 보안 보호 주파수 호핑 통신 및 공개 키 암호화 알고리즘을 적용 할 수 없다. 보안 보호 시스템을 설정하는 것이 매우 어렵기 때문에 서비스 거부 같은 외부 네트워크 사이에서 공격은 새로운 보안 문제를 가져온다. 이를 해결하기 위해서는 센서 데이터의 무결성, 인증 및 기밀성에 대한 보호가 필요하다.

지각계층에서는 노드를 인증함으로써 불법 노드의 액세스를 방지할 수 있다. 노드들 사이의 정보 전송의 기밀성을 보호하기 위해, 데이터 암호화는 절대적으로 필요하다. 또한 데이터 암호화 전에 키 관리가 중요한데, 이를 위해 경량 암호 알고리즘 및 경량 암호 프로토콜을 포함하는 경량의 암호화 기술이 중요하다.

2) 네트워크(Network)계층

네트워크계층에서는 지각계층에 비해 비교적 완전한 안전 보호 기능을 가지고 있다. 그러나 중간자(man-in-the-middle) 공격과 위조 공격이 여전히 존재한다. 많은 데이터의 혼잡 문제 때문에 데이터 송신 시 발생하는 정크 메일과 컴퓨터 바이러스를 무시할 수 없기 때문에 이 계층의 보안 메커니즘은 사물인터넷에 매우 중요하다.

네트워크계층에는 통신 보안 메커니즘을 적용하기 어렵다.

이 계층에서는 신원 인증(Identity authentication)을 이용하여 불법 노드를 방지하기 위한 메커니즘으로 사용된다. 기밀성과 완전성 역시 중요하기 때문에 데이터 기밀성과 완전성 메커니즘을 설정해야한다.

네트워크 계층에서 서비스 거부 공격 (DDoS 공격)의 분산 거부 네트워크 공격 일반적인 방법이며 IoT에서 특히 심각하다. 취약 노드에 대한 DDoS 공격을 방지하는 것은 이 계층에서 해결하고자하는 또 다른 문제점이다.

3) 지원(Support) 계층

지지계층에서는 대량의 데이터 처리 및 네트워크 동작의 지능형 의사 결정을 수행한다. 악의적인 내용에 있어서 지능적인 처리가 제한될 수 있다. 따라서 악성 정보를 인식 할 수 있는 능력을 향상시킬 필요가 있다.

이 계층에서는 클라우드 컴퓨팅 및 보안 다자간 연산, 강력한 암호화 알고리즘 및 암호화 프로토콜 강한 시스템 보안 기술 및 안티 바이러스 등과 같은 다양한 애플리케이션 보안 아키텍처가 필요하다.

4) 응용(Application) 계층

응용 계층에서의 보안은 응용 프로그램의 환경에 따라 다르다.

데이터 공유는 그 데이터 프라이버시, 액세스 제어 정보의 공개 문제를 만드는 애플리케이션 층의 특성 중 하나이다.

이 계층의 보안 문제를 해결하기 위해, 다른 사용자의 개인 정보 보호하고, 이기종 네트워크를 통해 인증 및 키 관리가 필요하다.

또한, 교육 및 관리 정보의 보안, 특히 암호 관리에 매우 중요하다.

2장. 요약

1. 사물인터넷의 구조를 통해 '스스로 행동할 수 있는 지능을 가진 각각의 사물이 네트워크를 통하여 사람 혹은 다른 사물과 소통하고, 그 결과로 얻은 정보를 바탕으로 새로운 가치 및 서비스를 제공하는 것'이라는 정의를 파악할 수 있다.

2. 사물인터넷의 과정은 데이터 생성, 데이터 전달, 데이터 처리, 서비스 제공으로 이뤄진다.

   - 데이터 수집 및 생성: 과거에는 정해진 정보만을 수집하였지만, 최근에는 복잡한 수준의 정보를 필요로 하게 되어 센서와 통신 기능이 모두 포함된 디바이스 형태를 취하는 것이 일반적이다.
   - 데이터 전달: 연결 영역으로 센서나 디바이스가 생성한 데이터를 인터넷 상의 서버에 전달하는 부분이다. 네트워크 인프라 중에서 특히 무선 네트워크의 발달이 큰 영향을 주고 있다.
   - 데이터 처리 영역: 다양한 통신 기술 및 인터넷을 통해 전송된 센서 및 디바이스 데이터를 수집하고 저장하고, 분석하고, 가공하는 역할을 한다. 특히 의미있는 데이터만 걸러내는 데이터 필터링 기술이 중요하다.
   - 서비스 제공영역: 비즈니스적 가치를 창출한다. 즉, 데이터를 분석하고 가공된 데이터를 사람 혹은 다른 사물이 이해할 수 있도록 만든다.

3. 서비스 제공 영역의 주된 기능으로는 서비스 디바이스를 통해 애플리케이션/서버의 목적에 맞는 서비스를 제공하는 기능과 사물인터넷에 연결된 디바이스들을 관리하고 제어하는 기능이 있다.

4. IoT의 주요 표준화 단체는 ITU-T, oneM2M, 3GPP, IEEE, IETF, ISO가 있다.

- ITU-T: 통신사업자 관점의 IoT 요구사항, 네트워크 기능, 서비스 표준을 개발하고 있으며, 별도의 IoT-GSI와 JCA-IoT 그룹을 운영하고 있다.
- oneM2M: 다양한 M2M과 IoT 서비스를 지원하고 공통 서비스 지원 계층표준을 개발하고 있다.
- 3GPP: 기존의 이동통신기술을 확장하는 표준을 개발하고 있으며, 이동통신에 대한 네트워크 표준을 개발하고 있다.
- IEEE: 802.x계열의 무선기술을 M2M과 IoT에 적합하도록 수정한 표준을 개발하고 있다.
- IETF: 저전력 무선 기술을 사용하는 단말을 인터넷에 연동하는 표준을 개발하고 있다. 또한 인터넷에 기반한 IoT 서비스를 지원하고 있다.
- ISO: IoT의 개념과 시장의 요구사항을 분석하고 IoT 표준화 분석작업을 시작하였으며, JTC1 SWG5에서 IoT 표준을 조율하고 있다.

5. 사물인터넷 아키텍처는 사물인터넷의 컴퓨팅 환경이 보다 유연한 환경이 되기 위한 구조이다.

6. 사물인터넷 참조모델은 조직 입장에서 중요한 사항은 자체 기술의 표준 및 모범 사례와 일치시켜 조직 간의 상호 운용성을 보장하기 위해 필요하다.

2장. 연습문제

1. 사물인터넷의 과정을 4단계로 설명하시오.

2. 서비스 제공영역의 주된 기능은 무엇인가?

3. IoT의 주요 표준화 단체에 대해 설명하시오.

4. ITU-T에서 제안한 사물인터넷 아키텍처의 구조를 간략히 설명하여라.

5. 사물인터넷 보안 참조모델의 4계층을 구분하여 설명하여라.

Chapter 03 사물인터넷 기술 및 구성

현재의 인터넷은 컴퓨터, 스마트폰 등이 유/무선을 통해 인터넷에 연결하여 사용한다. 사람이 원하는 서비스가 있다면 사물을 직접 조작하여 서비스를 받는다. 그러나 사물인터넷 시대에는 에어컨이나 냉장고와 같은 가전제품은 물론 화분이나 옷과 같은 일상적인 물건이 인터넷에 연결되어 인간에게 서비스를 제공한다. 사물인터넷에서 획득된 정보는 처리 과정을 거쳐 인간에게 전달되거나 추가적인 서비스를 위해 저장된다.

사물인터넷에 사물들이 원활하게 통신을 할 수 있도록 통로와 네트워크가 필요하며, 사물들끼리의 의사소통을 할 수 있는 공통의 언어가 필요하다. 즉 센싱 기술, 유무선 통신 및 네트워크 인프라, 서비스 인터페이스 기술이 필요하다. 추가적으로 보안을 위한 보안기술도 필요하다.

- 센싱 기술: 각종 사물들에서 수집하는 정보와 주변 환경 정보를 수집하는 기술이다. 사물들과 환경에서 정보를 수집하는 단순 센서에서 고차원의 센서까지 종류가 다양하다.
- 유무선 통신 및 네트워크 인프라: 사물들이 서로 연결되도록 도와주는 기술이다. 사람과 사람, 사람과 사물, 사물과 사물 간에 연결할 수 있는 모든 네트워크를 의미한다. 유선 통신 에서부터 무선 통신까지 다양하다.
- 서비스 인터페이스 기술: 인간에게 제공하기 위한 서비스에 맞도록 정보를 가공하고 처리하는 기술이다. 또한 각종 기술을 융합하는 역할도

한다.

- 보안 기술: 수집된 데이터나 제공되는 서비스에 대해서 정보의 유출이나 공격을 방지하는 기술이다.

사물인터넷은 기존의 웹, 모바일처럼 하드웨어, 네트워크, 소프트웨어로 구성되며 이들 요소를 기반으로 한 서비스로 완성된다. 하지만, 웹이나 모바일과는 달리 하드웨어의 다양성에 차이를 보인다. 웹은 PC, 모바일은 스마트폰이 대표적인 하드웨어인데 비해 사물인터넷의 하드웨어는 우리가 많이 사용하는 안경, 시계, 밴드를 포함하여 생활가전기기와 완구, 자동차에 이르기까지 다양하다. 즉, 이 세상 모든 사물들이 사물인터넷의 하드웨어이다.

가중 중요한 기술은 기존에 측정하기 어려웠던 데이터를 수집하는 센싱 기술과 데이터 전송을 위한 네트워크 기술, 분석과 서비스 제공을 위한 서비스 플랫폼 기술이 필수적이다. 그중에서도 센싱과 분석이 가장 핵심적인 기술이다. 데이터를 단순히 저장만 한다면, 아무런 의미 없는 파일들에 불과하다. 저장된 데이터를 분석해서 새로운 가치를 만들어야 한다. 이러한 가치는 데이터를 이용하는 이용자가 사용하는 서비스의 가치가 된다. 즉, 이용자가 일일이 명령을 내리지 않아도 필요한 것을 자동으로 제공한다. 기존의 환경에서는 명령을 내려야 그 답을 얻을 수 있었다. 그림 3-1은 사물인터넷 시대에서 주목해야할 핵심 기술들을 보여주고 있다.

사물들이 명령을 내리지 않아도 자동으로 동작하게 만들기 위해서는 이용자가 무엇을 원하는지를 알아야 한다. 그것을 이용자의 콘텍스트(context)라고 한다. 콘텍스트 인식을 위해서는 평소에 이용자에 대한 다양한 데이터를 축적하고 있다가 상황에 따라 인식할 수 있다. 즉, 다양하고 대량의 데이터가 필요하고, 그 데이터를 분석해서 얻은 것이 콘텍스트이다. 또한 이 정보를 이용하여 이용자가 필요로 하는 것을 인식해 가는 것이 머신 러닝이다. 이렇게 데이터 수집과 분석을 통해 사물인터넷은 인공지능화 되면서 더욱 이용자를 편리하게 해 준다.

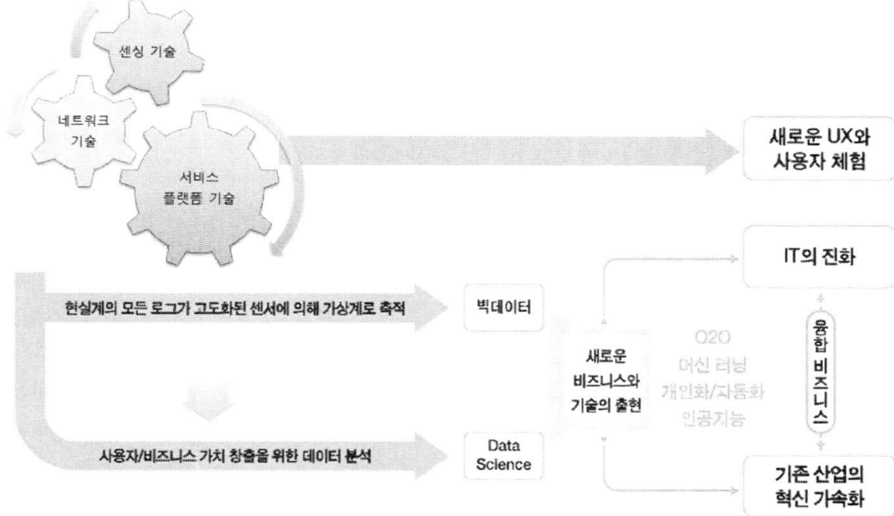

그림 3-1 사물인터넷 시대의 핵심 기술들과 산업의 변화
*출처: 2014년 한국 인터넷 백서

더불어 4차 산업혁명으로 인하여 산업 간의 경계는 붕괴되고 서론 다른 영역의 산업 간의 융합이 일반화 되고 있다. 예를 들어, 소프트웨어 회사인 구굴이 네스트 랩스 그리고 로봇 회사를 인수하였다. 또 페이스북이 오큘러스라는 디바이스 회사를 인수하였고, 아마존이 스마트폰과 대시, 드론 등의 사물인터넷 기기를 제조하는 것과 같이 제조와 서비스, 게임, 쇼핑 등의 영영에 대한 구분이 사라지고 있다.

3.1. 센싱 기술

사물인터넷에서 가장 중요한 것이 이용자가 원하는 것을 파악하는 것이다. 이것을 위해서는 기반이 되는 데이터가 충분해야한다. 즉, 이용자의 주변 환경에 대한 데이터를 수집하는 것이 중요하다. 이처럼 주변에 대한 정보를 수집하는 장치들을 센서라고 한다.

센서는 크기가 크고, 수집정보가 얼마 없었으나, 기술의 발전으로 크기는 좁쌀만한 크기까지 작아졌으며, 성능은 이전의 거대한 센서보다 더 정확한 데이터를 수집한다. 센서의 종류는 셀 수 없이 많이 제조되고 있으며, 지금이 순간에도 필요에 의해 만들어지고 있다. 항공기의 엔진에 들어가는 센서만 해도 1,800여개가 된다. 이러한 센서는 엔진의 상태 등을 수집하여 엔진의 고장유무에서부터 성능향상에 도움을 주고 있다.

근래의 센서는 데이터 수집기능 뿐만 아니라 통신과 저장 기능까지 추가되어 생산되기도 한다. RFID나 NFC 태그 등이 이에 해당된다.

우리가 평소에 사용하고 있는 스마트폰에도 무수히 많은 센서들을 통해 사용자의 정보를 수집하여 서비스를 하고 있다. 스마트폰에는 무려 20여개의 센서가 포함된다. 큰 분류로 보면 동작센서, 위치 센서, 환경 센서로 나뉠 수 있다. 이외에도 가스 센서나 화학 센서, 생체인식 센서, 바이오 센서 등도 있다. 다음 표 3-1은 센서의 종류들을 보여주고 있다.

[표 3-1] **스마트 디바이스에 사용되는 센서의 종류**

센서 유형	센서 종류	센서 역할
동작인식 센서	가속도 센서	직선운동에 대한 속도 변화 측정
	중력 센서	중력의 방향을 탐지
	선형 가속도 센서	가속도 센서에서 중력 값을 뺀 값 제공
	자이로스코프	여러 축의 회전 움직임의 각 변화량 측정
	회전 벡터 센서	각과 축의 조합으로 장치의 방향 제공
위치 센서	GPS 모듈	GPS 위성으로부터 위치값 제공
	지자기 센서	지자기를 이용한 절대적인 방향 측정
	방향 센서	3축에 대한 변화하는 회전각 측정
	근접 센서	측정 대상까지의 근접도 측정
환경 센서	주변 온도 센서	장치 주변의 온도 측정
	온도 센서	장치의 온도 측정
	조도센서	장치 주변의 빛의 밝기 측정
	기압센서	대기압을 측정
	상대습도 센서	공기 중에 포함된 수분의 양 또는 비율 측정

***출처: 김학용, "사물인터넷"**

1) 동작인식 센서

동작인식 센서는 그림 3-2와 같이 x, y, z의 3축에 대한 가속력과 회전력을 측정하여 디바이스의 움직임을 측정한다. 여기에는 가속도 센서, 중력 센서, 선형 가속도 센서, 자이로 센서, 회전 벡터 센서가 포함된다. 이 중에서 가속도 센서와 자이로 센서는 항상 하드웨어로 형성되어 있으며, 중력 센서, 선형 가속도 센서, 회전 벡터 센서는 하드웨어 또는 소프트웨어로 형성된다. 소프트웨어는 하드웨어에서 측정된 값 중에서 필요한 값들만을 골라 별도의 알고리즘을 통해 원하는 센서값을 측정한다.

즉, 크게 보면 방향을 감지하는 센서와 움직임을 감지하는 센서, 속도를 측정하는 센서로 이루어졌다. 이러한 센서들로 지구 중력을 감지하기도 하고 나침반처럼 동서남북에 대한 정보를 얻어내기도 한다. 심지어 우리가 걸은 거리나 걸음 수 혹은 칼로리 계산도 이러한 센서를 거쳐서 이루어진다. 얼마 전 흥행했던 증강현실 게임에도 사용된다.

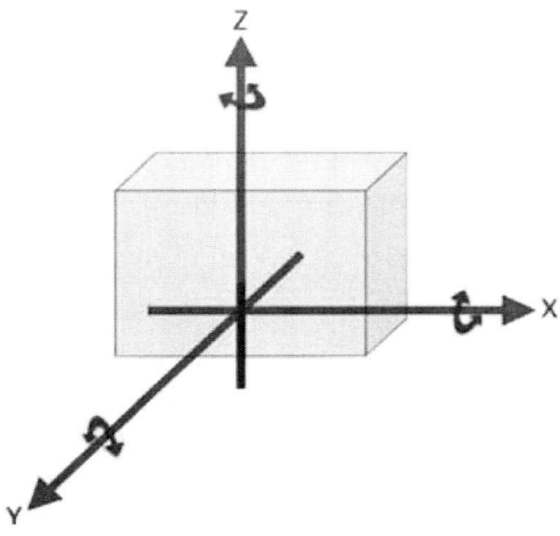

그림 3-2 동작인식 센서의 원리

가. 가속도 센서

사물이 얼마만큼의 중력 가속도(힘)가 가해졌는지를 측정하는 센서이다. 즉, 3축 센서에 걸리는 중력가속도의 크기를 반환한다. 가속도, 진동, 충격 등의 동적인 힘을 감지하며, 관성력, 전기변형, 자이로의 원리를 이용한다. 전자식 가속도 센서는 적당한 진량을 가진 가동 부분이 움직인 양을 자석과

코일의 기전력에 의하여 측정하는 것이고, 전압식 가속도 센서는 압력을 가하면 전압을 발생하는 압전 소자를 사용하여 가해진 압력으로 가속도를 알아낸다. 그림 3-3은 압전식 가속도 센서의 원리를 보여주고 있다.

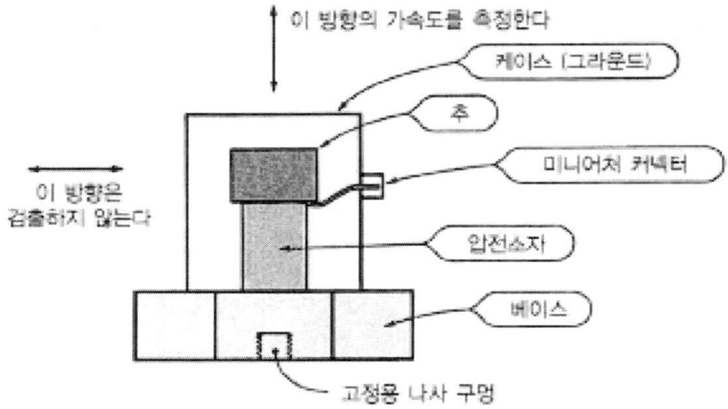

그림 3-3 압전식 가속도 센서의 원리
*출처: HelloT 첨단프리미엄, "압전식 가속도 센서의 사용방법", 2007

나. 중력 센서

중력이 어느 방향으로 작용하는지를 측정하는 센서이다. 가속도 센서에서 측정된 값을 이용하여 소프트웨어를 이용하여 중력 가속도 값을 계산한다. 예를 들어, 중력이 작용하는 방향을 판단하여 휴대폰의 화면을 가로로 표시할지 혹은 세로로 표시할 지를 결정한다.

다. 선형 가속도 센서

가속도 센서가 제공하는 값 중에서 중력값을 뺀 값으로 제공된다. 즉, 중력값을 뺀 3차원 벡터값을 제공한다. 가속도 센서에서 측정된 값으로 소프트웨어를 통해 값을 계산한다.

라. 자이로 센서

3축의 회전 움직임 량을 제공한다. 즉, 각의 속도를 측정한다. 지구의 회전과 관계없이 높은 정확도로 항상 처음에 설정한 일정 방향을 유지하는 성질을 이용하여 물체의 방위 변화를 측정하는 센서이다. 항공기, 함정, 유도무기, 차량 등 다양한 분야에서 사용된다. 기계적인 방식과 빛을 이용한 광학식이 있다. 그림 3-4는 자이로 센서의 원리를 보여주고 있다.

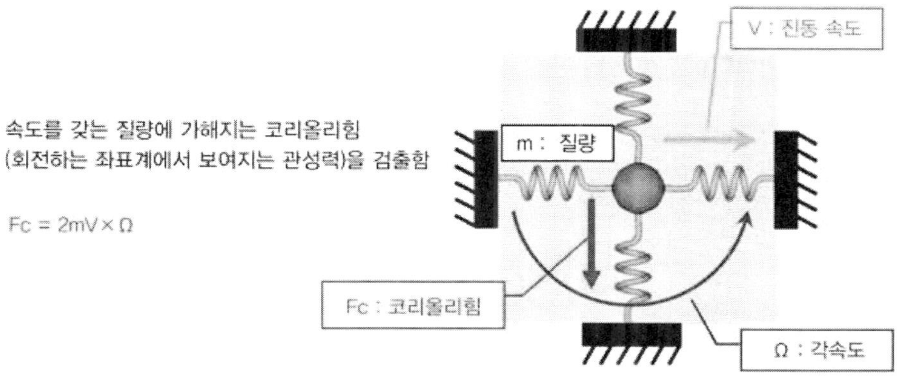

그림 3-4 자이로 센서의 원리
*출처: AutoMotive, "가속도계 및 자이로스코프 센서", 2014

마. 회전 벡터 센서

각과 축의 조합으로 디바이스의 방향을 제공한다. 가속도 센서, 지자기 센서, 자이로 센서의 값들을 합성하여 계산된다.

2) 위치 센서

위치 센서는 길이의 차원을 가진 양을 측정하는 것이다. 기계식, 전기식, 자기식, 광학식 센서가 있다. 또한 접촉 여부에 따른 접촉식 센서와 비접촉식 센서로 분류할 수 있다. 공장 자동화로 인하여 근접 스위치 방식의 자기식과 광전 스위치 방식의 광학식이 가장 많이 사용되고 있다. 여기에는 지자기 센서, 방향 센서, 근접 센서가 포함된다. 지자기 센서와 근접 센서는 하드웨어에서 값을 측정된다. 하지만 근접 센서는 소프트웨어를 이용하여 값이 계산된다.

가. 지자기 (나침반) 센서

가장 간단한 방법은 자침을 이용하는 방식이다. 자침을 이용하여 지자기의 방향과 진동 주기로부터 크기를 알 수 있다. 이외에도 다른 방식의 센서들이 개발되고 있다. 회전 코일을 사용한 자기의, 강자성체의 자기포화 현상을 이용한 포화철심형 자력계, 양성자의 핵자기 공명을 이용한 양자 자력계, 루비듐이나 세슘 원자의 제만효과를 이용한 광 펌핑 자력계, 초전도현상을 이용한 SQUID 등이 있다.

주로 네비게이션이 내장한 지도에서 정확한 방향을 알려주기 위해 사용되기도 한다. 하지만, 다른 자기 성분에 쉽게 영향을 받을 수 있는 단점 때문에 자주 센서의 값을 보정해야한다.

나. 방향 센서

3축에 대해 변화하는 회전각을 측정한다. 가속도 센서와 지자기 센서의 값을 조합하여 소프트웨어에서 계산되어 진다.

다. 근접 센서

물체가 접근해 왔을 때의 위치를 검출하기 위해 사용되는 센서이다. 종류로는 자기의 영향으로 내부의 전류가 변화하는 방식, 램프나 발광다이오드, 광센서를 결합한 방식 등이 있다. 주로 센서와 대상물과의 거리를 센티미터(cm) 단위로 측정한다.

그림 3-5는 자기 근접 센서의 원리를 보여주고 있다.

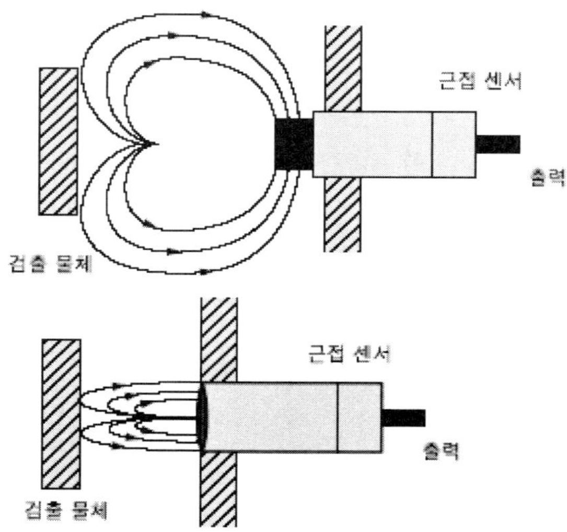

그림 3-5 자기 근접센서의 원리
*출처: 오므론사, "센서카다로그"

3) 환경 센서

주변의 온도, 조도, 기압, 습도 등과 같은 환경적인 요소를 측정한다. 대부분 하드웨어를 이용하여 값을 측정한다. 단순한 값을 제공하며, 별도의 데이터 처리를 하지 않는다.

가. 온도 센서

온도의 변화를 측정하여 값을 반환한다. 주로 온도관리를 자동화하는데 사용된다. 온도 센서는 열을 감지하여 전기신호를 내는 센서로, 일반적으로 접촉식과 비접촉식으로 나뉜다. 접촉식은 실제 측정대상에 직접 접촉시켜 온도값을 측정하는 방식이다. 비접촉식은 물체로부터 방사되는 열선을 측적하는 방법이다.

스마트폰에서는 주변의 온도를 측정하는 경우와 내부의 CPU의 발렬량을 측정하는 경우가 있다. 최근에는 주변 온도센서로 대체되어 이용되지 않는다.

그림 3-6은 자동차나 에어컨 복사기 등의 각종 기기의 습도 제어등으로 많이 사용되는 자기 온도 센서를 보여주고 있다.

그림 3-6 자기 온도 센서
*출처: Melexis사, "적외선 온도계, MLX90614"

나. 조도 센서

광 센서로고도 한다. 빛이 입사하면 전도성이 되는 반도체를 이용하여 값을 측정한다. 빛의 세기에 따라 저항값이 변하는(빛의 세기가 셀수록 저항이 작아짐) 광 가변저항을 사용한다. 빛의 밝기를 1~30,000 사이의 값으로 측정한다. 근접 센서가 없을 때는 근접 센서의 역할도 할 수 있다.

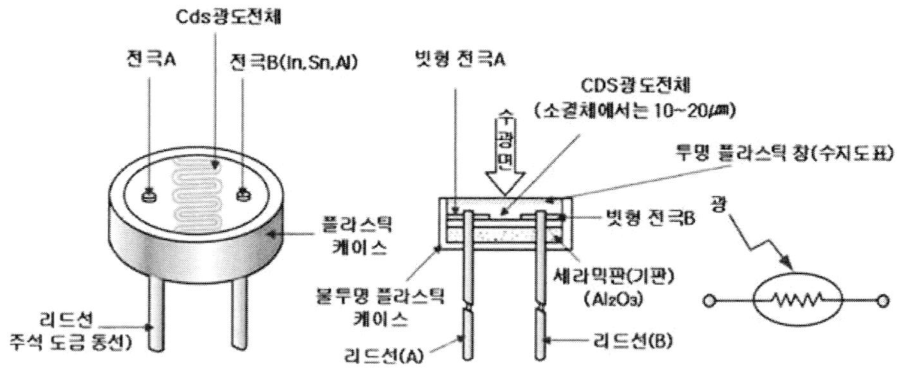

그림 3-7 조도 센서의 원리

다. 기압 센서

대기압을 측정하는 센서이다. 고도와 기상 상태를 가늠할 수 있는 정보로 기상 상태에 따라 수시로 변하는 물리량을 측정한다. 중력 가속도와 마찬가지로 해수면 고도를 0으로 하는 기준치가 있다. GPS 신호가 없을 때는 단독으로 사용되어 고도의 변화를 감지할 수 있다.

라. 습도 센서

공기 중의 수분에 관련된 여러 가지 현상을 이용하여 습도를 검출하는 센서이다. 대기 중의 습도를 검출하기 위한 화학 센서의 일종으로 주로 공기 중의 화학반응에 의한 색변화, 이온량 변화, 기전력/전류변화 등으로 검출한다. 절대습도, 상대습도, 재활형 습도, 고분자 습도, 저항식 습도 센서 등이 있다. 주변 온도 센서의 측정값과 함께 이슬점이나 절대 습도를 계산할 때 상대습도를 이용하기도 한다. 그림 3-8은 전기저항식 습도 센서의 원리를 보여주고 있다.

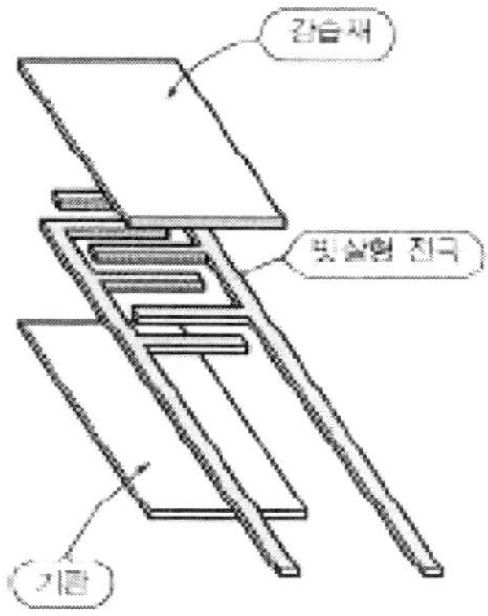

그림 3-8 전기저항식 습도 센서의 원리

3.2. 센서 퓨전

우리는 센서 기술의 시대에 살고 있다. 오늘날에는 센서를 사용하지 않고 새로운 사용자 환경을 만들어내는 가전제품을 찾아보기가 극히 어렵다. MEMS (미세 전자 기계 시스템) 기술의 비용이 낮아지고 더욱 소형화되면서 센서가 새로운 애플리케이션에 진출하고 센서 시장에 새로운 기회가 열림에 따라 센서 분야는 일종의 르네상스를 맞이하고 있다.

현재 스마트 모바일 디바이스, 자동차 시스템, 산업 제어, 의료, 석유 탐사, 기후 모니터링 등 광범위한 애플리케이션에서 센서를 찾을 수 있다. 센서는 거의 모든 곳에 사용되며, 이제 센서 기술은 최고의 감각 기계인 인간을 흉내내기 시작하고 있다. 이러한 일이 일어날 수 있도록 하는 기술이 센서 퓨전이며, 마이크로 컨트롤러("두뇌")를 활용하여 다양한 센서에서 수집된 별개의 데이터를 융합함으로써 각각의 개별 센서 자체에서 나온 데이터를 사용하는 것보다 더 정확하고 신뢰성 높게 데이터를 확인할 수 있다. 센서 퓨전은 각 부분을 합한 것보다 전체가 훨씬 뛰어난 시각을 제공하는 환경을 만들어낸다.

센서 퓨전은 상황 (context) 인식을 지원하며, 이는 IoT에서 막대한 가능성을 가지고 있다. 또한 REC 분야에서 센서 퓨전이 발전함에 따라 미래에는 스마트 의료 기술과 같은 흥미로운 새로운 애플리케이션이 실현될 수 있다. 하지만 이러한 기능은 IoT 커버넌스에서 처리해야 하는 중대한 개인정보 문제를 촉발한다. 센서 퓨전과 REC 기술의 사용이 증가하면 막대한 양의 상황인식 데이터가 공급될 것이다. 이러한 데이터는 "국제 공중 신경통신망"과 클라우드 기반의 프로세싱 리소스에 액세스할 수 있는 IoT의 기능과 함께 주어진 어떤 상황에도 맞춤 구성 가능한 상황인식 서비스의 제공을 크게 확대하게 될 것이다. 다양한 환경에서 개별 사용자가 어떤 일을 하고 있는지, 장치가 어떤 작업을 하고 있는지, 인프라가 어떤 일을 하고 있는지, 자연 환경이 어떤지 등의 상황에 따라 서비스를 제공할 수 있다.

1) 인간 – 최고의 감각 사례

센서 퓨전이 어떤 방식으로 작동하는지 이해하려면 인체 내에서 감각이 어떻게 작동하는지 알아보는 것이 좋다. 인간은 외부 환경을 다양한 방식으로 경험한다. 시각, 청각, 화학적 감각 (후각 및 미각), 표면 감각 (촉감)은 모두 사람 주변의 감각 정보를 제공하며, 이 정보는 PNS(Peripheral Nervous System, 말초신경계)를 통해 두뇌로 전달된다. 그 다음 두뇌가 주어진 상황 또는 경험에 대해 어떻게 대응할 것인지 결정한다.

PNS는 전달하는 정보에 대해 복잡한 결정을 내리지 않으며, 그러한 결정은 두뇌에서 이루어진다. 감각 입력에 대응하여 두뇌는 입력에 대한 인체의 반응인 근육 운동 정보를 내보낸다. 예를 들어, 보행자가 자신을 향해 다가오는 자동차를 보면 보행자의 두뇌는 사고를 피할 수 있도록 도로의 다른 쪽으로 더 빨리 걷도록 근육에 명령을 내린다. 인간은 또한 내부 기관으로부터 정보를 수신하며, 그 중 일부는 복통과 같이 인지할 수 있는 것도 있다. 물론 인체 내부의 환경을 조정하는 혈압과 같이 사람이 인지하지 못하는 다른 종류의 내주 정보도 있다.

두뇌는 최고의 의사 결정권자이다. 하지만 감각 정보를 수집하고 근육 운동 정보를 내보내는 말초신경계가 없다면, 우리가 흔히 당연하게 생각하는 걷기, 말하기 또는 기타 다양한 기능을 수행할 수 없게 된다. 두뇌는 때로 몇 가지의 감각 정보 소스를 사용하여 이벤트를 검증하고 "완전한" 정보의 부족함을 보완하여 결정을 내린다. 예를 들어, 사람이 자동차 후드 아래에서 발생한 불꽃을 볼 수 없더라도, 고무가 타는 냄새와 대시보드에서 나오는 열로 엔진에 화재가 발생했으므로 차에서 나와야 한다는 것을 두뇌는 파악할 수 있다. 이 경우 두뇌가 반응하도록 만드는 정보의 양은 개별 감각 입력의 합보다 더 크다.

기술의 세계에서도 센서 퓨전은 비슷한 역할을 한다. 센서 퓨전은 다양한 센서의 입력을 통합하여 더 정확하고 신뢰성 높은 센싱을 실현함으로써 훨씬 높은 수준의 인지력과 새로운 응답을 제공할 수 있다. 개별 센서는 고유한 한계가 있고 오류를 나타낼 수 있지만, 보완하는 센싱 노드를 통해 이를 수정 또는 보상할 수 있다. 예를 들어, 자이로스코프는 시간이 지남에 따라 오프셋 편차가 발생하지만 보조 가속도계를 사용하여 이를 보상할 수 있다. 결론적으로 융합된 센서 정보 (다수의 센서에서)는 개별 센서 데이터보다 더 정확하고 신뢰성이 높다.

2) 일상 생활을 개선하는 센서 기술의 진화

간단한 예로 만보계를 살펴보자. 기존 만보계는 진자를 사용하며, 잘못된 판독을 방지하려면 엉덩이에 수직으로 착용해야만 했다. 사용자가 걸으면 만보계는 엉덩이의 동작과 함께 앞뒤로 흔들리는 진자를 추적하여 각각의 걸음을 세고 매번 카운터를 올린다. 하지만 보폭의 변화, 등반/걷기 각도 또는 사용자가 자동차를 운전하거나 다른 동작을 취할 때 보행 수를 잘못 계산하는 등으로 인한 판독 오류가 흔히 발생한다.

MEMS 기반의 관성 센서는 커다란 개선을 이끌었다. 1세대 MEMS 기반 만보계는 신체의 가속을 1축, 2축 또는 3축(3D)으로 감지하는 가속도계를 사용하여 보행 수를 더 정확하게 측정했다. 또한 단순히 매번 흔들릴 때마다 보행 수를 기록하는 구형 기계식 만보계와 달리, 가속도계는 매 초마다 신체의 이동을 다수 측정한다.

하지만 단지 보행 수를 계산하는 기능뿐 아니라 계단 또는 언덕을 오르내릴 때 소모되는 에너지까지 정확하게 계산할 수 있다면 어떻겠는가? 다음 세대 만보계에는 사람이 보행할 때 고정된 기준점 이상으로 목표의 고도가 변화 (상승)하는 것을 측정 및 적용할 수 있도록 고도계가 추가되었다. 고도계 기술은 고도계 또는 기압계(BAP) 애플리케이션에서 절대 기압을 감지한다. 기압을 정확하게 판독하려면 온도 측정도 필요하므로 일반적으로 정밀도를 높이기 위해 일종의 온도 보상 회로가 추가된다.

조깅하는 사람의 팔에 착용하는 초기 휴대용 음악 플레이어의 성공에 이어, 현재는 엉덩이 부분의 허리띠에 다는 것이 아니라 팔에 착용하도록 설계된 독립형 만보계 및 만보계 기능이 포함된 휴대 전화가 다수 출시되었다. 이러한 활용 사례에서 팔의 동작은 기생 운동을 발생시킨다. 자이로스코프로 팔의 회전 운동을 측정하고 이를 보상할 수 있다.

스마트폰과 같이 여러 센서들을 통합 관리하는 '센서허브'가 마이크로컨트롤러유닛(MCU, Micro Controlor Unit)에 가속도계, 고도계, 자이로스코프와 같은 3가지 유형의 센서를 조합하면 고정밀 만보계에서 판독 결과를 측정 및 처리할 수 있다.

3) 상황인식 - IoT를 읽는 키워드

센서 퓨전은 임베디드 프로세싱 및 연결 기술과 함께 상황인식을 가능케 하며, 상황인식은 새로운 서비스의 세계를 열어준다. 또한 상황인식은 사물인터넷을 위한 핵심이 된다. 사물인터넷은 사물들끼리 서로 연결되어 통신한다. 이로 인해 새로운 서비스를 제공하는 것이다. 지금까지의 인터넷은 인간중심으로 명령을 입력해야 검색 및 서비스를 제공하였다. 하지만 사물인터넷에서는 사물들간의 통신으로 통해 스스로 서비스를 제공한다. 즉, 사물들이 지능화된다고 할 수 있다.

사물들이 스스로 통신으로 통해 정보를 공유하는 것은 M2M에서 언급된 내용이다. 하지만 사물인터넷에서는 단순 통신이 아닌 인간에게 얼마나 가치 있는 정보를 제공할 것인가가 핵심이다. 사물이 인간의 요구를 판단하기 위해서는 외부 환경으로부터 인간의 행동을 감지해야 한다. 이를 위한 인간의 위치, 감정, 행동에 대한 정보를 수집하고 분석이 필요하다.

이렇게 상황인지 기술을 이용하면 인간의 명령뿐만 아니라 인간의 상황에 맞게 최적화된 서비스를 제공할 수 있다. 예를 들면, 빠른 심장박동과 거친 호흡 등을 센서로 감지하여, 분석을 통해 적정한 서비스로 심리적 안정을 도울 수 있는 음악이나 은은한 조명 등과 같은 환경을 제공할 수 있다. 이와 같이 사물인터넷은 인간의 상황에 맞는 적절한 서비스를 제공하는 것이 필수이다. 이를 위해서는 상황을 인식하는 것이 가장 중요하다.

가. “상황”이란 무엇인가?

상황이란 사건, 주장, 상황, 사상의 배경을 이루는 주변 정황 또는 사실로 정의된다. 소프트웨어 분야에서는 상황인식 애플리케이션을 개발한다는 개념이 얼마 전부터 존재해왔다. 상황인식 애플리케이션은 누가, 어디서, 언제, 무엇을 하는지 조사하며, 소프트웨어 설계자는 이러한 배경 정보를 사용하여 어떠한 상황이 왜 일어나는지 판단하고 애플리케이션에 일종의 조치를 인코딩한다. 이러한 정의를 기준으로 상황인식 조치는 다음 4가지 가장 중요한 범주의 정보로 구성된다.

- 신원 – 감지되는 대상체를 구분
- 위치 – 감지되는 대상체의 위치 현황
- 시간 – 대상체의 감지 시간
- 활동 – 감지되는 대상체의 활동내용

배경 정보를 사용하여 확정적인 조치를 구성하는데 있어, 상황 인터페이스는 첫째로 인간 , 그 다음 환경, 마지막으로 기계와 인프라 요소 내(와 그 사이)에서 일어난다. 캔버스와 다양한 물감 튜브, 화필이 미술가가 걸작을 만들도록 뒷받침하는 것과 같은 방식으로, 상황인식 기술과 그 인터페이스는 다양한 서비스를 가능하게 만드는 도구이다. 이는 기술의 점진적인 발전으로 각 부분을 합한 것보다 전체가 훨씬 더 커지게 되는 경우이다. 어떤 것도 센서처럼 인간의 감정을 감지하고 읽어낼 수 없다. 센서는 인간의 사고방식에 대한 액세스를 제공함으로써 경험을 더 “개인적”인 것으로 만들어준다.

인간, 주변 환경, 기계/인프라 사이의 상호 작용(및 인터페이스)은 다음 표와 같이 상황인식을 판단하는 데 유용한 데이터를 제공한다.

[표 3-2] **상황인식을 위한 데이터**

대상	제공 데이터
인간	· 동작, 자세, 보폭 · 자극에 대한 반응 · 일정한 조건 하의 감정 · 일정 시간의 생체 정보
주변 환경	· 위치, 고도, 온도, 습도, 조명, 소리, 냄새
인간에 의해 사용되는 인프라/기계	· 궤도, 충격, 속도, 피드백, 진동 및 선회 운동, 구조적 무결성과 관련된 변화

나. 상황인지 기술

상황인지 기술은 인간의 행동으로 인해 발생되는 정보를 수집, 분석하여 도출된 판단내용으로 맞춤형 서비스를 제공하는 것이다. 예를 들어, 사람이 아침에 알람을 맞춰놓았다면, 오전에 스케줄이 있는 것으로 판단하여 스케줄, 날씨, 교통정보를 이용하여 알람시간을 조절할 수 있다.

사물인터넷을 이용하거나 제공하는 주체는 인간, 사물, 상황인지 기술로 볼 수 있다. 즉, 사물인터넷은 사물이 서로 연결되어 상황인지 기술을 통해 인간에게 최적의 서비스를 제공하는 것이다. 이를 위해 사물에게 필요한 기술은 주변의 상황에 대한 정보를 수집, 저장할 수 있는 센서기술, 통신 및 네트워크 기술이 있고, 서비스 제공을 위한 서비스 인터페이스 기술이다. 예를 들어, 센싱 노드에서 입력을 수집한 후, 임베디드 프로세싱 노드가 상황인식 데이터를 처리하고 즉각적인 조치에 대한 피드백을 제공하거나 또는 클라우드/네트워크 기반 프로세싱으로 전달한다. 후자의 경우 데이터를 코어 네트워크에 전달하려면 다양한 연결 메커니즘이 필요하다. 예를 들어, 이 상황 내에서는 휴대 전화 또는 연결된 태블릿이 WAN (광역통신망)에 연결하는 "게이트웨이"가 된다.

[표 3-3] **상황인지 기술의 구분**

구분	설명
센싱기술	센서를 통해 입력된 정보를 수집
통신 및 네트워크 기술	기기의 특성과 전송 데이터의 속성에 따라 다른 통신 인프라 (Wi-Fi, 3G, 4G LTE, 블루투스, RIFD 등)
서비스 인터페이스 기술	서비스 제공을 위한 인터페이스

4) 상황인지 사례

가. 인간의 상황인지 공유 - Le Chal (모바일 애플리케이션 + 신발)

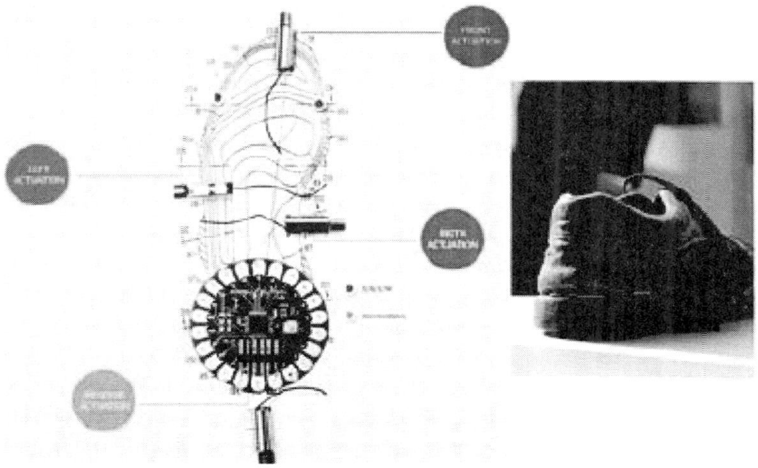

그림 3-9 Le Chal 신발
*출처: 윤용익 외, SW-insight 리포트, 2013

2012년 9월 인도출신의 엔지니어가 발표한 신발이다. 신발은 시각 장애인들이 쉽게 길을 찾을 수 있도록 도와주는 제품이다. 사용자가 행선지를 스마트폰으로 말하면, 지도를 통해 최적 경로를 안내해 준다. 신발을 통해 사용자의 위치정보를 수집한다. 갈림길이 있다면, 진동으로 방향을 알려준다.

즉, 수시로 이동하는 사용자의 위치정보와 환경정보를 모니터링하고 상황인지를 기준으로 사물과 사용자가 연결된다.

나. 상황인지 기반의 정보공유 서비스 - Pachube의 Interactive Environments 서비스

Pachube는 실시간으로 수집된 상황정보를 누구나 이용할 수 있도록 API를 제공하였다. 이로 인해 해당 서비스에 등록한 사람들은 전 세계로부터 수집한 상황정보를 공유하고 협업할 수 있는 환경을 제공받으며, 이를 다양한 서비스에 이용할 수 있다.

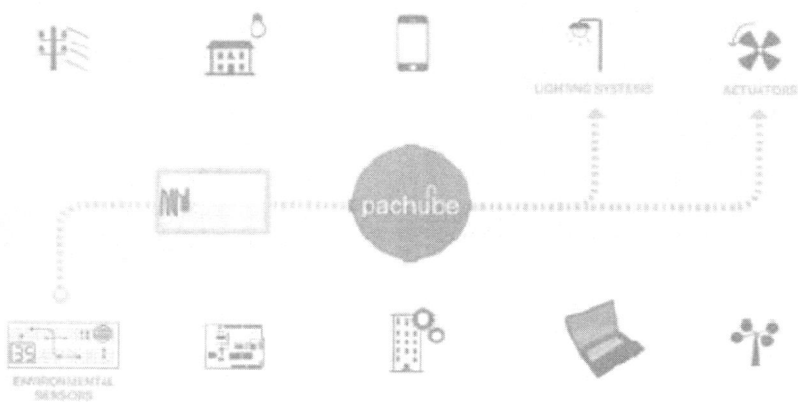

그림 3-10 전기저항식 습도센서의 원리 Pachube 개념도
*출처: 윤용익 외, SW-insight 리포트, 2013

오픈 API를 사용해서 상황정보를 수집하고, 사용하는 측에서도 오픈 API를 사용하여 가공하여 서비스를 제공하는 형식이다. 이것을 웹을 통해 공유하므로 일명 Web of Things 라고도 한다.

Pachube처럼 상황정보를 오픈 API를 이용해 하나의 저장소에 모으고 이를 공유함으로써 다른 서비스와 메쉬업한 새로운 상황인지 기반에 서비스 모델이 개발 되고 있다.

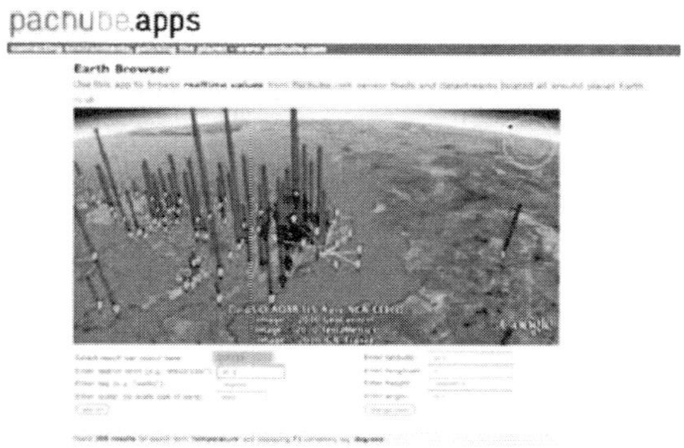

(a) Pachube + Google Earth

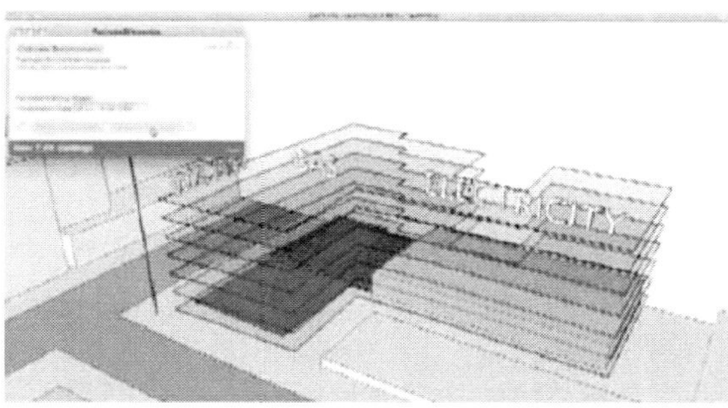

(b) Pachube + Google SketchUp

그림 3-11 전기저항식 습도센서의 원리 Pachube의 오픈 API를 통해 구현한 서비스들
*출처: 윤용익 외, SW-insight 리포트, 2013

Pachube처럼 상황정보를 오픈 API를 이용해 하나의 저장소에 모으고 이를 공유함으로써 다른 서비스와 메쉬업한 새로운 상황인지 기반에 서비스 모델이 개발 되고 있다.

다. 스마트 원격 제어 농사 서비스 - SK텔레콤의 스마트 팜 서비스

SK텔레콤은 지능형 비닐하우스 관리 시스템을 개발하였다. 이것은 온도와 습도와 같은 상황정보를 실시간으로 체크하여 비닐하우스 내부의 온도, 습도, 급수, 배수, 사료 공급 등을 원격으로 제거한다. 또한 공급내용을 사용자의 스마트폰으로 전달한다.

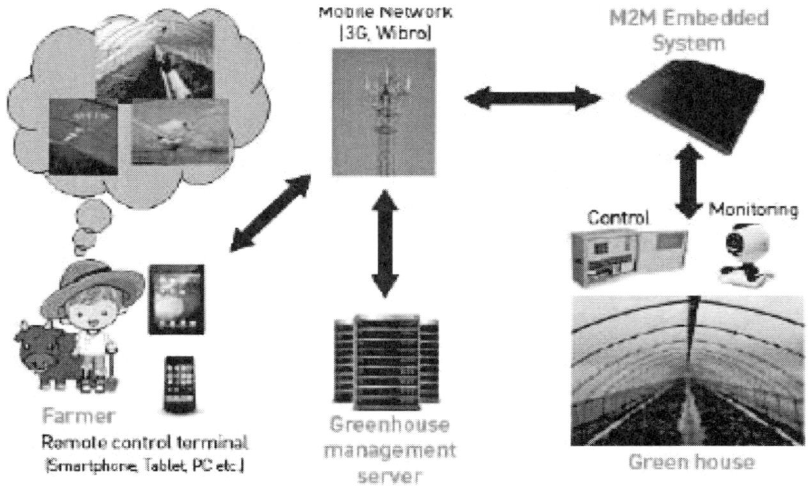

그림 3-12 SK의 스마트 팜 서비스
*출처: 윤용익 외, SW-insight 리포트, 2013

자동화 시스템과 다른 점은 상황인지 기술을 통해 제품간에 소통을 하고, 이를 다시 사용자게 전달하는 네트워크를 구축하는 형태이다.

라. 스마트 홈 서비스 - KT의 스마트 홈 서비스

원격지에서 거주자가 스마트폰으로 실시간 모니터링이 가능하며, 간단한 작동으로 전등, 출입문 등을 제어할 수 있다. 또한 방범, 침입, 전력제어, 화재 경보를 수신할 수 있어 스마트 원격 관제가 가능하다.

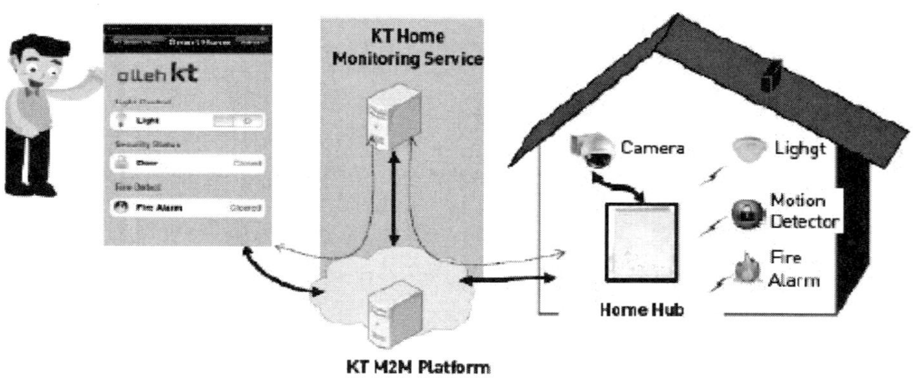

그림 3-13 KT의 스마트 홈 서비스
*출처: 윤용익 외, SW-insight 리포트, 2013

이러한 서비스들을 응용하여 가정제품과 가전제품 등이 자동으로 인간의 동작을 감지하고, 자동으로 필요한 서비스를 제공할 수 있다. 또한 자동차 자동주행, 무인보안 및 방범, 자동 검침 등으로 편리한 서비스를 제공할 수 있다.

5) 사물과 인간과의 소통

기존의 일반적인 사물을 이용했다면, 사물인터넷 시대에서는 사물의 메시지에 반응하고 그것에 영향을 받는다. 특히, 웨어러블 컴퓨팅은 몸에 부착할 수 있는 형태로 사물인터넷과 함께 인간과 소통의 방법이 되고 있다. 예를 들어, 헬스케어 분야들 들 수 있다. 실시간으로 개인의 운동량이나 신체 측정결과를 목적에 따라 정보를 저장하고 필요시 전달한다. 소비자는 이 정보를 이용하여 건강체크 및 원격진료 서비스로 이용될 수 있다. 또는 사용자의 체온을 체크하여 실내의 에어컨이나 난방을 미리 켜둘 수 있다. 이것은 인간의 지시처럼 일방향의 소통이 아닌 사물들끼리의 양방향 소통으로 이뤄질 수 있다.

사물인터넷에 포함될 수 있는 사물들은 우리가 일상적으로 사용하고 있는 제품이 포함될 수 있다. 그리고 이를 이용한 서비스들도 무궁무진하다. 아직 개발단계이기 때문에 대기업을 중심으로 하나 둘씩 출시되고 있는 시점이다. 때문에 비즈니스적 가치는 높다.

기존에는 개별기기를 연결하여 인터넷을 이용한 제어를 중심으로 이뤄졌다면, 현재에는 사용자의 요구를 분석하여 적절한 대처를 할 수 있는 기술이 더욱 중요해지고 있다. 특히 소득이 증가하면서 사람들의 관심이 삶의 질을 높이는 것으로 변화하고 있다. 또한 고령화로 인한 가족의 건강과 안정에 대한 요구가 커지고 있다. 이에 주택의 경비시스템 및 화재, 보안 등 긴급 상황에 자동으로 대응하는 것과 같은 서비스 요구가 커지고 있다. 이와 같은 서비스 제공을 위해서는 사용자 중심의 라이프스타일을 고려한 맞춤형 서비스가 필요하다. 즉, 상황인식형 사물인터넷이 필요하다.

이런 서비스를 위해 상황정보 뿐만 아니라 상황에 대해 인식이 필요하다. 즉, 사용자의 행동에 대한 의도를 파악하는 것이 중요하다. 이를 위해 사용자의 상황정보를 모으는 작업과 이를 효과적으로 분석하는 기술이 필요하다. 이것이 데이터 사이언스 학문이다. 또한 감성기술 또는 인공지능과 같이 사용자의 감정을 이해하고 반응할 수 있는 기술 급부상하고 있다. 즉, 앞으로는 상황정보를 분석하여 새로운 가치를 만들어내는 서비스인 상황 인지형 사물인터넷 서비스로 발전될 것이다.

3.3. 네트워크 기술

사물인터넷 서비스를 제공하기 위해서는 센서가 달린 디바이스에서 생성된 데이터를 수집 및 저장하여 분석해야 한다. 이를 위해 생성된 데이터는 대규모 저장장치가 포함되어 있는 게이트웨이나 중앙의 메인 서버로 전송되어야 한다. 이렇게 데이터의 전송을 위해서는 네트워크에 연결되어야 한다. 사용할 수 있는 네트워크는 유선뿐만 아니라 무선 통신 기술이 있으며, 이를 위한 프로토콜에는 수십 가지가 존재한다.

각 통신기술과 프로토콜은 나름의 목적을 갖고 제안되고 개발되어왔다. 때문에 사물인터넷에 적용한다면, 상황에 맞게 선택하여 이용해야 할 것이다. 예를 들어, 스마트폰에서 수집한 데이터를 집에 있는 게이트웨이에 전달한다면, Wi-Fi를 통해 유선으로 저장을 하면 된다. 또는 스마트폰에서 수집한 데이터를 병원의 서버로 전송해야한다면, 3G나 LTE를 이용하여 통신사를 거쳐 기간망이나 유선을 통해 전송될 것이다.

통신 기술에 대한 선택 기준이 되는 속성은 일반적으로 통신거리, 대역폭, 변조 방식, 스케줄링 방식, 프로세싱 능력, 배터리 소모량, 네트워크 규모 등과 같이 다양하다. 이들 요소를 한꺼번에 만족하는 통신기술을 찾기는 어렵다. 때문에 이들 요소 중에서 핵심이 되는 요소 2~3가지를 비교하여 선택하는 것이 일반적이다. 통신기술을 비교할 때 주로 전송 속도와 전송 거리를 많이 비교한다. 이는 데이터가 원활히 전송되기 위한 기준이기도 하다.

이러한 데이터 측면은 IoT의 응용 분야에 따라 전송 빈도와 양에서 차이를 보인다. 예를 들어 영상모니터링 분야의 경우는 전송 데이터양이 많고, 빈도는 중간 정도다. 하지만 스마트 계량(metering) 분야는 전송 빈도수는 많으나 데이터양은 매우 적다. 이처럼 IoT는 각 응용 분야별로 서비스 특성이 다르기 때문에, 각 특성에 맞는 네트워크 선정이 중요하다. 그림 3-14는 응용분야별로 전송빈도수와 데이터양을 보여주고 있다.

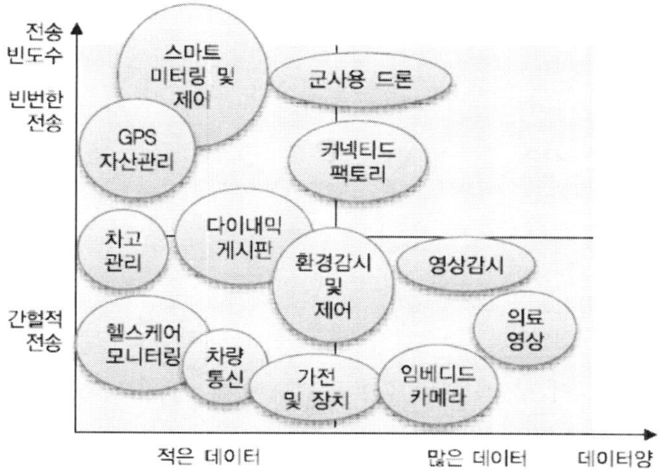

그림 3-14 IoT의 응용분야별 전송빈도수와 데이터양
*출처: 한국정보통신기술협회

1) 인터넷 네트워크 기술

최근 인터넷 기술은 네트워크의 근간이 되는 인터넷 기술을 기본으로 다양한 유무선 통신 기술을 접목하는 형태로 발전하고 있다. 이동통신, 무선 네트워크 등의 기술이 인터넷 기술과 융합됨으로써 사용자의 편리성이 극대화되고 있다.

인터넷은 인터네트워크의 약어로 네트워크의 네트워크를 의미한다. 여러 개의 네트워크를 상호 연결한 네트워크로 각 네트워크는 라우터를 통해 연결된다. 인터넷을 이용하면 자신의 컴퓨터를 전 세계의 다른 컴퓨터들과 연결하여 언제 어디서든지 원하는 정보를 주고받을 수 있다.

그림 3-15 ARPANet의 초기 연결

1950년경 냉전시대에 구소련과의 경쟁 우위를 위해 군사정보를 수집하고 공유할 목적으로 1969년에 UCLA(University of California at Los Angeles)를 중심으로 UCSB (University of California at Santa Babara), 유타대(University of Utah), SRI(스탠포드대 연구소, Stanford Research Institute)를 연결한 ARPANet이라는 네트워크를 구축한 것이 시초이다. 이것은 1972년에 일반인에 공개되었고, 1973년에 영국 및 노르웨이의 컴퓨터와 연결되어 처음으로 국제적인 컴퓨터 네트워크를 형성하였다. 1983년에 민간용과 군사용으로 분리되면서 민간용이 세계적인 네트워크로 발전하였다. 이후 1986년에 미국과학재단에서 공동 연구를 목적으로 NSFNET을 구축하였다. NSFNET이 ARPANet과 연결되면서 미국의 중추적인 네트워크로 성장하였고, 1990년에 ARPANet은 해체되었다. 1989년에 스위스의 팀 버너스 리가 월드와이드웹(WWW, World Wide Web)을 제안했고, 이를 적용한 인터넷 서비스가 급속도로 확산되어 현재의 인터넷으로 발전하였다.

가. IPv4와 IPv6

인터넷에서 통신주체를 구분할 수 있는 수단으로 IP주소를 사용한다. IP주소의 경우 지금까지 IPv4를 사용하고 있었지만, 인터넷의 사용자가 급격하게 증가하여 주소가 고갈되었다. 때문에 IPv6를 만들어 대체하고 있다.

IPv4는 인터넷을 사용한 초기부터 사용되어 왔다. 이는 32비트의 주소 체계를 사용한다. 이는 2의 32승에 해당하는 약 43억 개의 주소를 가질 수 있다.

한국인터넷백서에서는 그림 3-16과 같이 인터넷 사용자를 2016년 기준으로 대략 35억 명이 이용하고 있으며, 총인구의 47% 정도가 이용하고 있다고 한다. 즉, IPv4로는 모든 사람이 사용하기에는 턱없이 부족하다.

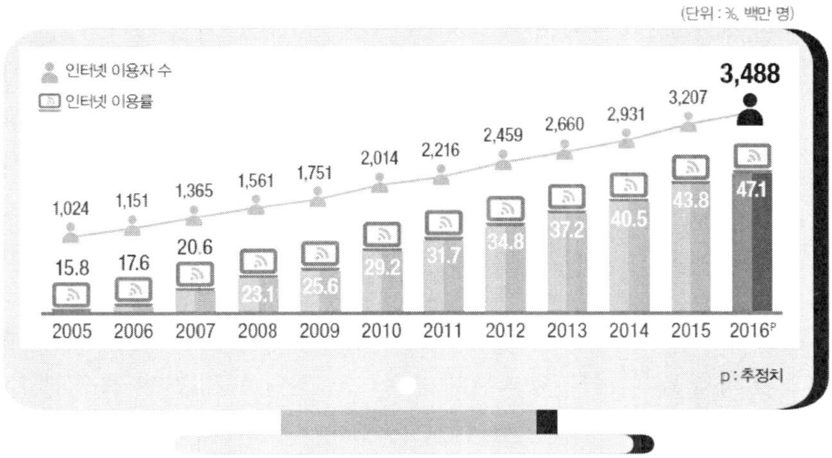

그림 3-16 전 세계 인터넷 이용 현황
*출처: 2017 한국인터넷백서

가트너는 '2014년 세계 IT시장 10대 예측'이라는 보고서에서 "2009년 기준 고유 IP 주소를 통해 인터넷에 연결된 기기의 수가 25억 대이고, 대부분이 휴대폰이나 PC 같은 소비자 기기였다. 오는 2020년까지 고유 IP 주소로 인터넷에 연결되는 기기의 수가 많게는 300억 대까지 늘어날 것이며, 그 중 대부분은 일반 제품이 될 것이다."라며, 앞으로의 인터넷 현황을 예측하였다. 이렇게 되면 IP주소가 부족해진다는 얘기이다.

IPv6는 주소가 모자란 것에 대비해 개발된 것으로, IPv4보다 4배 많은 128비트 주소 체계를 이용한다. 이는 주소의 수가 여유 있게 사용할 수 있다는 것을 뜻한다. 또한 IPv4의 복잡한 구조를 단순화하고, 중요하지 않은 필드는 확장헤더로 옮겨 오버헤드를 최소화시켰다. 처리능력이 기존의 PC보다 떨어지는 사물인터넷 디바이스들이 사용할 수 있게 되었다.

우리나라도 1990년대 초부터 안정적인 인터넷 서비스 제공을 위해 IP주소를 확보하기 위해 노력해왔다. 2017년 4월말 기준 IPv4 주소 보유량은 1억 1,243만여 개로 세계 6위이며, IPv6주소 보유량은 5,251(/32)개로 세계 11위

수준이다. 정부는 빅데이터, 클라우드, IoT 등 인터넷 신산업 활성화를 위해 본격적인 IPv6주소 도입을 추진하고 있다. 지난 10여 년간 3차에 걸친 IPv6주소 보급과 전환 촉진 기본계획을 통해 IPv6 주소 전환 기반을 마련했고, 본격적인 확산을 위하여 2014년 3월 '인터넷 신산업 촉진을 위한 IPv6 확산 로드맵(이하 로드맵)'을 수립했다. 로드맵에서는 'IPv6 기반의 인터넷 최강국 구현'이라는 비전을 설정하고, 첫째, 주요 ISP의 IPv6 망 구축 2017년까지 완료 둘째, 국내 최초 유·무선 인터넷 및 웹 사이트 IPv6 기반 상용 서비스 2014년 하반기 개시라는 목표를 제시했다. 또한 이를 위한 3대 중점과제로 IPv6 인프라·서비스 확산, IPv6 장비와 서비스 개발, IPv6 전환 촉진과 이용환경 조성을 제시했다.

정부는 체계적인 IPv6 주소 전환을 위해 여러 협의체를 통해 이해관계자들과의 공조 체계를 확보하여 운영하고 있다. 사업자별 로드맵 추진 현황을 공유하고 주요 이슈들에 대해 논의하기 위하여 'IPv6 상용서비스지원협의회'를 구성하여 운영하고 있다. 또한 정부는 전문인력·기술력이 부족한 영세·중소 사업자들을 대상으로 한 지원 체계의 일환으로 'IPv6 종합지원센터(이하 종합지원센터)'를 2014년 5월 개소하여 운영하고 있다. IPv6 종합지원센터는 IPv4/IPv6 공존 환경에서의 IPv6 종합 지원 체계를 구축하고, ISP·서비스 제공자·비즈니스 이용자·소프트웨어 및 하드웨어 제조사 등 이해관계자별 IPv6 도입을 위해 컨설팅, 테스트 등을 지원한다. 또한 상용 서비스 촉진을 위해 테스트망으로 활용할 수 있는 IPv6 시험망을 무료로 제공하고 있다.

2) 무선 네트워크 기술

지금까지의 네트워크는 유선 네트워크를 떠올렸다. 하지만 다양한 형태의 무선 네트워크 기술이 발달하면서 무선까지 포함하는 개념으로 자리 잡고 있다. 사물인터넷에서는 사물과 사물이 유선뿐만 아니라 무선으로도 연결되는 빈도가 더 많을 것이다.

2010년 이전까지는 대부분이 유선네트워크로 컴퓨터를 이용하여 생활하였다. 이후부터는 휴대용 기기 (노트북, 스마트폰 등)의 사용이 늘어나면서 언제 어디서나 인터넷에 연결하기를 원했다. 이런 배경으로 무선 네트워크 기술이 급격하게 발전하였다.

대표적인 무선 네트워크 기술에는 이동통신 기술, 무선 LAN(WLAN, Wireless Local Area Network) 기술, 무선 PAN(WPAN, Wireless Personal Area Network) 기술 등이 있다. 이동통신 기술은 이동하면서 시간과 장소에 관계없이 음성 및 데이터를 송수신할 수 있는 기술이다. 1세대는 아날로그 통신방식을 사용했고, 2세대부터는 디지털 통신방식을 사용했다. 이후 3세대부터는 디지털 통신방식이 일반화되고 있다. 무선 LAN 기술은 이동통신 기술과 달리 이동성은 약하고 병원, 공항, 호텔, 회의장, 카페 등의 이용자가 밀집되어 있는 공공장소나 건물과 같은 지역을 중심으로 운영되는 단점이 있지만, 대역폭이 커서 좋은 품질과 빠른 속도로 데이터를 송수신할 수 있는 장점이 있다. 무선 PAN 방식은 가까운 거리에서 모바일 기기 간에 데이터를 송수신할 수 있는 기술이다.

그림 3-17은 거리와 데이터 속도에 따라 분류된 기술들을 보여주고 있다.

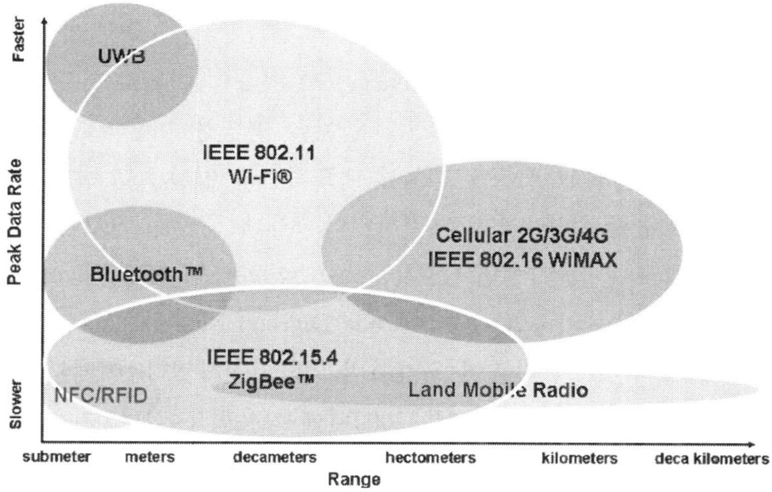

그림 3-17 무선 네트워크 기술의 종류
*출처: 한국정보통신기술협회

무선 네트워크의 표준은 주로 IEEE(전기전자기술자협회, Institute of Electrical and Electronics Engineers)에서 개발하고 제정한다. 전기전자공학 전문가들의 국제조직인 이 단체 내에 LAN/MAN 표준 위원회(IEEE 802)가 있어 유무선 네트워크에 대한 표준을 개발하였다. 그림 3-18은 무선 네트워크 부분의 표준을 지원거리별로 구분지은 것이다.

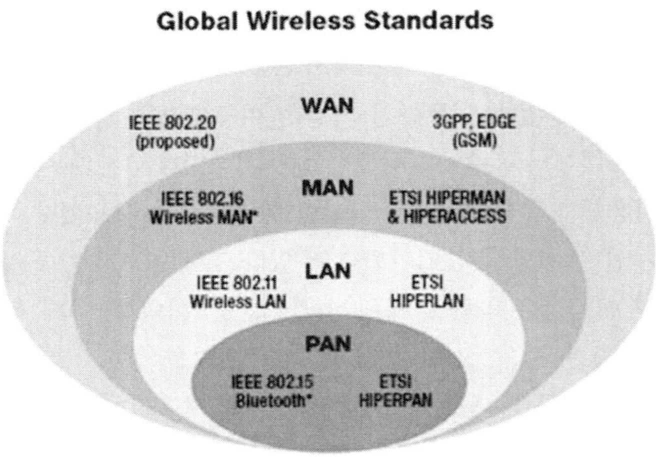

그림 3-18 지역별 네트워크 표준 현황
*출처: IEEE

가. 이동통신 기술

① 3G 이전의 이동통신

이동통신 기술은 1세대(1G, 1Generation) 기술인 아날로그 방식 이후 30년 동안 전 세계적으로 놀라울 정도의 기술 혁명을 이루었다. 1세대 통신은 1978년에 상용화된 AMPS 기술이 대표적이고 아날로그 방식의 통신을 사용하고 있다. 음성서비스를 제공하였다. 2세대 통신은 1992년에서 1995년에 각각 유럽식 중심 기술인 GSM(Global System for Mobile communications)과 미국식 중심 기술인 CDMA(Code Division Multiple Access)가 상용화되었다. 음성서비스와 더불어 문자서비스를 지원하였다. 이때부터 디지털 통신방식을 사용하였다. 3세대는 2000년에 상용화 되었다. 기술은 동기 방식인 CDMA가 CDMA EV-DO(Evolution Version-Data Only)로 개발되고, 비동기 방식인 GSM이 WCDMA (Wideband CDMA)로 개발되었다. 서비스는 화상통화, 멀티미디어 전송, 인터넷 서비스가 제공되었다.

그림 3-19는 1세대에서 3세대까지의 이동통신 기술의 발전과정을 보여주고 있다.

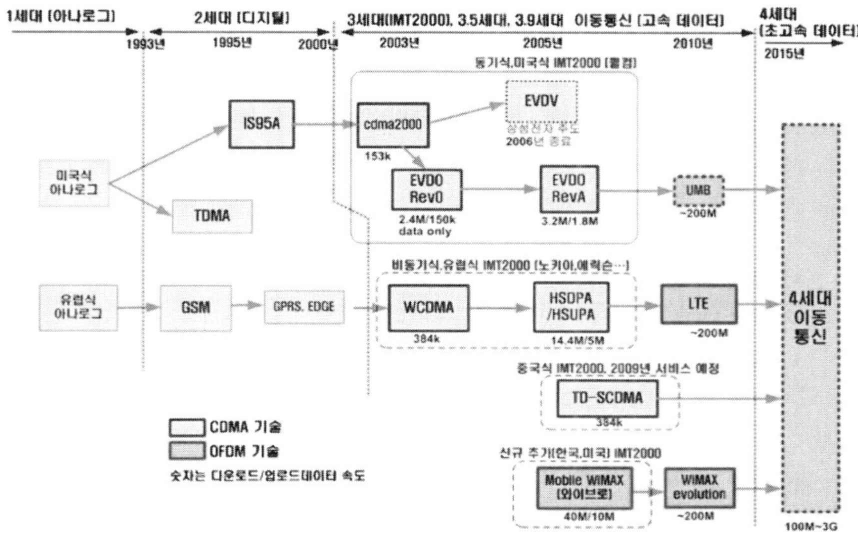

그림 3-19　이동 통신기술의 발전

② 4G 이후의 이동통신

4G라는 이름으로 등장한 기술 표준에는 유럽을 중심으로 한 3GPP LTE(3rd Generation Parnership Project Long Term Evolution), 우리나라가 주도적으로 이끄는 모바일 와이맥스 에볼루션(Mobile WiMAX Evolution), 미국과 퀄컴이 내세우는 3GPP2 UMB(Ultra Mobile Broadband)가 있다. 2008년 2월 스페인 바르셀로나에서 개최된 Mobile World Congress 2008에서 LTE는 많은 관심을 받았다.

3GPP(3G Partnership Project)의 릴리즈8 규격을 기반으로 반송파 대역폭을 1.4MHz에서 20MHz까지 상향시키고, TDD와 FDD를 이용한 전이중 통신을 지원한다. 정지했을 때 1Gbps를 지원하고, 이동할 때는 100Mbps를 지원하여 2시간짜리 영화를 3분 이내로 내려 받을 수 있다. 3세대 기술과의 가장 큰 차이점은 All-IP 기반의 패킷 네트워크로 통합된 것이다. LTE에는 IP망과 음성망, 데이터망을 하나로 묶는 개념도 적용되어 있다. 이러한 발전의 주역은 스마트 기기의 대중화와 무선 인터넷 수요의 증가에 있다.

LTE-A(LTE Advanced)는 2009년 국제전기통신연합에서 ITU-T 표준 4G 시스템 후보로 제출되어 IMT-어드밴스드(Advanced)로 승인 되었다. LTE-A는 2011년 3월에 3GPP가 릴리즈 10을 기반으로 완성한 WCDMA 계열의 4세대 이동통신으로, 롱 텀 에볼루션(Long Term Evolution, LTE)의 본래 규격이다. 2012년 9월 10일 러시아의 이동통신사인 요타에서 세계 최초로 3개의 100Mbps급 LTE대역을 묶은 300Mbps급의 서비스를 상용화하였다. 우리나라에서는 SK텔레콤이 2013년 6월 2개의 75Mbps급 LTE 대역을 묶은 150Mbps급의 서비스를 갤럭시 S4 LTE-A를 통해 상용화했다. 뒤이어 LG 유플러스가 LTE-A 사용용화와 동시에 LTE 전용모드로 지원되는 통신방식을 7월에 상용화하였으며, KT는 9월에 상용화하였다. LTE-A는 기존 LTE 모뎀과 호환되지 않는데, 엔비디아(Nvidia) 에서 펌웨어 업데이트만으로도 LTE 모뎀에서 LTE-A를 사용할 수 있게 하였다.

지난 2011년 3G보다 5배가 빠른 LTE가 첫 선을 보인 이래 2013년 LTE-A, 2014년에 과대역 LTE-A가 등장하였고 2015년에는 3밴드 LTE-A 시대가 열렸다. 가장 빠른 3밴드 LTE-A의 속도는 300Mbps이다.

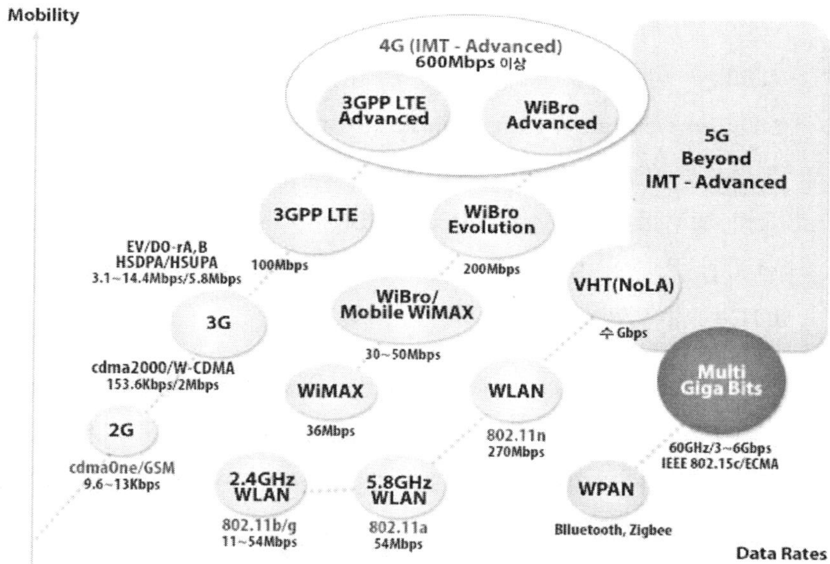

그림 3-20 이동통신 기술의 이동성과 대역폭에 따른 분류
*출처: 특허청

5세대 이동통신 기술은 2020년 상용화를 목표로 개발 중이나 2018년 평장 올림픽에서 서비스를 예정중이다. 4세대 LTE보다 주파수 용량을 확장하여 1,000배 빠른 초고속 통신 기술이다. 사람 뿐만 아니라 사물도 언제 어디서나

연결할 수 있도록 사용자당 1Gbps를 지원하고 기지국당 100Mbps ~ 100Gbps 전송 속도를 제공한다. 이것은 현재의 16분정도의 시간이 걸려 받을 수 있는 정보를 1초 만에 받을 수 있다는 의미이다.

5세대 기술에서 추구하는 목표는 첫째, 최대 500km/h의 이동성을 보장하고, 둘째, 사용자당 1,000분의 1의 에너지 효율성 향상과 셋째, 사용자와 인터랙션을 통한 감성을 만족시키고, 마지막으로 수많은 주변기기와 원활한 소통하는 것이다.

표 3-4는 이동통신 기술의 특징을 표현하고 있다.

[표 3-4] **이동통신 기술의 특징**

특징	1세대	2세대	3세대	4세대	5세대
상용화 시기	1984년	2000년	2006년	2011년	2020년 목표
최고전송속도	14.4Kbps	144Kbps	14Mbps	75Mbps	1Gbps
서비스	아날로그 음성통화	디지털 음성 통화, 문자	음성, 멀티미디어 문자, 화상통화	음성, 데이터, 실시간 동영상	홀로그램, 사물인터넷, 입체 영상
차별점	이동성	보안, 모바일폰 대중화	인터넷 활용	빠른 광대역 인터넷	실시간성, 사물 커버 인프라
문제점	비효율적 대역 활용, 보안 취약성	제한적 데이터 전송, 인터넷 활용 불가능	데이터 성능 미흡, WAP 기반 인터넷 활용 실패	데이터 트래픽 증가, 지연시간	-

*출처: GSMA 인텔리전스

나. 무선 LAN

무선 LAN은 사무실, 공장 등과 같은 환경에서 유선 네트워크와 같은 통신 서비스를 무선으로 제공하는 기술이다. 즉, 기존까지 유선으로 사용하던 것을 무선으로 사용하는 것이다. 노트북이나 스마트폰과 같은 이동 가능한 기기들에 무선 LAN 어댑터를 장착하여 사용한다. 공공시설에서는 무선 네트워크 통신 사업자들이 지하철, 공항 등의 특정 지역을 중심으로 사용자들이 자유롭게 접속하여 인터넷을 사용할 수 있도록 무선 LAN에서 접속

지점이 되는 AP(Access Point)를 설치해서 운영하고 있다.

그림 3-21 무선 LAN의 구성도

① **와이파이**(Wi-Fi)

흔히 무선 LAN을 와이파이(Wi-Fi, Wireless Fidelity)라고 불리고, 좁은 지역(Local Area)을 위한 무선 네트워크 기술이다. IEEE의 LAN/MAN 표준 위원회인 IEEE 802의 11번째 워킹 그룹에서 표준 기술을 개발하였다. 이 기술은 유선 케이블 대신 전파(RF)나 빛 (적외선) 등을 이용해서 네트워크를 구축하는 방식이다. 기술에는 a/b/g/n으로 다양한 규격이 존재한다. 현재 대부분의 무선 LAN 기기들이 이 규격을 사용하고 있어서 와이파이를 무선 LAN과 같은 개념으로 인식하는 하는 것이 일반적이다.

표 3-5는 802.11 기술 종류를 보여주고 있다.

[표 3-5] **무선 LAN의 세부 규격**

종류	최대속도	거리	주파수 대역	표준연도
802.11a	54Mbps	300m	5GHz	1999년
802.11b	11Mbps	450m	2.4GHz	1999년
802.11g	54Mbps	450m	2.4GHz	2003년
802.11n	600Mbps	450m	2.4/5GHz	2009년
802.11ac	6.9Gbps	300m	5GHz	2014년

② **와이기그(WiGig)**

IEEE 802.11ad 표준을 기반으로 하는 '와이기그'는 60GHz 고주파수 대역을 이용해 최대 7Gbps의 속도로 데이터를 주고받는 기술로, '와이파이(Wi-Fi)'보다 훨씬 빠른 속도와 짧은 트래픽 지연시간, 저전력의 강점으로 멀티미디어 기기와 애플리케이션 연결에 적합한 통신기술로 부상하고 있다.

와이기그 기술은 60GHz대역에서도 와이파이가 사용하는 2.4GHz, 5GHz 주파수 대역으로 이동할 수 있도록 보장한다. 따라서 와이파이와 와이기그를 모두 지원하는 기기는 좁은 공간에서는 고속의 와이기그를 사용하다 필요할 경우 와이파이로 전환할 수 있다. 많은 와이기그 인증 제품들이 와이파이 인증도 함께 받을 수 있고, 와이기그와 와이파이가 모두 탑재된 제품에는 두 기술 간의 매끄러운 연동을 위한 장치가 내장될 것이기 때문이다.

이 기술은 또한 빔포밍 지원으로 신호 강도를 높이며, 높은 보안기능도 지원한다.

와이기그는 2009년에 와이기그얼라이언스에서 개발했지만 2013년 초에 와이파이얼라이언스에 통합됐다. 와이파이얼라이언스는 2013년 9월 와이기그 인증 프로그램을 출시했다.

다. 무선 PAN

무선 PAN(WPAN, Wireless Personal Area Network) 기술은 가까운 거리에 있는 기기간에 데이터를 주고받을 수 있는 기술이다. 무선 개인 근거리통신망 기술이라고도 부른다. 대표적으로 블루투스, NFC, 지그비, UWB 등을 들 수 있다.

[표 3-6] **무선 PAN 기술비교**

기술	사용주파수	보안성	표준범위	주 서비스 영역
NFC	13.56MHz	암호화 적용	글로벌	비접촉결제, RFID, 파일전송
블루투스	2.4GHz	미적용	글로벌	단말기 파일전송
지그비	2.4GHz	미적용	글로벌	기기제어, RFID
900MHz RFID	900MHz	미적용	국내	RFID

*출처: 디지털타임즈, "[알아봅시다] 근거리무선통신(NFC)

① RFID(Radio Frequency IDentification)

RFID는 무선 주파수를 이용한 통신에서 ID 정보를 인식할 수 있는 기술로 일명 전자태그로 불린다. 주로 물품 등의 관리가 필요한 사물에 태그를 부착하고 전파를 이용하여 해당 사물의 ID 정보 및 주변 환경 정보를 인식할 수 있다. 이로 인해 사물의 정보를 수집, 저장, 가공 및 축적함으로써 사물에 대한 측위, 원격처리, 관리 및 사물간 정보교환 등의 다양한 서비스를 제공할 수 있다.

RFID 시스템은 그림 3-22와 같이 태그, 리더, 서버(미들웨어 및 응용 서비스 플랫폼)로 구성된다. 그리고 각 구성원 간에는 유무선 통신망과 연동되어 사용된다.

기본 동작은 RFID의 리더에 붙는 안테나가 전파를 이용한다. 태그와 통신으로 하여 데이터를 주고 받는다. 사전에 RFID 태그 안에는 무선통신이 가능한 안테나가 내장되어 있어 리더로부터 데이터를 수신 받는다. 그리고 IC 칩을 내장하여 침 내부에 정보를 집어넣는다. 이 칩에 있는 정보를 태그의 안테나를 통해 데이터를 송수신하는 것이다. 즉, RFID 리더는 안테나를 통해 신호를 주고 이것이 태그와 정보를 송수신하면, 리더는 데이터를 읽어 유무선 통신 방식에 의해 서버로 전달된다.

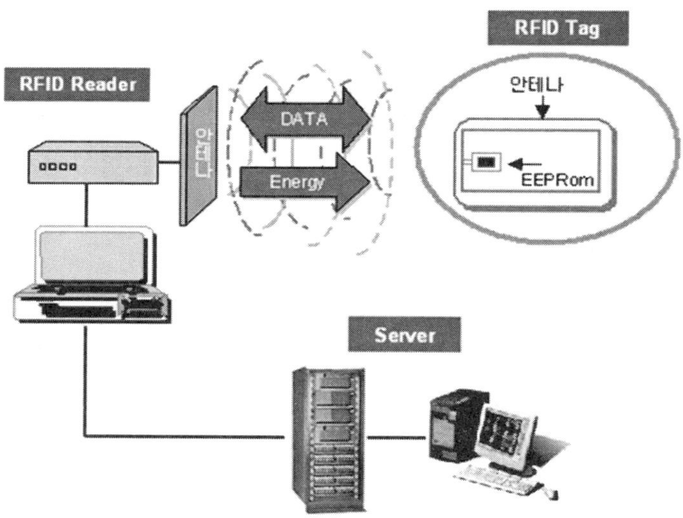

그림 3-22 RFID 시스템의 구성
*출처: 한국 RFID/USN 협회 홈페이지

역사

1939년, 영국에서 비슷한 기술을 이용한 IFF(Identification, Friend or Foe) 자동응답기가 개발되었다. 이 기계는 제2차 세계대전 당시 비행기에 부착해 적과 아군을 식별하는데 이용되었다. 전파 변조를 통한 정보전달을 할 수 있다는 점에서 이 장비가 RFID의 시초라고 할 수 있다. 1960년대 들어서 미국 정부가 핵설비의 장비 및 작업자 식별에 RFID 기술을 활용하였다. 1973년 마리오 카둘로가 특허를 취득한 장비는 진정한 최초의 RFID라고 할 수 있다. 메모리를 갖추고 전파로 통신하는 RFID의 특징이 있었기 때문이다. 카둘로의 특허는 전파, 음파, 빛까지 통신에 사용하는 아이디어를 포함하고 있었다. 같은 해, 로스 알라모스 국립 박물관에서 스티븐 뎁 등이 제한된 출력의 RFID 기술을 최초로 시연했다. 1980년대부터는 육우용 소의 귀에 태그를 사용하기 시작하였다. 1991년 미국 오클라호마 주 고속도로에 RFID를 이용한 통행료 시스템이 개통되었다. 1998년 케빈 워릭 레딩대 교수는 주치의, 조지 불로스가 근무하는 틸레허스트 병원에서 인류 최초로 팔에 통신용 RFID 칩을 이식했다. 수술은 피부 바깥에서 근육 쪽으로 구멍을 뚫어 이식 장치를 밀어 넣는 것으로 20분 정도 걸리는 간단한 것이었다. 사전에 연락을 받은 BBC 방송은 워윅이 수술실로 들어가는 장면부터 수술의 모든 과정을 조지 불로스의 해설과 함께 녹화했다. 이식 수술이 끝나고 보도진과 함께 학교로 돌아간 워윅은 지능형 빌딩 로비에서 실험했는데, 팔에 RFID 칩을 이식한 워윅이 로비문에 들어서자 컴퓨터가 워윅을 인식했다는 신호를 보냈다. 인식 장치를 설치한 문에서 1미터 반경 안에 들어서면 RFID 칩이 감응하게 되어 있었다. 워윅이 팔을 이리저리 뒤틀어도 칩은 어느 각도에서나 제대로 작동했고, 워윅이 여러 문을 무작위로 지나다녔는데도 컴퓨터는 그의 경로를 정확히 추적했다. 아쉽게도 워윅이 접근할 때 컴퓨터 스크린에 그의 개인 홈페이지가 뜨도록 설계한 것은 작동되지 않았다. 워윅의 아내도 2002년 6월에 칩 이식을 자발적으로 결정했다.

RFID 태그

RFID 태그는 배터리 유무와 데이터 쓰기 여부, 주파수에 따라 여러 종류가 있다. 첫 번째, 태그 자체의 배터리를 사용하는 능동형 태그와 배터리를 사용하지 않는 수동형 태그로 구분된다. 능동형 태그는 자체에 전원이 지원되어 먼 거리까지 통신이 가능하다. 그러나 내부의 전원 사용으로 인해 전원을 빈번하게 교체해야한다. 그리고, 주로 소형 태그를 만들기에는 부적합하다. 수동형 태그는 자체에 전원이 없어 태그를 동작할 수 있는 에너지를 리더로부터 공급받는다. 즉, 리더의 반송파 백스캐터(Backscatter) 방식을 이용한다. 두 번째, 데이터 쓰기여부에 따라 읽고 쓰기를 자유롭게 할 수 있는 태그, 한 번만 쓰기를 할 수 있는 태그, 공장에서 만들어질 때부터 코드가 입력되어 사용자는 읽기만 할 수 있는 태그가 있다. 가격은 읽기만 할 수 있는 태그가 가장 싸다. 마지막으로 주파수에 따른 태그는 저주파(150KHz 미만), 고주파(13.56MHz), 극초단파(433.92MHz, 900MHz 대역), 마이크로파(2.4GHz)에 따라 나뉜다. 주파수에 따른 태그의 종류는 표 3-7과 같다.

[표 3-7] **주파수에 따른 태그의 종류**

주파수	저주파	고주파	극초단파		마이크로파
	150KHz 미만	13.56MHz	433.92MHz	900MHz 대역	2.4GHz
인식거리	60cm이내	1m이내	50~100m	~10m	1m이내
특징	- 고가	- 저주파보다 고가 - 대중적 태그에 적합	- 긴 인식거리 - 실시간 추적 및 환경센싱	- 저가 - 다중인식과 성능이 뛰어남	- 저가 - 다중인식과 성능이 뛰어남
동작방식	수동형	수동형	능동형	수동/능동형	수동/능동형
적용분야	동물관리 출입통제	수화물 관리 교통카드	컨테이너 관리 실시간 위치 추적	공급망 관리 자동 통행료 징수	위조 방지
인식속도	저속	저속	고속	고속	고속
환경영향	영향적음	영향적음	영향있음	영향있음	영향민감
태그크기	대형	대형	중형	소형	소형

RFID 리더

RFID 리더는 태그의 정보를 수신하기 위해 태그와 통신을 하는 기기이다. 또한 태그에서 수집된 정보는 연결된 미들웨어로 전송한다. 태그가 동작할 수 있도록 고주파 전력을 송출하고, 태그에 필요한 명령어를 보내 데이터를 기록한다. 그리고 태그로부터 반사파에 실려 온 정보를 수신하여 분석한다.

리더는 주로 안테나 및 RF 회로, 변복조기, 실시간 신호처리 모듈, 프로토콜 프로세서 등으로 구성된다.

RFID 리더는 고정형과 이동형으로 분류할 수 있다 고정형 리더는 태그 정보를 무선으로 수신하고, RS-232, USB, 이더넷 등을 거쳐 서버에 전달한다. 이동형 리더는 이동이 가능한 리더로써 고정형 리더와 같이 기능을 수행하며, 하드웨어 구성도 동일하지만, 무선으로 리더에 수신된 태그 정보를 서버에 전송하기 위해 무선 네트워크를 이용한다.

안테나는 감지거리와 데이터 전송속도를 결정하는 가장 중요한 RF 부품의 하나이다. 태그의 감지거리를 늘리기 위해서는 RFID 리더용과 태그용 안테나가 고효율의 성능을 가지도록 설계 및 제작되어야 한다. 또한 전송속도를 늘리기 위해 전체 사용 주파수 대역을 포함하는 대역폭을 가진 안테나를 설계 및 제작하여야 한다. 리더 안테나는 태그 안테나에 비하여 상대적으로 설치공간의 제약이 없다.

RFID 미들웨어

RFID와 관련된 소프트웨어 기술은 일반적으로 리더에 읽혀진 태그 및 센서의 데이터는 유무선 네트워크를 거쳐 데이터 처리를 담당하는 호스트 컴퓨터의 미들웨어로 전달되어 처리된 후 해당 애플리케이션이 사용된다. 이러한 글로벌 RFID 환경에서 수집 및 활용되는 데이터는 객체에 대한 정적 데이터, 이력 데이터 및 실시간 데이터를 포함할 수 있다. 따라서 이를 활용한 상황인식 기반의 지능화된 서비스를 제공할 수 있게 된다.

한편 상황인식 미들웨어는 기본적으로 미들웨어로부터 가공된 태그 데이터와 수집한 데이터 및 정보를 시간적으로 체계화한 이력 또는 프로파일(Profile)정보, 나아가 센서에서 수집되는 실시간 환경정보를 가공하여 상황정보를 산출하여 응용 프로그램이 활용할 수 있도록 하는 기능을 수행한다. 또한 대규모 환경에서 효과적으로 이벤트의 생성, 모니터링, 알림 프레임워크를 제공하여 각종 응용서비스에서 이벤트를 효과적으로 처리할 수 있도록 하는 기능도 제공한다.

② 블루투스

블루투스는 2.4GHz 주파수를 사용해 사무실, 회의실, 가정이나 사용자 주변 공간 등 근거리 내에서 휴대폰, 휴대장치, 네트워크 AP 및 기타 주변장치 간 무선으로 자유로운 데이터 교환이 가능한 기술이다.

블루투스 규격은 1999년 6월 영국에서 개최한 1차 포럼에서 처음 정해졌다. 이 때 나온 1.0 규격은 데이터 전송속도 1Mbps, 전송거리 10~100cm 이었다. 블루투스SIG는 이 1.0규격을 시작으로 블루투스 4.1까지 발표했다.

지난 2010년에 발표된 블루투스 4.0부터는 '블루투스 스마트'라고 불리는 지능형, 저전력 기술이 탑재됐다. 전력 소비가 낮아 긴 배터리 수명을 얻을 수가 있고, 의료와 헬스케어 단말기를 대상으로 PC나 휴대폰을 활용할 수 있는 등 더 많은 다양한 기기들이 이용할 수 있게 됐다.

'블루투스 스마트' 기술의 가장 큰 특성은 이같은 초저전력과 함께 휴대폰, 태블릿, PC 등에 있는 애플리케이션에 기기를 직접 연결할 수 있다는 점이다.

블루투스 인증은 매년 꾸준히 증가하면서 스마트폰, 태블릿, 스피커나 헤드셋뿐만 아니라 최근에는 의료·보건, 스포츠·피트니스, 스마트홈 제품 분야에 적용이 급증하고 있다.

전력효율성, 이동통신 주파수 간섭, 데이터 전송방식, IP 접속 등 기존에 한계로 지적됐던 부분이 해결되면서 블루투스는 사물인터넷(IoT)을 구현할 핵심 통신기술로 계속해서 다양한 기기, 제품에 적용이 확대될 것이란 관측이 나오고 있다.

블루투스SIG는 '블루투스 스마트'가 IoT를 실현하는 주된 원동력으로 성장할 수 있도록 계속 지원하기 위한 방향에서 기술 발전을 계속하고 있다.

4.1버전의 경우 소비자들에게 '바로 작동하는(just works)' 간편한 경험을 더욱 향상시키고 유용성을 높이는데 초점을 맞춰 설계됐다. 그 일환으로 구현된 것이 롱텀에볼루션(LTE) 이동통신 기술 간 전파간섭을 회피하는 기술이다.

블루투스 디바이스는 2.45GHz 주파수에서 데이터를 송수신한다. LTE도 같거나 인접한 주파수 대역에서 작동한다. LTE 기기가 본격 확산되면서 블루투스 스마트와 LTE가 동시에 지원되는 기기 사용자들이 자칫 경험할 수 있는 간섭 문제를 해결할 수 있는 기술을 4.1버전에 적용했다.

블루투스 전파를 LTE와 조정해 인접한 두 채널 간 간섭 가능성을 줄여 각 통신기술은 최대의 성능을 발휘할 수 있다.

이와 함께 개발자들이 블루투스 재 연결 시간간격을 유동적으로 설정할 수 있도록 지원, 통제력을 가질 수 있게 했다. 이로 인해 디바이스들이 물리적으로 떨어져 있을 때 사용자들이 무차별 접속 중단되는 일을 경험하지 않아도 된다. 결과적으로 재 연결에 들어가던 전력소비를 줄일 수 있다.

웨어러블 기기가 대중화되는 시대에 맞춰 데이터 전송 폭주 문제를 해결하는 기술도 구현됐다. L2CAP(Logical Link Control and Adaptation Protocol) 메커니즘에 기반해 '블루투스 스마트' 기술이 구현된 두 대의 기기 간 부담을 최소화할 수 있도록 64킬로바이트(Kbytes) 이하의 벌크 데이터 전송이나 블록 데이터 전송을 지원한다.

예를 들어 이전에는 달리거나 자전거를 타는 중에 수시르 업데이트해서 전력 소모가 컸지만 활동 중에 센서를 통해 수집된 데이터를 사용자가 집으로 돌아간 후 효율적으로 전송하거나 업데이트할 수 있다.

이밖에도 기기와 애플리케이션 간 직접 데이터 전송을 가능하게 하는 지능적 연결도 지원한다. 스마트폰 같은 기기를 허브와 엔드포인트로 기능할 수 있게 하는 듀얼모드 토폴로지와 링크계층 토폴로지 소프트웨어 기능으로 기기들이 다수의 모드로 작동하면서 동시에 '블루투스 스마트'를 통해 커뮤니케이션할 수 있다.

버 전	발표시기	최대 전송속도	비고
블루투스 v1.2	2003. 11	• 723 kbps(하향)	IEEE 802.15.1-2005 표준으로 승인됨
블루투스 v2.0	2004. 11	• 일반 모드 : 723 kbps(하향) • EDR 옵션 : 2,178 kbps(하향)	-
블루투스 v2.1	2007. 3		
블루투스 v3.0	2009. 4	• 일반 모드 / EDR 옵션 : 2.1과 동일 • HS 옵션 : 24 Mbps	HS 옵션은 IEEE 802.11 링크를 차용
블루투스 v4.0	2010. 6	• Classic Bluetooth : '2.1 + EDR'과 동일 • Bluetooth High Speed : '3.0 + HS'와 동일 • Bluetooth Low Energy : 260 kbps	BLE는 이전 버전과 호환 불가
블루투스 v4.1	2013. 12	• v4.0과 변동 없음	소프트웨어 측면의 개선
블루투스 v4.2	2014. 12	• Bluetooth Low Energy : 650 kbps	보안 및 IP 연결성 확대

[Bluetooth SIG, www.bluetooth.org, 2014]

그림 3-23 블루투스의 버전별 특징

③ NFC (Near Field Communication)

NFC는 약 10cm 정도의 가까운 거리에서 최대 424Kbps로 기기 간에 양방향 무선 통신을 가능하게 해주는 RFID 기술 중의 하나이다. 스마트폰에 NFC 칩을 탑재하여 모바일 결제를 하거나 상품정보를 전송받을 때 사용할 수 있다. 비접촉식 무선 통신이나 암호화 기술이 적용되어 있기 때문에 공항, 레스토랑, 극장 등의 사람이 많은 곳에서도 안심하고 사용할 수 있다. 우리나라에서는 이동통신 사업자들이 각종 모바일 결제 서비스를 NFC를 활용하여 시행하고 있으며, 교통카드에 많이 활용하고 있다.

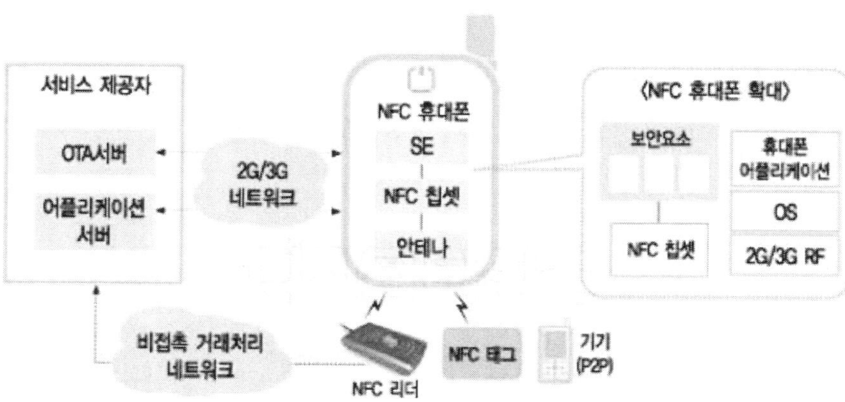

그림 3-24 NFC 시스템 구성도
*출처: 디지털타임즈, "[알아봅시다] 근거리무선통신(NFC)

이 기술은 2002년에 일본의 소니(SONY)와 네덜란드의 NXP 반도체가 공동으로 개발하였다. 2004년에 NFC 포럼이 설립되면서 NFC라는 용어가 널리 사용되기 시작했다. NFC 포럼은 2010년부터 회원사에 포럼의 인증마크를 부여하고 적합성 및 상호운용성 시험을 통과한 NFC 기기에 그림 3-25와 같은 N-마크를 사용할 수 있도록 하고 있다.

그림 3-25 NFC의 로고
*출처: NFC 포럼(https://nfc-forum.org)

태그가 내장된 단말기를 능동형(active) 모드로도 작동할 수 있어 태그로서의 기능뿐만 아니라, 태그를 읽는 리더(reader), 태그를 입력하는 라이터(writer)의 기능도 갖고 있으며 P2P도 가능(NFC 호환 기종간 4cm 이내 인접 시)하다. NFC의 국제표준인 ISO 18092는 비접촉식 스마트카드의 국제표준인 ISO 14443과 호환된다.

기존의 RFID에서 확장된 개념이다. RFID는 마이크로칩을 태그(tag)나 레이블(label), 카드 등에 붙여 정보를 저장한 후 무선(RF, Radio Frequency)을 이용하여 자동으로 인식하는 기술이다. 1930년대 군사용으로 개발되었는데, 2000년대 들어서 바코드를 대체할 수 있는 기술들로 각광받았다. RFID는 저주파(125KHz, 134KHz), 고주파(13.56MHz), 극초단파(433.92MHz, 860~960MHz) 및 마이크로파(2.45GHz)등 다양한 주파수 대역을 사용한다. 우리나라는 900MHz 대역의 RFID를 표준으로 채택해 정부 주도로 활성화 정책을 수립했지만 칩이 비싸 보급되지 못하고 있다.

[표 3-8] NFC의 표준화 동향

구분	내용
ISO/IEC 18092(2004.04)	NFC 인터페이스, 프로토콜 규격(NFCIP-1)
ISO/IEC 21481(2005.01)	확장 규격 및 구현 스팩(NFCIP-2)
ISO/IEC 23917(2005.11)	NFC 프로토콜 시험 방법

*출처: 정보통신기술협회, "ICT 표준화 전략맵 ver.2014"

④ 지그비(ZigBee)

ZigBee는 저속 전송 속도와 근거리 통신을 위하여 ZigBee Alliance에서 개발한 무선 네트워크 기술이다. 작은 크기로 전력 소모량이 적고 값이 싸 홈네트워크 등 유비쿼터스 구축 솔루션으로 각광받고 있으며 지능형 홈네트워크, 빌딩 등의 근거리 통신 시장과 산업용기기 자동화, 물류, 휴먼 인터페이스, 텔레매틱스, 환경 모니터링, 군사 등에 활용된다. 통신거리는 10m~100m까지 지원된다.

ZigBee 프로토콜은 물리 계층, 미디어 액세스 제어(MAC) 계층, 네트워크 계층, 그리고 애플리케이션 계층으로 이루어져 있다. ZigBee의 물리 계층과 MAC 계층은 IEEE 802.15.4 표준에 정의되어 있으며, 그 이외의 프로토콜 스택은 ZigBee 사양에 정의되어 있다. IEEE 802.15.4 초기 버전에서 유럽은 868 MHz 대역에서 20kbps를, 미국은 915MHz에서 40kbps를 지원하였다. ZigBee 네트워크 계층은 트리 구조와 메쉬 구조를 위한 라우팅과 어드레싱을 지원하고 있으며, 애플리케이션 프로파일로는 ZigBee Home Automation Public Profile과 ZigBee Smart Energy Profile이 대표적으로 사용된다. 또, 새로운 ZigBee 사양인 RF4CE는 가전의 원격 제어를 위한 솔루션과 스타 토폴로지를 위한 간단한 네트워크 스택을 정의하고 있는데, RF4CE는 2.4GHz의 주파수 대역을 사용하고 AES-128을 이용한 보안을 제공한다. 5)

5) ZigBee Alliance: "ZigBee RF4CE Specification", Version 1.00, March 2009

그림 3-26 지그비 얼라이언스 로고
*출처: http://old.zigbee.org

⑤ UWB(Ultra Wide Band)

UWB는 미 국방부에서 군사용 무선통신기술로 사용되다가, 미국 통신 주파수 관할 기관인 연방 통신 위원회(FCC, Federal Communications Commission)가 최근 민간에 개방하면서 관심을 모으게 되었다. UWB는 1990년대까지 미국 국방부의 '블랙프로젝트' 레이더 기술에 적용되어 왔다. IEEE 802.15.4a에서 통신규격으로 채용하고 있다.

10미터내의 거리에서 저전력으로 넓은 주파수 대역폭을 통해 대용량 데이터리를 빠르고 안정적으로 전송하는 기술이다. 전력 소모는 무선 LAN의 10분의 1 수준이며, 전송 속도는 최소 10Mbps~1Gbps 수준이다. GHz 이상으로 넓은 대역폭을 사용하기 때문에 전파 투과 성능이 우수하여 빌딩 내부, 도심지, 산림 지역에서도 응용이 용이하다. 다른 근거리 무선 통신 기술에 비해 전파 간섭 현상이 적다.

매우 짧은 펄스를 이용한 레이더 기술을 통신에 적용한 방식이기 때문에 고정밀 위치 추적에도 사용된다. 일반적으로 근거리 무선 통신 기술을 이용한 실내외 위치 추적 오차는 수 미터 정도지만 UWB는 cm 수준으로 추적할 수 있다. 2014년에 SK텔레콤이 UWB를 이용하여 경기도 양주 필룩스 조명박물관에서 방문 고객의 위치를 확인하는 서비스인 T스마트포지션을 시연하였는데 이때 방문객의 위치 오차를 50cm 이내로 줄일 수 있었다.

PC의 대용량 데이터를 프린터에 고속전송 및 인쇄를 할 수 있으며, HDTV 동영상을 PC에 전송 및 저장할 수 있다. 또한 디지털 카메라로 찍은 화상정보를 프린터로 전송할 수 있다.

다) 기기간 무선 통신기술

무선 통신에는 인프라 스트럭처 형태와 애드혹 형태로 나뉜다. 인프라 스트럭처는 무선기기들이 유선에 연결되어 있는 공유기와 같은 AP(access point)에 연결되어 통신서비스를 사용하는 방식이다. 반면 애드혹 형태는 무선기기들끼리 직접 연결되어 통신을 하는 형태이다. 무선기기들끼리 직접 데이터 전송을 하고자할 때 애드혹 모드가 더 효율적이다. 기기간 무선 통신 기술에서는 이러한 애드혹 형태의 통신 서비스를 뜻한다. 기기간 직접통신(D2D, Device-to-device)라고도 불리며, 기지국까지 신호를 보내지 않아도 되어 기지국의 과부하를 방지하고, 배터리 소모가 적으면서도 높은 bit rate를 얻을 수 있다.

① FlashLinkQ

퀄컴사에서 개발한 통신기술이다. 즉, 퀄컴의 독자 규격으로 2011년 시연을 통해 기술개념을 입증하였다. 통신 칩이 탑재된 기기들은 반경 1km 내에 최대 4천개 정도 검색할 수 있다. 소셜 네트워크와 모바일 광고 분야에서 활용할 것으로 기대하고 있다.

하지만 전용 면허 대역을 가정하고 설계되었기 때문에 다른 통신 서비스로부터의 간섭이 있을 수 있는 대역에서는 사용할 수 있다. 또한 셀룰러 네트워크(cellular network)와의 오버레이가 고려되지 않아서 주파수 자원할당에 어려움이 있다.

② **와이파이 다이렉트**(Wi-Fi Direct)

와이파이를 사용하려면 필요했던 AP(무선공유기)없이 바로 기기간에 파일을 전송하는 기술이다. 일반적으로 와이파이를 사용하려면 인터넷에 연결되어 있는 AP가 필요하다. 이 AP에 접속하여 인터넷 또는 통신을 이용할 수 있는 것이다. 하지만, 와이파이 다이렉트는 AP 없이 기기간에 직접 파일을 전송하는 것이다.

와이파이 다이렉트는 초기에는 Wi-Fi P2P로 불리었다. 일반적인 와이파이 속도 수준으로 하나 이상의 장치와 동시에 통신할 수 있다. 기술의 이름은

“Wi-Fi Peer-to-peer(p2p) Technical Specification”이다. 와이파이 다이렉트 인증 프로그램은 와이파이 얼라이언스가 개발하고 관리한다. 와이파이 얼라이언스는 Wi-Fi CERTIFIED 의 기본인 표준 프로그램을 개발하고 와이파이(Wi-Fi) 상표권을 소유하는 산업체이다.

Wi-Fi Direct는 D2D 통신을 고려하여 설계된 프로토콜(protocol)이 아닌 IEEE 802.11의 물리계층(Physical Layer) 프로토콜과 매체접근제어계층(MAC Layer: Medium Access Control Layer) 프로토콜을 변경 없이 사용하였기 때문에 접속 성능과 접속 시간 지연으로 불편함이 있다. Wi-Fi P2P는 사용자가 인지하지 않은 상태에서 근거리 내의 모바일 서비스 제공 기기와의 통신 링크를 설정하며, 필요로 할 때 직접 통신 서비스를 받을 수 있다. 통신비용이 저렴하고 별도의 통신 인프라가 불필요하며, Wi-Fi 탑재 디바이스 증가 추세를 고려할 때, 다양한 모바일 기기간의 통신을 위해서는 Wi-Fi 기반 기술이 당분간 유력할 것으로 예측된다.

③ 3GPP LTE **다이렉트**

3GPP에서는 2013년 TSG SA WG1(Technical Specification Group, Service & System Aspects, Working Group 1)에서 ‘ProSe(Proximity Service)’라는 이름으로 셀룰러 기반 D2D 통신기술 서비스에 대한 SG(Study Group) 활동을 완료하였다. 현재 TSG RAN(Radio Access Network) WG1에서는 ‘Study on LTE(Long Term Evolution) Device to Device Proximity Services’란 제목으로 본격적인 WI(Work Item) 표준화에 앞서 SI(Study Item)를 수행 중에 있으며 D2D Discovery, D2D Communication에 대한 기술 검토가 수행되고 있다.

④ PAC(Peer Aware Communications) **기술**

PAC는 IEEE 802.15의 태스크그룹(Task Group)인 TG8에서 표준화가 진행중인 분산형 D2D 통신기술의 이름이다. PAC는 급증하는 D2D 통신에 대한 사용자 수요를 만족시키기 위한 것으로, 기존의 무선통신 프로토콜이 전통적으로 기술 중심이었다면 PAC는 응용 중심의 무선통신 프로토콜이라는 특징을 가지고 있다. 이동 단말사용자 기능인 SNS(Social Networking Service)와 광고 등이 주 응용 분야로 간주되고 있으며, 사용자의 상황인지 또는 위치기반의 서비스가 제공될 것이다. 가전 기기들 간의 통신, 릴레이를 통한 커버리지 확장 등도 PAC의 중요한 응용 영역이다. 인프라의 도움 없이 완전 분산형으로 동작하는 D2D 통신 프로토콜이므로 자연 재해와 같이 비상사태에서 매우 유용하게 사용될 수 있는 통신 수단이 될 것이다.

표준화는 2011년 9월 오키나와에서 열린 제 74회 IEEE 802.15의 회의에서 처음으로 새로운 SG의 필요성이 논의되면서 시작되어, 2012년 3월까지 3회의 SG 활동을 통해 표준의 이름과 범위를 정하고 정식 TG(Task Group)로 출범하였다. 그 후 2013년 초 사용자 시나리오를 정리한 'Application Matrix'를 작성하였고, 기능 요구사항을 정의한 문서 TGD(Technical Guidance Document)를 완성하였다.

⑤ 근접통신 Wi-Gig 기술

모바일 스마트기기는 태생적으로 소형 전력을 추구해야 하기 때문에 대용량의 메모리 디바이스를 내장하는데 어려움이 있다. 따라서 많은 정보를 외장 메모리나 다른 기기로부터 전송 받을 수 밖에 없다. 모바일 기기에 리더를 장착하여 수백 mW이하의 소비전력으로 수 Gbps 속도로 데이터를 무선 전송하는 것을 목표로 연구가 진행되고 있다.

2012년 Wilocity와 Qualcomm Atheros는 IEEE 802.11ad 표준 기반으로 3중대역(2.4GHz/5GHz/60GHz) PCIe(Peripheral Component Interconnect Express) 기반 무선랜 칩셋을 발표하였으나 빔 형성, 빔운전 기능 RF와 다중 접속 MAC/PHY 기술로 인해 소비 전력이 수 Watt에 달한다.

일본 소니와 도시바는 UWB 대역을 사용하여 265mW의 소모전력으로 최대 560Mbps의 전송 속도를 제공하는 TransferJet 기술을 개발하여 가전 및 정보 기기에 채용하고 있으나 외부 전원 공급이 필요하다.

60GHz 고속 데이터 통신을 위해 NEC에서는 339mW의 RF 파워를 소모하여 2.6Gbps를, 그리고 Toshiba에서도 358mW를 소모하면서 수 Gbps의 전송이 가능한 시스템을 개발하였다.

초근거리 저전력 60GHz 전송을 위한 개발로는 GEDC에서 60GHz OOK(On-Off Keying)방식으로 264mW의 RF 파워를 사용하여 3.5Gbps 전송시스템을 개발하였다.

그 밖에 싱가폴 연구소인 A-Star에서 OOK를 사용하여 51mW의 파워 소모로 5cm에서 1.2Gbps RF 시스템을 개발하고, 대만 국립대학에서도 OOK RF 시스템을 286mW로 구현하여 60cm에서 1Gbps 데이터 전송할 수 있는 RFIC를 개발하고 있으나 무전원으로 수 Gbps 속도를 제공하는 순간 무선 전송 기술 개발은 전무하다

⑥ **초 근접거리** Zing **기술**

NFC 같은 기술이 이미 소개되어 있지만 13.56MHz 대역에서 50mW의 소모전력으로 424kbps 정도의 전송속도를 제공하므로 대용량의 정보 전달을 위해서는 적합하지 않다. 현재 연구 중인 신형 60GHz 무선 태그의 경우에는 30mW이내의 무선전송전력으로 최대 3Gbps급으로 무선전송 하는 것이 가능하다.

Zing 기술은 그림 3-27과 같이 사용자와 기술 특성을 고려하여 단말 간 고속 데이터 순간 전송 서비스뿐만 아니라, 대용량 콘텐츠를 실시간으로 전송할 수 있는 무선 USB (Universal Serial Bus)를 개발하고 하자는 것이다. 그래서 무선 USB 같은 태그가 초 근접거리 10cm 이내에서 무전원으로 대용량 데이터를 송수신할 수 있는 새로운 제품으로 등장하게 되었다. 근접거리에서 무전원 실시간 데이터 전송을 활용하면, 주변 무선장치들과의 간섭영향이 거의 없으므로, 주파수 활용도가 매우 높다. 필요할 때만 전원을 자기유도방식으로 태그에 전달하여 데이터를 주고 받으며, 태그의 보관 및 운용 관련 전원은 필요하지 않게 된다.

USB는 컴퓨터와 주변 기기를 연결에 쓰이는 입출력 표준으로 현재 USB 3.0까지 표준 규격이 제정되어 있으며, 새로 개발되는 Zing은 근접한 통신 기기들간 접촉 또는 비접촉방식으로 무선경로를 구성하여 데이터 송수신이 가능하게 된다. NFC와는 달리 Zing 기술은 대용량 고속 데이터 전송이 가능하며, 새로운 형태의 근접통신 서비스로 혁신될 것이다.

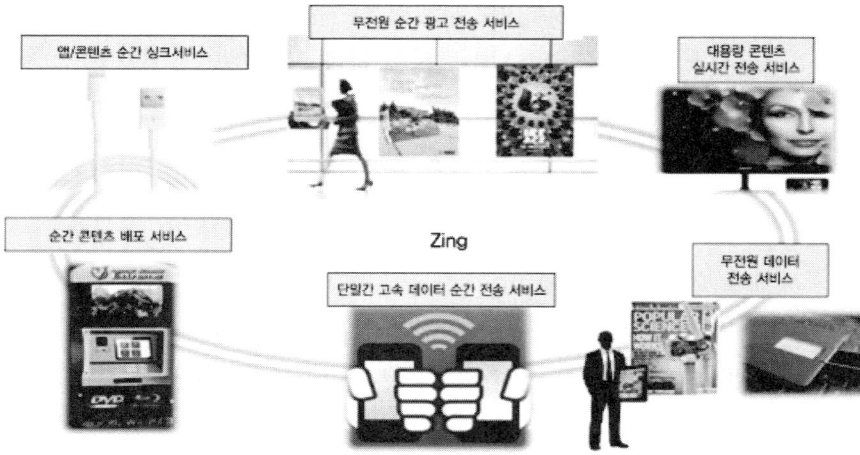

그림 3-27 초 근접거리 Zing 서비스
*출처: ETRI, "근접모바일통신 기술동향"

⑦ 시선통신 기술

시선통신 기술은 기존 서비스와 달리 서버나 통신망을 통하지 않고도 보이는 대로 상대를 선택하여 통신하는 기기간 직접 통신 기술로, 스마트폰이나 태블릿의 카메라를 이용하여 화면에 보이는 대상과 직접 연결할 수 있는 새로운 접속 기술을 말한다. 그 동안의 통신방식은 상대방의 식별자(ID)를 알아야만 통신이 가능했지만 이 기술을 이용하면 스마트폰의 창을 통해 통신대상을 선택하기만 하면 되며, 전파나 음파를 사용하여 빠르게 대상기기(스마트폰, 프린터, 프로젝터 등)와 연결하여 필요한 정보를 주고받을 수 있게 된다.

스마트폰과 같은 모바일 기기가 급속히 증가하고 무선 트래픽이 폭증하는 통신환경에서 사용자가 별도의 네트워크 장비 없이 주변 디바이스와 직접 통신을 통해 근접인식 기반의 다양한 모바일 서비스를 제공받을 수 있다는 점에서 D2D 통신과 연결점을 가지고 있다.

실내에 있는 다양한 기기 간 연결을 통해 정보교환이 가능하게 하거나, 거리에서 업소(식당, 백화점, 극장 등)의 간판이나 건물을 스마트폰으로 비추고 터치하기만 하면 관련 정보를 즉시 얻을 수 있다. 주변의 많은 기기들 중에서 원하는 시선 쪽의 기기와 접촉을 시도하여 빠른 시간 안에 정확한 상대기기를 찾아내는 것이 핵심기술이며, 통신대상을 선택하기 위해 전파

빔 형성 기반의 자기 공간 필터링(S2F: Self Spatial Filtering)과 이미지 특성에 의한 매칭 기술을 활용하게 된다. 통신대상 인식 절차는 통신주체 디바이스(단말)에서는 크게 통신대상 인식 시작 기능, 통신대상 인식 요청 기능, 통신대상인식 응답 수신기능, 통신대상 탐색 기능, 통신대상 인식 종료 기능으로 구성된다.

[표 3-9] **기기간 무선 통신의 주요 기술 비교**

	Zing	Wi-Fi P2P (11ac)	Wi-Fi P2P(11ad)	LTE-D2D	PAC	Local Area D2D
주파수대역	60GHz	2.4GHz/5GHz	60GHz	698 ~ 960MHz 1.7 ~ 2.7GHz	〈 11GHz	mmWave, NCT
범위	〈 10cm	〈 250m	〈 10m	〈 500m	〈 1km	〈100m
데이터속도	태그: 3Gbps 리더: 5Gbps	6.5 ~ 600Mbps	4.8Gbps (SC) 7Gbps (OFDM)	SMS to Video Service	200kbps (〈 1km) 2Mbps (〈 10m)	3Gbps (〈 10m) 500Mbps (〈 100m)
Tx Power	〈 5mW	700mW	〈 500mW	100 ~ 200mW	〈 350mW	〈 200mW
복잡도	낮음	높음	높음	보통	보통	높음

*출처: ETRI, "근접모바일 통신 기술 동향"

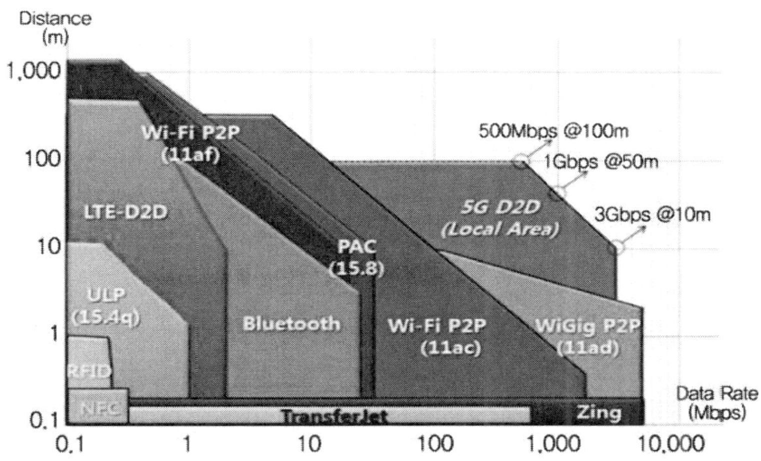

그림 3-28 기기간 무선 통신의 주요 기술 서비스 영역
*출처: ETRI, "근접모바일 통신 기술 동향"

3) 기타 통신 기술

① 센서 네트워크

무선 센서 네트워크 기술은 컴퓨팅 능력과 무선 통신 능력을 갖춘 센서노드를 응용 환경에 배치하여 자율적인 네트워크를 형성하고 센서 노드로부터 획득한 정보들을 무선으로 수집하여 감시/제어 등의 용도로 활용하는 기술이다. 무선 센서 네트워크 기술의 궁극적인 목표는 모든 사물에 컴퓨팅 능력 및 무선 통신 능력을 부여하여 언제, 어디서나 사물들끼리의 통신이 가능한 유비쿼터스 환경을 구현하는 것이며, 현재 다양한 기술이 융합되면서 IoT, M2M(Machine to Machine) 기술로 진화 하고 있다. 이와 같이 무선 센서 네트워크 기술은 IoT 기술 전개에 있어 근간이 되며 특히, 인간의 개입 없이, 혹은 최소한의 개입으로 사물간 협력하여 센싱, 정보 처리 및 교환을 위한 상호 지능적 자율적인 네트워크 형성에 있어 무선 센서 라우팅 기술은 중요하다. 또한 다양한 기기와의 정보 교환과 연동을 위해 센서 네트워크의 물리계층 및 네트워크 기술도 중요한 기술 요소로 자리 잡고 있다.

무선 센서 네트워크는 일반적으로 저비용/저전력/다기능의 센서노드들로 이루어져있으며, 이러한 센서들은 라디오 트랜시버와 데이터 처리를 실현하는 마이크로프로세서가 장착되어 있다. 이 센서들은 전통적인 RF기술을 이용한 단거리 통신을 시작으로 3G, LTE 등의 기술을 이용한 장거리 통신을 실현하고 있으며 RFID, NFC, Wi-Fi, Bluetooth, ZigBee, GSM, 3G, LTE 등 다양한 네트워크 기술에 적용되고 있다. 센서 노드는 위 그림 3-28에서 보는 바와 같이 일반적으로 '센싱 유니트(Sensing Unit), 프로세싱 유니트(Processing Unit), 통신 유니트(Communication Unit), 전원 유니트(Power Unit)'의 4가지 구성요소로 이루어진다. 센싱 유니트는 하나 이상의 센서와 아날로그 - 디지털 변환기(ADC)로 구성되어 있으며, 아날로그 - 디지털 변환기는 센서에서 수집한 정보를 디지털로 변환한 후, 해당 정보를 프로세싱 유니트에 전달한다. 프로세싱 유니트는 마이크로 프로세서와 메모리로 구성되어 있으며, 센서 노드를 제어하는 기능과 정보를 사용자가 요구하는 규약에 따라 처리하여 통신 유니트로 전달한다. 통신 유니트는 데이터 전송을 처리하는 라디오 장치로 구성되어 있으며 라디오 장치는 정보를 무선장치에 해당하는 무선전파로 변환하는 기능을 수행한다.

② BAN(Body Area Network)

개념

BAN(Body Area Network, 인체통신망)은 주로 사람의 몸과 가까운 곳에서 일어나는 통신망을 말한다. 즉, 몸 속(in-body), 몸 위(on-body), 몸 주위(off-body)에 존재하는 기기들 간의 통신 또는 통신망이다. 주로 의료 분야에서 사용하며, 게임 등 보다 다양한 응용이 가능하다.[6)]

또는, BAN을 Body Area Sensor Network로 해석하기도 한다. 이는 몸에 대한 대상이 사람 뿐만 아니라 동물 또는 몸을 통신이 가능한 유기체 등에 응용될 수 있다.

예를 들면, 한 손은 디지털 카메라, 다른 손에는 인쇄기를 잡으면 디지털 카메라에 저장된 사진 데이터가 몸을 통해 인쇄기로 전송되어 인쇄되는 것이다.

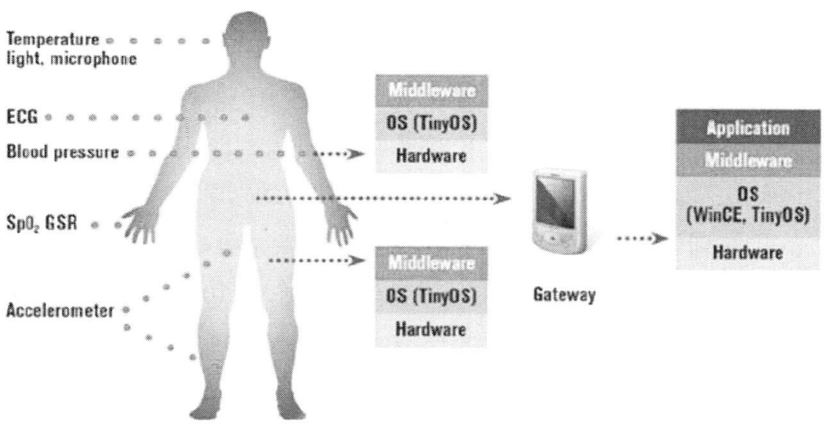

그림 3-29 WBAN의 구성도
*(참조: http://ehealth.i2r.a-star.edu.sg/?q=WBAN)

개발 동향

기술 표준은 IEEE 802.15.6이다. 근리 무선 통신과 유사한 전기장을 이용하여 최대 3미터까지 164kbit/s~1.3Mbits/s로 데이터를 전송하는 21이나 32Mhz대역

6) 참조 : "BAN 표준화 동향, 김대영(충남대 정보통신공학부 교수)

의 주파수로 연결한다.

IEEE 802.15.6은 2007년 11월에 결성되어 2008년 7월에 미국 덴버에서 네 번째 회의를 가졌다. 3월에는 CFI(Call for Intent)가 있었고, 이번 7월 덴버 회의에서 정식 CFP(Call for Proposals)가 공표되었다.

현재 BAN은 블루투스, 지그비, 와이파이, ANT 혹은 BLE와 같은 여러 무선 연결성 표준들을 이용하여 구현할 수 있지만 원래 BAN을 위해 개발된 것이 아니다.

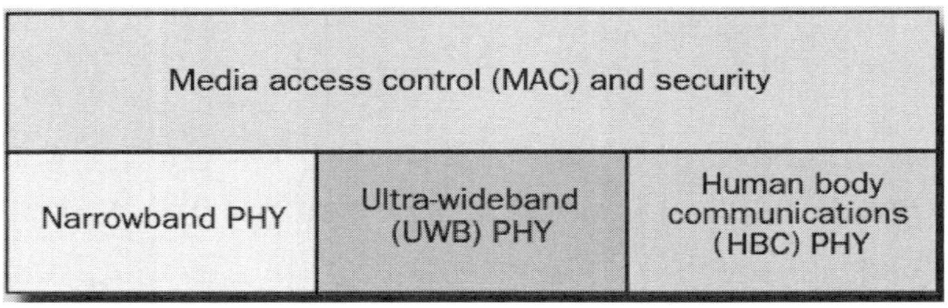

그림 3-30 IEEE 802.15.6 아키텍처의 하이레벨 구성도

그림 3-30은 물리계층과 공통의 MAC 및 보안 계층으로 이루어져 있다. 물리 계층은 의료 및 컨슈머 애플리케이션들이 요구하는 다양한 데이터 전송속도 요건들에 부응하기 위해 협대역, 초광대역 및 인체통신 대역의 주파수 대역으로 나누어진다. 이 아키텍처는 3미터의 거리를 겨냥하여 설계되었으며, 지원하는 데이터 전송속도는 초당 100킬로비트로부터 초당 1메가비트의 범위까지 다양하고, 최대 전력소모치는 3Ma이다. MAC 프로토콜은 채널에 대한 접근을 제어한다.

이 표준은 3가지 보안 레벨을 정의하는데, 레벨 0은 보안성이 없는 통신을 위한 것이고, 레벨 1을 인증을 위한 것이며, 레벨 2는 인증 및 암호화를 위한 것이다.

BAN의 문제점

면적 및 무게에 따라 환자의 활동에 미치는 제약을 줄 수 있다. 또한 무선을 통한 충전 방법이 필요하고, 휴대용이므로 저전력을 사용해야한다. 의료장치에 적용할 경우에는 정확도가 중요하다. 그리고 환자의 프라이버시를 보호하고 해킹방지기법을 적용해야 한다.

각국의 동향

표준화 활동에서 일본 정보통신연구소(NICT)가 주도하고 있다. 미국, 프랑스 등 선진국의 참여는 물론이고, 특히 한국에서는 삼성 이외에도 ETRI, 한국전파진흥원 등 연구소, 카서 등의 중소기업의 참여 등으로 활발한 활동을 보이고 있다.

③ SDN/NFV

SDN(Software Defined Networking)

클라우드 네트워크에서 분산 네트워크의 문제점을 해결하려고 출발했던 SDN은 네트워크 응용 서비스에 유연하게 대응할 수 있도록 네트워크의 자원과 기능을 응용 기반으로 제어하는 개방형 네트워킹 기술로 진화하고 있다. SDN은 초기에는 서비스 사업자, 벤처 기업 및 대학으로 구성된 ONF(Open Networking Foundation)에서 주도하다가 최근에는 공개소프트웨어 구현을 중심으로 하는 ODL(OpenDayLight) 및 ON.Lab(Open Networking Lab)에서 주도하고 있다.

ODL은 ONF와 달리 IT 글로벌 업체들(시스코, 주니퍼네트웍스, 에릭슨, VMware 등)로 구성되어 있으며 NFV를 포함하는 개방형 SDN 플랫폼을 개발하기 위하여 2013년 4월부터 Linux Foundation에 의해 주도되고 있는 공개소프트웨어 프로젝트이다.

ODL은 공개소프트웨어 SDN 컨트롤러와 가상 오버레이 네트워크, 프로토콜 플러그인, 애플리케이션, 아키텍처 및 프로그램 가능한 인터페이스 등의 개발 프로젝트를 진행하여 사우스바운드 API(Application Programing Interface)에 집중했던 ONF에 비해 노스바운드 API와 전반적인 클라우드 관리 자동화란 큰 틀에서 접근하여 응용, 도구, 서비스 전달은 물론 시장 지원도 가능한 컨트롤러 스택 전반을 구축할 수 있는 생태계를 생성하고 있다. 2014년 2월에 Base, Virtualization 및 Service Provider edition을 갖는 첫 번째 'Hydrogen' 버전을 배포하고 2014년 9월에 두 번째 'Helium' 버전을 배포하였다.

ON.Lab은 스탠포드, UC 버클리, AT&T 등 학계 및 통신사업자가 주도하고 있는 프로젝트로 ODL과 경쟁 관계에 있으며 캐리어급 SDN에 초점을 맞추어서 SDN 운영체제 ONOS(Open Network Operating System)를 2014년 12월에 배포하였다. ONOS는 초기에는 통신사업자에 맞추어져 있지만 후에 클라우드 사업자 및 기업망에도 응용이 가능한 형태로 진행될 것으로 기대되고 있다.

ONOS는 ODL처럼 스위치를 제어하기 위한 공개소프트웨어 소프트웨어이지만 ODL이 scalability와 성능을 제공하지 않는 것과 달리 ONOS는 scalability와 캐리어급 고가용성을 제공한다.

SDN의 표준화 현황

국외에서는 ONF에서 개방형 네트워킹을 위한 OpenFlow 중심의 SDN 기술 표준을 추진하였다. 클라우드/엔터프라이즈 네트워크를 위한 OpenFlow 1.x 및 OFConfig 1.x 표준을 진행하였다. 2013년에 통신사업자 및 최종 사용자의 SDN 요구에 대응하기 위해 OTWG(Optical Transport Working Group)를 구성하고 확장 OpenFlow 규격을 진행하였다. ITU-T SG13는 SG11 및 SG15와 협력 하에 SDN Requirements 및 Architectural Framework 권고안 제정을 진행 중이다. IETF의 IRTF는 SDN RG를 구성하여 SDN 표준화 연구가 진행 중이다.

NFV(Network Function Virtualization)

네트워크 기능을 전용 장비(소위 미들박스)로 구현한 것을 대신하여 범용 하드웨어 및 소프트웨어 기반으로 네트워크 기능을 개편하고자 2012년 10월에 유럽 통신사업자를 중심으로 ETSI NFV ISG(Industry Specification Group)가 구성되었다. ETSI ISG NFV 그룹은 응용 기반으로 네트워크 자원을 구성하는데 필수 요소인 네트워크 기능 가상화를 산업체의 협력을 받아 통신사업자 주도로 정의하려는 데 목적이 있으며 2014년 11월 245개 기관이 참여하고 있다.

NFVI(Network Function Virtual Infrastructure), VNF, MANO(Management & Orchestration) 로 구성되는 NFV 참조 기능 구조를 정의한 ETSI NFV ISG는 워크그룹 최종 문서 정리 및 배포를 2014년 12월까지 완료하고 Phase 1을 종료할 예정이다. ETSI NFV ISG가에서 Phase 1에서 배포한 문서는 NFV에 대한 개념 및 참조 모델을 정리한 수준이며 상기 문서 기반으로 NFV 구현 시 ETSI NFV의 목표인 벤더 비종속 운용 도달은 어려운 상태이다.

2015년 시작되는 Phase 2에서는 Phase 1에서 문제시 되었던 구현 위주 이슈 도출 및 벤더와 통신사업자 간의 상호 운용성에 초점을 둔 워크그룹으로 재편하고 상세 규격 작업 속도를 가가속화할 예정이다.

NFV 구현은 모바일 분야(특히 모바일 코어 네트워크)에서 활발하게 진행되고 있으며 대부분 클라우드 기반으로 구성하고 있다.

통신사업자 주도의 OPNFV(Open Platform for NFV)는 상호 운용성 보장 NFV 솔루션 개발 촉진과 NFV 솔루션 개발을 위한 공개소프트웨어 커뮤니티 활성화를 위해 2014년 10월 출범되었다[5]. OPNFV는 이종 NFV 솔루션이 상호 운용될 수 있는 공개소프트웨어 기반의 NFV 참조 플랫폼의 확장성을 보장하기 위해서 모듈 기반의 구조를 채택하여 다양한 솔루션에 플랫폼이 대응하도록 진행하고 있다. OPNFV 프로젝트의 플랫폼 구조는 ETSI NFV ISG에서 정의한 참조 기능 구조에 기반하고 있으며 초기에는 OPNFV 프로젝트의 대상은 ETSI NFV ISG 참조 기능 구조의 NFVI와 VIM(Virtualized Infrastructure Manager)이다. OPNFV 프로젝트는 2015년 초에 1차 버전을 배포할 예정이다.

NFV가 멀티코어 기반 상용 서버에서 가상 네트워크 기능을 구현하기 때문에 단일코어 기반의 기존 통신 소프트웨어와 호환되게 패킷을 처리하려면 성능 문제가 대두된다. 이 문제를 해결하기 위해서 DPA(Data Plane Acceleration) 기술이 필요하며 이를 지원하는 것이 인텔 DPDK(Data Plane Development Kit), OpenOnLoad, Netmap, ODP(Open Data Plane)이다.

인텔 DPDK는 2012년 공개소프트웨어로 공개되었으며 인텔 DPDK는 2013년 공개소프트웨어 가상 스위치와 DPDK를 결합한 DPDK-OVS(Open Virtual Switch)를 배포하였다. 인텔 DPDK가 인텔 기반 플랫폼에서만 DPA

가 적용되는 문제를 풀기 위해 LNG(Linaro Net-working Group)는 프로세서 비종속 DPA를 개발하고 있으며 다양한 벤더 프로세서에서 동작하는 ODP v0.3을 2014년 10월 공개하였고 ODP v1.0을 2014년 12월에 배포하였다. 하지만 NFV의 물리적 자원에 상용 서버가 필수적이고 상용 서버는 거의 인텔 기반이기 때문에 ETSI NFV PoC(Proof of Concept)를 제안한 많은 기업들이 인텔 DPDK를 채용하고 있다.

NFV의 표준화 현황

ETSI NFV ISG는 2013년 1월부터 활동을 시작하여 2014년 11월까지 8번의 NFV 회의를 개최하였다. 2014년 11월에 개최된 8차 회의에서는 Phase 1을 정리하면서고 Phase 2를 준비하였다. Phase 1에서 Infrastructure, MANO 등을 포함해서 11종의 문서를 배포하였고 다. ETSI NFV ISGPhase 2(2014년 이후)에 활동할 예정인 조직을 구성하였다. 구조와 인터페이스에 대한 상세 규격을 개발할 IFA(Interfaces & Architecture) 워킹그룹, 새로운 use case 발굴, 다른 기술 및 산업과 협업 등을 수행할 EVE(Evolution & Ecosystem) 워킹그룹, 상호 운용성, 시험 등을 수행할 TST(Testing & Experimentation) 워킹그룹, 보안 이슈를 다룰 Security 워킹그룹, 안정성, 가용성 등을 다룰 REL (Reliability, Availability & Assurance) 워킹그룹 등이 Phase 2의 주요 워킹그룹이다.

이밖에 2014년 3월 IETF SFC(Service Function Chaining) 워킹그룹에서 NFV 포워딩 그래프에 대한 표준 규격을 논의하였고, IEEE 및 ITU-T에서 클라우드 상호 운용성 및 클라우드 서비스 브로커 관련 표준화 작업이 진행 중이다. 산업 표준화 단체인 DMTF는 클라우드 관리 이니셔티브(Cloud Management Initiative)를 통해 클라우드 인프라 관리를 위한 인터페이스 표준 등을 개발하고 있다.

4) 통신 프로토콜

프로토콜은 기기간의 통신을 하기 위한 일단의 약속 또는 규범이다. 지금 우리가 사용하는 인터넷에도 기본적인 TCP/IP를 비롯해서 수많은 프로토콜을 사용하고 있다. 프로토콜에서는 통신메시지의 형태, 의미, 순서 등을 정의한다.

사물인터넷과 관련된 프로토콜에는 이미 여러 가지가 제안되어 사용되고 있거나 개발 중이다. 이러한 프로토콜은 특수한 분야에서만 사용할 수 있는 특수용도와 여러 용도로 사용하는 범용 프로토콜이 있다.

가. MQTT(Message Queue Telemetry Transport)

M2M과 IoT 환경에서 사용하기 위해 개발된 프로토콜로 경량의 메시징 프로토콜이다. IoT를 위해 낮은 전력, 낮은 대역폭 환경에서도 사용할 수 있도록 설계되었다. 메시징 프로토콜에는 HTTP와 HTTPS가 있지만, 제한적인 자원을 갖는 디바이스가 사용하기에는 전력 등이 많이 소요된다.

Broker Pattern을 채택하여 개발되었으며, 1999년 IBM과 유로테크(Eurotech)가 공동 개발하였다가 현재는 IBM에서 지속적으로 개발하고 있다. 오픈소스로 개발되어 누구나 활용할 수 있다.

Broker Pattern은 일반적은 클라이언트-서버 타입과는 통신형태가 틀리다. 클라이언트-서버는 클라이언트가 서버에게 요청 메시지를 주면, 그에 따라 서버는 응답을 하는 형태로 통신을 한다. 하지만, Broker Pattern은 중계자가 존재하여 Topic의 형태로 메시지를 그룹지으면, 서버나 클라이언트는 해당 Topic을 통해 구독을 한다.

적용사례로는 병원에서 사용하는 맥박조정기와 다른 의료 기구의 통신용 프로토콜로 사용된다.

나. CoAP

CoAP(Constrained Application Protocol)는 인터넷 표준 단체인 IETF에서 리소스 제약이 있는 기기들이 인터넷 상에서 TCP 대신 UDP를 사용해 커뮤니케이션 할 수 있도록 개발됐다. CoAP는 특히 인터넷을 통해 컨트롤해야 하는 저출력 센서 및 기기와 커뮤니케이션 하는데 유용하다. 또한 간단히 웹에 통합할 수 있도록 쉽게 HTTP로 번역될 수 있게 개발되었다.

CoAP는 요청/응답을 하는 전통적인 클라이언트-서버 모델을 따르고 있다. 클라이언트는 GET, PUT, POST, DELETE 요청을 할 수 있다. CoAP 패킷은 비트필드(bitfields)를 이용해 메모리 효율을 극대화 하고 데이터 패킷의 사이즈를 작게 하였다.

또 다른 장점은 UDP의 사용이다. 데이터 그램을 사용하기 때문에 SMS같은 패킷 기반 테크놀로지보다 성능이 뛰어나다.

모든 CoAP 메시지는 '확인 가능' 또는 '확인 불가능'으로 표시될 수 있어 애플리케이션 레벨의 QoS로 행동할 수 있다. SSL/TLS 암호화가 UDP에서는 불가능 하지만 CoAP는 TLS의 TCP버전과 비슷한 DTLS(Datagram Transport Layer Security)를 사용한다.

다. XMPP

XMPP(eXtensible Messaging and Presence Protocol)는 2인 이상의 참여자 간에 구조적 데이터를 거의 실시간에 가깝게 교환할 수 있게 해주는 XML 기반 TCP 커뮤니케이션 프로토콜이다. XMPP의 기능들 중에는 대화 참여자 정보를 보여주는 것과 연락처 리스트 관리 기능이 있다. 두 기능 모두 인스턴트 메시징을 위해 제작된 것이었지만 IoT에도 적용할 수 있다.

장점은 XMPP의 분산화된 성격이다. XMPP의 작동 방식은 이메일과 비슷하다. CoAP나 MQTT처럼 하나의 중앙 서버나 브로커에 의지하기보다는 여러 트랜스퍼 에이전트(transfer agents)에 걸쳐 작동하는 것이 특징이다. 이메일과 마찬가지로 누구나 자신의 XMPP 서버를 운영할 수 있어 기기 제조업체나 API 오퍼레이터가 자신만의 기기 네트워크를 형성하고 관리할 수 있다. 또한 누구나 서버를 운영할 수 있기 때문에 보안이 요구되는 경우 내장 TLS 암호화를 사용해 회사 인트라넷에서 안전한 인증 프로토콜을 이용해 고립시킬 수 있다.

단점은 바로 엔드 - 투 - 엔드 암호화가 안 된다는 것이다. 물론 암호화가 굳이 필요하지 않은 경우도 있지만, 대부분 IoT 기기들은 암호화를 필요로 한다. 또한, QoS(Quality of Service)의 부재다. 메시지가 제대로 전달되었는지 확실히 하는 것은 인스턴트 메시지를 보낼 때도 중요하지만 IoT에서는 더더욱 중요하다. 예를 들어 아침에 깨워달라는 메시지가 알람 시스템에 제대로 전달되지 않는다면 고대하던 휴가를 망쳐버릴 수도 있다.

라. AMQP

Advanced Message Queing Protocol의 약자로, 흔히 알고 있는 MQ의 오픈소스에 기반한 표준 프로토콜을 의미한다. 기존의 서로 다른 이기종간에 메시지를 교환하기 위해서는 메시지 포멧 컨버전을 위한 메시지 브릿지를 이용하거나 (속도 저하 발생) 시스템 자체를 통일시켜야 하는 불편함과 비효율성이 있었다. 이러한 약점을 보완하기 위해 개발되었다.

텍스트 기반의 XMPP와 달리 AMQP는 바이너리 기반 통신이며 신뢰성과 상호운용성에 중점을 두고 설계된 프로토콜이다. 기본적으로 AMQP는 TCP 및 3 레벨 QoS를 제공하여 신뢰성 있는 통신을 가능하게 한다. 발행-구독 방식의 응용 프로토콜이지만 기존의 발행 - 구독 방식과 다소 차이가 있다. 중간의 브로커가 교환(Exchange) 부분과 큐(Queues)로 나뉜다는 점이 기존의 발행-구독 방식과 비교했을 때의 차이점이다. 교환 부분은 발행자 쪽으로부터 메시지를 받아서 알맞은 토픽의 큐로 보내는 역할을 한다. 메시지를 받은 큐는 알맞은 구독자에게 나눠주는 방식으로 구성되어 있다.

AMQP의 특징으로는 브로커 내에서 큐가 나뉘는 방식을 통해 다양한 플랫폼에서 상호운용을 가능하게 한다는 것이다. 예를 들어 발행자가 리눅스 이용자에게 메시지를 보낸다고 가정하면 교환 부분에서 리눅스 환경의 큐로 전송시키고 큐는 해당 환경의 전송 메커니즘을 실행하여 목적지 이용자에게 전송시키는 방식으로 상호운용적인 통신이 가능하다. 또한 TCP 기반의 통신 및 3 레벨의 QoS 보장을 통한 신뢰성 있는 통신이 가능하다.

마. LWM2M

LWM2M(Light-Wedight Machine To Machine)은 OMA에서 소형장치들을 포함하는 다양한 기기를 지원하기 위해 개발된 사물인터넷 기기 관리 표준 프로토콜이다.

소형 장치를 위한 응용데이터 전달 프로토콜인 CoAP를 기반으로 하여 메시지가 작고 빠르며, 작은 코드 크기 및 실행 공간을 요구하기 때문에 다양한 사물인터넷 기기를 지원할 수 있다. 또한 오버헤드가 큰 XML 대신 텍스트, LWM2M-JSON, LWM2M-TLV 포맷을 지원하고 바이너리 포맷인 CoAP 메시지를 사용하여 효율성을 추구한다.

CoAP의 RESTful 인터페이스를 활용하고, 세부적으로는 Bootstrap, Registration, Object/ Resource Access, Reporting 인터페이스를 정의하고 있다.

5) 표준화 관련 기구

국제표준화기구에는 정부 대표자가 참여하는 국제표준화기구와 이해당사자가 참여하는 국가표준화기구가 있다. ITU(국제 전기 통신 연합, International Telecommunication Union) 및 ISO(국제표준화기구, International Organization for Standardization), IEC(국제 전기표준회의, International Electrotechnical Commission)가 대표적이다. UN 산하 국제기구인 ITU는 전기통신을 중심으로 활동하며 유선 통신뿐만 아니라 전파, 방송, 위성주파수 등에 대한 국제 권고를 개발하여 보급하고 있다. ISO는 여러 나라의 표준 제정 단체들의 대표들로 이루어진 기구이다. 정보기술을 포함하여 산업 전 분야에 대한 국제 표준을 재정하고 있다. 특히 ISO와 IEC는 합동기술위원회인 JTC1을 설립하여 정보기술표준화를 추진하고 있다. 또한 ITU-T(국제전기통신연합 전기통신표준화부문, ITU-Telecommuni cation Standardization Sector)는 ITU의 한 부분으로 통신 분야의 표준을 책정한다.

이러한 기구에는 공식표준화기구와 사실표준화기구로 구분된다. 공식표준화기구에는 정부 대표자 또는 국가 내 이해당사자와 같이 국가들이 보여 만들어진 기구이다. 사실표준화기구는 국가단위가 아닌 일반 기업이나 개인이 참여하여 사용자와 시장을 중심으로 신속하게 표준을 제정한다.

[표 3-10] **국제표준화기구별 주요 표준화 이슈**

기구	성격	회원	표준화 이슈
IETF	사실표준화 기구	40여 개국 기업, 연구원, 개인 등	SFC 워킹그룹(SDN/NFV 표준화) IPv4CS, 이더넷 CS 표준화 멀티캐스트 이동성, IPTV 등 연구
W3C	사실표준화 기구	400여 개 이상의 회원사	IPTV 관련 표준화 위젯, 동영상 등 간의 동기화 표준화
ITU	공식표준화 기구	전 세계 193개 회원국, 600여 개 부문 회원, 164개 기관	미래네트워크 분야 표준화(SG13) SDN, IoT, 빅데이터, 클라우드 컴퓨팅 표준화 ICT를 활용한 기후변화 대응방안 연구
ISO/IEC JTC1	공식표준화 기구	전 세계 86개 회원국, 36개 표준기구와 협력활동	문자코드, 오디오/비디오 코딩, 그래픽 소프트웨어, 사용자 인터페이스 정보통신 프로토콜, 응용 및 서비스 센서네트워크, 미래네트워크 등

***출처 : 한국전자통신연구원, 2014**

가. IETF

IETF(국제 인터넷 표준화 기구, Internet Engineering Task Force)는 인터넷의 운영 관리, 개발에 대해 협의하고 프로토콜과 구조적인 사안들을 분석하는 인터넷 표준화 작업 기구이다. IAB(인터넷 아키텍처 위원회, Internet Architecture Board)의 산하기구로 인터넷의 운영, 관리 및 기술적인 쟁점 등을 해결하는 것을 목적으로 네트워크 설계자/관리자/연구자/사업자 등으로 구성된 개발형 비영리 공동체이다. 활동을 원하면 누구나 가입하여 회의에 참여할 수 있다. 8개 분야(응용, 일반, 인터넷, 운영 및 관리, 실시간 응용 및 기반, 라우팅, 보안, 전송), 127개 워킹그룹에서 인터넷 기술에 적용이 가능한 연구, 기법등을 기술한 문서인 RFC(Request for Comments)를 발간한다. 2015년 5월 기준 7,543건이 발간되었다.

미래인터넷 분야에 대해 명시적으로 표준화 진행을 선언하지 않았으나, 개별 프로토콜의 표준화를 해당 워킹 그룹에서 진행하고 있다. 사물인터넷 분야로는 2010년부터 스마트 오브젝트들이 인터넷에 연결되는 상황을 고려하여 연구가 시작되었다. 2013년에 여러 워킹그룹에서 IoT 표준을 개발하고 있다.

나. W3C

W3C(월드 와이드 웹 컨소시엄, World Wide Web Consortium)는 월드 와이드 웹을 위한 표준을 개발하기 위해 1994년에 설립되었다. 2015년에 전 세계 378개 회원사로 구성되었었다. 주요 회원사는 애플, 삼성전자, 보잉, 페이스북, 구글, HP, 마이크로소프트, IBM, 트위터 등이 있다. 이런 구성원들이 협력하여 웹 표준을 개발하는 국제 컨소시엄이다.

2015년 1월에 WoT(Web of Things) 이니셔티브를 출범하여 IoT에 필요한 기술들을 논의하기 시작하였다. 또한 Automotive WG를 만들어 커넥티드카에 필요한 HTML5 API 표준 개발을 시작하였다. 구글에서는 IoT의 개체들을 웹 기술로 연결하는 'Physical Web' 이라는 프로젝트에 대한 개념을 공개하고 타당성을 검증하였다.

다. ITU

국제 기구 중 가장 오랜 역사를 지녔다. 주로 유/무선 통신, 전파, 방송 등에 대한 규칙 및 표준의 개발 및 보급을 담당한다. 또한 국제적인 조정/협력 역할을 하고 있다. ITU-T(전기통신표준화), ITU-R(전파통신), ITU-D(전기통신개발) 등의 세 부문으로 구성되었다. 193개 회원국과 700여개 부문의 회원이 참여하고 있다. 조직의 최고 의사결정 기구로 4년마다 열리는 전권회의가 있다. 그 사이 4년마다 의장단 선출 및 SG(Study Group) 구조조정을 위한 WTSA가 개최된다.

2005년도에 이미 IoT 보고서를 발간하였다. 2011년부터 IoT-GSI, JCA-IoT, FG M2M (2013년 활동 종료) 등 IoT와 M2M 표준화를 진행하고 있다. 2014년에 IoT 관련하여 한국에서 회의가 열렸었다. 그와 더불어 IoT 기능 모델, 서비스 구조, 식별자, 응용 등 전반적 영역에서 국제 표준 개발이 진행 중이고, 관련 표준화 그룹의 주요 의장단에 진출하여 주도적 역할을 수행하고 있다.

라. ISO/IEC JTC1

전 분야의 표준화 기구인 ISO와 전기분야 표준화 기구인 IEC가 1987년에 정보기술 표준화를 위해 전담위원회를 설립하였다. 이후 JTC1은 IT 분야의 국제 표준화를 주도적으로 추진하고 있다. JTC1은 정보기술과 관련하여 시스템, 도구, 성능, 품질, 보안, 상호호환성, 인터페이스 등에 대한 표준화 업무를 수행한다. 이를 위해 18개 분과위원(SC)을 구성하여 운영하고 있다. 이중에서 SC6(정보통신 부문)은 전기통신 및 시스템 간 정보교환을 다룬다. 여기서는 미래 네트워크, 사물인터넷에 대한 표준화 활동을 추진하고 있다. 2012년부터 JTC1/SWG5(Special Working Group 5)가 신설되어 IoT 표준화 활동 조율 및 표준화 전략을 담당하고 있다. 2014년 총회에서 IoT 표준개발을 위한 워킹그룹 신설을 확정하고 2015년부터 본격적인 표준개발을 시작하였다.

마. 기타

IoT와 관련하여 직간접적으로 관련된 140여 개의 국제 단체에서 표준화를 진행 중이다. 대표적으로 공적표준화기구인 ITU-T 및 ISO/IEC JTC1와 사실표준화기구인 oneM2M, IETF, ETSI, IEEE 등이 표준화 활동을 활발하게 진행하고 있다.

IEEE는 IoT 서비스 제공을 위하여 IEEE 802.x 계열의 무선 기술을 확장하는 표준과 참조 구조를 개발하고 있다. 2014년 6월부터 IEEE P2413 그룹이 설치되어 IoT 참조 구조 표준화에 착수하였다.

ETSI(유럽정보통신표준화기구, European Telecommunications Standards Institute)는 CEPT(유럽우편전기통신주관청, Conference of European postal & Telecommunication)으로부터 1988년에 설립된 유럽지역의 표준화 기관이다. EC(유럽연합, European Community) 12개국과 EFTA(유럽자유무역연합, European Free Trade Association) 7개국 및 동유럽 국가들이 참여하고 있다. 2009년부터 M2M 관련 표준 개발을 위해 스마트 M2M이라는 주제로 홈네트워크, 상호운용성 등에 대한 표준화 논의를 진행해 왔으나, oneM2M이 출범함에 따라 직접적인 M2M 표준을 개발하는 대신 oneM2M에 적극적으로 참여하고 있다. 또한 EC의 정보 통신 총국(DG-CONNECT: Directorate-general for Communications Networks, Content and Technolog)과 합동 워크숍을 통해 IoT 표준화 영역 발굴을 수행하고 있다.

① 3GPP

2005년부터 M2M을 위한 타당성 연구가 먼저 시작되었으며, 2008년에는 MTC이라는 이름으로 3GPP 네트워크와 시스템을 향상시키는 표준 제정이 시작되었다. 표준화 범위는 M2M/IoT 장치에서부터 무선 구간(RAN: Radio Access Network), 코어네트워크(CN: Core Network)로 구성되는 이동 네트워크 구간까지이며 4개의 TSG(Technical Specification Group(SA: Service & System Aspects, CT: CN and Terminal, RAN, GERAN: GSM EDGE Radio Access Network))에서 각각 표준을 제정하였다.

② ETSI

2009년 1월에 TC M2M이 결성되고, 사물통신 서비스 Use case들을 기반으로 표준화가 시작되었다. 사용자부터 서비스 제공자까지 단대단(end-to-end) 전 영역에 걸쳐서 표준이 진행되었으며, 특히 이동통신 관련 M2M 표준은 3GPP와 연계하여 진행되었다. 2011년에 Rel. 1의 핵심이 마무리되었고 2013년에 Rel. 2가 마무리 되었다. Rel. 2에서는 주로 과금 이벤트를 추적하고 기록할 수 있는 구조의 Framework을 정의하였고, 서비스 플랫폼 간 연동을 위한 플랫폼들 사이의 인터페이스를 정의하였다. Rel. 1

규격에서 제약 많은 장치 지원이 게이트웨이를 통해서만 가능하였지만 Rel. 2 규격에서 비로소 플랫폼에 직접 연결된 형태에서 지원하도록 하였다.

③ oneM2M

oneM2M은 전 세계 7개의 대륙표준화기구(국내 표준화 기구인 TTA와 미국의 TIA, ATIS, 유럽의 ETSI, 중국의 CCSA, 일본의 TTC, ARIB)를 중심으로 구성된 사실표준화기구이다. 2012년 7월부터 공동 M2M 서비스 지원 계층 표준을 개발하였다. 특히 ITS(기능형 교통 시스템, Intelligent Transport Systems), 스마트 미터링, 스마트 홈, e-헬스 등 기존 서비스와의 연동 등을 목표로 하고 있다. 즉, 다양한 IoT 응용 서비스를 지원할 수 있는 공통 플랫폼인 CSE(Common Services Entities)를 정의하는 것이 주된 역할이다. CSE의 하부 네트워크 기술을 3GPP, 802.11, DOCSIS(Data Over Cable Service Interface Specification) 등 각각의 기술 표준에서 담당하고, 그들과의 인터페이스에 대하여 정의하고 있다. 프로토콜 측면에서 MQTT(Message Queue Telemetry Transport), CoAP(Constrained Application Protocol), XMPP(eXtensible Messaging and

Presence Protocol), HTTP, Websockets 등 다양한 전송 기술들을 고려하였는데 최근 배포된 Rel. 1 규격에는 CoAP, HTTP만이 포함되었다.

2014년 8월에는 Rel. 1이 승인되었으며, 오는 12월에는 oneM2M 홍보를 위해 ETSI가 주관하는 oneM2M 워크숍과 함께 Launch Event를 개최하여 oneM2M 구현물 간 연동 시연을 전시함으로써 기술 홍보를 추진한바 있다.

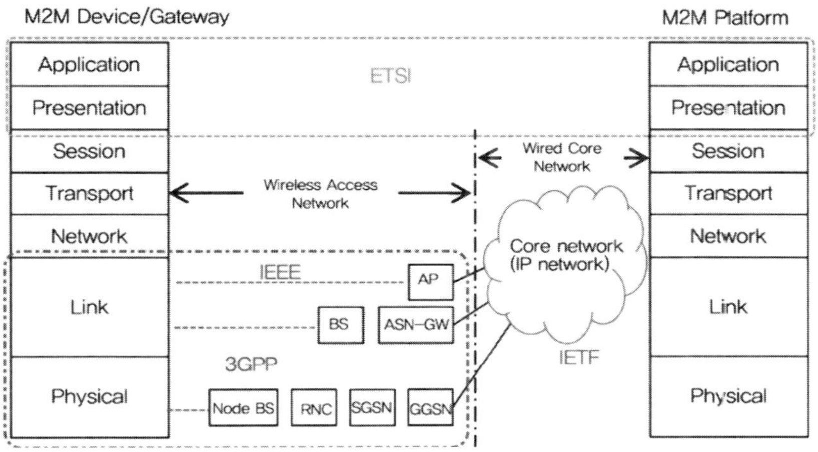

그림 3-31 사물인터넷 표준기관별 표준 범위
*출처: ETRI, "이동통신 기반 IoT 장치관리 표준 프로토콜 동향"

3.4. 서비스/플랫폼

지금까지는 사물인터넷의 서비스를 위한 센싱기술, 센서퓨전, 네트워크 기술들을 살펴보았다. 즉, 사물인터넷은 크게 데이터의 생성, 연결, 데이터 처리, 서비스 제공의 4부분으로 나뉠 수 있다. 사물들이나 주변환경에서 정보를 센서들을 통해 수집한다. 사물들은 네트워크 기술을 통해 사물들끼리 연결되어 수집된 정보를 송수신한다. 수집된 정보들은 센서퓨전기술을 통해 2차 정보와 같은 쓸만한 정보로 처리된다.

사물인터넷 기술로 만들어진 정보는 경제적 효용성과 사회적 공공성이라는 2가지 요건을 충족해야 한다. 디바이스가 아무리 지능화되어도 결국 중심은 사람이다. 사용자의 생활 패턴과 요구를 정확히 분석하여 사용자 중심의 제품을 만들어야 한다.

1) IoT 서비스

사물인터넷은 건강, 공장, 농업 등 인간의 거의 모든 생활역영에 도움을 줄 수 있다. 스마트카, 스마트홈, 웨어러블 디바이스 등이 대표적인 예이다. 예를 들어, 자동차에 기름량을 수시로 모니터링 하고 있다가 교통량을 분석하여 주유 가능 시간과 주변 주유소, 기름 값을 알려준다. 세탁기는 날씨를 감지하여 비가 오지 않을 때 자동으로 빨래를 한다. 퇴근길에 스마트폰은 집에 도착 시간을 계산하여 보일러(또는 에어컨)를 켜놓는다.

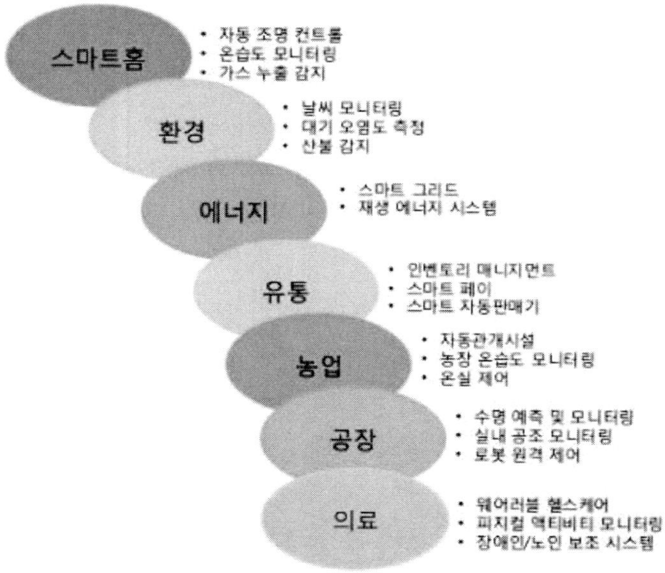

그림 3-32 사물인터넷 환경의 다양한 서비스

가. 서비스 및 기술 동향

사물인터넷 응용 서비스는 정부 주도의 시범사업을 벗어나 실제로 생활에 적용되는 경우가 늘고 있다. 과학기술정보통신부의 2015년 사물인터넷 산업 실태조사에 따르면, 2015년 사물인터넷 시장은 전년 대비 28% 성장한 4.8조원 규모로 점점 커지고 있다. 또한 꾸준히 개발되는 솔루션은 산업별 적용 범위와 사례가 점점 늘고 있어 점차 다양한 서비스가 개발될 것으로 전망하고 있다.

사물인터넷 육성을 위한 대표적인 정부의 사업으로는 사물인터넷 융합실증사업이 있다. 2015년 5월 중순부터 3년간 추진 중인 사업은 개방형 홈 IoT 기술개발 및 실증, 스마트그리드 보안 실증 및 지원, 중증질환자 애프터케어 기술개발 및 실증, 스마트 카톡(Car-Talk) 실증환경 구축 등 4대 분야에 집중하고 있다.

민간에서도 사물인터넷 서비스를 개발이 지속되고 있다. 국내 이동통신 3사는 2016년도사물인터넷 전용망 상용화 선언을 하고 사물인터넷 통신시장을 선점하기 위한 노력을 진행 중이다. SK텔레콤은 2016년 7월 LoRa 전국망 구축을 완료하여 가스나 전력 검침 등과 같이 적은 데이터를 주고받으며 작은 기기를 사용하는 소물인터넷(Internet of Small Things) 관련 시장을 개척하고 있다. KT와 LG U+는 LoRa와 달리 면허대역을 사용하는 저전력 광대역 통신망(LPWA, Low Power Wide Area) 기술을 채택한 NB-IoT 상용화를 위하여 협력하고 있다.

통신 및 IT사와 기존 가전·건설업체 간의 협업이 활발히 일어나 주택 내 각종 조명과 현관문, 냉난방, 엘리베이터, 주차장 등의 공용 공간에 이르기까지 스마트폰을 활용한 원격제어 서비스를 공급하는 사례가 등장하기도 했다. 삼성전자, LG전자 등 가전사들도 원격제어 기능이 있거나 센서를 통해 수집한 데이터를 기반으로 사용자 맞춤형 서비스를 제공하는 가전제품을 잇달아 내놓고 있다.

세계 선진국은 서비스 분야에 IoT 기술과 융합 서비스를 접목하여 새로운 산업과 마켓 플레이스를 창출하고 있다. EU는 IERC(IoT European Research Cluster) 주도하에 교통, 스마트홈, 스마트 시티, 건강관리 등 14개 서비스 도메인을 개발하고 있다. 일본은 IT 융합에 의한 신산업 창출 전략의 일환으로 IoT 기반의 스마트 농업, 스마트 커뮤니티, 헬스케어, 로봇, 차량 및 교통 시스템, 콘텐츠 및 창조 사업 등 6개 핵심 세부 분야에 대해 전략을 수립하고 기술을 개발하고 있다. 중국은 IoT를 추가한 12차 5개년 계획을 마련하여 스마트 그리드, 교통, 물류, 홈, 환경 및 보안, 공업 및 자동화 제어, 의료, 농·축산업, 금융, 국방 등 10대 분야에 중점 투자하고 있다.

[표 3-11] IoT 주요 서비스 내용(예시)

구분	목표	분야	서비스 내용 및 기대효과
개인 IoT	사용자 중심의 편리하고 쾌적한 삶	자동차	차량을 인터넷과 연결하여 안전하고 편리한 운전환경 제공
		헬스케어	심장박동, 운동량 등 바이오 정보를 제공하여 개인 건강 증진
		생활가전	주거환경 IoT 통합 제어를 통해 생활 편의, 안전성 제고
산업 IoT	생산성/효율성 향상 및 신 부가가치 창출	공장	공정부석 및 시설물 모니터링으로 작업 효율 및 안전 제고
		농업	생산/가공/유통 IoT 접목으로 생산성 향상 및 안전 유통체계
		상품	주변 생활제품의 IoT 접목으로 고부가 서비스 제품화
공공 IoT	살기 좋고 안전한 사회 실현	공공	CCTV, 노약자 GPS 등 실시간 정보제공으로 재난/재해 예방
		환경	대기질, 쓰레기 양 등 환경정보 제공으로 환경오염 최소화
		에너지	에너지 관련 IoT 정보 제공으로 에너지 관리 효율성 증대

*출처: 과학기술정보통신부, 사물인터넷 기본계획, 2014

나. 유망 제품들

상용화된 상품으로 사물인터넷 기능이 접목된 기저귀와 약병도 있다. 기저귀에 부착된 센서를 통해 아기가 소변을 보면 지정된 트위터로 안내 서비스를 한다. 약은 센서를 첨가한 알약이 환자에 몸속에 들어가 위액과 만나면 보호자의 스마트폰으로 약을 복용했다는 알림 메시지를 보낸다. 환자에게 약 먹을 시간을 알려주는 약병도 있다.

그림 3-33 사물인터넷이 내장된 기저귀(하기스 트윗피)와 약통(글로우캡)

① 지능형 차량관제 서비스(LG U+, 케이티파워텔)

물류 차량을 대상으로 디지털운행기록계(DTG)를 의무 장착해야 한다는 것을 응용하여 개발된 실시간 차량 관제 서비스이다. 화물차량, 버스, 택시 등을 대상으로 주로 제공된다. 이 서비스는 속도, 브레이크 가속페달, 위치정보, 운전시간, 승무원과 승객관리, 운행상태, 이동거리 등의 정보들을 기록하는 시스템이다. 2012년 여수 세계박람회 기간 동안 서비스를 운영하여 검증하였다.

주로 네트워크 망을 갖춘 통신사와 관제에 대한 경력이 있는 보안업체들이 참여하고 있다. 현재 지능형 차량관제 서비스는 디지털 방식으로 운행정보를 수집하고 분석하는 시스템이다. 하지만, 점점 서비스의 범위가 확장되고 있다.

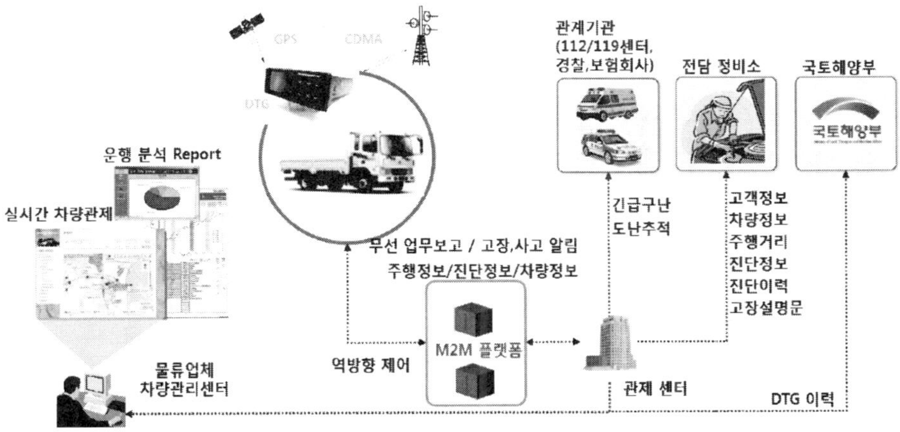

그림 3-34 지능형 차량관제 서비스 프레임워크(LG U+)

② 에너지 관제 시스템

정부는 IT와 에너지를 접목하여 에너지 절약을 유도할 수 있는 EMS(Energy Management System) 사업을 추진 중이다. EMS는 에너지 관리를 위해 소프트웨어, 통신, 데이터 수집, 모니터링, 설비 제어기술 등으로 구성된다.

실시간으로 에너지 이용 상황을 모니터링하고 제어하는 시스템이다. 공장, 건물, 가정용으로 구분되고, 연평균 8~9%의 에너지 절감효과를 가져올 수 있다고 한다. 특히, 빌딩에너지 효율화는 건물의 에너지 소비를 효율적이고 최적화하기 위한 진단/컨설팅, 관리/운영 서비스로 발전이 가능하다.

SK 케미칼의 에코랩이 국내에서 대표적인 빌딩EMS로 냉난방과 가습효과를 거두고 있다. 에코랩의 연간 에너지 절감 비용은 40%에 달한다. 또한 에너지 사용량을 기준으로 44%를 줄이고 있다. 이 건물이 발생하는 CO2는 기존 건물에 비해 33%가 적으며, 소나무 9만4000그루를 심는 효과와 같다. 삼성전자 서초사옥 역시 EMS를 활용해 연간 16.7%의 에너지를 절감하고 있다.

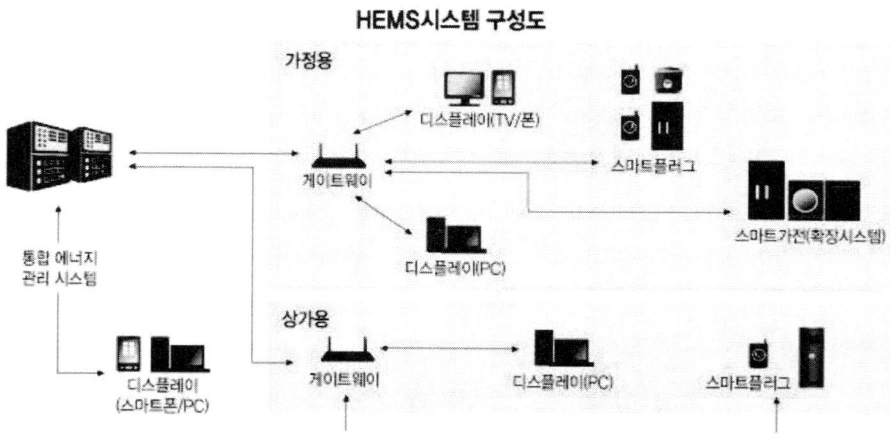

그림 3-35 EMS 시스템 구조

③ 스마트 그리드 서비스

스웨덴의 예테보리시를 대상으로 스마트 시티를 구축하고, 원격검침 서비스를 제공하고 있다. 또한, 2015년까지 가나의 가정 등 10만 저압 수용가에 AMI(Advanced Metering Infrastructure)를 공급한다. 1차로 2013년 7월까지 가나 프람프람와 아킴 오다시 지역 주택 1만호에 AMI를 구축하였다. Mesh 네트워크와 GPRS(General Packet Radio Service) 무선 통신 기반원격검침모뎀이 탑재된 스마트 계량기, 데이터 수집 장치(DCU, Data Concentration Unit), 플랫폼 등 누리텔레콤의 토털 AMI 솔루션이 공급되었다.

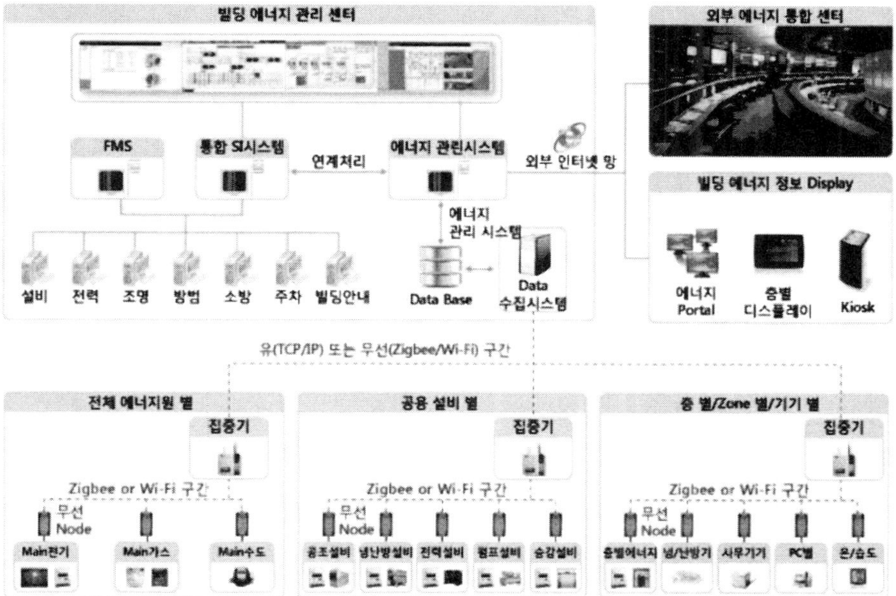

그림 3-36 에너지 관리 시스템 구성도(누리텔레콤)

④ 실내 온도조절 장치(NEST)

NEST사의 실내 온도관리 시스템은 스스로 학습하여 조절이 가능한 스마트 온도조절기이다. 장기적으로 많은 돈을 절약해줄 수 있는 제품이다. 이 온도조절기는 처음 설정할 때 사용자에게 몇 가지 질문을 하고 일주일간 온도 변화를 체크한다. 그리고 한 달 후 최대한 많은 에너지를 절약할 수 있도록 기존의 사용 패턴을 학습하고 수정한다.

보안을 위해 AES-128, SSL/TLS, WEP, 그리고 WPA/WPA2를 사용한다. 또한 스마트폰, 노트북, 태블릿 등과 통합하여 와이파이를 통해 온도를 조절할 수 있게 되어 있다

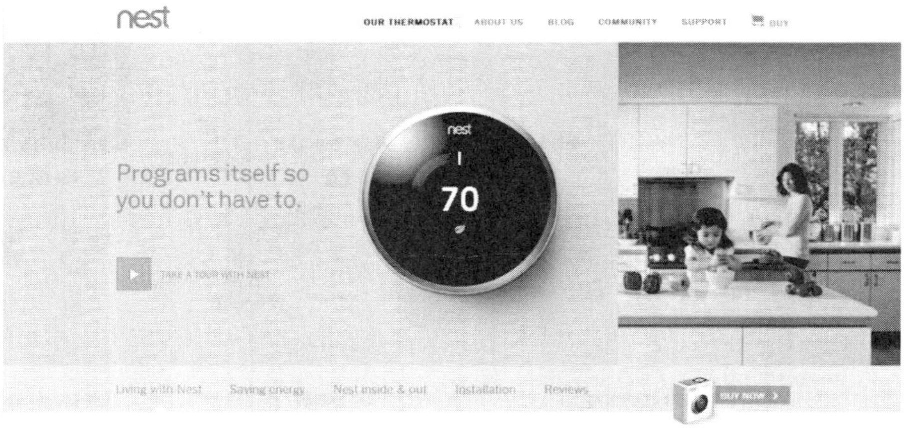

그림 3-37 가정용 실내온도관리 시스템(www.nest.com)

⑤ 원격 재활(텔레포니카)

치료 및 재활에 필요한 특정 부위별 센서를 사용하여 가정에서 원격으로 재활 치료를 할 수 있는 서비스이다. 움직임 감지센서를 탑재한 무릎보호대로 환자는 병원을 퇴원한 후 의사로부터 PC나 휴대폰은 통해 재활상태를 원격으로 검진 받을 수 있다. 텔레포니카는 스페인의 드라에스페란자(de la Esperanza) 병원과 파트너십을 체결하고 전 세계 병원을 대상으로 무릎보호대를 판매할 예정이다

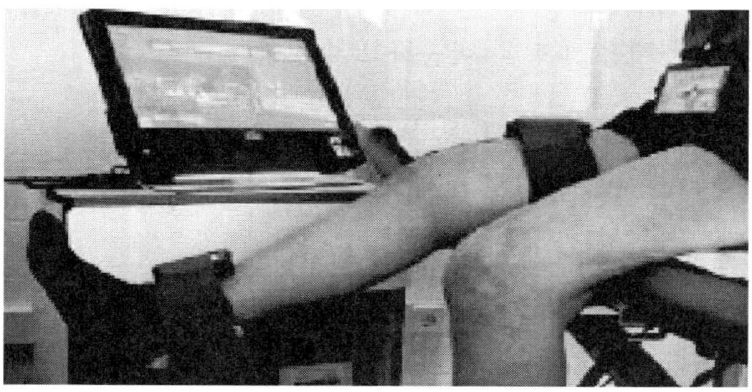

그림 3-38 원격재활 치료 서비스(www.telefonica.com)

⑥ 헬스케어(나이키)

디지털 만보계, 심박계 등 전용 단말기를 스마트폰과 연계하여 사용자의 운동량을 상세히 분석할 수 있다. 이를 이용하여 하루의 정보가 수집되고

이를 분석해 사용자 맞춤형 운동정보 서비스를 제공해준다.

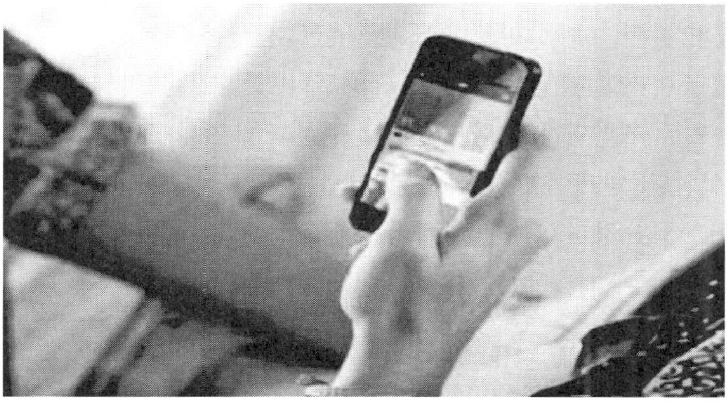

그림 3-39 나이키의 헬스케어 서비스(www.nike.com)

2) 플랫폼

사물인터넷에서 최종적으로 인간에게 제공되는 것은 수집되고 처리된 정보를 이용하여 인간에게 적절히 제공되는 서비스 부분이다. 이러한 서비스를 위해 데이터의 분석과 합성 과정이 필요하다. 물론 데이터의 분석이나 합성 과정 없이 수집된 데이터를 바로 사용하는 경우도 있다. 예를 들어, 현재 실내온도를 보여준다거나 현재 몸무게를 보여주는 것이 이에 해당된다. 하지만, 이러한 데이터들을 축적하여 분석하고 합성과정을 거쳐 비즈니스 관점을 입히면 새로운 서비스를 제공할 수 있다.

데이터의 분석에서는 데이터를 조사하여 이상 데이터는 걸러내고, 유용한 정보의 발굴을 위한 데이터를 모델링하여 나온 결과를 제안한다. 이렇게 하면 결정을 할 수 있도록 지원하는 모든 과정이 포함된다. 데이터의 합성은 특정한 상황에 사용할 수 있도록 애플리케이션이 필요한 조건을 만족시키기 위한 값을 만드는 과정이다. 이러한 과정에 의해 만들어지는 정보는 단순히 센서를 통해 수집된 데이터를 통해 직접적으로 얻을 수 없다.

데이터의 분석이나 합성을 통해 얻어진 의미 있는 데이터를 정보(information)이라고 한다. 이러한 정보만으로는 서비스가 되지 않는다. 비즈니스 관점에서 정보를 인간에게 의미있게 만들어 주어야 한다. 이 과정에는 디바이스 관리, 보안, 서비스 요구 관리, 서비스 상태 관리, 이벤트 관리, 장애관리, 이용 통계 및 모니터링 등이 있다. 이러한 기능을 이용하기 쉽게 해주는 API(Application Programming Interface) 제공도 포함된다.

데이터의 분석, 합성, 비즈니스 관점을 적용하는 과정은 플렛폼 또는 서비스 플렛폼이라고 불리는 것에서 제공된다. 플랫폼은 앞의 기능들이 소프트웨어적으로 구현되거나 하드웨어로 구현되어 하나 또는 그 이상의 서버들로 구성된다. 플렛폼이 제공하는 기능들과 데이터는 목적에 맞게 서비스 프로바이더나 서비스 애플리케이션에 제공된다. 이렇게 플랫폼에 대해 다양한 서비스 주체가 여러 개의 서비스를 제공한다.

가. 빅데이터 적용 및 하둡

빅데이터란 형식이 다양하고 빠른 생명주기를 가져 기존 기술로는 관리 및 분석이 어려운 초대용량 데이터를 빅데이터(Big Data)라고 말한다. 빅데이터의 주요 특징은 흔히 3V로 이야기 된다. 즉, 초대용량의 데이터의 크기(Volume), 새로운 데이터가 생성되는 속도(Velocity), 그리고 데이터 종류의 다양성(Variety)을 말한다.

① 빅데이터

2000년대 웹의 플랫폼화로 인해 웹이 확산되었다. 2010년에는 스마트폰 등의 모바일 플랫폼 확산으로 인해 사용자 데이터 증가되었다. 최근에는 만물이 연결되는 초연결 시대로 커넥티드 디바이스, IoT(사물인터넷, Internet of Things) 등 새로운 패러다임이 등장했다. 이에 따라 수집되는 데이터의 그 양이 엄청나게 늘었으며, 형태도 다양해 졌다. 보다 좋은 서비스를 제공하기 위해 다양하고 많은 양의 데이터를 어떻게 저장 · 검색 · 처리하여 제공할 것인가에 초점이 맞춰져 있다. 이러한 빅데이터 패러다임은 2020년까지 IT 업계를 이끌어갈 새로운 기술영역으로 자리 잡을 전망이다. 빅데이터의 개념에 대해서는 다음 표와 같이 기관에 따라 다양하게 정의되고 있다.

[표 3-12] **주요 기관별 빅데이터 정의**

기관	정의
국가정보화전략위원회	대량으로 수집한 데이터를 활용/분석하여 가치 있는 정보를 추출하고 생성된 지식을 바탕으로 능동적으로 대응하거나 변화를 예측하기 위한 정보화 기술
삼성경제연구소	기존의 관리 및 분석 체계로는 감당할 수 없을 정도의 거대한 데이터의 집합을 지칭하며, 대규모 데이터와 관계된 기술 및 도구(수집/저장/검색/공유/분석/시각화 등)도 빅데이터의 범주에 포함됨
멕킨지	일반적인 데이터베이스 체계가 저장, 관리, 분석할 수 있는 범위를 초과하는 규모의 데이터
IDC	다양한 종류의 대규모 데이터로부터 저렴한 비용으로 가치를 추출하고 데이터의 초고속 수집, 발굴, 분석을 지원하도록 고안된 차세대 기술

*출처: 한국과학기술정보연구원, "빅데이터 산업의 현황과 전망", 2013

크기

일반적으로 빅데이터의 데이터 크기는 테라바이트(TB)에서 페타바이트(PB)급이라고 이야기 하곤 하는데, 그 크기는 큰 의미가 없다고 생각한다. 단지, 기존에 생성되던 데이터보다 더 많은 양의 데이터가 생성됨을 의미하는 차원에서 받아들이면 될 것이다.

속도

데이터가 생성되는 속도와 관련해서는 데이터가 생성된 후 유통되고 활용되는 데까지 걸리는 시간이 고작 수 초에서 수 분밖에 거리지 않는다는 것이다. 즉, 과거의 경우 생성된 데이터가 수집된 후 그 데이터가 이용될 때까지 어딘가에 저장되어 있다가 사용되거나 폐기되는 것이 일반적인 모습이었다. 그러나 사물인터넷 시대에는 생성되는 데이터가 많기 때문에, 필요한 데이터만이 수집되어 이용된 후 버려진다. 물론, 기존처럼 미 가공 데이터(raw data)를 그대로 저장하는 경우도 있지만, 대부분의 경우 필요에 따라 처리 및 가공된 소량의 데이터만을 저장하는 것이 일반적이다.

다양성

데이터의 형태가 다양하다는 것은 데이터의 크기나 포맷이 기존의 통일된 구조로 정리하기 어려운 비정형의 형태를 취하고 있다는 것이다. 기존에 우리가 만들고 사용했던 데이터를 보면 이는 더 쉽게 이해될 것이다. 이해를 돕기 위해 특정 업무에 사용되는 엑셀 문서를 생각해 보자. 특정한 서식을 갖추고 있는 엑셀의 경우 데이터의 개수가 100개든 10만 개든 모두 동일한 데이터 구조를 갖게 된다. 예를 들면, {일련번호, 이름, 주소, 유선전화, 무선전화}처럼 정형적인 혹은 구조적인 포맷을 취하게 된다. 반면에, 사물인터넷 데이터의 경우 다양한 센서로부터 데이터가 생성되므로 그 데이터의 유형을 특정한 하나로 규정할 수가 없다. 따라서 비정형적 혹은 비구조적인 데이터라고 말한다.

국내 빅데이터 시장 현황

한국과학기술정보연구원은 국내 빅데이터 시장 규모가 2015년에 약 26억 3,000만 달러, 2020년에는 약 90억 달러(한화 1조 원)에 이를 것으로 예상했으며, 국내 ICT 관련 산업에서 빅데이터 분야가 차지하는 비중은 2013년 0.6%에서 지속적으로 증가하여 2020년에는 약 2.6%에 이를 것으로 전망했다.

[표 3-13] **국내 ICT 관련 산업 내 빅데이터 산업 비중 예측**

(단위: 백반달러, %)

구분	2013	2014	2015	2016	2017	2018	2019	2020
국내 빅데이터 시장 규모	163.4	208.1	263.2	332.8	422.7	539.8	692.1	893.8
국내 ICT 시장 대비 비중	0.6	0.7	0.9	1.1	1.3	1.6	2.0	2.6

*출처: 한국과학기술정보연구원, 빅데이터 산업의 현황과 전망, 2013

빅데이터 서비스 유형별 현황

빅데이터 서비스는 빅데이터 기술과 솔루션을 바탕으로 다양한 영역에서 이루어지고 있으므로 인터넷과 같은 인프라로 규정하고 있다. 빅데이터 인프라 위에서 구축되는 빅데이터 서비스의 범위는 전체 산업 분야에서 무궁무진하다. 또한 그 범위를 가늠하기 어렵다. 빅데이터 서비스를 몇 가지 세부 분야로 구분하여 살펴보고자 한다.

i) 빅데이터 컨설팅과 개발·축 및 관리 서비스

빅데이터의 수명주기를 구성하는 ETL(Extraction, Transformation, Loading), 빅데이터 저장 및 처리, 분석, 시각화, 거버넌스 등 다양한 영역에서 컨설팅 및 서비스가 활발히 이루어지고 있다. 아래 표는 빅데이터 서비스 분야의 현황과 사례를 정리한 것이다. 실제 상황에서는 각종 서비스들을 여건에 맞게 결합하여 통합 컨설팅 형태로 제공되고 있다.

[표 3-14] **빅데이터 서비스 분야별 현황 및 사례**

서비스 분야	현황 및 사례
ETL(Extraction, Transformation, Loading) 서비스	다양한 빅데이터 소스로부터 데이터를(실시간) 추출, 변환하여 Hadoop 혹은 DB로 로딩하는 도구(메타데이터 관리, 데이터 품질) 국내에서는 데이터 스트림즈, 국외에서는 마이크로소프트, 아이비엠, 인포매티카 등에서 상용 제품 오픈소스로 Talend/Open Studio/Pentaho Data Integration (Kettle) 등이 사용됨
빅데이터 저장 및 처리 서비스	다양한 빅데이터를 DB 혹은 DW에 저장하고 관리하는 도구와 빅데이터를 실시간으로 분석하고 처리하는 서비스 국내에서는 리얼타임테크, 알티베이스, 티베로 등에서, 국외에서는 오라클, 아이비엠, SAP 등에서 상용 DBMS 제품 오픈소스로서 다양한 NoSQL 제품과 실시간 DBMS 패키지가 사용됨
빅데이터 분석 서비스	빅데이터를(실시간) 다차원 분석하는 OLAP과 데이터 마이닝 서비스 국내에서는 다음소프트, 이씨마이너, 이노룰스 등에서, 국외에서는 SAS 등이 상용 분석 전문 서비스 제공 오픈소스로는 R이 있으며, R 기반 분석 서비스 제공 업체 생성
빅데이터 시각화 서비스	빅데이터 분석 결과의 직관적 이해를 위해 시각적 수단을 통해 제시 국내에서는 위세아이텍, 솔트룩스 등이, 글로벌 시장에서는 SAS, 마이크로스트래티지, 오라클, 아이비엠 등 거대 기업들이 진입 오픈소스로 D3가 널리 사용되고 있으며. 3차원 이미지 가시화 등 다양한 형태로 발전
빅데이터 거버넌스 서비스	빅데이터 품질개선과 프라이버시 보호, 메타 데이터 관리, 데이터 수명관리 등에 관한 관리체계 구축 필요성 증대 • 국내·외 적으로 솔루션과 제품은 출시되고 있으며, 빅데이터의 활용과 함께 컨설팅 등의 수요가 증가할 것으로 예상됨

*출처: 한국인터넷백서, 2015

[표 3-15] **빅데이터의 활용과 서비스 사례**

분야	국가, 기업	내용
국토안보 및 재난	미국 국토안보부	테러·범죄 방지를 위한 범정부적 빅데이터 수집, 분석 및 예측 체계를 도입
	싱가포르 정부	국가위험관리시스템(RAHS) 구축으로 테러, 질병, 금융 위기 등 국가적 위기를 예측하고 선제적으로 대응
	한국 국립재난안전연구원	빅데이터를 활용해 재난안전 예측과 관리(스마트 빅보드)
치안	미국 FBI	FBI의 종합 DNA 색인 시스템(CODIS)을 통한 신속한 범인 검거
	미국 샌프란시스코 경찰청	범죄 지도로 범죄 예측과 예방
	뉴욕경찰청	DAS 활용 범죄 및 테러 실시간 분석
	경기도 시흥경찰서	CCTV 카메라 및 순찰코스 분석
의료	미국 국립보건원	Health2.0: 필박스 프로젝트, 연간 5,000만 달러 비용 절감
	미국 맥킨지 보고서	임상, 보험, 제약, SNS 데이터를 통합 분석한 개인 맞춤식 의료 실현
에너지	미국 코노코필립스사 등	빅데이터를 활용해 시추선 장애 예측, 매장량 예측, 공정 최적화 실현
	한국 정부	스마트 그리드(제주 실증단지, 세계 최대의 테스트베드)
소셜 서비스	미국 민간업체	페이스북, 트위터, 링크드인 등의 빅데이터 서비스
	각국 민간업체	소셜 분석 업체
정보공개	영국(data.gov.uk) 호주(data.gov.au) 한국(data.go.kr)	공공 부문의 정보 공유 및 활용을 위한 데이터 원스톱 서비스 제공
제조	독일	인더스트리 4.0으로 미래 제조업 시장 주도(ICT와 제조업의 융합)
	한국	제조업 혁신 3.0, 산자부 중소기업 제조 빅데이터 사업, 정보화진흥원 제조 빅데이터 시범사업
자동차 및 철도	미국 구글	구글 무인자동차(50만km 무사고 주행)
	일본 전자/자동차업체	일본 전자업체들의 스마트 자동차 진출
	대만 고속전철사	고속전철 센서 빅데이터 분석으로 고장 예측 및 정시 출발 비율의 획기적 개선
금융	미국 씨티은행	빅데이터 분석을 통한 대출 심사 정확도 제고
	미국 BB&T 금융지주	빅데이터 활용 자금 세탁 추적
	미국 P&G	200TB 전사 빅데이터를 실시간 분석하여 글로벌 시황 분석 대응
	미국, 한국의 보험사	빅데이터 활용 보험사기 적발 및 예방
	선진국과 한국의 금융사와 IT 기업	• IT 기업 중심의 핀테크 서비스 활성화 • 금융기관 중심의 핀테크 사업 활성화

***출처: 한국인터넷백서, 2015**

ii) 빅데이터 교육과 훈련 서비스

맥킨지 보고서 등의 유명 통계자료에서 빅데이터 전문가 또는 데이터 과학자의 수요가 발표된 이후 많은 대학과 교육기관에서 빅데이터 전문가 교육이 이뤄지고 있다. 미국의 경우 향후 5년 이내에 18만 명의 신규 수요와 150만 명의 데이터 분석 기반 관리자가 필요하고, 영국의 경우 동 기간에 5만여 명, 한국의 경우 1만 4,000여 명 정도로 예측하고 있다. 미국에서는 50여 개의 대학에서 데이터 과학자를 양성하고 있으나, 국내의 교육은 미미하다.

iii) 다양한 산업 분야에서의 빅데이터 활용과 서비스

빅데이터는 국토안보 및 재난, 안전, 치안, 의료, 에너지, 자동차, 금융 등 다양한 분야에서 활용 서비스 사례가 발표되고 있다. 아래 표는 각 분야별로 빅데이터 서비스의 사례를 보여주고 있다.

기술동향

대용량의 데이터에서 지식을 추출하기 위한 분석 방법으로 분산된 개별 자원들을 연계하여 전체 데이터 셋에 대한 효과적 처리를 지원한다. 이와 같이 빅데이터 기술은 관계형 데이터 모델(테이블 구조를 갖지 않는 데이터에 대한 효과적인 저장 및 접근을 위한 논리적 데이터 모델), NoSQL(관계형 모델을 사용하지 않는 데이터 저장소 또는 인터페이스), 빅데이터 모델(데이터 자원들에 대한 저장 및 운용에 대한 확장성을 지원하기 위한 논리적 데이터 모델 및 처리 모델), 스키마 온 리드(데이터를 원래 형태로 저장하고, 데이터를 읽어들일 때 사용 목적에 따라 스키마를 생성하는 방식), 빅데이터 분석(하나 이상의 분산된 다양한 데이터들을 병렬적으로 통합, 활용하여 결과를 도출하는 분석 기능) 등의 하부 기술로 구성된다.

해외에서는 아마존, 오라클, 아이비엠, 구글 등 대형 개발사들을 중심으로 사업 범위를 확장해 나가고 있으며, 우리나라는 빅데이터 저장을 위한 분산 파일 시스템, 데이터 분석 처리를 담당하는 미들웨어 부분에 대한 기술 개발을 통해 기존 빅데이터 생태계와의 상호운용성 확보를 통한 시장 확대에 주력하고 있다.

② 하둡

빅데이터와 관련된 분석 기술들로 하둡(Hadoop), NosQL, MapReduce, Habse, Cassandra 등이 있다. 그리고 이 기술들을 바탕으로 한 다양한 오픈소스 프레임워크들이 존재한다.

하둡은 빅데이터를 처리하기 위한 분산 처리 프레임워크다. 2003년 구글에서는 GFS (Google File System)라는 구글 분산 파일시스템의 아키텍처를 공개했고, 이듬 해 대용량 파일을 처리하는 핵심기술인 Map/Reduce를 공개하였다. 이를 통해 당시에 오픈소스 검색엔진 Nutch를 개발하던 더그커팅은 Hadoop 분산처리 시스템을 개발하게 되었다. 이후 Hadoop은 야후 등에서 활용이 되었고, Apache 오픈소스 프로젝트의 상위 프로젝트가 되어 매우 다양한 분야에서 활용되고 있다. Hadoop은 2009년 4월 500기가바이트를 59초에(1400개 노드에서) 정렬함으로써, '1분 소트(the minute sort)' 대회에서 우승을 하였다. 그 이후에도 100테라바이트를 173분에(3400개 노드에서) 정렬한 기록을 가지고 있다.

Hadoop은 크게 2가지 기능으로 나뉘어져 있다. 하나는 HDFS(Hadoop Distributed File System)으로 여러 노드로 나누어 진 데이터를 하나의 파일시스템에 있는 것처럼 보이게 하는 기능이다. 다른 하나는 Map/Reduce로써, 컴퓨터 클러스터 환경에서 잡(job)을 분산시켜 처리하는 소프트웨어 프레임워크이다.

HDFS는 저비용의 수백 내지 수천 노드를 가지는 클러스터를 이용하여 기가바이트 또는 테라바이트의 대용량 데이터집합을 처리하는 응용 프로그램에 적합하도록 설계한 분산 파일 시스템이다. HDFS에서는 마스터인 Namenode가 파일의 메타(meta) 정보를 관리하고 실제 데이터는 여러 대의 Datanode에 분산해서 저장한다. 이 때, 데이터는 일정 크기의 블록단위로 나뉘어 관리되며, 이 블록들을 여러 개의 Datanode에 분산 및 복제해서 저장한다. 이렇게 하는 이유는 일부 Datanode에 장애가 발생하더라도 전체 시스템에서 데이터를 읽고 쓰는데 문제가 없도록 하기 위함이다. 그림 3-40은 HDFS의 구조를 보여주고 있다.

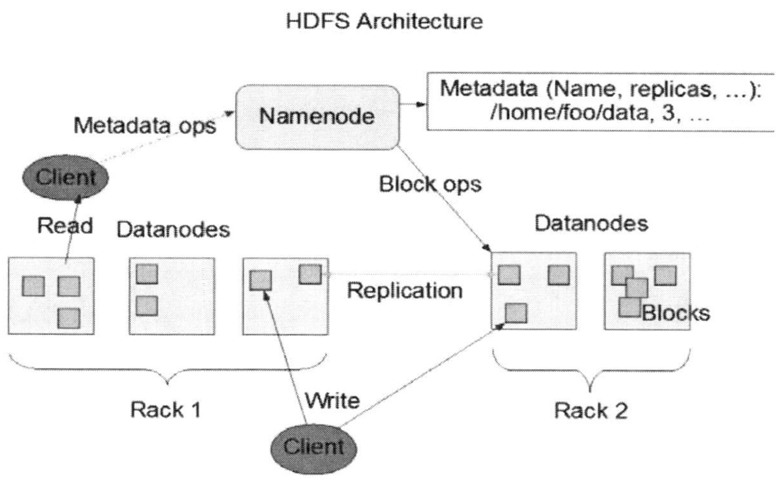

그림 3-40 HDFS의 구조
*출처: http://hadoop.apache.org

Map/Reduce라는 용어는 함수 형 언어에서 리스트 데이터를 처리할 때 사용하는 함수이다. 크게 Map함수와 Reduce함수로 나눠진 데서 그 이름을 따왔다. Hadoop에서는 사용자가 요청한 작업을 잡(Job)이라는 단위로 관리한다. 이 잡은 여러 대의 노드에서 분산 처리되는데 이 때 각 노드에서 수행하는 세부 작업 단위를 테스크(Task)라고 부른다. Map 테스크들이 먼저 수행되고 나면 Reduce 테스크들이 그 결과를 가져와 처리하게 된다. 이때 하나의 Map 테스크가 처리하는 단위를 스플릿(split) 이라그 부른다.

Map/Rdeuce도 HDFS와 같이 마스터, 슬레이브 구조를 가진다. JobTracker는 Map/Reduce 시스템의 마스터이며 전체 시스템에서 하나만 실행된다. JobTracker는 사용자가 요청한 잡을 큐(Queue)에 넣어 관리하며 TaskTracker와 주기적으로 통신하면서 TaskTracker들의 현재 상태를 감시한다. 만약 수행해야 할 작업이 있다면 TaskTracker들에게 테스크를 할당한다.

Map 테스크는 레코드 단위로 처리해야 하는 작업을 담당하고 Reduce 테스크는 관련된 데이터끼리 묶어서 처리해야 하는 작업을 담당한다. 따라서 Map 테스크와 Reduce 테스크 작업 사이에는 Map 테스크에서 처리한 데이터를 Reduce task에서 처리하기 위해 데이터를 분류(partitioning)하는 과정이 필요하다.

그림 3-41은 Map/Reduce 알고리즘의 흐름을 보여주고 있다.

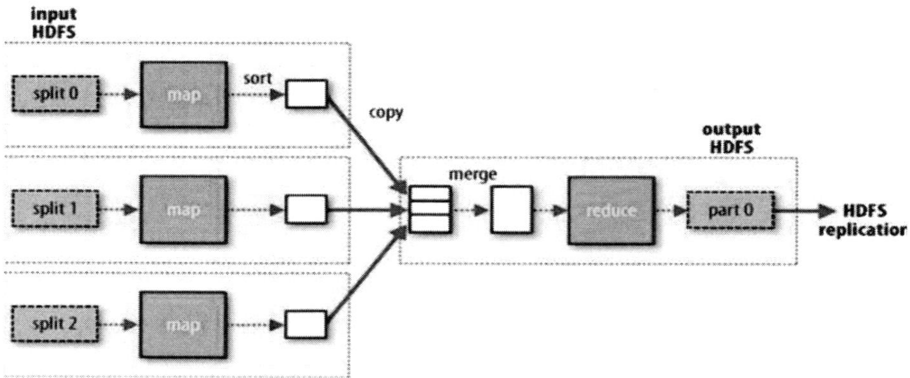

그림 3-41 Map/Reduce 알고리즘의 흐름
*출처: http://hadoop.apache.org

Hadoop에서는 데이터 분류를 위해 모든 데이터를(key, value) 쌍으로 만들고 key를 이용해서 데이터를 분류한다. 즉, Map 테스크에서 관련된 데이터끼리 동일한 key를 할당하면 같은 key를 가진 데이터끼리 묶여서 Reduce 테스크에 전달된다. 결과 데이터를 저장할 때는 같은 key끼리 정렬해서 저장하며 같은 key끼리 모은 데이터는 다시 같은 Reduce 테스크에서 처리할 데이터끼리 모아서 정렬하는 분류(partitioning) 과정이 지나고, Map 테스크 작업이 끝나면 Reduce 테스크에서는 자식이 담당하는 분류 데이터를 가져오는 셔플(shuffle) 과정을 거쳐 key별로 병합 정렬한다. 정렬이 끝난 데이터는(key, value list) 쌍으로 묶여서 Reduce 테스크에서 처리된다. Reduce 작업까지 끝난 최종 결과는 분산파일 시스템 내에 있는 사용자가 지정한 결과 디렉토리에 저장된다.

나. IoT 플랫폼(오픈소스 플랫폼 및 하드웨어 플랫폼)

플랫폼의 사전적인 의미는 '연단' 또는 '강단', '무대'를 의미한다. 즉, 다양한 공연이나 강연이 이뤄지는 장소를 뜻한다. 즉, 무대에서는 누가 어떤 목적으로 사용하느냐에 따라 강연이 될 수도 있고, 연극 또는 음악회가 될 수도 있다. 다시 말해, 다양한 용도에 대해 공동으로 사용할 목적으로 만들어진 구조물로 정의할 수 있다. 이 개념을 서비스 관점에서 보면, 다양한 서비스를 제공할 수 있는 공통적으로 사용되는 시스템으로 볼 수 있다.

예를 들어, 마이크로 소프트사의 윈도우즈(Windows)의 경우에는 컴퓨터에서 사용되는 운영체제로 그 위에서 여러 가지 프로그램을 실행시킬 수 있다. 이렇게 윈도우즈는 여러 프로그램을 위한 플랫폼이 되는 것이다. 또한 구글 플레이스토어나 애플 앱스토어는 스마트폰에서 사용할 수 있는 컨텐츠 매매를 위한 유통 플랫폼이다. 또한 네이버나 구글은 검색을 위한 플랫폼이 된다.

플랫폼에는 소프트웨어만 있는 것이 아니다. 하드웨어로 된 플랫폼도 있다. 하드웨어 플랫폼은 공통적인 기능 모듈들을 포함하고 있는 하드웨어를 말하는 것으로, 이를 바탕으로 다양한 하드웨어 장치를 개발할 수 있다.

① 개방형 플랫폼

i) 대화형 환경 서비스(Pachube)

페치베이(Pachube)는 사물인터넷과 관련 애플리케이션 개발자에게 센서에서 수집된 데이터를 인터넷에 연결하고, 이러한 데이터를 이용하여 개발할 수 있게 제공되는 오픈 소스 플랫폼(open source platform)이다. 즉, 사물인터넷을 위한 데이터 중개 역할을 해준다. 수백만의 개인, 기관, 기업들과 연결되어 데이터를 제공한다.

수집한 데이터를 실시간으로 Pachube 서버에 전송하고 데이터를 누구나 이용할 수 있도록 오픈 API를 제공함으로서 웹기반으로 전 세계의 데이터를 실시간으로 관리할 수 있다. Pachube 서버에 등록된 사용자들은 수집된 정보를 다른 사람들과 공유 또는 협업할 수 있는 서비스를 제공받는다. 현재 100개 이상의 국가로부터 수백만 개의 데이터 포인트가 등록되어 있다. 특히, 전 세계 지역의 방사능량, 에너지 소비, 기후 등 다양한 정보가 공공안전, 농업, 서비스, 빌딩 자동화 등에 이용되고 있다.

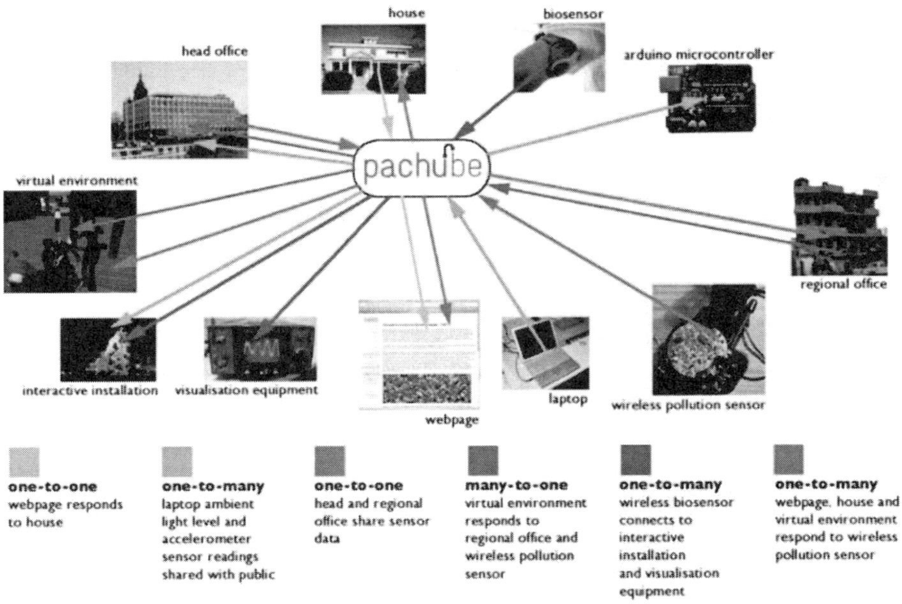

그림 3-42 Pachube 서비스 응용모델
*출처: www.pachube.com

ii) Web of Things Service (EVRYTHNG)

스마트 폰과 각 제품을 나타내는 고유한 'Intelligent Identity'를 이용해 제품 생산자와 소비자, 파트너를 직접 웹상으로 연결시켜주는 서비스이다. EVRYTHNG의 엔진기술을 통해 어떤 물리적 제품이든 개인화된 디지털 서비스를 위한 일대일 통신이 가능하다. 이를 통해 제품 생산자가 소비자에게 가까이 다가갈 수 있고 제품에 대한 생산, 판매 및 사용에 관련된 실시간 정보를 얻을 수 있다.

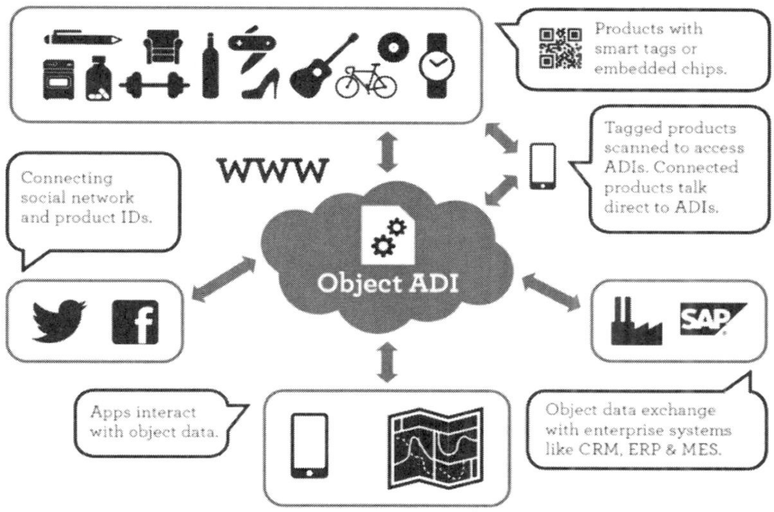

그림 3-43 EVRYTHNG 서비스 구현 방식
*출처: www.evrythng.com

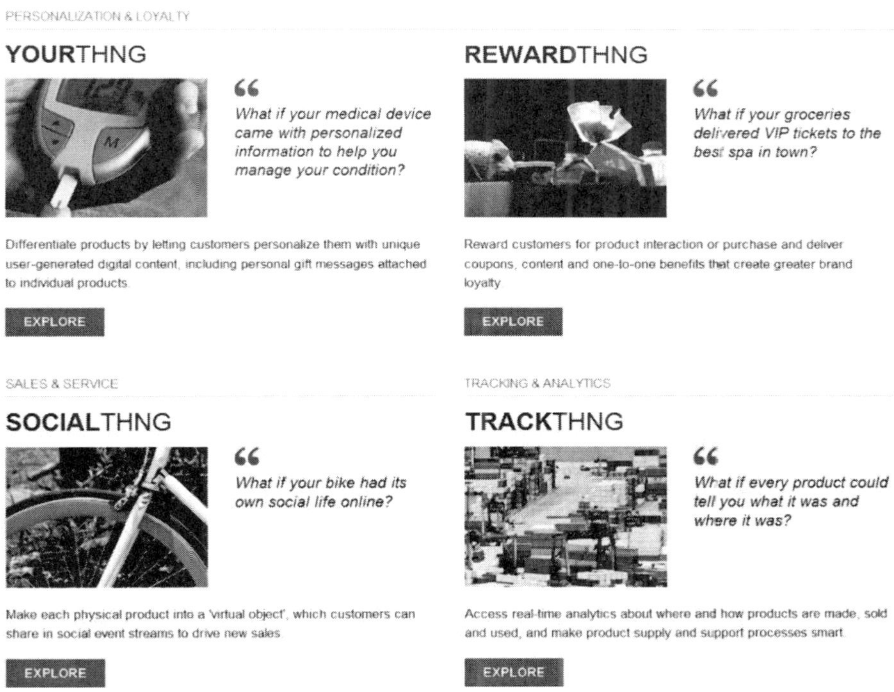

그림 3-44 EVRYTHNG 응용 서비스 종류
*출처: www.evrythng.com

② 오픈소스 하드웨어 플랫폼

오픈소스 하드웨어(OSHW, Open Source Hardware)는 하드웨어를 구성하는 회로도, 자재 명세서, 인쇄회로 기판의 도면 등 하드웨어와 관련된 제반 사항을 공개한 전자 제품이다. 하드웨어 제작에 관련된 특허가 없고 모든 내용이 공개되어 있기 때문에, 일반인도 디바이스를 제작할 수 있다. 아두이노(Arduino)와 라즈베리파이(Raspberry Pi)가 가장 대표적인 오픈소스 하드웨어 플랫폼이며, 이와 관련하여 최근에는 '해커스페이스'나 '사물놀이'와 같은 온라인 정보공유 커뮤니티도 등장하고 있다.

OSHW는 아주 새로운 개념은 아니다. 미국에서는 OSHW의 시초로 1970년대에 창설된 홈브루컴퓨터클럽(Homebrew Computer Club)을 지목하고 있다. 이 조직은 전자공학 부문의 매니아들이 부품, 회로, 컴퓨터 장치를 스스로 조립 및 제작하는데 필요한 정보를 교환하는 것을 목적으로 조직되었다. 초기 5명에서 시작된 홈브루컴퓨터클럽은 첫 공식 모임에 30여 명이 참가했으며, 이후 단 1년 만에 회원 수가 약 600여 명으로 늘어났다. 애플을 창설한 스티브 잡스(Steve Jobs)와 스티브 워즈니악(Stephen Wozniak)도 회원으로 참여하는 등 훗날 개인용 컴퓨터의 개발뿐만 아니라 애플을 비롯한 다양한 컴퓨터 전문 기업의 탄생에 지대한 영향을 미쳤다. 이러한 움직임은 대학가를 중심으로 점차 확산되었으며, 80~90년대에는 소프트웨어 분야에서 활발히 이루어진 오픈소스 운동이 하드웨어 부문으로까지 옮겨오면서 90년대 중반부터 오픈소스 하드웨어의 개념이 SOC(System-On-Chip), FPGA(Field-programmable gate array), 임베디드 시스템, PC 디자인 등 다양한 부문에서 적용되기 시작했다.

오픈소스 하드웨어이기 때문에, 제품의 설계도를 인터넷에 공개하고 여러 기술자들이 의견을 나누면서 기능이 발전된다. 결과적으로 개발자가 전 세계 사람이 될 수 있기 때문에 기능은 더 뛰어나고 최적화된 제품을 설계할 수 있으며, 더 저렴한 제품으로 개발할 수 있게 된다. 기업에 의해 상업용으로 사용되기도 하고, 개인이 스스로 제품을 설계/디자인하고 직접 제작하기도 한다.

OSS(Open Source Software)나 오픈 콘텐츠(Open Content, OC)가 성립되어 빠르게 확산될 수 있었던 이유는 소스 공개만으로 복제가 가능하다는 점에 있다. 즉, 소스가 공개된 SW나 콘텐츠는 무료로 유통 및 복제가 가능하다는 것이다. 그러나 HW는 물리적인 형태로 존재하기 때문에 소스를 공개하더라도 이를 복제하는 데는 비용이 들 수밖에 없다. 이처럼 초기 공개 HW 제작을 위한 투자가 요구되기 때문에 OSHW를 지지하는 기업이나 사람들은 제품을 무한정으로 무료로 제공할 수 없는 것이 현실이다.

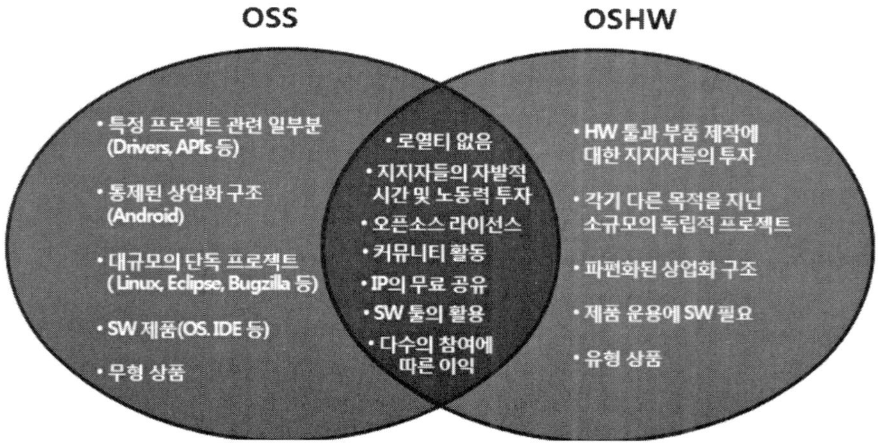

그림 3-45 OSS와 OSHW의 차이점과 공통점
*출처: Mouser Eletronics

그러나 실제 제품의 구현은 결국 디자인의 구현이며, 하드웨어의 구축이나 제작 프로세스의 노하우는 디지털 형태로 기록 및 공유가 가능하다. 따라서 OSHW는 모든 지식이나 권한을 오픈 라이선스 형태로 제공하고 이용자 간의 커뮤니케이션을 통해 정보 공유를 활성화하는 것을 궁극적인 목표로 삼는다. 즉, 지식과 아이디어를 공유함으로써 더 큰 혜택을 누릴 수 있다는 점에서 OSHW의 진정한 가치를 찾을 수 있다.

i) 아두이노(Arduino)

2005년 이탈리아에서 탄생한 아두이노(Arduino)는 현재 가장 유명하고 널리 활용되는 OSHW 플랫폼이다. AVR이라는 칩을 사용하는 오픈소스 마이크로컨트롤러 보드로서 임베디드 개발 경험이 전혀 없는 이용자들도 쉽게 활용할 수 있도록 개발툴이나 회도로 등을 오픈소스 형태로 제공하고 있다. 특히 아두이노 보드에 쉽게 펌웨어 프로그램을 만들어 탑재할 수 있는 아두이노 개발툴과 PC에서 아두이노 그래픽 요소로 데이터

송수신이 가능한 프로세싱 툴은 아두이노 열풍의 핵심 요소이다

아두이노는 8비트 AVR CPU를 탑재한 저사양의 마이크로컨트롤러 보드이지만, 센서와 액츄에이터를 이용할 수 있는 여러 개의 디지털핀과 아날로그핀이 있다. 이를 통해 조도, 온도, 습도 등을 측정하는 다양한 센서는 물론 스피커, LED, 모터 등의 다양한 액츄에이터를 연결하는데 적합하다. 여기에 GSM, 와이파이, 이더넷 등의 통신 연결 모듈인 '쉴드(Shield)'나 LCD 스크린, USB 어댑터(Adopter) 등의 액세서리를 결합시키면 아두이노의 활용도는 더욱 높아진다.

가격은 비교적 저렴하며 윈도우(Windows), 맥 OS(Mac OS), 리눅스(Linux) 등의 다양한 OS도 지원 가능하다. 다양한 활용 사례가 커뮤니티를 통해 공개되어 있는데, 회로 연결에 대한 내용이나 펌웨어 개발 소스 코드, PC 및 모바일 단말 전용 소스 코드 등이 포함된다. 따라서 아두이노를 이용하면 맞춤형 시계나 조명 시스템, 애완견과 놀아주는 장난감, 화재 경보기, 웨어러블 커퓨터 등 다채로운 제품을 저렴한 가격으로 간단하게 제작 가능하다.

현재 아두이노의 HW 버전은 아두이노 듀이(Due)를 비롯해 디시밀라(Diecimila), 듀이밀라노브(Duemilanove), 우노(UNO), 레오나르도(Leonardo), 메가(Mega), 나노(Nano), 미니(Mini), 릴리패드(LilyPad) 등 다양하게 분화되어 있다. 다른 OSHW에 비해 모델의 종류가 월등히 많으며, 그 사이즈도 매우 다양하기 때문에 여러 형태 및 규모의 제품 개발에 적용이 유리하다. 아두이노 측에 따르면, 아두이노 보드 판매량이 2005년 9월 2,550개에서 2011년 8월 10만 5,732개 까지 증가해 6년 동안 총 31만 4,461개를 기록했다.

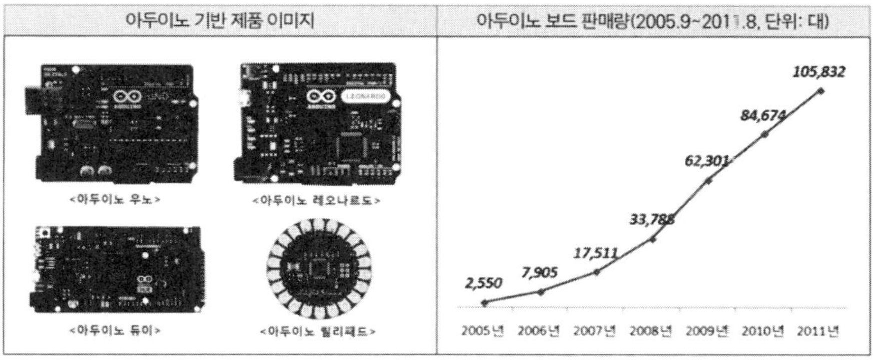

그림 3-46 아두이노 관련 제품 이미지 및 보드 판매량 증가 추이
*출처 : Arduino.cc

ii) 라즈베리 파이(Raspberry Pi)

라즈베리 파이(Raspberry Pi)는 영국의 라즈베리 파이 재단(Raspberry Pi Foundation)이 교육 목적으로 개발한 초소형 싱글 보드 컴퓨터로서, 기존의 데스크탑 PC와 유사하게 키보드, 모니터 등의 주변기기와 연결해 사용이 가능하다. 라즈베리 파이는 700MHz ARM CPU와 그래픽 처리 장치(Graphic Process Unit, GPU), 디지털 신호 처리 장치(Digital Signal Processor, DSP), SD램(RAM) 등이 탑재된 미국 브로드컴(BroadComm)社의 BCM2835 SoC를 기반으로 하고 있다. 램(RAM)의 종류 및 USB 포트 수에 따라 모델 A(25달러)와 모델 B(35달러)의 2가지 종류로 구분된다. 모델 A에는 256MB의 램이 탑재되며 1개의 USM 2.0 포트가 내장된 반면, 모델 B에는 516MB의 램이 탑재되며 2개의 USB 포트 및 이더넷 네트워크 기능도 내장되어 있다는 점에서 차이가 있다.

2012년 2월 정식 발매 전까지 수 차례의 모델 개선을 거쳐 2012년 2월에 정식으로 발매 되었다. 발매 초반에는 영국을 중심으로 판매되었지만 점차 북미와 유럽 전역으로 퍼져나가 현재는 아시아, 오세아니아 지역에서도 인기를 누리고 있다. 라즈베리 파이의 설립자인 에벤 업톤(Eben Upton)에 따르면, 최근에는 월 평균 10~20만 대가 판매되고 있으며 2013년 6월 기준 누적 판매 대수도 약 120만~130만 대에 달하는 것으로 추산된다. 지역별로는 북미와 유럽이 각각 전체 판매량의 40% 씩을 차지하고 있으며, 일본, 중국, 오세아니아, 남아프리카공화국 등의 기타 지역에서

나머지 20%가 판매되고 있다.

아두이노와 마찬가지로 다양한 센서와 액츄에이터를 연결해 다양한 기능을 구현할 수 있는 가운데, 2013년 5월에는 전용 카메라 모듈도 발매하는 등 그 활용성을 점차 향상시켜나가고 있다. 현재는 교육용 목적은 물론 다양한 부문에서 R & D 목적으로 활용되고 있어 단체의 수익도 증가 추세를 이어가고 있으나, 자선 단체로서 초기의 설립 및 단말 개발 목적을 달성하기 위한 활동의 일환으로 단말 기부 활동도 활발히 펼치고 있다.

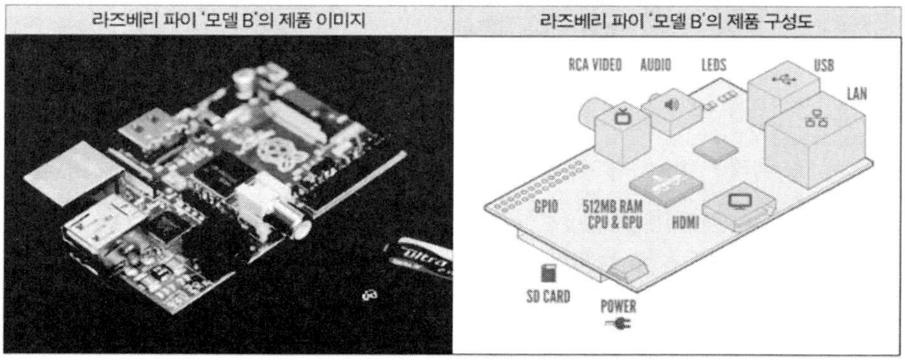

그림 3-47 라즈베리 파이 '모델 B'의 제품 이미지 및 구성도
*출처: Raspberry Pi.org

iii) 비글보드(Beagle Board)

비글보드(Beagle Board)는 라즈베리 파이와 유사한 소형 단일 보드 컴퓨터의 일종으로서, 칩 제조사인 텍사스 인스트루먼트(Texas Instrument, TI)가 OMAP(Open Multimedia Application Platform) 3530이라는 SoC 프로세서를 기반으로 2008년 7월에 처음 출시했다. OMAP 3530에는 720MHz의 ARM CPU를 비롯해 고속 비디오 및 오디오와 2D/3D 그래픽 처리장치가 탑재되어 있는 등 강력한 성능을 구현하고 있으며, 리눅스를 비롯해 안드로이드, 우분투(Ubuntu) 등 다양한 OS를 지원한다.

비글보드 초기 버전은 라즈베리 파이와 마찬가지로 교육용 OSHW로서 특히 대학의 OSHW 및 OSS 역량 강화를 목적으로 2008년 7월에 125달러에 출시되었다. 2010년 9월에는 CPU 성능을 1GHz로 확장하고 메모리 용량도 기존의 128KB에서 512MB로 확대한 '비글보드 xM 버전'을 출시했다.

이듬해인 2011년 10월에는 베어본 PC(bearbone PC) 개발 보드에 적합한 비글본(BeagleBone)을 내놓았다. 비글본은 TI의 시타라(Sitara) AM 3358 SoC를 기반으로 720MHz의 ARM CPU를 탑재했으며, 내장 이더넷 포트, PHY를 지원하는 USB, A/D 컨버터 등 수많은 다른 주변장치와 함께 제공되어 필요한 외부 부품의 수를 최소화하여 설계를 한층 간소화하는 것은 물론 판매 가격도 89달러로 인하해 대중화의 기반을 마련하고 있다. 비글본은 독립적으로도 사용 가능하지만 기존의 비글보드나 데스크탑 PC 등에 덧붙여 사용하는 것도 가능하다. 가장 최근에 출시된 '비글본 블랙(BeagleBone Black)'은 CPU 성능을 개선하면서 가격은 45달러로 낮춰 성능 면에서 라즈베리 파이나 아두이노를 압도하는 동시에 OSHW로서의 가격 경쟁력까지 갖춤으로써 업계의 주목을 받고 있다.

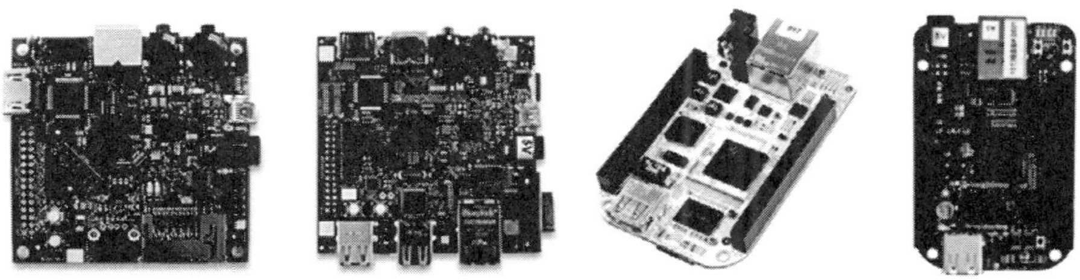

<비글보드> <비글보드-xM> <비글본> <비글본 블랙>

그림 3-48 비글보드 및 비글본 관련 제품 이미지
*출처: Beagleboard.org

다) 클라우드 서비스

미국 국가표준기술원은 클라우드 컴퓨팅(이하 '클라우드')을 "최소한의 관리 노력과 서비스 제공자와의 상호작용으로 신속하게 제공되고 배포되는 설정 가능한 공유 컴퓨팅 자원(네트워크, 서버, 스토리지, 애플리케이션, 서비스)을 언제 어디서든, 간편하게, 요구에 따라 네트워크 접근이 가능한 컴퓨팅 모델"로 정의하고 있다(www.nist.gov). 즉, 클라우드는 이용자가 정보통신 자원을 필요한 만큼 빌려서 이용하고, 실시간으로 자원의 확장이 가능하며, 이용한 만큼 비용을 지불하는 컴퓨팅을 말한다.

[표 3-16] **클라우드 서비스(클라우드 컴퓨팅)에 대한 다양한 정의**

기관	정의
NIST	이용자는 IT자원(소프트웨어, 스토리지, 서버, 네트워크)을 필요한 만큼 빌려서 사용하고, 서비스 부하에 따라 실시간 확장성을 지원받으며, 사용한 만큼 비용을 지불하는 컴퓨팅
Gartner	인터넷 기술을 활용해 많은 고객들에게 수준 높은 확장성을 가진 자원들을 서비스로 제공하는 컴퓨팅의 한 형태
Forrest Research	표준화된 IT 기반 기능들이 IP로 제공되고, 언제나 접근이 허용되며, 수요 변화에 따라 가변적이며, 사용량이나 광고를 기반으로 비용을 지불하고 웹 또는 프로그램적인 인터페이스를 제공하는 형태
IBM	웹 기반 응용 소프트웨어를 활용해 대용량 데이터베이스를 인터넷 가상공간에서 분산처리하고, 이 데이터를 컴퓨터나 휴대전화, PDA 등 다양한 단말기에서 불러오거나 가공할 수 있게 하는 환경
TTA	가상화와 분산처리 기술을 기반으로 인터넷을 통해 대규모 IT자원을 임대하고, 사용한 만큼의 요금을 지불하는 컴퓨팅 환경을 의미

***출처: 실전 클아우드 가상화 구축 기술, 2012**

그림 3-49 클라우드 컴퓨팅의 개념도(*출처: 안철수연구소)

구름(Cloud)과 같이 무형의 형태로 존재하는 하드웨어, 소프트웨어 등의 컴퓨팅 자원을 자신이 필요한 만큼 빌려서 사용하고 비용을 지급하는 방식의 컴퓨팅 서비스이다. 서로 다른 물리적인 위치에 존재하는 컴퓨팅 자원을 가상화 기술로 통합해 제공하는 기술로서, 인터넷을 이용한 IT자원의 주문형 아웃소싱 서비스라고 정의되기도 한다.

발전과정

1960년대 미국의 컴퓨터 학자인 존 맥카시(John McCarthy)가 "컴퓨팅 환경은 공공시설을 사용하는 것과 동일한 것"이라고 한데에서 시작하였다. 클라우드라는 용어는 1993년부터 거대규모의 ATM을 지칭하며 사용되었다. 1995년 3월에 A T&T와 재너럴 매직(General Magic)사는 여러 통신사들과 제휴를 맺고 클라우드 컴퓨팅 서비스를 최초로 시작하였다. 그러나 인터넷 개념이 사용자들에게 사용되기 시작하던 시기였기 때문에 사업은 실패하였다. 이후 21세기에 들어서 클라우드 컴퓨팅의 개념이 일반인들에게 알려지기 시작했다. 2005년부터 2007년까지의 클라우드 컴퓨팅은 SaaS 서비스가 주를 이루었으며, 2008년부터 IaaS, PaaS 등의 서비스 기법이 널리 사용되었다.

도입 시 장점

클라우드 컴퓨팅을 도입하면 기업 또는 개인은 컴퓨터 시스템을 유지/보수/관리하기 위해 들어가는 비용과 서버의 구매 및 설치비용, 업데이트 비용, 소프트웨어 구매비용 등의 지출을 줄일 수 있다. 또한, 이를 관리하기 위한 시간과 인력도 줄일 수 있다. 하드 디스크와 같은 보조기억장치의 오류로 인한 데이터의 손실이 없이 안전하게 보관할 수 있다. 언제 어디서든 자신이 작업한 문서를 열람하거나 수정할 수 있다. 컴퓨터에 대한 전문적인 지식이 없어도 쉽게 사용할 수 있다. 마지막으로 클라우드 서비스에 접속할 수 있는 다양한 기기를 사용하여 동일한 환경을 제공받을 수 있다.

도입 시 단점

공용 클라우드의 경우 서버가 외부에 존재하기 때문에 서버가 공격을 당한다면 개인정보가 유출될 수 있다. 서버에 저장된 데이터가 손상되었을 경우 백업을 하지 않았다면, 데이터를 되살릴 수 없을 수도 있다. 네트워크에 연결이 되어야만 서비스를 제공받을 수 있다. 마지막으로 개인의 정보가 물리적으로 어디에 저장되었는지 알 수 없다.

클라우드 컴퓨팅의 분류

클라우드 컴퓨팅은 서비스 모델, 구현 방식에 따라 유형을 분류할 수 있다. 서비스 모델에 따라 응용소프트웨어를 서비스로 제공하는 SaaS(Software as a Service), 소프트웨어 개발 환경(플랫폼) 서비스를 제공하는 PaaS (Platform as a Service), IT 인프라(서버, 스토리지 등) 서비스를 제공하는 IaaS(Infrastructure as a Service) 등으로 분류하고 구현 방식에 따라 자체 전산실을 구축·이용하는 프라이빗, 외부 사업자의 서비스를 활용하는 퍼블릭, 이들의 특징 과 장점(프라이빗: 보안성, 퍼블릭: 비용절감·민첩성)을 조합한 하이브리드로 분류한다.

서비스 제공 범위에 따른 분류

서비스 제공 범위를 기준으로 공용 서비스, 사설 서비스, 하이브리드 서비스로 분류된다. 공용(Public) 클라우드는 일반적인 공적 업무에 이용하기 위해 외부 서비스 제공자가 관리하는 클라우드로 우리가 쉽게 사용할 수 있는 구글 앱스, 페이스북 앱스 등과 같이 대중을 대상으로 제공한다. 사설(Private) 클라우드는 회사 내부의 이용자들이 사용할 수 있도록 만든 클라우드이다. 예를 들면, 인사관련 파일이나 회사 기밀과 같이 외부에 유출되면 안 되는 민감한 데이터들을 저장할 때 주로 사용한다. 하이브리드 서비스는 시스코, 인텔, LG CNS, KT 등에서 제공하는 서비스로서 공용 클라우드와 사설 클라우드를 혼합하여 제공한다.

서비스 제공 방법에 따른 분류

서비스의 제공 방법에 따라서 인프라 서비스(IaaS, Infrastructure as a Service), 플랫폼 서비스(PaaS, Platform as a Service), 소프트웨어 서비스(SaaS, Software as a Service)로 구분된다. 그리고, 비즈니스 프로세스 서비스(BPaas, Business Process as a Service)를 포함시키기도 한다.

인프라 서비스는 각종 컴퓨터 기반 요소들을 가상화하여 제공하는 서비스이다. 주로 자체 인프라를 구축하는데 투자하기 어려운 중소기업들이 주로 사용한다.

플랫폼 서비스는 앱 제작에 필요한 SDK(Software Development Kit) 등 플랫폼 자체를 서비스 형태로 제공하고 있다. 주로 자체적으로 비싼 장비개발 툴을 구매하기 어려운 프로그램 개발사에서 주로 사용한다.

소프트웨어 서비스는 소프트웨어나 애플리케이션을 서비스 형태로 제공한다. 이 서비스는 소프트웨어의 라이센스를 구매하지 않아도 사용할 수 있다.

비즈니스 프로세스 서비스는 고객을 대신하여 비즈니스 프로세스를 실행하는 서비스 공급자 측 담당자가 사용하는 서비스이다.

서비스 구현 방식에 따른 분류

서비스 구현 방식에 따라 네이티브 앱 방식, 웹앱 방식, 하이브리드 앱 방식, 클라우드 스트리밍 방식으로 구분할 수 있다.

네이티브 앱 방식은 단말기의 운영체제(OS)에 앱을 설치하고, 멀티 디바이스 간 공유가 필요한 데이터, 매우 복잡한 연산 등에 대해서 클라우드 스토리지 또는 클라우드 프로세싱을 이용하는 방식이다. 이것은 보통 우리가 IOS나 안드로이드 마켓을 이용하여 다운로드 받은 앱을 가리킨다. 즉, 각 운영체제에서 개발된 앱은 해당 운영체제에서만 작동한다.

웹앱 방식은 모든 데이터와 앱이 인터넷 상의 서버에 저장되고 하나의 앱으로 모든 단말기에 적용이 되는 방식이다. 즉, 웹 브라이저를 통해 어느 사이트나 접속하는 것과 같이 어떤 앱도 사용할 수 있다.

하이브리드 앱 방식은 네이티브 앱의 개발에 대한 불편함과 웹 앱의 느린 속도를 보완하고자 2가지를 혼합한 방식이다. UI(User Interface)부분은 네이티브 앱 방식이고, 서비스 동작 부분은 웹 앱 방식을 적용한 것이 하나의 예이다.

클라우드 스트리밍 방식은 데이터 및 앱의 저장 뿐만 아니라 앱을 실행하는 프로세싱까지도 모두 인터넷 상의 서버에서 이루어지는 방식이다. 즉, 단말기는 처리 중간 중간에 생성된 화면 이미지를 전송받아 디스플레이하는 역할만 수행한다. 실제 작업이 이뤄지는 곳은 클라우드 서버이다.

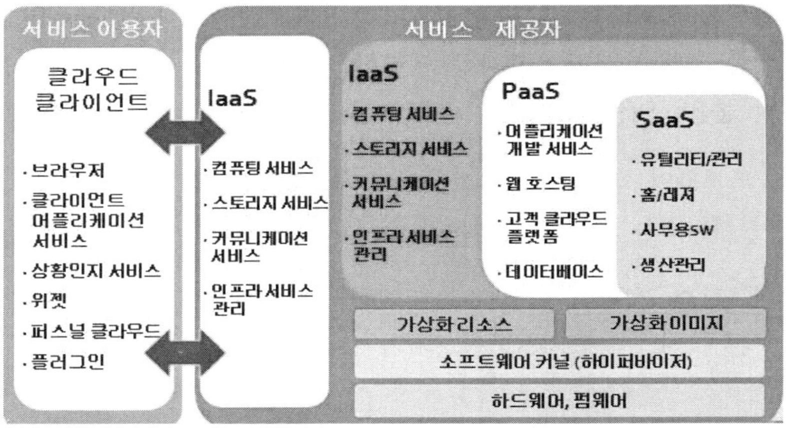

그림 3-50 클라우드 컴퓨팅의 구조(*출처: 안철수 연구소)

클라우드 컴퓨팅의 시장 현황과 전망

미국의 시장조사 전문기관인 IDC는 전 세계 클라우드 컴퓨팅 시장이 2011년 33조 원에서 2015년 92조 원으로 성장할 것으로 전망했었다. 국내의 경우 2014년 약 8.9억 달러로 2014년 글로벌 클라우드 시장 규모인 693.1억 달러의 약 1.3% 규모에 그치고 있고, 기술격차도 1.52년 정도로 차이나고 있다. 하지만 2015년 정부차원에서 민간 클라우드 서비스 도입 시행 추진하여 앞으로 많은 발전이 있을 것으로 전망된다.

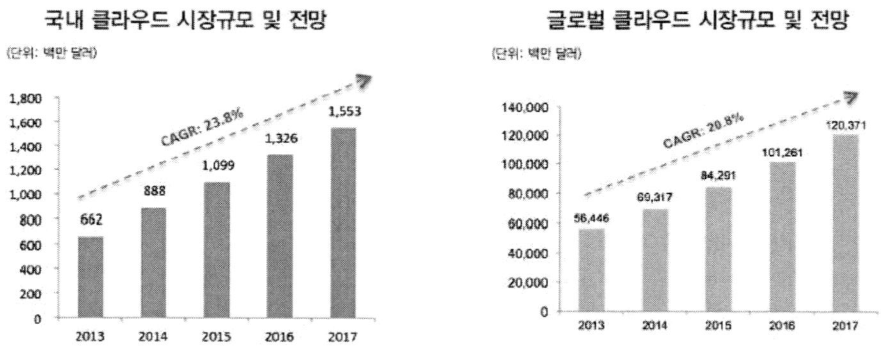

	2013	2014	2015	2016	2017
퍼블릭	487	681	851	1,021	1,172
프라이빗	175	207	248	305	381

	2013	2014	2015	2016	2017
퍼블릭	47,396	59,487	73,541	89,411	107,217
프라이빗	9,050	9,830	10,750	11,850	13,154

출처: 부산시 클라우드 산업육성 계획 2014.10 중 IDC 2013.2Q, Infiniti 2013.11 자료 재구성

그림 3-51 클라우드 컴퓨팅의 시장 규모

4가지 범주

클라우드 컴퓨팅 기술은 클라우드 인프라, 클라우드 플랫폼, 클라우드 서비스 및 응용, 클라우드 클라이언트 등 4개의 범주로 살펴볼 수 있다.

클라우드 인프라 분야는 사용자에게 제공되는 컴퓨팅 자원에 대한 관리 기술과 자원 가상화에 대한 기술로서, 사용자에게 할당된 서버, 네트워크, 스토리지에 대한 프로비저닝(Provisioning)과 관리 표준, 자원에 대한 표현 형식, 메시지 교환 방식, 가상화를 통한 시스템 가속화 기술, 파일 시스템과 DBMS, 스토리지에 대한 기술 및 표준이 포함된다.

클라우드 플랫폼 분야는 클라우드 서비스 개발과 데이터 처리 및 관리, 클라우드 보안을 위한 기술로 클라우드 서비스 개발에 필요한 API (Application Programming Interface)를 제공하며, 사용자에게 할당된 가상머신에 대한 메타데이터 기술, 대규모 데이터 처리와 저장된 데이터에 대한 이력관리를 위한 메타데이터 관리 기술, 클라우드 컴퓨팅 환경에 대한 보안 기술 등을 의미한다.

클라우드 서비스 및 응용 분야는 서비스로 제공되는 클라우드 컴퓨팅의 특성에 따라 사용자와 제공자간의 SLA(서비스수준협약, Service Level Agreement)가 중요하게 부각되고 있으며, 정부 차원에서 표준화를 주도하고 있다. 또한 클라우드 컴퓨팅을 이용하여 스마트한 서비스를 제공하기 위한 정보 모델 및 기술 표준과 이종의 클라우드 컴퓨팅 환경 간 상호운용성을 지원하기 위한 기술이 요구되며, 장기적인 관점에서 중요한 의미를 갖는 기술이기 때문에 서비스 도메인별 요소 기술의 개발이 요구되고 있는 실정이다.

클라우드 클라이언트 분야는 모바일 및 경량 클라이언트를 통해 클라우드 서비스를 제공하기 위한 기술 분야로, 클라이언트를 이용한 클라우드 서비스 탐색, 클라우드에 저장된 데이터 동기화, 클라이언트 간의 상호 작용, 모바일 클라우드를 위한 변환 등에 대한 기술이 필요하다.

요소기술

클라우드 기술은 클라우드 서비스 제공자(Cloud Computing Service Provider, CSP), 클라우드서비스 브로커리지(Cloud Computing Service Brokerage, CSB), 클라우드 네트워크(Cloud Computing Network, CN), 클라우드 서비스 단말(Cloud Computing Service Client Device, CCD), 클라우드 보안(Cloud Computing Security, CS) 등 5가지 영역에 대한 요소 기술로 설명된다.

클라우드 서비스 제공자(CSP) 기술에서 구글은 앱엔진(App Engine)이라는 서비스를 통해 구글의 기존 인프라를 활용하여 클라우드 애플리케이션을 개발·배포·관리할 수 있는 플랫폼 서비스를 제공하고 있으며, 마이크로소프트는 윈도 애저, 아이비엠은 블루믹스 서비스를 제공하고 있다. VMware가 출시하고 피보탈이 주도하는 클라우드 파운드리(Cloud Foundry)는 오픈소스 기반 플랫폼 서비스의 대형 프로젝트 로 인텔, 아이비엠, HP, EMC, 피보탈, VMware 등 40여 개 글로벌 IT벤더들이 참여하고 있다. 국내는 네이버가 독자적인 분산파일 시스템 OwFS(Owner Based File System)을 개발하여 사업에 적용 중이며, LG U+, 글루시스, 유투앤 등이 한국전자통신연구원의 개발 기술인 GLORY-FS을 활용하여 사업화를 추진하고 있다. 한국정보화진흥원이 클라우드 파운드리 기반의 개방형 플랫폼 '파스-타'를 개발하여 2016년 4월 공개했다.

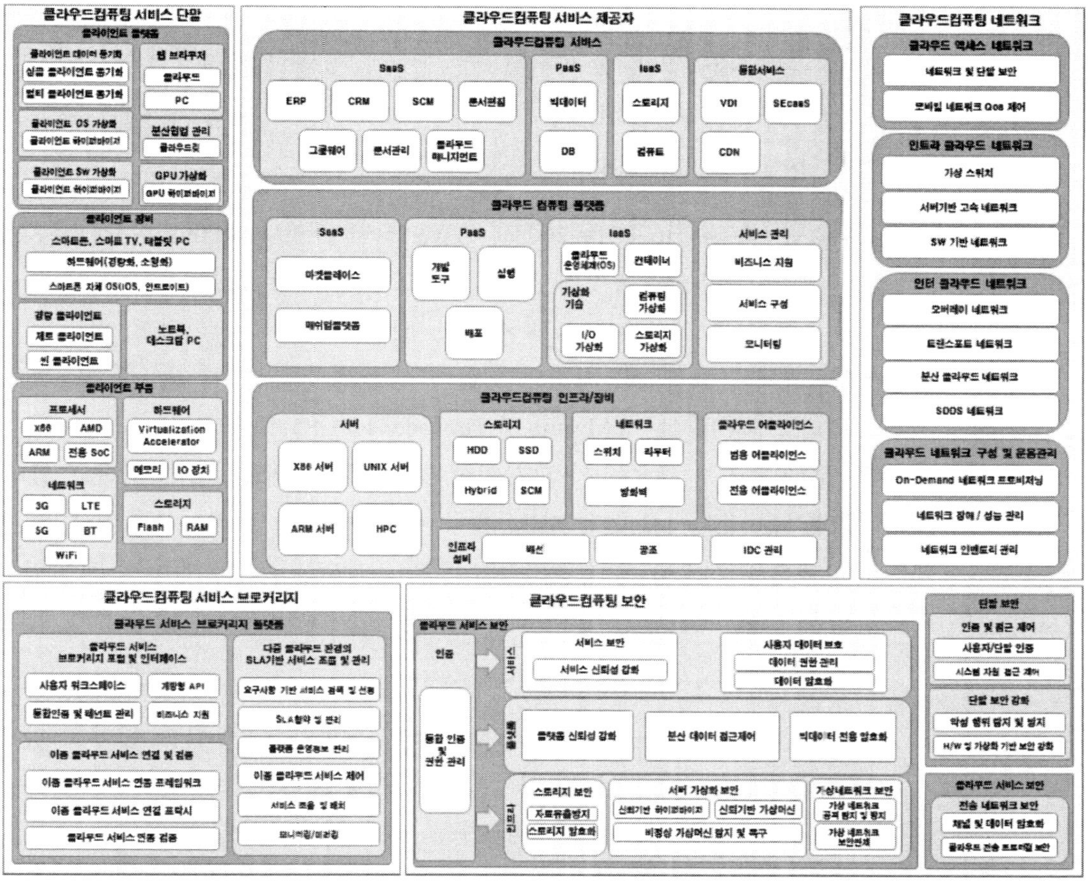

그림 3-52 클랑드 컴퓨팅 기술 구조도

*출처: 한국클라우드 컴퓨팅연구조합, 클라우드컴퓨팅 기술 스택, 2017

클라우드 서비스 브로커리지(CSB) 기술은 다양한 이종 클라우드 서비스의 연계를 통한 중개 및 관리를 위한 플랫폼 기술을 말한다. 해외는 RightScale, Jamcracker, Compatible One 등 IaaS 서비스 중심의 중개·관리 사업자와 Appirio, Excel Micro, SaaS Max 등 PaaS·SaaS에 특화된 사업자가 시장을 형성하기 시작했으며, Stratos, Jellyfish, Scalr, Compatible One, Manage IQ 등 자체 기술력으로 개발한 브로커리지 플랫폼과 오픈소스 기반의 플랫폼이 함께 등장하고 있다. 국내는 관련 기반 기술이 부재한 상황으로 대부분의 CSB 사업이 IaaS 위주의 서비스 조율 및 관리 기술에 한정되어 있으며 KT, AWS 등 특정 클라우드 기업에 한정된 서비스만을 제공하고 있다. 그밖에 시장 형성 단계로 영우디지털은 서비스 중개, 동부는 서비스 최적화, 농심데이터시스템·코오롱베니트·일아오픈 등 IT서비스 업체들은 특정 클라우드 및 하이브리드 클라우드 관리 솔루션의 형태로 CSB 사업을 추진하고 있으며, 이노그리드는 2014년부터 유럽 내 CSB 구축 사업에 참여해 글로벌 진출을 모색하고 있다.

클라우드 네트워크(CN)는 2008년 AWS의 인증 장애, 2009년 구글의 지메일 장애 및 세일즈포스닷컴 등의 보안사고 등으로 글로벌 기업들은 클라우드 인프라 및 네트워크에 대한 보안장치 및 기능을 강화하고, 단말의 보안기능을 추가하여 보안사고로 인한 장애를 최소화할 수 있도록 고도화하고 있다. 해외에서는 VMware 및 Brocade, HP, F5 및 CISCO, Juniper 등이 부하분산 및 L3~L7 스위치를 서버상에 가상화한 제품들을 출시하고 있다. 국내에서는 라온시큐어가 MDM 솔루션과 물리보안 솔루션을 결합한 형태의 솔루션을 제공하며, 삼성SDS의 쎌위(CellWe)가 미국 정부의 보안인증을 받은 것을 기반으로 미국, 독일, 벨기에 등 해외 사업을 추진하고 있다.

클라우드 서비스 단말(CCD)은 해외에서 보안 전문회사인 MobileIron, 전통적인 가상화 기술 전문회사인 VMware, 레드밴드, 브로미움 등이 스마트기기 내부에 업무용·개인용 영역을 가상화해 쓸 수 있는 하이퍼바이저 기술개발 및 사업화를 추진 중이다. 또한 애플 아이폰·TV, 구글 안드로이드폰·TV 등 시장을 선도하는 제품들이 출시되어 클라우드 확산에 기여하고 있다. 최근 중국의 샤오미, 화웨이 등도 비약적으로 성장하고 있다. 국내는 삼성, LG 등이 스마트폰의 성공에 힘입어 스마트TV, 태블릿PC 등을 출시하고 있다. 또한 삼성은 UPOE(Universal Power Over Ethernet) 기술을 활용한 제로 클라이언트 형태의 네트워크 모니터 제품을 출시했고, LG전자도 유사한 네트워크 모니터 제품을 출시했다. 나노 레볼루션, 엔텍, 노보원 등 가상화 솔루션 업체를 중심으로 씬 클라이언트 형태의 제품이 출시되고 있다.

클라우드 보안(CS)은 이용자 측면의 클라우드 단말 보안과 제공자 측면의 서비스 보안 기술로 구성된다. 이용자 측면의 클라우드 단말 보안은 클라우드 서비스에 접속하는 모든 이용자 단말에 대한 보안으로 클라우드 서비스 이용에 특화된 웹 OS가 등장하면서 클라우드 웹 OS 단말에 대한 보안기술이 요구되고 있다. 서비스 보안기술은 이용자 데이터 보호에서 구글이

2013년부터 퍼블릭 클라우드 서비스 스토리지에 저장되는 모든 데이터를 자동 암호화하기로 결정했으며, 클라우드 기업별로 이용자 데이터 암호화를 기본, 또는 선택사항으로 제공하기 시작했다. 국내는 파수닷컴이 폴더 크립토(Folder Cryptor)라는 제품을 통해 퍼블릭 클라우드 스토리지 서비스에 업로드된 파일을 자동으로 암호화해서 저장할 수 있는 기능을 제공하고 있다.

사물인터넷 환경에서는 모든 디바이스들이 데이터를 수집과 소비를 동시에 한다. 즉, 데데이터를 실시간으로 수집, 저장, 처리하여 다른 디바이스에게 전송한다. 이렇게 사물인터넷 환경에서 데이터는 단순히 디바이스 수에 비례하지 않는다. 사물인터넷에 연결되는 디바이스 수가 증가하는 폭보다 데이터가 증가하는 폭이 더 크다. 서버·클라이언트 시스템으로는 이러한 환경을 감당할 수 없다.

데이터가 급격하게 증가하는 사물인터넷 환경에서 비즈니스를 하기 위해서는 현재의 인프라를 사용하기에는 부적당하다. 이러한 한계를 극복하기 위한 요소로 클라우드 컴퓨팅, 가상화, 효율적인 스토리지, 빅데이터 분석 등이 제시되고 있다. 특히 클라우드 컴퓨팅Cloud Computing은 사물인터넷 환경에서 생성되는 모든 데이터를 클라우드 데이터 센터에 원격으로 전송하여 저장 및 고속 처리한다.

② 포그 컴퓨팅

클라우드 컴퓨팅 개념과 대조적인 예도 있다. 시스코는 포그 컴퓨팅(Fog Computing)을 구축하여 데이터를 데이터 센터에 집중하지 않고 분산된 위치에 저장하여 처리한다. 포그 컴퓨팅은 데이터를 생산하는 디바이스 근처에 분산된 라우터를 통해 데이터를 처리한다.

사물인터넷은 다양한 디바이스들을 인터넷에 연결하여 수많은 데이터를 수집, 저장, 처리된다. 이를 위해서는 엄청난 컴퓨팅과 스토리지 자원이 필요하다. 때문에 클라우드 컴퓨팅에 대한 수요는 지속적으로 증가할 것이다. 즉, 데이터를 집중화하여 저장하고 처리하게 되면 자원에 부하가 많이 걸린다. 이러한 부분을 분산하여 처리하게 되면 부하가 줄어들어 빠르게 처리될 수 있다. 이러한 배경에서 포그 컴퓨팅이 사물인터넷에서 부각되고 있다.

IoT 디바이스는 클라우드에서 주를 이루는 Server와 Client 간의 서비스 방식과는 다른 패턴의 서비스 방식을 요구한다. IoT 디바이스를 지원하는 환경에서는 지역적인 데이터 및 서비스를 요청하는 경우가 많기 때문이다. 이러한 요구사항을 만족시키기 위해 CISCO에서 처음으로 포그 컴퓨팅이라는 개념이 등장하였다.

IoT 서비스가 클라우드 컴퓨팅 환경에서 동작할 때 발생할 수 있는 다양한 문제를 해결하고자 제시된 새로운 컴퓨팅 모델로, 클라우드가 제공하던 컴퓨팅, 스토리지, 네트워크와 같은 기존 서비스들을 그림 3-53과 같이 사용자 또는 사물에 가까운 네트워크 엣지로 확장하는 개념이다.

게이트웨이(Gateway, GW), 이동 통신 기지국 등 지리적으로 분산된 수많은 물리적 네트워크 장비에서 수행하는 것이다. 따라서 포그 컴퓨팅을 적용할 시 클라우드 기반의 모든 장점을 취하면서도 자연스럽게 네트워크 서비스의 응답시간을 감소시키고 실시간 서비스 지원이 가능해지며 지리적 특성을 반영한 서비스 제공이 가능해진다.

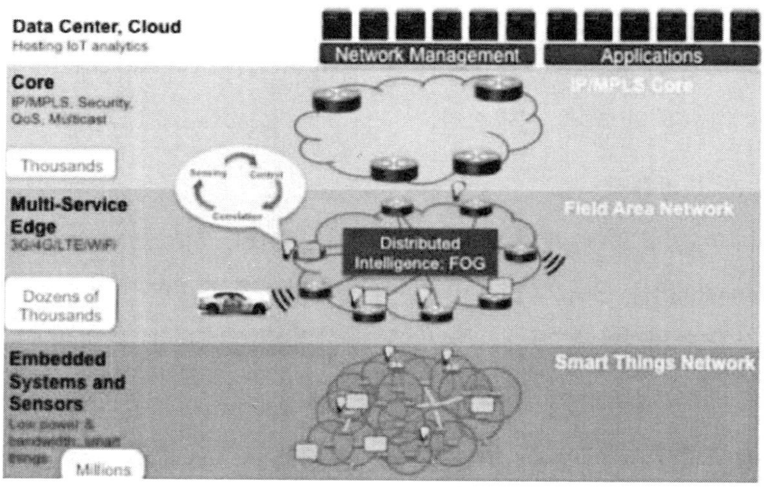

그림 3-53 포그 컴퓨팅 계층적 구조도와 각 계층의 특징

클라우드 데이터센터가 담당하던 역할 중 일부를 스위치, Wi-Fi AP(Access Point), IoT 포그 컴퓨팅의 대표적인 장점은 저 지연, 위치 정보 중시(Location Awareness), 이동성 지원(Mobility Support), 장비 이기종성(Device

Heterogeneity) 등이 있다. 예를 들어, 포그 컴퓨팅 기반 스마트시티 서비스의 트래픽 시스템의 경우, Wi-Fi AP, IoT GW, 이동 통신 기지국, RSU(Road Side Unit) 등을 포그 디바이스(포그 서버 인스턴스를 동작시키는 장비)로 하여 네트워크 서비스를 제공함과 동시에 스마트 트래픽 시스템을 제공할 수 있다. 자율 주행 차량은 지역 중시 특성을 상당히 활용할 수 있는데, 이는 인근의 트래픽 정보 또는 지역 특징 정보를 제공할 수 있고 공사나 사고와 같은 도로 위의 이벤트를 알려준다. 차량 유리창의 HUD(Head-Up Display)를 통해 증강현실 정보를 알려줄 때도, 승객 시선 추적과 증강현실 출력 데이터 분석 및 영상 처리 등은 차량 내부에서 수행될 수도 인접한 포그 디바이스의 컴퓨팅 리소스를 사용하여 처리될 수도 있다. 이는 클라우드에 비해 상당히 낮은 지연시간을 보유하고 있으므로 가능한 부분이다. 스마트시티 서비스의 재난 감시용 빅 데이터 처리에서도, 특정 패턴의 발견은 클라우드 데이터 센터에서 지리적으로 광범위한 센서로부터의 데이터 수집을 통해 장기간에 걸쳐 수행될 수 있고, 패턴 매칭에 따른 액추에이터 동작과 같이 신속함이 요구되는 기능은 포그 디바이스에서 빠르게 수행되도록 구성될 수 있다.

3) IoT 공통 플랫폼 구축 및 활용 전략

사물과 네트워크는 IoT 공통플랫폼의 기반인프라로 우선적으로 구축할 필요가 있다.

사물은 분류기준에 따라 다양하게 구분할 수 있지만 역할에 따라서 수동형, 능동형, 인지형, 자율형으로 분류할 수 있다.

- 수동형(Passive) 사물은 RFID가 부착된 도서·DVD처럼 외부의 정보 요청(결제, 출고, 입고 등)이 있는 경우에만 자기 정보를 송출하는 사물을 말하며, 가장 단순한 구조를 갖고 있어 비용, 전력소모, 수명 등의 측면에서 비교우위를 가진다.
- 능동형(Active) 사물은 온도, 습도, 진동, 위치, 소음 등 주변 상황 및 환경을 감지하는 센서를 통해 데이터를 자동으로 수집, 저장, 송출하는 사물을 말하며, 도로, 빌딩, 산림, 가축 등 다양하게 적용 가능하다.
- 인지형(Aware) 사물은 센서를 통해 데이터를 수집하고 분석한 뒤 특정 이벤트에 대해서는 스스로 대응할 수 있는 사물을 말하며, 도어락, 조

명, 가전제품 등에 가장 폭넓게 적용 및 활용할 수 있다.

- 자율형(Autonomous) 사물은 상황이나 환경을 판단하여 미리 정의된 규칙에 따라 의사결정이 가능한 사물을 말하며, 고기능성에 고비용 구조를 가져 무인차량, 스마트그리드 등에 제한적으로 활용할 수 있다.

현재 IoT의 보급·활용은 수동형 사물과 능동형 사물 중심이지만, IoT의 기술 고도화 및 보급 활성화에 따라 자율형 사물과 인지형 사물의 비중이 확대되어 네 유형이 비슷한 비율로 분포될 것이다.

네트워크는 IoT 서비스의 활성화를 위해 IoT 데이터 트래픽을 안정적으로 수용·제어·분산할 수 있는 네트워크 인프라 구축이 필요하다.

IoT 네트워크는 구성방식 및 용도에 따라 유선/무선, 상용/전용을 기준으로 유선상용망, 무선상용망, 유선전용망, 무선전용망으로 나눌 수 있으며 구축하려는 IoT 플랫폼과 서비스에 맞춰 선택·적용되어야 한다.

가. IoT 공통 플랫폼 구축

IoT 공통 플랫폼은 IoT 플랫폼에서 민간·공공 서비스 분야의 구분 없이 공통으로 활용이 가능한 영역을 의미한다. IoT 공통 플랫폼은 '사물·데이터 관리', '데이터 분석', '애플리케이션·서비스 개발', '보안 및 개인정보보호'의 4개 서브플랫폼으로 구성된다.

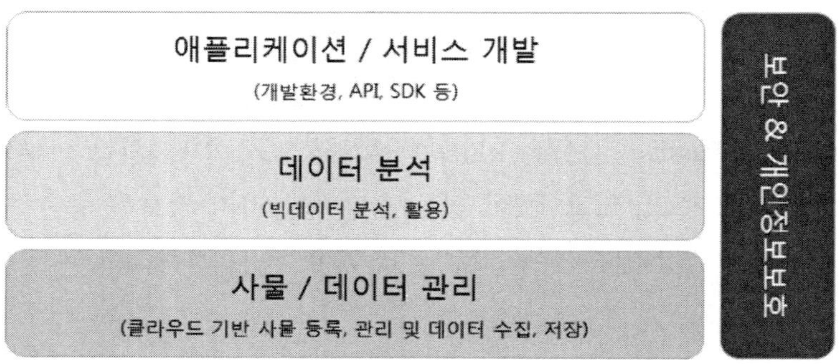

그림 3-54 IoT 공통 플랫폼의 4대 서브 플랫폼

① 클라우드 기반 사물 및 데이터 관리 플랫폼

IoT의 확산에 따라 데이터는 더욱 많이(Volume), 더욱 빠르게(Velocity), 더욱 다양하게(Variety) 생성되고 있다. 이는 빅데이터의 3요소이기도 하다. 또한 인터넷이 연결된 사물의 수가 증가하고 네트워크 비용이 하락함에 따라, 사물로부터 산출·수집·저장·관리되어야 하는 데이터의 양은 급증하고 있다. 필요에 따라 실시간, 스트림, 배치(batch) 등으로 데이터를 수집·저장하는 속도를 달리함으로써 데이터 관리의 효율성 제고가 필요하다. 또한 정보소비 행태의 변화에 따라 정형(structured) 데이터보다 비정형(unstructured) 데이터의 비중과 중요성이 증대되고 있다.

'사물 및 데이터 관리 플랫폼'은 사물에 대한 데이터(data of things)와 사물이 산출하는 데이터(data from things)를 수집·저장·관리하는 플랫폼으로, 데이터관리 환경이 급변하고 있으나 DB·데이터스토리지 기술 및 클라우드 컴퓨팅의 발달, 오픈소스 S/W(Hadoop 등)의 진화, 저장 장치 및 센서 가격의 하락 등에 따라 그 역할과 범위가 확장되고 있다.

'사물 및 데이터 관리 플랫폼'에 수집·저장되는 공공 IoT 데이터는 공공의 자금을 투입하여 구축한 공공재이므로 누구나 사용할 수 있도록 개방하는 것을 우선으로 하는 데이터 관리 전략의 수립이 필요하다. 데이터 개방의 범위, 방식 등은 최소 규제의 원칙 아래 네거티브 방식으로 정의함으로써 데이터 활용의 자율성과 자유를 최대한 보장하는 것이 IoT 서비스의 활성화를 이끄는 원동력으로 작용된다. 또한 데이터 개방의 이슈를 사전 점검·검증하고 최적의 네거티브 규제 방안과 개방 가이드라인 등을 마련하기 위한 시범사업의 추진이 필요하다. 공공과 민간이 구축한 사물(센서, 게이트웨이 등)의 지리적 위치나 상세 정보(산출 데이터의 종류, 사물의 기능·역할 등) 등을 검색·활용할 수 있도록 통합 DB를 구축하고 API를 공개하여 다양한 활용 기회를 제공하는 것도 개방 중심 데이터 관리 전략의 하나로 검토되어야 한다.

사물에서 수집·저장되는 IoT 데이터의 형식 및 구조를 표준화하여 사물 데이터의 상호운용성 확보 및 공공과 민간의 IoT 서비스 개발·확산을 활성화되어야 한다.

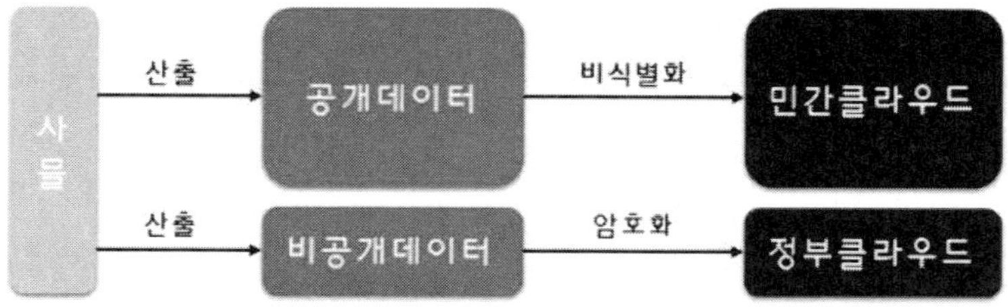

그림 3-55 사물 데이터 수집과 저장의 2원화

② 지능형 데이터 분석 플랫폼

사물이 산출하는 데이터는 수집과 저장만으로는 가치를 거의 창출할 수 없으며, '데이터'를 '정보'(intelligence)로 분석·가공하여야만 가치 창출에 활용 가능한데, 이것이 데이터 분석 플랫폼의 역할이다.

머신러닝 같은 신기술의 등장, 알고리즘의 고도화, 분석도구의 진화 등은 데이터의 실시간 분석 및 정보의 추출을 가능케 함으로써 데이터 기반의 신속한 의사결정 및 선제적 대응을 실현시켜주고 있다. 데이터를 통해 현황 파악 및 원인 분석을 하고, 실시간 모니터링하는 단계를 거쳐 추론 및 예측까지 가능해질수록 데이터분석 플랫폼을 통해 창출할 수 있는 가치는 더욱 증가하고 있다.

데이터 분석 플랫폼은 대량의 IoT 데이터를 분산 처리하고, 분석(시계열 예측분석, 텍스트분석 등)한 뒤 다양한 시각화를 통해 분석 결과를 이해하기 쉽도록 가공하는 기능들로 구성한다.

데이터 분석 플랫폼은 소규모 IoT 플랫폼에선 데이터 관리 플랫폼이나 애플리케이션 개발 플랫폼의 하위 기능으로 구현될 수 있지만, IoT 공통플랫폼처럼 대규모일 경우에는 별도의 독립된 플랫폼으로 구성된다.

독특한 특성을 지닌 다양한 IoT 서비스들의 구현과 효율적 활용을 지원하기 위해 서비스 분야별 알고리즘의 개발·제공할 필요가 있다.

궁극적으로는 IoT 데이터 분석 결과를 바탕으로 자동화된 실시간 의사결정과 예측기반의 선제적 대응을 가능하게 함으로써 고품질 IoT 서비스 제공의 기반을 마련하는 것이 데이터분석 플랫폼의 목표이다.

그림 3-56 데이터 분석 플랫폼 구성도(예시)
*출처: 한국정보화진흥원

③ 표준 기반 애플리케이션·서비스 개발 플랫폼

데이터 분석 플랫폼에서 분석 결과가 제공되면, 사전에 정의된 워크 플로우에 따라 리거시 시스템과 연동하여 자동 대응이나 의사결정 지원 등의 기능을 수행하는 애플리케이션이나 각종 서비스 구현이 필요하다.

이러한 애플리케이션·서비스의 개발을 위해 필요한 각종 기능과 아키텍처 등을 미리 정의하여 제공함으로써 개발의 효율성을 제고하는 것이 애플리케이션·서비스 개발 플랫폼의 역할이다. 애플리케이션·서비스 개발 플랫폼에서 표준 아키텍처·프레임워크, 개발도구, API 등을 제공함으로써 손쉽고 빠른 애플리케이션·서비스의 개발은 물론 표준화 및 상호호환성 제고도 가능하다. 또한 개발도구 등은 오픈소스로 제공함으로써 서비스분야별 특성에 맞춰 필요에 따라 개조하여 사용할 수 있도록 지원한다.

IoT 애플리케이션·서비스 개발 플랫폼은 전자정부 표준 프레임워크를 모델로 구축 추진된다. 전자정부 표준 프레임워크의 아키텍처를 참고하되 인프라(N/W, 사물), 데이터, 서비스(프로세스) 중심으로 설계 및 개발 추진된다. 또한, 개인정보보호 및 보안에 대한 고려를 플랫폼 설계 시 적용하여 개발자들이 개발단계에서부터 IoT 애플리케이션·서비스의 보안 능력을 제고할 수 있도록 지원한다. 표준기반의 개방형 구조로 플랫폼을 구축하여 민간과 공공부문에서 자유롭게 접근 및 활용할 수 있는 유연성이 실현된다.

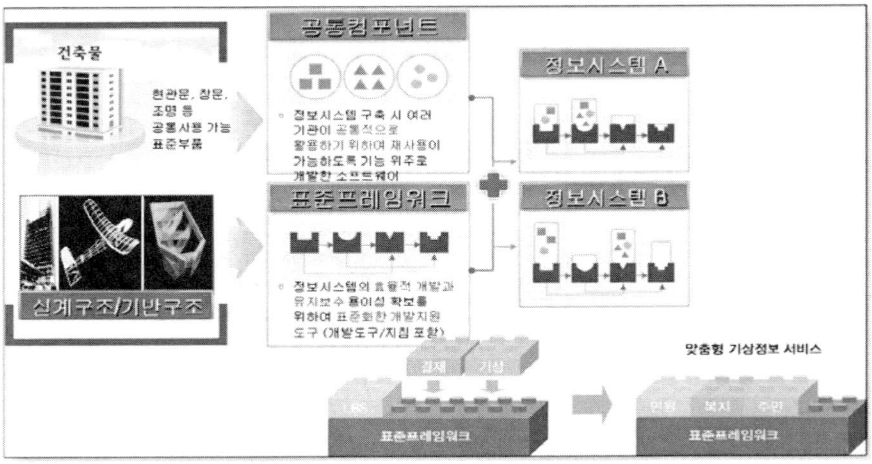

그림 3-57 전자정부 표준프레임워크 구성도
*출처: 한국정보화진흥원

개발 플랫폼을 통해 공공부문에서 구축한 애플리케이션·서비스들을 누구라도 쉽게 이용할 수 있도록 앱스토어나 마켓플레이스 형태의 애플리케이션·서비스 관리 체계를 구축할 수 있다. 애플리케이션·서비스는 오픈소스 형태로 제공하여 누구나 표준의 범위 내에서 자유롭게 수정·개작하고 그 결과물을 공개할 수 있으며, 저작자 혹은 기관은 애플리케이션·서비스의 업데이트를 제공한다. 애플리케이션·서비스 개발 플랫폼의 활용에 대한 기술 지원 및 정보 공유의 채널로도 활용이 가능하다.

④ 보안 및 개인정보보호

IoT는 기존의 어떤 IT시스템보다 단말(사물)의 수가 훨씬 많으며, 사물·네트워크·애플리케이션·모바일·클라우드 등이 밀접하게 연결되어 하나의 생태계를 형성했기 때문에 보안사고의 파급효과가 지대하다. 미국의 보안 서비스회사인 Proofpoint社의 조사에 따르면 스마트 가전기기와 같은 IoT 사물 대상의 보안 침해는 이미 존재하고 있으며, 관리대상인 사물의 숫자가 방대하여 1) 상대적으로 보안관리가 허술하고, 2) 보안침해의 예방 및 현황파악이 어려우며, 3) 제조사가 보안업데이트 제공에 소홀한 것이 사물의 보안상태를 더욱 악화시킨다.

영국 Ofcom이 조사한 IoT 활성화를 위한 중요이슈 중 '개인정보보호'와 '네트워크 보안'은 1, 2위를 차지할 만큼 시급한 이슈로 대두되고 있다.

HP는 1) 개인정보, 2) 인증 및 승인, 3) 암호화, 4) 웹 인터페이스, 5) 소프트웨어&펌웨어의 측면에서 10개 IoT 제품의 보안 점검을 실시하여 총 250개의 취약점을 발견하였다.

[표 3-12] **10개의 IoT 제품에서 발견된 주요 보안 취약점**

주요 취약점	주요내용
개인정보	80%의 제품에서 이름, 이메일 주소, 자택 주소 등 개인정보 유출 관련 취약점 발견
인증 및 승인	80%의 제품 및 관련 클라우드서비스·모바일앱에서 적정 수준의 복잡도와 길이를 갖춘 암호 설정에 실패하는 취약점 발견
네트워크 암호화	70%의 제품에서 인터넷을 통한 데이터 전송시 암호화가 안되는 취약점 발견
웹 인터페이스	60%의 제품 및 관련 클라우드서비스·모바일앱에서 세션관리, 크로스사이트 스크립팅 같은 인터페이스 관련 취약점 발견
소프트웨어·펌웨어	60%의 제품에서 업데이트 다운로드시 암호화하지 않거나 업데이트 파일 자체의 보호기능이 설정되지 않은 취약점 발견

*출처: HP

미국 FTC는 보안취약점 보완을 위해 IoT의 설계단계에서부터 보안을 고려하고 1) 보안 및 개인정보보호 수준평가 실시, 2) 수집·저장되는 데이터 최소화, 3) 서비스 개방전 보안테스트 실시할 것을 권고하고 있다. 또한, 데이터 수집 시 제공자에게 사전공지와 함께 다양한 선택지를 제공함으로써 개인정보보호에 선제적으로 대응할 것도 권고하고 있다.

개인정보보호는 향후 IoT 활성화의 최대 걸림돌이 될 가능성이 높으며, 서비스공급자에 대한 개인들의 신뢰 결여가 개인정보의 제공·활용을 막는 가장 중요한 원인 중 하나이다. 개인정보의 수집·저장·활용을 위한 공통 프레임워크와 인프라를 구축·적용하는 등 공공부문에서부터 서비스공급자인 정부가 개인정보보호를 엄격히 수행하여 개인의 신뢰 회복을 위한 노력을 보여줘야 한다.

IoT서비스의 확산과 활성화를 위해서는 개인과 사회의 신뢰 회복이 필수적이므로 신뢰 상실에 대한 반성에서 비롯되는 정책적 대전환이 필요하다. 보안 및 개인정보보호에 대한 일차적 책임소재를 서비스이용자에서 서비스공급자로 전환(개인의 공인인증서·보안카드 중심에서 서비스업체의 FDS 중심으로 전환)하는 것과 같은 전향적 정책의 모색 및 확산이 필요하다.

나. IoT 공통 플랫폼의 활용

IoT는 효율성 제고, 신규 비즈니스 모델 개발 등을 통해 향후 10년간 약 $8조의 부가가치(민간부문 $6.4조, 공공부문 $1.6조)를 창출할 것으로 Cisco는 전망하고 있다. 공공과 민간부문에서 공통으로 활용 가능한 기반인프라(사물네트워크, IoT 플랫폼 등)를 효과적으로 구축하여 제공하는 기술 및 정책 능력과 더불어, 이들 인프라를 활용하여 보건·의료, 교통, 에너지 등 분야별로 차별화된 서비스와 가치를 창출·제공할 수 있는 능력이 IoT 경쟁력을 좌우하는 핵심요소로 작용된다.

IDC는 전 세계 스마트시티 프로젝트 예산의 70%가 에너지, 교통, 재난·안전 분야에 집중될 것으로 전망하고 있다. 또한 가트너 그룹은 스마트시티의 에너지, 교통, 행정서비스, 의료 분야가 가장 많은 사물을 구축·활용하게 될 것으로 전망하고 있다. 이를 바탕으로 에너지, 교통, 의료 및 재난·안전 분야를 IoT 공통 플랫폼 활용 및 서비스 구축·제공 중점분야로 선정될 수 있다.

① IoT기반 에너지 서비스

IoT 공통플랫폼과 연동된 스마트그리드와 스마트미터 인프라를 구축하여 에너지 생산, 저장, 유통, 소비의 효율성을 제고한다. 스마트미터기를 통해 수집된 에너지 소비데이터를 분석하여 수요를 파악 및 예측하고, 이에 맞춰 다양한 에너지원으로부터 에너지를 효율적으로 공급하는 체계를 구축한다. 또한 그리드를 통한 에너지의 효율적 전송뿐 아니라 에너지가격과 연동한 생산, 저장, 소비의 조절 등을 통해 에너지 생산·저장·유통·소비의 전 영역에서 각각의 니즈에 맞춘 최적화를 도모한다.

IoT 공통플랫폼을 기반으로 교통, 스마트홈, 기상, 환경 등 IoT 서비스와 데이터·정보를 공유함으로써 에너지서비스 품질이 제고된다. 확장성 및 호환성이 확보된 서비스·애플리케이션의 구축과 정밀한 에너지 소비데이터의 산출이 가능한 표준기반 미터기 제작·보급이 필요하다. 영국정부는 2020년까지 ￡109억을 투자하여 5,300만개의 스마트미터기 보급을 추진하고 있다. 공유데이터의 비식별화 처리 등 개인정보보호, 이질적 시스템간 보안 이슈를 처리할 수 있는 유연한 보안 기능 등의 확보가 필요하다.

에너지 소비 절감, 에너지 수급의 효율적 조절, 스마트미터 및 ESCO (Energy Service Company) 등 신규 시장·사업모델 창출이 기대된다.

② IoT기반 교통 서비스

IoT기반 지능형 교통시스템을 차량과 도로를 중심으로 구축·확산되어야 하다. 차량의 경우, 차량 내 센서를 통한 데이터 수집, 실시간 통신(차량↔차량(V2V), 차량↔인프라(V2I))을 통한 데이터 교환, 이를 활용한 자율주행 등이 해당된다. 도로의 경우, 도로상 및 도로변 센서·게이트웨이 인프라(H/W, S/W, N/W), V2I 통신망 구축, 데이터분석 기능16) 및 서비스·애플리케이션 구현 등이 해당된다.

국토부가 추진('14~)중인 IoT기반 차세대ITS(C-ITS)사업과 연계하여 IoT 공통플랫폼 연동을 통한 교통서비스 고도화 등이 추진되고 있다.

교통사고 및 체증 감소로 인한 사회적 비용 절감, 배기가스 감소에 따른 환경개선, 관련 산업의 경쟁력 강화 및 활성화 등이 기대된다. 교통사고 76% 예방, 혼잡상황 30~60% 감소, 교통혼잡비용 연간 8,000억 절감, 사고비용 3.6조원 절감이 가능할 것으로 예상된다.

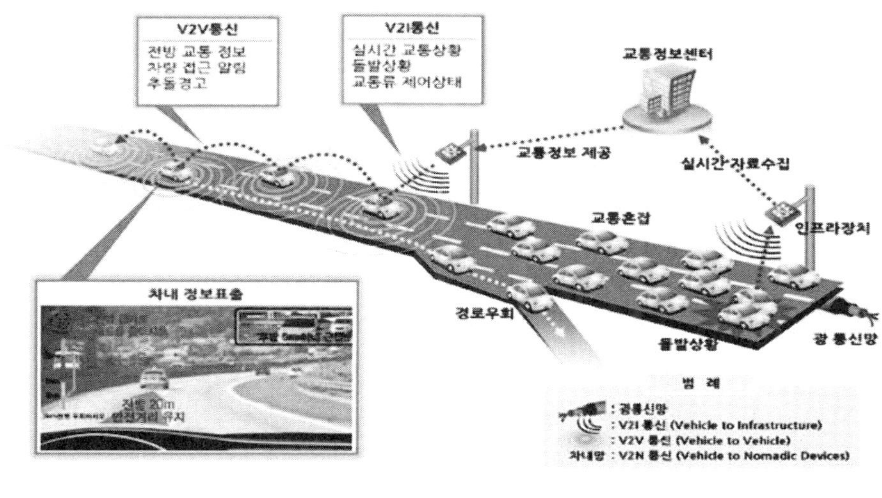

그림 3-58 국토부 C-ITS 개념도
*출처: 한국도로공사

③ IoT기반 보건·의료 서비스

IoT 보건·의료 플랫폼 및 서비스 구축·활용을 통해 질병의 예방 및 조기 검진에서부터 만성질환의 관리에 이르는 全주기 서비스를 제공한다. 재가 만성질환자 및 입원환자의 웨어러블 센서에서 생체신호 등의 의료데이터를 지속적으로 수집·분석하여 맞춤형 의료서비스 제공에 활용하고 응급상황에 선제적으로 대응한다. 또한 일반인이 착용한 웨어러블기기에서 각종 데이터를 수집·분석하여 의료진의 조언 및 진단을 바탕으로 질병의 예방 및 조기검진 가능하다.

의료기기 및 단말간 상호호환성 확보를 위한 표준화, 개인의료정보의 보호와 의료기기의 보안이 의료서비스 확산의 가장 큰 장애요소가 된다.

삶의 질 향상, 의료비용의 절감, 보건·의료 ICT산업의 활성화가 기대된다.

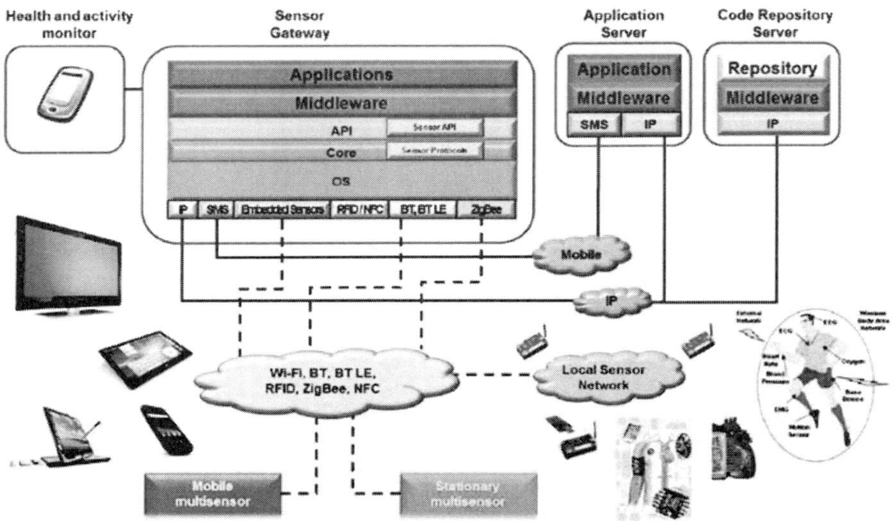

그림 3-59 IoT 보건/의료 플랫폼 구성도
*출처: IERC

④ IoT기반 재난·안전 서비스

재난·안전사고 상황인지 및 대응, 예측 등을 위한 재난·안전 IoT 플랫폼 구축 및 애플리케이션·서비스를 개발한다. IoT 사물을 통해 재난·재해 관련 데이터를 수집·분석하고 실시간 자동 대응체계를 구축하여 재난·재해의 사전 예방 및 피해를 최소화한다. 산림, 해상, 하천, 도로 등 다양한 재난·안전분야의 공공·민간 시스템과 연동 및 협업이 가능하도록 플랫폼간 연동기술 개발·적용한다. 또한 지능형 CCTV를 기반으로 이상징후 및 범죄패턴을 인식하고 범죄를 예측·통보하는'범죄 실시간분석 및 사전예방'서비스 개발·시범 적용한다.

국민 체감안전도 제고, 재난 피해 최소화, 신시장 창출 등이 기대된다.

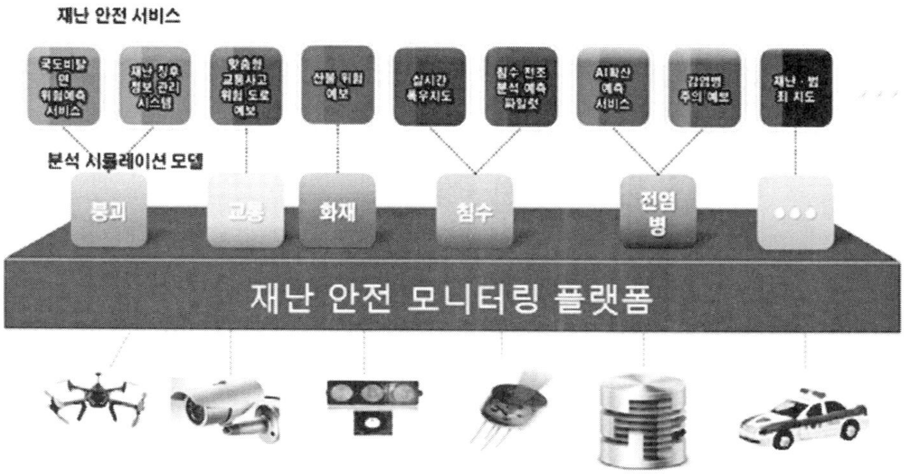

그림 3-60 IoT 재난안전 플랫폼 구성도(예시)
*출처: 한국정보화진흥원

4) 사물인터넷, 소통을 통한 새로운 가치 창출

최근 관심이 높아지고 있는 사물인터넷 기술은 스마트폰 시대를 넘어 새로운 IT 혁명을 가져올 기술로 주목을 받고 있다. 사물들이 사람과 직접 소통하거나 서로간의 정보 전달을 통해 우리 생활에 편리함을 제공하는 다양한 서비스들이 등장하고 있으며, 앞으로 이러한 연결된 사물들은 우리 삶에 새로운 가치를 가져다 줄 것으로 기대하고 있다.

사물인터넷을 위한 기본적인 기술 요소는 사물과 외부 환경을 인지하기 위한 센서 기술, 센서 디바이스와의 연결 및 인터넷 연결을 지원하는 네트워크 기술, 사물과 인간, 그리고 서비스 연결을 위한 다양한 인터페이스와 응용 서비스를 제공하는 플랫폼 기술로 요약할 수 있다. 앞으로 클라우드 기반의 사물인터넷 플랫폼을 기반으로 빠르고 안정적인 서비스 개발이 가능할 것으로 예상되며, 앱스토어라는 스마트폰 에코시스템과 유사한 형태의 개발자들이 주도적으로 참여가 가능한 사물인터넷 에코시스템을 구축함으로써 비즈니스 활성화에 가속도가 붙을 것으로 기대된다.

사물인터넷 기술은 사람과 사물간의 소통, 사물과 사물간의 소통, 사람과 사람간의 소통을 통해 기존 사물이 제공하던 본연의 역할을 뛰어넘어 더욱 진화된 기능을 제공함으로써 궁극적으로는 우리 삶의 가치를 높이는 역할을 담당하게 될 것이다. 사물인터넷 기술의 발전으로 인해 사물이 주체적으로 행동함으로써 자신의 활동 범위를 점차 확대하고, 다양한 정보 분석을 통해 새로운 효용 가치를 제공함으로써 인간의 삶을 더욱 풍요롭게 만들어 갈 것이다.

가. 사물을 통한 서로간의 감성 공유

멀리 떨어져있는 가족이나 연인간의 상태를 공유함으로써 서로간의 공감을 자극하는 감성적인 IoT 서비스들도 등장하고 있다. Good Night Lamp 서비스는 램프라는 매개체를 통해서 가족이나 연인이 함께 있는 것처럼 느끼게 해 주는 감성 서비스로서, 인터넷으로 연결된 램프의 상태를 상대방의 작은 램프를 통해 실시간으로 공유함으로써 마치 함께 생활하고 있다는 감정을 느낄 수 있다. 유사한 서비스로는 베개를 매개체로 연인간의 심장소리를 전달함으로써 감성을 자극하는 Pillow Talk 서비스가 있다.

그림 3-61 Good Night Lamp 디바이스

또한, Lively 서비스는 혼자 사는 노인들의 일상 생활의 움직임을 분석하여 멀리 떨어져 있는 가족들이나 지인들에게 공유함으로써 함께 생활하고 있다는 느낌을 제공하는 감성 서비스이다. 침실, 주방, 화장실 등의 일상 공간에 움직임 센서를 부착하여 노인들의 일상 행동에 이상이 없는지를 분석한다. 또한, 부가 서비스인 LivelyGram을 통해 가족들이 공유한 사진들을 소책자로 만들어서 인터넷이나 스마트폰에 익숙하지 않은 노인들에게 제공함으로써 또 다른 감성을 느낄 수 있도록 제공하고 있다.

그림 3-62 Lively 디바이스

나. 사물을 통한 애완 동식물 관리

사람들이 키우는 애완 동물이나 식물과의 소통을 위한 다양한 IoT 서비스들도 등장하고 있다. FitBark는 애완 동물에게 움직임 센서를 부착하여 스마트폰을 통해 애완 동물의 활동량을 실시간으로 체크하는 서비스이며, SNS를 통해 자신의 애완 동물의 상태를 공유하는 기능도 함께 제공하고 있다.

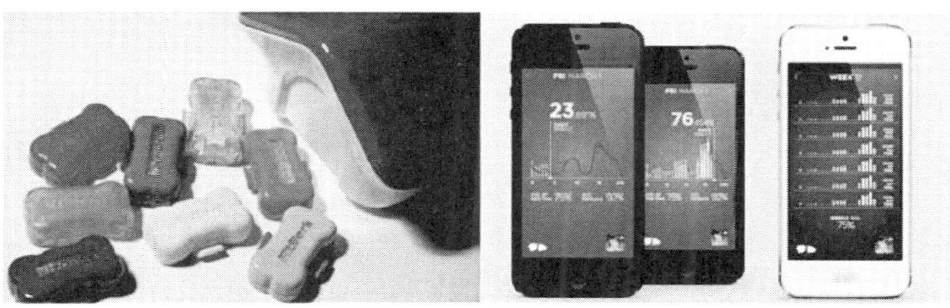

그림 3-63 FitBark 디바이스 및 서비스

다. 소통의 매개체로서의 IoT 서비스

최근 IoT 서비스들의 기술 및 비즈니스 특징들을 정리하면 다음과 같다. 첫째, 모든 IoT 서비스들은 센서 디바이스를 통해 상황인지 기능을 제공하고 있으며, 스마트폰이라는 매개체를 통해 인간과 사물을 연결함으로써 새로운 소통의 가치를 만들어내고 있다는 점이다. 다시 말해, 스마트폰의 활성화가 IoT 서비스 성장의 원동력이라는 사실을 알 수 있다. 둘째, 서비스 개발에 있어 초기에는 오픈 하드웨어를 기반으로 프로토 타입을 개발하고, 클라우드 펀딩을 통한 자금으로 상용 서비스로 진화 발전시켜나가는 것이 점차적으로 일반화되고 있다는 점이다. 셋째, IoT 센서 디바이스 연결을 위해 블루투스 4.0 기반의 무선 센서 네트워크 기술을 주로 사용하고 있다는 것도 주목할 만한 부분이며, IoT 서비스 제공을 위한 자신들의 독립적인 인프라 구축보다는 개방형 IoT 클라우드 플랫폼 활용이 점차적으로 확산되고 있다는 것도 큰 기술적인 특징으로 볼 수 있다.

앞서 살펴본 서비스들은 사람과 사물간의 소통, 사물과 사물간의 소통, 사람과 사람간의 소통을 통해 기존 사물이 제공하던 본연의 역할을 뛰어넘어 진화된 기능을 제공함으로써 궁극적으로는 우리 삶의 가치를 높이고자 한다. 예를 들면, 장식품으로서의 손목 밴드와 식사를 위한 도구로서의 포크가, IoT 기술 접목을 통해 사용자의 운동량과 식사 패턴을 분석하여 건강 증진에 도움을 제공함으로써, 우리의 삶에 새로운 가치를 부여하고 있다. 이렇듯 IoT 서비스 확산을 위해서는 사물이 주체적으로 행동함으로써 자신의 활동 범위를 점차 확대하고, 다양한 정보 분석을 통해 우리의 삶에 새로운 효용 가치를 제공해야 할 것이다.

3장. 요약

1. 사물인터넷의 기술은 센싱기술, 유무선 통신 및 네트워크 인프라 기술, 서비스 인터페이스 기술, 보안 기술로 나뉜다.
   - 센싱 기술: 각종 사물들에서 수집하는 정보와 주변 환경 정보를 수집하는 기술이다.
   - 유무선 통신 및 네트워크 인프라: 사물들이 서로 연결되도록 도와주는 기술이다.
   - 서비스 인터페이스 기술: 인간에게 제공하기 위한 서비스에 맞도록 정보를 가공하고 처리하는 기술이다.
   - 보안 기술: 수집된 데이터나 제공되는 서비스에 대해서 정보의 유출이나 공격을 방지하는 기술이다.

2. 센서 퓨전은 상황(context) 인식을 지원하며, 이는 IoT에서 막대한 가능성을 가지고 있다.

3. 상황인식 애플리케이션은 누가, 어디서, 언제, 무엇을 하는지 조사하며, 소프트웨어 설계자는 이러한 배경 정보를 사용하여 어떠한 상황이 왜 일어나는지 판단하고 애플리케이션에 일종의 조치를 인코딩한다.

4. 상황인식 조치는 다음 4가지 범주의 정보로 구성된다.
   - 신원–감지되는 대상체를 구분
   - 위치–감지되는 대상체의 위치 현황
   - 시간–대상체의 감지 시간
   - 활동–감지되는 대상체의 활동내용

5. 최근 인터넷 기술은 인터넷 기술을 기본으로 다양한 유무선 통신 기술을 접목하는 형태로 발전하고 있다.

6. 대표적인 무선 네트워크 기술에는 이동통신 기술, 무선 LAN(WLAN, Wireless Local Area Network) 기술, 무선 PAN(WPAN, Wireless Personal Area Network) 기술 등이 있다.

7. 프로토콜은 기기간의 통신을 하기 위한 일단의 약속 또는 규범이다. 인터넷은 TCP/IP를 비롯해서 수많은 프로토콜을 사용하고 있다. 프로토콜에서는 통신메시지의 형태, 의미, 순서 등을 정의한다.

8. 빅데이터란 형식이 다양하고 빠른 생명주기를 가져 기존 기술로는 관리 및 분석이 어려운 초대용량 데이터를 빅데이터(Big Data)라고 말한다. 빅데이터의 주요 특징은 흔히 3V로 이야기 된다. 즉, 초대용량의 데이터의 크기(Volume), 새로운 데이터가 생성되는 속도(Velocity), 그리고 데이터 종류의 다양성(Variety)을 말한다.

9. 클라우드는 이용자가 정보통신 자원을 필요한 만큼 빌려서 이용하고, 실시간으로 자원의 확장이 가능하며, 이용한 만큼 비용을 지불하는 컴퓨팅을 말한다.

3장. 연습문제

1. 사물인터넷의 기술 4가지를 설명하시오.

2. '상황'이란 무엇인지 설명하시오.

3. 센서 퓨전과 상황인식을 정의하고, 관계를 설명하시오.

4. 무선 네트워크 기술들에는 무엇이 있는지 기술하시오.

5. 프로토콜의 필요성에 대해 설명하시오.

Part 02

사물인터넷 보안

기존의 인터넷 중심의 세상에서 사물인터넷으로 넘어오면서 완전히 새로운 보안 개념이 나타나지는 않는다. 기존에 사용되었던 공격기법이 사용되고, 이에 따라 기존에 사용되었던 보안기법이 응용될 수 있다. 때문에 우리는 일반적인 보안 개념과 서비스를 알아보고 각 서비스에 따른 보안 메커니즘이 어떤 것이 있는지 알아본다. 또한 보안관련 법 규정이 어떤지 알아본다.

기존의 인터넷 기술과 달리 사물인터넷은 모든 사물들이 직접 참여한다. 사물인터넷과 관련된 서비스는 이미 많은 발전이 되고 있다. 하지만, 이에 맞는 보안 과정이 거쳐지지 않고 있다. 전문가들 중 약 65%가 사물인터넷으로 인한 새로운 위협에 직면할 것이라고 경고하고 있다. IoT 시대를 맞이하면서 정보보호 패러다임이 변화해야 할 방향성을 모색하고, IoT 보안 위협의 위험성을 알아봄으로써 IoT 보안의 중요성을 강조하고자 한다. 다양한 기기에 IoT 센서가 부착되고, 인터넷, 무선, 이동통신 등 다양한 물리적 환경 및 네트워크 환경에 서 다양한 종류의 데이터를 수집하거나 센싱하기 때문에 보호해야 할 대상, 특성, 주체, 보호방법의 측면에서 현재의 사이버 보안시스템으로는 통제 및 보호가 불가능하다.

따라서 사물인터넷의 보안 기술은 유·무선 네트워크, 첨단 기기 및 센서, 사물-사람-장소에 관한 대량의 데이터 등 사물인터넷 구성요소에 대한 해킹 및 정보 유출을 방지하기 위한 기술이다. 사물인터넷은 적용 분야별로 기능-애플리케이션-인터페이스 등이 상이할 뿐만 아니라, 다양한 네트워크 환경을 기반으로 하므로 개별적으로 적합한 보안 기술이 적용되어야 한다.

IoT 환경에서의 보안을 위한 필요사항으로는 데이터 기밀성, 데이터 무결성, 디바이스 무결성, 시스템 가용성, 사물과 사물 간의 디바이스 인증 및 서버 인증, 접근제어 및 인가, 네트워크 오용 방지, 프라이버시 보호, 추적성 방지, 부인 방지 등이 있다.

정보 유출을 걱정하여 데이터를 암호화하고 나서 클라우드 서버에 저장한다. 혼자 데이터를 이용하고 있다면 좋지만, 여러 사람이 데이터를 교환하는 경우는 암호화에 사용 된 키를 별도로 공유해야합니다. 암호화 된 채로 검색, 공유를 위한 기술이 필요하며, 자원의 한계로 인해 경량의 암호 알고리즘 기술도 필요하다. 또한, 사물과 사물간의 디바이스 인증 및 서버 인증, 접근제어 및 인가, 부인 방지 등을 위해서는 반드시 인증 암호와 인증 프로토콜이 필요하므로, IoT에서 암호와 인증 프로토콜의 역할은 매우 중요하다.

Chapter 04
정보 보안의 개념

4.1. 정보 보안의 개념

NIST(National Institute of Standards and Technology)는 보안을 "정보 시스템 자원(하드웨어나 소프트웨어, 펌웨어, 정보/데이터, 통신)에 대한 무결성과 가용성, 기밀성 유지와 같은 목적 달성을 위해 자동화된 정보 시스템에 적용되는 보호"로 정의한다. 이 정의에서는 무결성, 가용성, 기밀성을 보안의 3요소로 꼽고 있다. 이러한 3가지 개념을 흔히 "CIA triad"라고 불린다. 이는 데이터와 정보, 컴퓨팅 서비스를 위한 원천적인 보안 목표를 구체화한다. 예를 들어, NIST 표준 FIPS 199(Standards for Security Categorization of Federal Information and Information Systems)에서는 3가지 요소를 정보와 정보 시스템을 위한 3가지 주요 보안 목표로 정하고 있다.

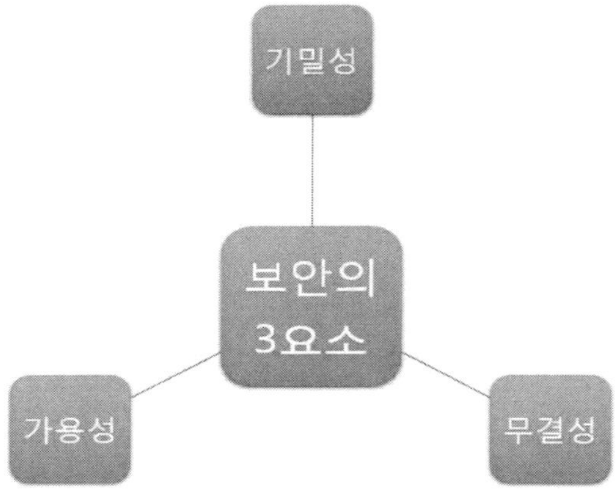

그림 4-1 보안의 3요소

1) 보안의 3요소

가. 무결성(Integrity)

무결성은 적절한 권한을 가진 사용자에 의해 인가된 방법으로만 정보를 변경할 수 있도록 하는 것이다. 즉, 정보에 대한 부인방지 뿐만 아니라, 부적절한 정보 수정 및 파괴를 방지하는 것을 의미한다. 무결성의 손실은 메시지에 대한 불법적 수정과 파괴를 의미한다.

그림 4-2 무결성의 예: 지폐의 위조여부 판단

의미가 어려울 수 있지만, 일상생활에서 지폐를 예로 볼 수 있다. 지폐는 정부(권한을 갖은 사용자)만이 한국은행을 통해(인가된 방법) 만들거나 바꿀 수 있고, 그렇지 않은 경우(무결성이 훼손될 경우)에는 위조지폐로 취급되어 법의 처벌을 받는다. 보통은 보안의 첫 번째 요소를 기밀성으로 보지만,

경우에 따라서는 무결성이 우선된다. 만약 메신저에 본인이 대화 명을 설정했는데 누군가 대화 명을 임의로 바꿔서 원하지 않는 대화 명으로 변경했다고 한다면, 대화명은 공개되는 정보이므로 기밀성은 영향을 받지 않지만, 무결성이 이상이 생긴다.

무결성은 크게 데이터 무결성과 시스템 무결성으로 나뉠 수 있다.

① 데이터 무결성

정보와 프로그램이 오직 특정 인가된 방법에 의해서만 변경될 수 있도록 보장한다.

② 시스템 무결성

시스템이 원하는 기능을 손상되지 않은 형태로 수행되거나 고의적 혹은 우연에 의해 시스템에 대한 비인가 조작 없이 원하는 기능을 수행할 수 있도록 보장한다.

나. 가용성(Availability)

가용성은 시스템이 적절한 시점에 동작할 수 있도록 한다. 그리고 인가된 사용자에게는 서비스가 잘 제공되도록 보장한다. 즉, 정보를 적시에 사용할 수 있고 안정된 접근 및 사용을 보장하는 것이다. 가용성 손실은 정보 혹은 정보 시스템에 대한 접근 실패 혹은 사용 실패를 의미한다.

그림 4-3 가용성의 상품화: 24시간 영업과 홈쇼핑

일상생활에서 가용성을 상품화하는 경우가 있는데, 그 대표적인 경우가 24시간 편의점이다. 24시간 편의점은 밤낮없이 필요하면 출입하여 상품을 구매할 수 있다. 즉, 언제나 '가용'하기 하다는 것이다. 다른 예로는 결재를 할 때 카드로 하고 싶은데, 카드결재기가 없다면 가용성을 만족하지 못한 것이다.

다. 기밀성(Confidentiality)

기밀성은 권한이 있는 경우에만 개인 프라이버시와 사설 정보보호를 포함하는 정보에 대한 접근과 노출을 허용한다. 기밀성 손실은 정보에 대한 불법적 노출을 의미한다. 일반적인 보안의 의미와 가장 가깝다.

그림 4-4 기밀성의 예: 자물쇠와 열쇠

대표적인 예는 '자물쇠'이다. 자물쇠는 허가되지 않는 사람만 접근을 허용하는 역할을 한다. 보안과 관련된 많은 시스템과 소프트웨어가 기밀성과 밀접한 관련이 있다. 방화벽이나 암호, 패스워드 같은 것들이 기밀성의 대표적인 예이다.

기밀성은 크게 데이터 기밀성과 프라이버시로 구분하여 정의할 수 있다.

① 데이터 기밀성

개인적이거나 비밀스러운 정보를 권한이 없는 자에게 노출되거나 소유할 수 없도록 한다.

② 프라이버시

개인과 관련된 어떤 정보가 수집 및 저장되는지와 누구에 의해 누구에게 해당 정보가 노출되는지를 통제하거나 영향력을 발휘할 수 있도록 한다.

2) 보안 요구사항의 사례

가. 기밀성 사례

기밀성의 사례로 학교에서 취급하는 학생 정보를 생각해보자. 가장 민감한 정보는 학생 성적이 될 수 있다. 학생 개인에게는 정말 중요한 항목이다. 때문에 기밀성이 제공되어야 할 자원이다. 미국에서는 이러한 정보의 제공이 가족교육권리 및 사생활보호법(FERPA: Family Educational Rights and Privacy Act)에 의해 보호된다. 성적 정보는 해당 학생과 그 학생의 부모, 그리고 학생이 직장을 구할 경우에 직장 관계자에게만 접근이 허용된다.

학생의 재적정보는 중간정도의 기밀성 등급을 가진다. FERPA법에서도 학생 재적정보를 다루고 있지만, 이 정보는 많은 사람들에 의해 거의 매일 노출되고 있다, 또한 누설되더라도 손실이 크지 않기 때문에 성적 정보만큼 중요하게 다루어지지 않고 있다.

학생이나 교수, 학과 목록과 같은 디렉터리 정보는 낮은 등급의 기밀성 정보에 해당하거나, 전혀 중요하지 않을 수도 있다. 이러한 정보는 학교 웹 사이트 등에 이미 공개되어져 있는 경우가 많다.

나. 무결성 사례

무결성의 사례는 가장 민감한 정도의 사례는 병원에서 취급하는 정보를 생각해 보자. 의사는 데이터베이스에 저장되어 있는 정보가 정확한 정보이며, 최신 정보라고 신뢰할 수 있어야 한다. 만약 간호사와 같이 해당 정보를 열람할 수 있고, 수정할 수 있는 병원 관계자가 고의적으로 해당 정보를 위조하여, 병원에 손실을 줄 수 있다. 이러한 경우 데이터베이스는 가급적 빠르게 신뢰할 수 있는 상태로 복구되어야 하며, 으류를 추적하여 누가 법인인지를 찾아낼 수 있어야 한다. 또한 DB에 저장된 환자 진료 정보가 무결성이 가장 높은 수준으로 제공되어야 한다. 부정확한 정보는 해를 입히거나 죽음을 이르게 할 수 있다.

중간 수준의 무결성의 사례로는 웹사이트에 등록된 사용자에게 토론 서비스를 제공하는 경우를 생각할 수 있다. 등록된 사용자나 해커, 모두 특정 토론 내용을 위조하거나, 웹 사이트를 손상시킬 수 있다. 만약 웹 사이트가 사용자들에게 단순한 오락 정도의 수준만 제공하고 광고 수익이 거의 없거나 리서치 등의 목적으로 해당 웹사이트를 중요하게 다루지 않는다면 잠정적 손실 피해는 그다지 크지 않을 것이다.

낮은 수준의 무결성의 사례로는 익명으로 행해지는 온라인 투표를 예로 들 수 있다. 뉴스 사이트 등에서 제공하는 온라인 투표는 사용자에게 매우 낮은 수준의 보안성을 제공한다. 또한 온라인 투표의 오류와 비과학성도 이미 알려진 사실이다.

다. 가용성 사례

구성요소나 서비스의 중요성이 높을수록 가용성도 높다. 매우 중요한 시스템이나 응용 서비스, 디바이스에 대한 인증 서비스를 제공하는 시스템을 생각해보자. 해당 시스템의 서비스 중단은 고객이 컴퓨팅 자원에 대한 접근을 할 수 없도록 하거나, 직원이 중요한 일을 할 수 없도록 한다. 서비스 손실은 바로 직원의 생산성 저하와 고객 손실과 같은 금전적인 손실과 직결된다.

중간 수준의 가용성에 대한 사례는 대학의 웹 사이트이다. 대학의 웹 사이트는 기존 재학생과 미래의 재학생, 그리고 기부자들에게 정보를 제공한다. 이 웹사이트는 대학 정보 시스템에서 매우 중요한 요소는 아니지만, 활용할 수 없게 된다면 다소 불편을 야기할 것이다.

낮은 수준의 가용성에 대한 사례는 온라인 전화번호부 서비스이다. 해당 서비스를 접근할 수 없는 상황에는 다소 불편하겠지만, 전화번호부 책이나 전화번호 안내원을 통해 해당 정보에 접근할 수 있다.

4.2. 정보 보안 서비스

ITU-T(국제 통신연합 통신 표준화 분과)에서는 권고안 X.800을 통해 통신 표준에서 보안을 위한 체계적인 접근 방법을 규정하고 있다. X.800은 개방형 통신시스템의 프로토콜 계층에서 제공되는 하나의 서비스로써 보안기능을 정의하고 있다. 또한 시스템 혹은 데이터 전송에 대한 적절한 보안성을 보장한다. 좀 더 명확한 정의는 RFC 2828에서 찾아볼 수 있다. 시스템에 의해 제공되는 처리 및 통신 서비스로서 시스템 자원에 대한 특정 종류의 보안을 제공해준다. 즉, 보안 서비스는 보안 정책을 구현하고 보안 기법에 의해 구현된다. X.800에서는 보안 서비스를 5개의 영역과 14개의 세부 서비스로 분류하고 각 영역에 대해 기술한다.

아래의 표는 각 영역을 보여주고 있다.

[표 4-1] **보안 서비스의 5개 영역**

영역	설명
인증	통신의 객체가 확실하다는 보증
접근 제어	자원에 대한 권한이 없는 사용을 방지
데이터의 기밀성	데이터의 권한이 없는 누출을 방지
데이터의 무결성	수신된 데이터가 정확히 권한이 있는 실체가 송신한 것임을 확신
부인방지	통신의 전부 또는 일부에 참여했던 통신의 한 주체에 의한 부인을 방지

1) 인증

인증 서비스는 통신에 대한 인증과 관계가 있다. 경고나 경보 신호와 같은 단일 메시지의 경우, 인증 서비스의 기능은 메시지가 해당 송신지로부터 전송되었음을 수신자에게 확신시키는 것이다. 터미널과 호스트 컴퓨터의 연결처럼 상호 교신이 진행되고 있는 경우, 두 가지 관점이 있다. 첫째, 인증 서비스는 연결이 개시될 때, 연결될 두 실체가 각각 믿을 수 있는 실체임을 확인한다. 둘째, 인증 서비스는 제 3자가 비인가 된 송수신의 목적을 위해 적법한 연결 당사자 중의 하나로 위장하는 방식으로 통신 연결이 방해받고 있지 않음을 확인해야 한다.

2) 접근제어

네트워크 보안에서 접근 제어란 통신 링크들을 통한 호스트 시스템과 응용의 접근을 제한하고 제어할 수 있음을 의미한다. 이와 같은 제어를 달성하기 위해서, 접근을 얻으려는 각 실체는 각각에 맞는 접근 권한이 주어지도록 우선 식별과 인증 과정을 거쳐야 한다.

3) 데이터 기밀성

기밀성은 전송 자료에 대한 소극적 공격으로부터의 보호를 의미한다. 데이터 전송 내용에 대해 여러 단계의 보호 수준이 있을 수 있다. 가장 광범위한 서비스는 일정 기간 동안, 두 사용자 사이의 모든 전송 자료를 보호하는 것이다. 예를 들어, 만약 2개의 시스템 사이에 TCP 연결이 설정되면, 이 광범위한 보호는 TCP 연결로 전송되는 모든 사용자 자료의 누출을 방어하는 것이다. 이러한 서비스는 단일 메시지나 메시지 내의 특정 필드에 대한 보호와 같은 협의의 보호 형태로도 정의될 수 있다. 후자는 전자에 비해 유용성이 떨어지며 구현이 더 복잡하고 비용 역시 많이 들게 된다.

기밀성의 또 다른 측면은 트래픽 흐름 분석에 대한 보호이다. 여기서의 요구 사항은 공격자가 출발지와 목적지, 트래픽 빈도, 길이, 통신 설비 상의 다른 특성들을 관찰할 수 없도록 한다.

4) 데이터 무결성

기밀성 서비스와 같이 무결성 서비스는 메시지 스트림, 단일 메시지, 또는 메시지의 특정 필드에 적용할 수 있다. 앞에서 언급한 바와 같이 가장 유용하고, 직접적인 접근방법은 메시지 스트림 전체를 보호하는 것이다.

무결성 서비스는 복구가 포함된 경우와 포함되는 않은 경우로 구분한다. 무결성 서비스는 적극적 공격과 연관되기 때문에 예방보다는 탐지에 더 관심을 둔다. 무결성 위반이 탐지되었을 경우, 서비스는 단지 해당 위반 사항을 보고하며, 위반 사항을 복구하기 위해 특정 소프트웨어나 사람의 개입을 필요로 한다. 대안으로서 자료의 무결성 상실을 복구할 수 있는 방법들이 있으며, 그와 같은 방법들은 다음에 살펴본다. 일반적으로 더 좋은 대안은 자동 복구 방법들을 혼용하는 것이다.

5) 부인 방지

부인 방지란 송신자나 수신자가 전송된 메시지를 부인하지 못하도록 방어하는 것을 의미한다. 따라서 메시지가 송신됐을 때, 수신자는 메시지가 실제로 송신자에 의해서 송신됐음을 확인할 수 있게 된다. 마찬가지로 메시지가 수신됐을 때, 송신자는 메시지가 실제로 수신자에 의해서 수신됐음을 확인할 수 있다.

6) 가용성 서비스

인가된 실체가 시스템과 자원에 대한 접근 및 사용을 요구할 경우, 시스템 성능 사양에 따라 이를 접근 및 사용할 수 있도록 하는 시스템과 시스템 자원이다. 다양한 공격들이 가용성의 상실이나 감소를 가져올 수 있다. 이들 중에 어떤 공격에 대해서는 인증 및 암호와 같이 자동화된 대응을 가질 수 있으며, 한편 다른 공격들에 대해서는 분산 시스템 요소들의 가용성 상실로부터 방어 또는 복구를 위해서 어떠한 종류의 물리적 조치를 요구한다.

즉, 가용성 서비스는 시스템을 확실히 사용가능하도록 보호하는 것이다. 이 서비스는 서비스 거부 공격에 대한 보안의 중요성을 강조한다. 가용성 서비스는 시스템 자원의 적절한 관리 및 제어에 의존한다. 따라서 접근 제어 서비스 및 기타 보안 서비스와 관련이 있다.

4.3. 정보 보안 메커니즘

보안 메커니즘은 보안 서비스에 적용되어 보안 공격을 예방, 탐지, 복구하기 위해서 설계된 기술이다. 아래 표는 X.800을 기초로 한 보안 서비스와 보안 메커니즘과의 관계를 보여준다.

[표 4-2] **보안 서비스와 메커니즘의 관계**

서비스	암호화	전자 서명	접근 제어	데이터 무결성	인증 교환	트래픽 패딩	라우팅 제어	공증
객체 인증	○	○			○			
데이터 출처 인증	○	○						
접근제어			○					
기밀성	○						○	
통신 흐름에 대한 기밀성	○					○	○	
데이터 무결성	○	○		○				
부인 방지		○		○				○
가용성				○	○			

① 암호화: 데이터를 알아볼 수 없는 형태로 변환하기 위하여 사용되는 수학적 알고리즘이다. 데이터의 변환 및 복구는 알고리즘과 0 또는 그 이상의 암호화키에 달려있다.

② 전자서명: 데이터 단위의 수신자가 그 데이터 단위의 출처와 무결성을 증명하고, 위조(예: 수신자에 의한)를 막기 위하여 첨부된 데이터 또는 암호학적 변환방법이다.

③ 접근제어: 자원에 대한 접근 권한을 시행하기 위하여 사용되는 다양한 기술들이다.

④ 데이터 무결성: 데이터 단위 또는 데이터 단위 스트림의 무결성을 보증하기 위하여 사용되는 다양한 기술들이다.

⑤ 인증 교환: 정보 교환에 의하여 실체의 신원을 확인하기 위한 기술들이다.

⑥ 트래픽 패딩: 트래픽 분석 시도를 교란하기 위하여 데이터 스트림 사이에 비트를 삽입하는 기술이다.

⑦ 라우팅 제어: 보안 침해가 우려될 경우 특정 데이터를 위하여, 특별히 물리적으로 안전한 경로를 선택하고 변경하는 기술이다.

⑧ 공증: 데이터 교환의 어떤 본질을 확인하기 위하여 신뢰하는 제 3자를 사용하는 방법이다.

4.4. 정보 보안 관련 법

전 세계 해커 중에서 70% 이상이 학생이라는 통계가 있다. 즉, 호기심 또는 학습의 목적으로 해킹을 수행하는 경우가 많다는 것이다. 하지만, 처벌은 악의적인 목적으로 실행하는 것과 똑같이 처벌을 받는다. 국내에는 보안과 관련된 법이 여러 조항에 있다.

1) 정보통신 이용촉진 및 정보보호 등에 관한 법률

안전한 정보통신망 사용을 확보하는 것이 목적이며, 정보통신과 관련된 가장 광범위한 법률이다. 이 법에서는 정보통신 서비스 사업자와 관련된 내용과 개인정보보호와 관련된 내용 등을 범죄로 규정하고 이를 어길 시에는 3년~7년의 징역 또는 2천만 원~5천만 원의 벌금에 처한다.

아래 표는 관련 법조항과 관련된 범죄 내용을 보여주고 있다.

[표 4-3] '정보통신망 이용촉진 및 정보보호 등에 관한 법률'의 주요 범죄사항

적용 법조항	범죄 내용
제70조 제1항	사이버 명예 훼손(사실 유포)
제70조 제2항	사이버 명예 훼손(허위사실 유포)
제71조 제1항	이용자 개인정보 수집
제71조 제3항	개인정보 목적 외 이용 및 제3자 제공
제71조 제5항	이용자 개인정보 훼손, 침해, 누설
제71조 제9항	악성프로그램(바이러스) 유포
제71조 제10항	정보통신망 장애 발생
제71조 제11항	타인 정보 훼손 및 타인 비밀 침해, 도용, 누설
제72조 제1항 제1호	정보통신망 침입
제72조 제1항 제2호	직무상 비밀 누설 및 목적 외 사용
제72조 제1항 제5호	속이는 행위에 의한 개인정보 수집
제73조 제1항	정보통신 서비스 제공자 등의 기술적, 관리적 조치 미 이행
제73조 제2항	영리목적 청소년유해매체물 미 표시
제73조 제3항	청소년유해매체물 광고 청소년에게 전송
제74조 제1항 제1호	인증기관 인증표시 무단 표시, 판매, 진열
제74조 제1항 제2호	음란 문언/음향/영상 등의 배포, 판매, 전시
제74조 제1항 제3호	사이버 스토킹(공포불안을 야기한 말, 음향 등의 반복 행위)
제74조 제1항 제4호	스팸메일 수신거부 회피 관련 기술조치 행위
제74조 제1항 제5호	전자우편주소 무단 수집, 판매, 유통, 정보 전송에 이용
제74조 제1항 제6호	불법행위를 위한 광고성 정보 전송

2) 정보통신 기반 보호법

ISP(Internet Service Provider)나 주요 통신사와 같은 주요 정보통신 기반 시설에 대한 보호법으로 다음과 같은 사항을 전자적 침해행위로 규정하고 있다. 주요 정보통신 기반 시설을 교란, 마비 또는 파괴한 자는 10년 이하의 징역 또는 1억 원 이하의 벌금에 처한다.

다음 표는 관련 법조항과 범죄 내용을 보여준다.

[표 4-4] '정보통신 기반 보호법'의 주요 범죄 사항

적용 법조항	범죄 내용
제28조	주요 정보통신 기반 시설 교란, 마비, 파괴
제29조	취약점 분석, 평가업무 등의 종사자 비밀 누설

3) 개인정보 보호법

'정보통신망 이용 촉진 및 정보보호 등에 관한 법률' 과 '신용정보의 이용 및 보호에 관한 법률' 등의 개별 법령에서 다루고 있는 개인정보와 관련된 사항을 통합하여 규정한 법으로 2012년에 시행되었다. 각 규정에 따라 3년~10년의 징역 또는 3천만 원~1억 원의 벌금에 처하고 있다.

아래 표는 관련 법조항과 범죄 내용을 보여준다.

[표 4-5] '개인정보 보호법'의 주요 범죄 사항

적용 법조항	범죄 내용
제22조	동의 없는 개인정보 수집
제23조	민감한 개인정보 수집 및 필요 최소한의 개인정보 이외의 정보를 제공하지 아니했다는 이유로 서비스 제공 거부
제23조	개인정보 취급자의 개인정보 훼손, 침해, 누설
제23조 제2항	주민등록번호 외의 회원가입 방법 미 조치
제24조	동의 받은 목적과 다른 목적으로 개인정보 이용
제24조 제2항	이용자 동의 없는 개인정보 제3자 제공
제25조	이용자 동의 없는 개인정보 취급 위탁 및 개인정보 취급 위탁 사실 미공개
제26조 제1항	영업양도 등 미 통지
제26조 제3항	영업양수자 등이 당초 목적과 다른 목적으로 개인정보 이용 또는 제3자 제공
제27조	개인정보 관리 책임자 미 지정
제27조 제2항	개인정보 취급 방침 미공개
제28조 제1항	기술적, 관리적 조치 미 이행
제28조 제1항	기술적, 관리적 조치 미 이행으로 인한 개인정보 누출
제29조	개인정보 미파기
제30조	이용자의 동의 철회, 열람, 정정 요구 미 조치
제30조 제5항	개인정보 오류 정정 요청에 대한 필요 조치를 하지 아니하고 개인정보 제3자 제공, 이용
제30조 제6항	이용자의 동의 철회, 열람, 정정 요구를 개인정보 수집 방법보다 어렵게 함
제31조	법정대리인의 동의 없는 아동 개인정보 수집

4) 통신비밀 보호법

통신 비밀을 보호하고 통신의 자유를 신장하기 위해 1993년에 처음 제정한 법으로, 범죄 사실에 대해 10년 이하의 징역과 5년 이하의 자격 정지에 처하고 있다.

표 4-6은 관련 법조항과 범죄 내용을 보여준다.

[표 4-6] '통신비밀 보호법'의 주요 범죄 사항

적용 법조항	범죄 내용
제16조 제1항 제1호	전기통신 감청 및 비공개 타인 간 대화 녹음, 청취
제16조 제1항 제2호	지득한 통신 및 대화내용 공개, 누설
제16조 제2항 제2호	통신제한조치 집행 등 관여 공무원의 비밀 공개 누설
제16조 제3항	통신제한조치 집행 등 관여 통신기관 직원 비밀 공개 누설
제16조 제4항	사인의 통신제한조치 취득내용의 외부 공개 및 누설

5) 저작권법

저작자의 권리와 이에 인접하는 권리를 보호하고 저작물의 공정한 이용을 위한 목적으로 2006년 제정되었다. 범죄에 대해서는 3년~5년의 징역 또는 3천만 원~5천만 원의 벌금에 처하거나 이를 병과할 수 있다.

표 4-7은 관련 법조항과 범죄 내용을 보여준다.

[표 4-7] '저작권법'의 주요 범죄 사항

적용 법조항	범죄 내용
제136조 제1항	저작재산권 등 재산적 권리의 복제, 전송, 배포 등
제136조 제2항 저1호	저작인격권을 침해하여 저작자 명예 훼손
제136조 제2항 제3호	데이터베이스 제작자 권리를 복제, 배포, 전송으로 침해
제136조 제2항 제5호	기술적 보호조치 제거, 변경 등과 같은 침해 행위
제137호 제6항	허위 저작권 주장, 복제, 전송 중단 요구로 ISP 업무방해

4장. 요약

1. 보안은 "정보 시스템 자원(하드웨어나 소프트웨어, 펌웨어, 정보/데이터, 통신)에 대한 무결성과 가용성, 기밀성 유지와 같은 목적 달성을 위해 자동화된 정보 시스템에 적용되는 보호"로 정의한다.

2. 보안의 3요소는 무결성, 가용성, 기밀성이다.

   가. 무결성: 적절한 권한을 가진 사용자에 의해 인가된 방법으로만 정보를 변경할 수 있도록 하는 것이다.

   나. 가용성: 시스템이 적절한 시점에 동작할 수 있도록 한다. 그리고 인가된 사용자에게는 서비스가 잘 제공되도록 보장한다.

   다. 기밀성: 한이 있는 경우에만 개인 프라이버시와 사설 정보보호를 포함하는 정보에 대한 접근과 노출을 허용한다.

3. 보안 서비스는 5개로 나뉜다.

영역	설명
인증	통신의 객체가 확실하다는 보증
접근 제어	자원에 대한 권한이 없는 사용을 방지
데이터의 기밀성	데이터의 권한이 없는 누출을 방지
데이터의 무결성	수신된 데이터가 정확히 권한이 있는 실체가 송신한 것임을 확신
부인방지	통신의 전부 또는 일부에 참여했던 통신의 한 주체에 의한 부인을 방지

4. 보안 메커니즘 보안 서비스에 적용되어 보안 공격을 예방, 탐지, 복구하기 위해서 설계된 기술이다.

   - 암호화: 데이터를 알아볼 수 없는 형태로 변환하기 위하여 사용되는 수학적 알고리즘이다.

- 전자서명: 데이터 단위의 수신자가 그 데이터 단위의 출처와 무결성을 증명하고, 위조(예: 수신자에 의한)를 막기 위하여 첨부된 데이터 또는 암호학적 변환방법이다.
- 접근제어: 자원에 대한 접근 권한을 시행하기 위하여 사용되는 다양한 기술들이다.
- 데이터 무결성: 데이터 단위 또는 데이터 단위 스트림의 무결성을 보증하기 위하여 사용되는 다양한 기술들이다.
- 인증 교환: 정보 교환에 의하여 실체의 신원을 확인하기 위한 기술들이다.
- 트래픽 패딩: 트래픽 분석 시도를 교란하기 위하여 데이터 스트림 사이에 비트를 삽입하는 기술이다.
- 라우팅 제어: 보안 침해가 우려될 경우 특정 데이터를 위하여, 특별히 물리적으로 안전한 경로를 선택하고 변경하는 기술이다.
- 공증: 데이터 교환의 어떤 본질을 확인하기 위하여 신뢰하는 제 3자를 사용하는 방법이다.

4장. 연습문제

1. 보안을 정의하시오.

2. 보안의 3요소는 무엇인가?

3. 보안의 3요소에서 각 요소가 부족했을 때의 문제점을 설명하시오.

4. 보안 서비스의 5개 영역을 설명하시오.

5. 보안 메커니즘의 개념을 설명하고, 세부 메커니즘을 설명하시오.

Chapter 05
사물인터넷 취약점 및 보안 요구사항

5.1. 사물인터넷 보안환경 및 패러다임

1) 사물인터넷 보안환경

사물인터넷은 우리 실생활의 모든 사물에 '직접 접목'되기 대문에, 기존 사이버공간의 위험이 현실세계로 전이 및 확대되어 활용할 수 있다. 기존의 정보유출 및 금전탈취 등의 보안 위협을 넘어 인간의 생명과 국가 기반시설까지 심각하게 위협하며, 이로 인한 경제적 피해는 2020년까지 17조 7천억 원으로 전망된다. 또한, IoT 보안위협은 오동작·정지 등 사람의 생명을 위협할 만큼 치명적일 수 있으며, 도입 후에는 사후 보안조치가 불가능하거나 이를 해결하기 위해 높은 비용을 감수해야 한다. 사물인터넷 보안은 선진국 및 글로벌 기업의 핵심 성장 동력으로 추진되고 있다. 즉 보안이 적용되지 않은 사물인터넷 제품이나 서비스는 글로벌 시장에서 경쟁력을 잃을 수 있다.

누구나 안전하게 사물인터넷의 편리함을 누리고, 이를 미래 성장 동력으로 육성하기 위해서는 정보보호(Security)가 담보된 안전한 사물인터넷 이용환경 조성이 필수적이다.

사물인터넷 제품·서비스의 보안에 대한 우려들로는 2014년에 HP에서 IoT 디바이스(기기)의 70%가 암호화되지 않은 네트워크를 통해 데이터를 전송하는 것으로 조사하여 발표하였다. 또한2013년에 SANS Institute에서는 보안전문가 391명 대상 설문조사 결과, 약 65%가 사물인터넷 보안에 대해 우려하고 있다고 답변하였다. 마지막으로 2014년에 가트너에서는 22%의 기업이 IoT로 인해 새로운 위협에 직면할 것이라 경고하였다. 이로 인해 2014년에 산업연구원에서는 IoT 등 융합보안 침해사고에 따른 피해규모를 2015년 약 13조 4천억 원에서 2030년 약 26조 7천억 원에 이를 것으로 전망하였다.

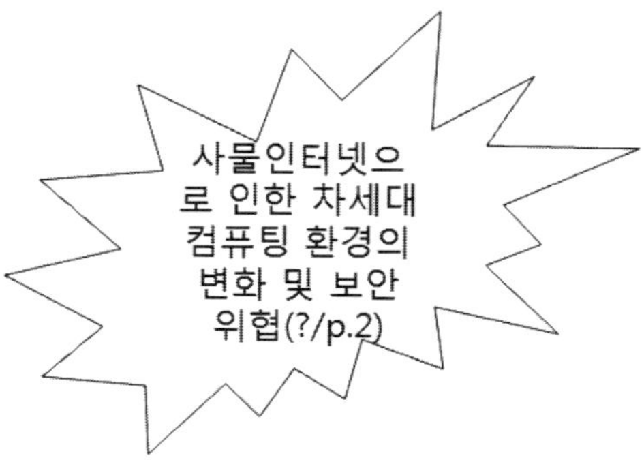

그림 5-1 사물인터넷으로 인한 차세대 컴퓨팅 환경의 변화 및 보안 위협(?/p.2)

미래부에서는 사물인터넷 제품·서비스의 취약한 보안 현실을 체계적으로 개선해 나가기 위해 「사물인터넷(IoT) 정보보호 로드맵」을 2014년에 수립하고 2015년에 3개년 시행계획을 설정하였다. 시행계획에서의 비전은 "누구나 안전하게 사물인터넷의 편리함을 누리는 세계 최고의 스마트 안심국가를 실현"하는 것이다. 주요 추진 전략 요소로 기반, 기술, 산업으로 꼽았다. 기반으로는 보안이 내재화된 사물인터넷 기반 조성이 주요 내용이다. 기술은 글로벌 사물인터넷 보안 핵심기술 개발이며, 산업은 사물인터넷 보안 산업경쟁력 강화가 주 내용이다. 그림 5-2는 추진전략 요소를 보여준다.

그림 5-2 미래부의 사물인터넷 정보보호 추진 전략

추진 과제는 각각의 주요 추진 전략 요소별로 나뉜다. 기반부분에서 7대 분야(홈·가전, 의료, 교통(스마트 카·ITS), 환경·재난, 제조, 건설, 에너지) IoT 제품 서비스 보안 내재화, 「IoT 사이버위협 종합 대응체계」 구축, 안전한 IoT 제품·서비스를 위한 신뢰성 확보이다. 기술부분에서는 IoT 보안 9대 핵심 원천기술 개발, IoT R&D 오픈 이노베이션 체계 구축이다. 산업부분에서는 IoT 보안 우수기업 발굴 육성, IoT 보안 제품· 서비스 수요 창출, ICT와 Security가 결합된 맞춤형 「IoT Security Brain」 양성이다. 표 5-1은 9대 핵심 원천 기술들의 추진 일정을 보여준다.

[표 5-1] **미래부의 사물인터넷 보안 9대 핵심 원천기술 개발 일정**

추진내용	추진일정					
	'15년				'16	'17
	1/4	2/4	3/4	4/4		
① IoT 디바이스 관련 보안기술 개발						
- 경량 저 전력 암호 기술개발		○	○	○	○	
- 디바이스 위변조 방지용 보안 SoC 개발		○	○	○	○	
- IoT 보안 운영체제 개발		○	○	○	○	○
② IoT 네트워크 관련 보안기술 개발						
- IoT 보안 게이트웨이 개발					○	○
- IoT 침입탐지 대응기술 개발					○	○
- IoT 원격 보안관리 관제기술 개발					○	○
③ IoT 서비스 환경 관련 보안기술 개발						
- 스마트 인증기술		○	○	○	○	○
- IoT 보안솔루션 개발					○	○
- IoT 프라이버시 보호 기술						○

2) 사물인터넷 보안 패러다임의 변화

IoT 시대를 맞이하면서 정보보호 패러다임이 변화해야 할 방향성을 모색하고, IoT 보안 위협의 위험성을 알아봄으로써 IoT 보안의 중요성을 강조하고자 한다. 다양한 기기에 IoT 센서가 부착되고, 인터넷, 무선, 이동통신 등 다양한 물리적 환경 및 네트워크 환경에 서 다양한 종류의 데이터를 수집하거나 센싱하기 때문에 보호해야 할 대상, 특성, 주체, 보호방법의 측면에서 현재의 사이버 보안시스템으로는 통제 및 보호가 불가능하다.

각각의 측면에서의 보안 패러다임이 어떻게 변화되는지 알아보기 위해 보호대상의 측면에서 살펴보면, 사이버보안 영역에서의 통신기기는 PC 및 모바일 중심의 기기별로 지원하는 통신 환경에서 통신이 이루어졌다. 반면, IoT는 생활밀착형 기기로서 주변의 다양한 기기에 센서 등이 부착되어 다양한 유·무선 통신 환경을 통해 정보가 센싱, 수집되어 활용되는 시스템이라고 볼 수 있다. 이는 보호대상이 명확하지 않으며, 각 물리적 환경에 따라 보안도 유연하게 대처할 수 있는 새로운 시스템이 요구됨을 의미한다. 그림 5-3은 보호대상의 변화를 보여주고 있다.

그림 5-3 보호대상의 변화
*출처: 사물인터넷 정보보호 로드맵, 미래창조과학부, 2014

두 번째 보호특성으로, IoT 기기의 경량화이다. 기존의 PC나 모바일 기기는 비교적 고전력, 고성능의 기기 환경에서 보안을 제공할 수 있다면, IoT 기기가 가지는 전력 및 성능자원 자체는 매우 적기 때문에 기존의 보안기법을 그대로 적용하기에는 무리가 있다. 그림 5-4는 보호대상 기기의 경량화를 보여주고 있다.

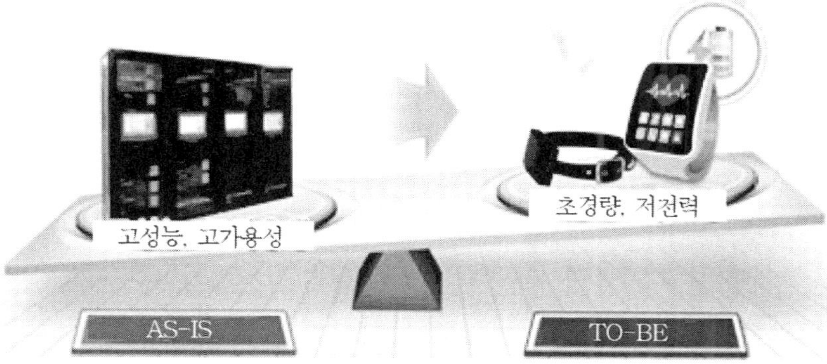

그림 5-4 보호대상 기기의 경량화
*출처: 사물인터넷 정보보호 로드맵, 미래창조과학부, 2014

세 번째로 보호방법의 변화이다. 기존의 방화벽과 같은 별도의 보안장비를 두어 보안을 제공했다면, IoT 기기에서는 다양한 물리·논리적 환경에 유연하게 대처하기 위해 기기 자체에서 기본적인 보안기능을 제공하여 보안 취약점을 최소화할 수 있어야 할 것이다. 또한 사이버보안시스템들과의 협력을 통해 전사적인 보안을 제공할 수 있도록 설계 단계부터의 보안 내재화가 반드시 필요할 것이다. 그림 5-5는 보안 방법의 변화를 보여주고 있다.

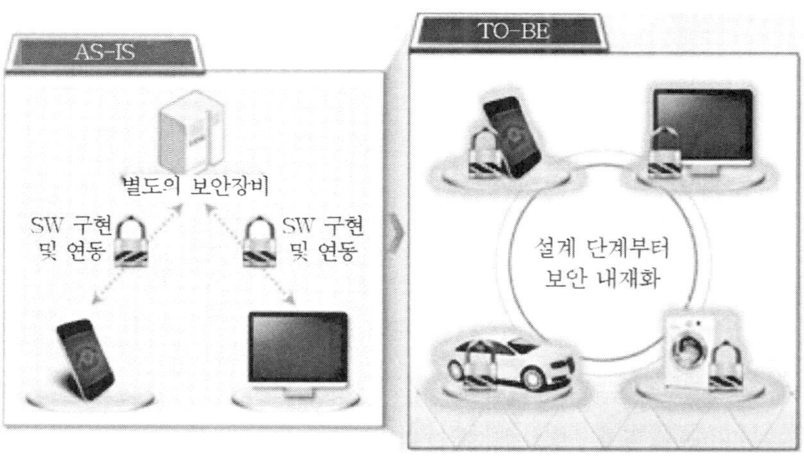

그림 5-5 보안방법의 변화
*출처: 사물인터넷 정보보호 로드맵, 미래창조과학부, 2014

네 번째로 보안 주체의 변화이다. 기존에는 보안의 주요 플레이어가 보안 전문업체와 ISP 그리고 이용자이다. 기기제조업체는 기본적인 보안기능들을 제공할 수 있도록 만들어 팔면 되고, 서비스업체는 서비스망 영역에서의 보안만을 책임지면 되는 것으로 인식되어 왔다. 그러나 IoT 기기는 기획/설계 단계부터의 보안 내재화를 이루어내기 위해 제조업체에서부터 서비스업체 및 이용자에 걸쳐서 모든 플레이어가 유기적으로 결합되어 보안 제공이 이루어져야 할 것이다. 그림 5-6은 보안주체의 변화를 보여주고 있다.

IoT의 출발은 인간이 기기를 통해 통신하는 기존의 사이버 환경에서 진화하여 사물과 사물이 통신하는 M2M, RFID/USN 기술과 미래인터넷의 개념을 정립하는 과정에서 'Things'라는 개념이 출현하면서부터이다. 'Things'의 보안위협 전망을 보면 70%가 보안 취약점에 노출될 것이며, 웹 취약점, 허술한 인증/인가, 암호화 전송 부재, 소프트웨어/펌웨어 취약점, 프라이버시/개인정보보호 측면에서 60~80% 이상이 보안 취약점에 노출될 것으로 보고 있다. 전체 'Things'의 수는 기존의 모바일기기 및 PC 의 전체 수와 비교불가의 모수라고 볼 수 있으며, 그것의 70%라는 것은 매우 큰 수가 될 것이고, 현재 PC 및 모바일기기 전체가 보안 취약점에 노출될 것보다 비교우위에 있을 것이다.

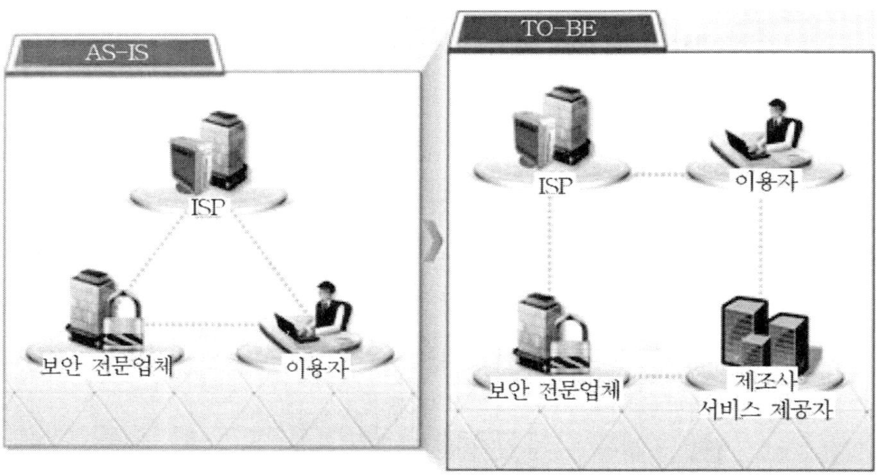

그림 5-6 보안주체의 변화
*출처: 사물인터넷 정보보호 로드맵, 미래창조과학부, 2014

IoT의 출발은 인간이 기기를 통해 통신하는 기존의 사이버 환경에서 진화하여 사물과 사물이 통신하는 M2M, RFID/USN 기술과 미래인터넷의 개념을 정립하는 과정에서 'Things'라는 개념이 출현하면서 부터이다. 'Things'의 보안위협 전망을 보면 70%가 보안 취약점에 노출될 것이며, 웹 취약점, 허술한 인증/인가, 암호화 전송 부재, 소프트웨어/펌웨어 취약점, 프라이버시/개인정보보호 측면에서 60~80% 이상이 보안 취약점에 노출될 것으로 보고 있다. 전체 'Things'의 수는 기존의 모바일기기 및 PC의 전체 수와 비교불가의 모수라고 볼 수 있으며, 그것의 70%라는 것은 매우 큰 수가 될 것이고, 현재 PC 및 모바일기기 전체가 보안 취약점에 노출될 것보다 비교우위에 있을 것이다.

[표 5-2] **사물인터넷 주요 기기의 보안 취약점 분석 사례**

- 스마트 기능 보안 취약점 분석을 통한 원격제어 등 해킹에 취약한 21 종의 자동차 리스트 공개(2014. 8. BlackHat)
- 미 NEST 사: 스마트홈 온도제어 기기 해킹 및 원격제어 시연(2014. 8. BlackHat)
- 미 Sensys 사: 교통제어시스템(무선차량감지센서 VD240) 인증 · 암호화 미적용으로 인한 스니핑, 정보위변조 해킹 시연(2014. 4.)
- Philips 사6: LED 전구제어 기기(Hue)의 취약한 접근권한 설정 기능을 악용한 원격제어 해킹 시연(2013. 8.)
- 미 TrendNet 사: IP 카메라 취약점을 악용한 원격 음성, 영상 도청 공격으로 사생활 침해 문제 발생(2012. 2.)

***출처: 사물인터넷 정보보호 로드맵, 미래창조과학부, 2014**

또한, 현재 보안위협의 대표적인 것은 자동차, 온도제어, 교통제어, LED 전구제어, IP 카메라 등에서 나온 해킹 시연 또는 실제 사례가 위 표와 같이 있다. 이러한 사례에서 나온 부분들도 모두 일상생활에 밀접한 기기들이며, 이는 결국 개인의 삶의 영역에 침해가 이루어질 수 있고, 개인의 사생활 노출에서 생명의 위협까지 받을 수 있음을 의미한다.

이러한 IoT 공격으로 인한 경제적 피해는 2020년까지 17.7조 원으로 예상하고 있으며, 이는 자연재해 2.7조 원, 사이버공격 피해 3.6조 원과는 비교할 수 없을 정도로 큰 피해액임을 알 수 있다. 실제 IoT의 경제가치가 14조 원[3]이라고 볼 때, IoT 보안은 단순히 정보보호 및 프라이버시/개인정보보호, 기반시설보호 등의 기존의 보안 영역을 넘어서 산업적 경제 가치로서 바라보아야 할 필요가 있다.

3) 사물인터넷 공통 보안 원칙

정보보호를 해야 할 대상과 물리·논리적 환경의 변화에 따른 보안 패러다임의 혁신적 변화 요구와 사이버공격에 따른 손실을 최소화하기 위한 경제 가치로의 보안제품·서비스에 대한 재발견에 대처하기 위해서는 가장 필요한 것이 보안에 대한 인식의 변화이다. 이제까지 국내에서의 보안은 공공의 영역에서 법률·규제, 가이드 등을 마련하고, 이에 따라 보안제품을 만들고 시장을 형성하는 형태였다. 즉, 공공시장이 먼저 열리고 이후에 민간에 적용되는 형태로 이어져왔다. 그러나 IoT 보안은 그렇게 접근해서는 쏟아져 나오는 IoT 제품·서비스들에 대한 보안에 대처할 수 없으며, 다양한 물리 및 네트워크, 서비스 환경에 대한 조합이 폭발적으로 증가하는 상황에서 사후약방문의 형식으로 보안에 대한 대처가 현재보다 더 어려울 것이다. 따라서 IoT 보안은 현재의 선제적 사이버 보안에 '혁신적' 더하기가 된 형태가 되어야 할 것이다. 혁신적 더하기의 주체는 바로 IoT 제품의 제조·서비스 업체가 될 것이며, 이에 기존의 이용자와 보안업체 간의 상호 보안 및 협업이 이루어질 때, 진정한 IoT 보안이 이루어질 것으로 전망한다. 이를 위한 선결과제이자 전략으로 IoT 디바이스 제조업체 및 서비스업체에서 준수해야 할 6가지 보안원칙과 이를 가속화하기 위한 IoT 정보보호 주요 정책과제를 알아보자.

가. 정보보호와 프라이버시 강화를 고려한 IoT 제품 및 서비스 설계

IoT는 전 산업 분야의 다양한 서비스에서 활용되고 있기 때문에, 서비스모델에 따라 구성요소뿐 아니라 센싱을 통해 수집·처리·보관하는 정보의 유형 및 민감도는 각각 다르다. 따라서 안전한 IoT 제품개발 및 서비스 이용 환경을 조성하기 위해 해당 서비스에 대해 정확히 이해하고, 위험요소식별을 통해 보안성 검토를 선행해야 한다. 특히, IoT 기반의 홈·가전, 의료, 자동차 등 다양하고 복잡하게 설계된 IoT 서비스에서 침해사고가 발생할 경우, 이와 연동된 다른 구성요소 또는 서비스까지 연쇄적으로 전이·확산될 수 있으며, 이로 인해 인간의 생명과 안전까지 위협할 수 있다. 따라서 IoT 서비스는 특정 지점에서 발생한 보안 침해사고가 서비스 연속성 유지에 필요한 핵심영역까지 영향을 미치지 않도록 물리적·논리적으로 분리된 구조로 이루어질 수 있도록 설계되어야 한다. 이와 같이 설계단계에서부터 보안 위협요인을 분석하고, 도출된 위험 요소를 기반으로 보호조치를 수립하여 제품 및 서비스 설계 시 반영되어 개발될 수 있도록 해야 한다. 이를 위해서 IT 신규 서비스 보호대책 수립 시 활용되는 정보보호 사전점검 정보통신망법 제45조의 2(정보보호 사전점검)를 수행할 수 있다.

나. 안전한 소프트웨어 및 하드웨어 개발기술 적용 및 검증

IoT 서비스 환경(디바이스, 플랫폼 등)은 다양한 운영체제와 애플리케이션으로 구성되어 있다. 보안지식이 없는 개발자가 구현한 프로그램에는 다양한 보안 취약점들이 발생할 수 있으며, 이는 IoT 기기와 서비스에 심각한 오동작 및 결함을 야기할 수 있다. 따라서 소스코드 구현단계부터 내재될 수 있는 보안 취약점을 사전에 예방하기 위해서는 시큐어 코딩이 적용되어야 한다. Java, C/C++로 개발된 소프트웨어는 현재 마련되어 있는 시큐어 코딩 가이드를 활용하고, 가이드가 개발되어 있지 않은 언어는 국제표준[17]에 근거해서 별도의 분석도구 및 방법론을 이용하여 반드시 보안 품질검증을 수행해야 한다. 또한 IoT 제품·서비스 개발 시, 제품 및 서비스의 생산성을 높이고 품질을 향상하기 위해서 다양한 S/W 를 활용할 경우, 현재까지 알려진 보안 취약점에 대한 보안성 검증을 수행하고 보안 패치를 반드시 적용해야 한다. 알려진 보안 취약점에 대한 보안성을 검증하기 위해 아래의 표와 같이 수행하며, 참조사이트를 통해 알려진 취약점을 검색·대응한다. 소프트웨어 보안기술과 하드웨어 보안기술이 융합되는 경우에는 소프트웨어 보안기술과 하드웨어 보안 기술 간에 반드시 신뢰하는 접근방법 기반의 보안채널을 구성할 수 있어야 한다.

[표 5-3] **소프트웨어 보안성 검증의 단계별 내용**

유형	내용
의존 S/W 열거	사용한 오픈소스S/W를 포함하여 의존성을 가지는 S/W들을 확인하고 열거해야 함 - 예: 오픈소스 프레임워크인 Alljoyn을 사용한다면, Alljoyn과 OpenSSL 등과 같이 Alljoyn을 사용하기 위해서 필요한 추가적인 S/W 및 library 등을 리스트로 열거해야 함
취약점 검색	열거된 의존 S/W 들에 대한 취약점을 검색해야 함 - 예: 의존 S/W 열거단계에서 열거된 모든 S/W 및 library에 대한 취약점을 CVE, CWE, OWASP 등을 통해서 검색 수행
취약점/대응방법 열거	S/W 별로 알려진 취약점을 열거 - 예: 열거된 S/W에 대한 CVE, CWE, OWASP 등에서 검색된 취약점 및 대응 방법을 항목별로 리스트에 열거함
대응방법 반영	알려진 취약점에 대한 대응절차에 따라 오픈소스 S/W에 반영하여 보완해야 함

*출처: 인터넷진흥원

다. 보안 프로토콜 준수 및 안전한 파라미터 설정

T 디바이스는 다양한 무선 프로토콜, 유선 인터넷 프로토콜, 이동통신까지도 선택적 조합을 통해 통신을 수행한다. 따라서 각 프로토콜에서 요구하는 보안표준에 따라 보안을 구현하여 암호통신을 수행할 필요가 있다. 또한, 사용자 인증/인가부터 디바이스 인증/인가, 수집된 데이터에 대한 소스의 ID 익명화 기술까지 모두 서비스에 적합하고 검증된 인증/인가, 접근제어 보안기법을 적용할 필요가 있다. 사물인터넷 표준에서 권고하고 있는 전용 프로토콜에 대한 보안 요구사항을 만족할 수 있어야 하고, 각 프로토콜 연동 시 발생하는 보안 취약점에도 대응할 수 있도록 해야 할 것이다. 마지막으로 경량의 센서에서 동작할 수 있는 국제표준에 권고된 경량 암호 프로토콜의 안전한 구현·적용이 필요하다.

라. IoT 제품 및 서비스의 취약점 보안 패치 및 업데이트 체계 지속이행

IoT 제조사는 자사가 생산·유통한 IoT 제품에서 보안 취약점 발견 시 이에 대한 분석을 수행하고, 보안 요구사항을 반영한 보안 패치를 신속히 배포할 수 있도록 사후조치 방안을 마련해야 한다. 제품에 대한 보안 취약점 및 보호조치 사항은 홈페이지, SNS 등을 활용하여 사용자에게 공개해야 한다. 아울러, 보안 패치 및 업데이트 파일의 배포 과정에서 발생 가능한 위·변조 문제를 사전에 예방할 수 있도록 코드서명기법 등 무결성 검증 기술을 적용해야 한다.

마. IoT 서비스의 안전한 운영·관리를 위한 정보보호 관리체계 적용

IoT 제품·서비스의 설계 및 개발이 완료되었다면 안전한 운영을 위해 각각의 구성요소에 필요한 보안 요구사항들을 도출하고, 이를 적용하기 위한 정보보호 관리체계를 마련해야 한다. 정보보호 관리체계는 IoT 서비스를 위한 유·무형 자산과 이에 대한 위험 식별, 센서/디바이스의 비인가 접근 및 도난·분실을 방지하기 위한 물리적 접근통제, 침해사고 발생 시 서비스 연속성이 유지될 수 있도록 백업 및 복구 절차 수립 등을 포함하고 있어야 한다. 아울러 설치·배포된 IoT 디바이스의 주기적인 보안 업데이트, 패치 적용, 폐기절차 등 사후관리 방안 등이 포함되어야 한다. 또한, IoT 서비스에서 디바이스/센서를 통해 다량의 개인정보가 수집·저장·전송될 수 있으며, 개인정보가 유출될 경우 심각한 프라이버시 침해 문제가 발생할 수 있다. 따라서 최소한의 개인정보만 수집·활용될 수 있도록 개인정보보호정책을 수립해야 한다. 개인정보보호정책 수립 시, 빅데이터 분석과정에서 특정 개인을 식별할 수 있는 새로운 개인정보가 생성·유통될 수 있기 때문에 이를 적절히 통제할 수 있는 기술적·관리적 보호조치도 포함되어야 한다.

바. IoT 침해사고 대응체계 및 책임추적성 확보 방안 마련

IoT 서비스는 다양한 유형의 디바이스/센서, 유·무선 네트워크 장비, 플랫폼 등으로 구성되어 있으며, 각 영역에서 발생 가능한 보안 침해사고에 대비하여 침입탐지 및 모니터링이 수행되어야 한다. 아울러, 침해사고 발생 이후 원인분석 및 책임추적성 확보를 위해 로그기록을 주기적으로 안전하게 저장·관리해야 한다. 단, 저 전력·경량형 하드웨어 사양 및 운영체제가 탑재된 IoT 디바이스/센서의 경우, 그 특성상 로그기록의 생성·보관이 어려울 수 있으므로, 이런 경우에는 서비스 운영·관리시스템에서 디바이스/센서의 상태정보를 안전하게 주기적으로 기록·저장할 수 있어야 한다.

5.2. 사물인터넷 보안 위협의 종류

1) 스마트 홈

스마트 홈은 인간이 생활하고 거주하는 공간에 ICT를 융합하여 인간 중심적인 스마트 라이프를 실현하는 환경이다. 2014년에 발표된 "2013 스마트 홈 산업현황 보고서"에서는 스마트 홈에 대해 협의의 개념과 광의의 개념으로 나누어 설명하였다. 협의의 개념으로 스마트홈은 홈서버, 정보가전, 융합단말 및 이를 하나의 가상 홈으로 연결하기 위한 네트워크 환경구축과 홈서비스를 포함한다. 광의의 개념으로는 건설 및 주택 인프라와 전자, 통신 기기 산업에서 융합된 서비스를 공급하는 홈 관련 산업 전반으로 정의할 수 있다. 그림 5-7은 스마트 홈의 구성도를 보여주고 있다.

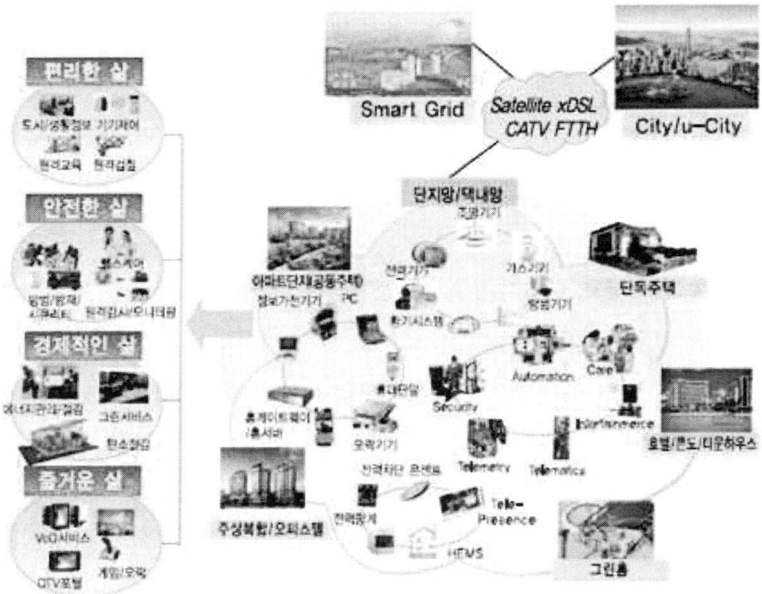

그림 5-7 스마트 홈 구성도
*출처 KEIT, "IT R&D 발전전략 보고서"

가. 보안취약점

스마트홈 시스템은 사람과 디바이스사이에서 발생하는 수많은 정보가 교환되기 때문에 보안 위험과 개인정보 노출 등의 위험이 항상 존재한다. 보안 측면에서의 바이러스 침투와 같은 사이버 공격으로 스마트홈 시스템의 특정 디바이스 또는 홈 네트워크 전체가 감염될 경우 물리적인 방법으로 출입구를 파손하지 않고도 손쉽게 주거 시설에 외부 침입이 가능해지고 언제 집이 비어있는지 실시간으로 정보를 입수할 수 있기 때문에 빈집 털이 범죄에 악용될 우려가 있다.[7)]

나. 위협 분석

스마트 홈은 가전제품들과 센서 등이 이종의 유무선 네트워크 및 프로토콜로 연결되고, 이를 위한 OS, S/W들이 혼재되어있어 다양한 보안 취약성 내재하고 있다. 그림 5-8은 홈네트워크 보안기술에 대한 그림이다.

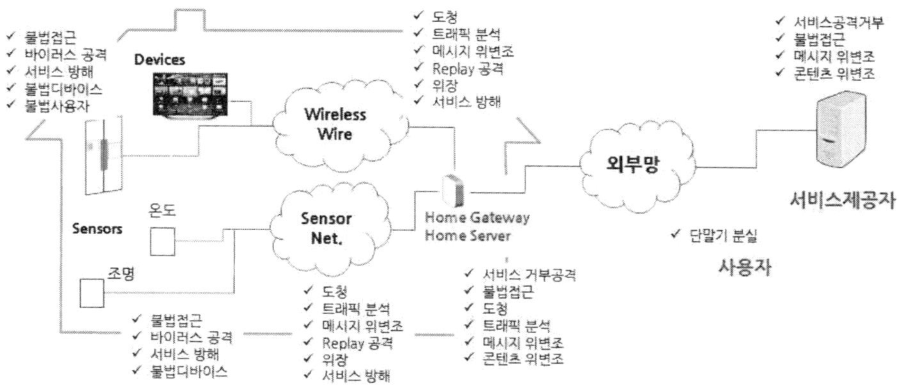

그림 5-8 홈네트워크의 보안기술
*출처: 홈네트워크 보안기술 및 표준화 동향, ETRI, 2008

스마트홈에 사용되는 스마트 디바이스는 컴퓨팅 능력, 네트워크 연결 등으로 기존 가전기기와 달리 다양한 보안 위협이 존재한다.[8)] 다음 표는 스마트 가전 보안에 대한 내용이다.

---

7) 출처: 국회입법조사처 '사물인터넷을 이용한 스마트홈 시스템.pdf'
8) 미래창조과학부 '사물인터넷(IoT) 정보보호 로드맵', 2014

[표 5-4] **스마트 가전의 특징과 보안위협**

종류	특징	보안 위협
스마트 TV	- 인터넷 연결 상에서 편의 기능 제공 - 예: 멀티미디어 콘텐츠 재생, TV 전용 애플리케이션, 홈쇼핑, 웹서핑 등 - 리눅스 등 일반 OS 기반에서 작동 - PC 환경의 보안 위협을 내재	- 해킹 시, 공격자는 PC 환경에서의 거의 모든 악용 행위가 가능 - 예. 금융정보 탈취, 스미싱 - 카메라/마이크 내장 시, 사생활 침해
로봇 청소기	- 인공지능 프로그램으로 자가 학습 및 개선된 청소 기능 구현 - 일반적으로 임베디드 리눅스 사용 - 카메라를 통한 장애물 인지·처리 - 인터넷 기능 내장으로, 해킹 위협 내재	- 알려진 OS 및 인터넷에 따른 해킹 위협 - 해킹 시, 공격자는 로봇청소기에 내장된 카메라를 통해 사용자 집 감시 가능 - 공격자는 로봇청소기를 원하는 위치로 이동시킬 수 있으므로 사생활 침해
인터넷 전화기	- 기존전화보다저렴한요금으로국내외통화가능 - 유선/무선 네트워크 디바이스 장착으로 항상 인터넷 연결 - 임베디드 환경과 유사하므로, 해킹 위협 존재	- 해킹 시, 치명적인 사생활 침해 - 회사에서 사용 시, 자산 노출 위협
가정용 CCTV	- 인터넷 전화기와 결합되는 경우가 많음 - 어느 곳이든 사용자 집을 볼 수 있음 - 인터넷 디바이스 내장으로, 카메라를 통한 사진/동영상 전송 SW가 구현됨 - 해커가 공격할 수 있는 attack point 존재	- 해킹 시, 공격자는 사진·동영상을 자신의 서버·이메일로 전송 가능 - 일반적으로 잘 보이는 곳에 설치되므로, 사생활 침해 우려 - 원격제어가 가능하므로, 공격자는 고정된 곳 외에 여러 곳을 훔쳐볼 수 있음

***출처: "임베디드 시스템 및 스마트가전 보안 동향 분석 결과"**, 2013

다. 보안위협 사례

① 중간자 공격

스마트 TV와 웹 서버 간 SSL 통신 시, 침입자가 스마트 TV와 웹서버 간에 중간자(Man-in-the-Middle attack)를 시도하여 전송 데이터에 접근하여 비인가 열람 및 위변조 가능

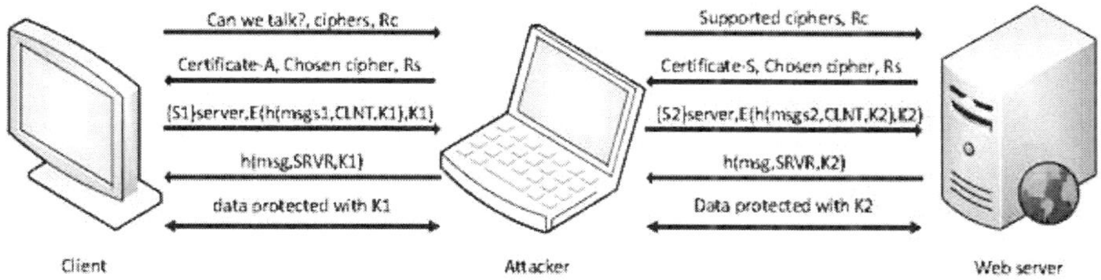

그림 5-9 중간자 공격 사례
*출처: Smart TV Hacking, University of Amsterdam, 2013

② 악성코드

악성코드가 포함된 동영상 파일을 통해 스마트 TV 등 카메라가 내장된 디바이스에 의한 사용자의 사생활 노출

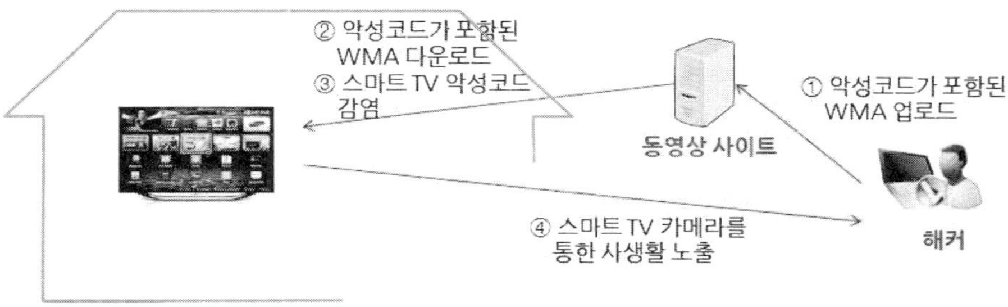

그림 5-10 악성코드 사례
*출처: Demo: Using Malicious Media Files to Compromise the Security and Privacy of Smart TVs, 2014

③ 스팸

침입자가 스마트 냉장고에 침입하여 저장된 메일 주소 또는 임의 메일 주소로 스팸메일을 대량 발송할 수 있음

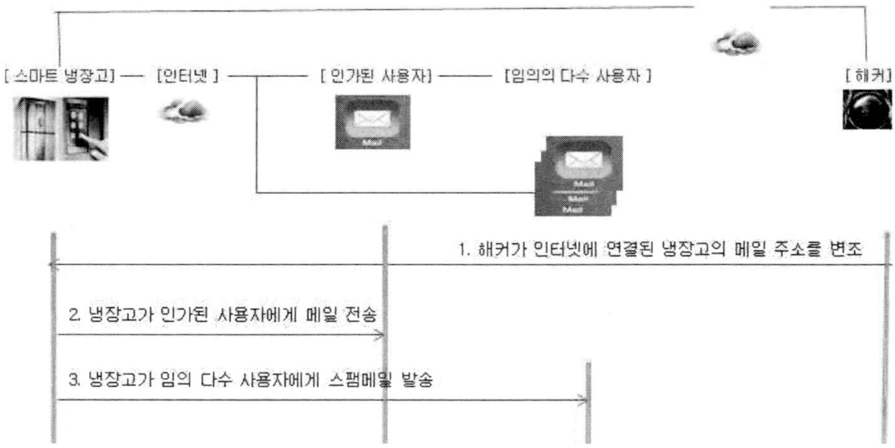

그림 5-11 스팸 사례
*출처: Demo: Using Malicious Media Files to Compromise the Security and Privacy of Smart TVs, 2014

2) 스마트 의료

스마트 의료는 센서, 유·무선 네트워킹 등의 융합기술을 활용하여 간단한 진료부터 원격진료, 맞춤형 의료기술에 이르기까지 언제 어디서나 질병을 예방·진단·치료·사후 관리를 하는 서비스를 의미한다. 이는 유헬스(Ubiquitous-Health)에서 발전된 개념이다. 스마트 의료는 B2C, B2B, B2G등 의료정보 전체영역에서 의료정보처리 고도화, 시스템을 기반으로 라이프사이클과 관련, 향상되고 지능화된 기술을 접목하여 의료서비스를 종합적으로 개선하는 차세대형 의료의 포괄적 의미이다.

스마트 의료의 전체적인 아키텍처는 전체적인 서비스 연계흐름 차원에서 기존 의료서비스기관들과 같은 이해관계자의 로컬시스템, 국가인프라서비스, 온라인상의 서비스로 구분한다. 그림 5-12는 스마트 의료의 전체 아키텍처를 보여준다.

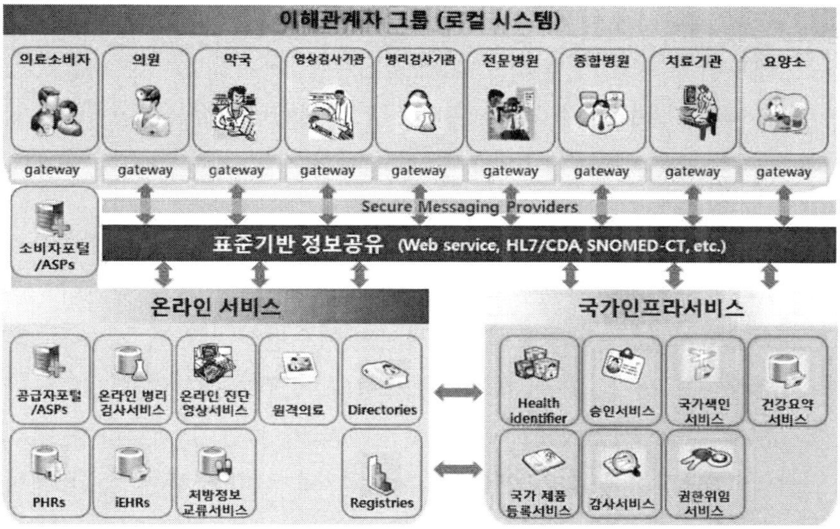

그림 5-12 스마트 의료의 아키텍처
*출처: 지식경제부, 스마트의료정보 표준화 프레임워크 2012

가. 보안취약점

의료기관에서 수집, 이용, 처리, 가공되는 정보는 진료정보와 개인정보로 분류된다. 진료정보는 진료과정이나 건강검진 과정에서 얻어지는 의료 서비스 수혜자의 신체상황, 상병 및 치료, 과거병력, 가족병력 등의 기록이다. 예를 들면 질료기록부, 수술기록부, 조산기록부, 간호기록부, 환자명부 등이 해당되며, 개인정보는 이러한 진료정보를 포괄하고 있다. 최근 이런 정보가 유출되는 건수가 늘고 있다.

FDA는 2015년 의료현장에서 가장 많이 쓰이고 있는 유비쿼터스 의료기기 중에 하나인 Infusion Pump의 해킹 가능성애 대해 경고했다. 병원의 네트워크를 통해 원격으로 액세스할 수 있고, 승인되지 않은 사용자가 장치를 제어하여 의료진이 정해놓은 용량을 변경할 수 있어 환자에게 위험요인이 될 수 있는 중대한 결함이라고 밝혔다.

해외에서의 의료기기 보안 위협 사례에서 밝혀진 취약점은, 2008년 이식된 제세동기에 전류를 흘려, 기기를 장착한 환자 정보의 탈취와 기기 전원을 정지시킬 수 있었고, 2011년 당뇨병 환자의 인슐린 펌프에 무선 기능의 취약점을 이용하여 투여되는 인슐린의 양을 외부에서 조작하는 등의 조작이 가능했다. 2013년에는 의료 디바이스에 내장된 소프트웨어에 하드 코딩된 암호의 위험성에 대해 경고하여, 원격조작이 가능하다고 했다. 또한 의료 내부 네트워크 장비의 손상으로 네트워크를 격리하고 시스템을 오프라인으로 운영하는 불필요한 시간과 비용이 발생했던 사례도 있었다.

나. 위협분석

원격지 환자의 진단 및 치료를 위한 원격의료시스템은 환자의 신체 및 의료 정보를 공유함에 따라 개인정보침해의 위협이 존재한다. 센서의 경우, 승인되지 않은 스마트 의료 센서/바이오인식 센서가 사용될 경우, 환자의 건강정보 노출 및 위변조가 가능하다. 단말기는 스마트 의료 단말기의 사용자 인증, 개인정보보호, 전송 데이터의 보안이 적절하게 이루어지지 않으면, 단말기를 통한 개인 정보 유출 및 서비스 중단 등의 위협이 존재한다. 스마트 의료 센터 내 저장된 개인정보 및 의료정보의 접근제어, 암호화, 추적관리 등이 이루어지지 않으면 정보 노출 및 위변조의 가능하다. 그림 5-13은 스마트 의료의 보안위협을 보여준다.

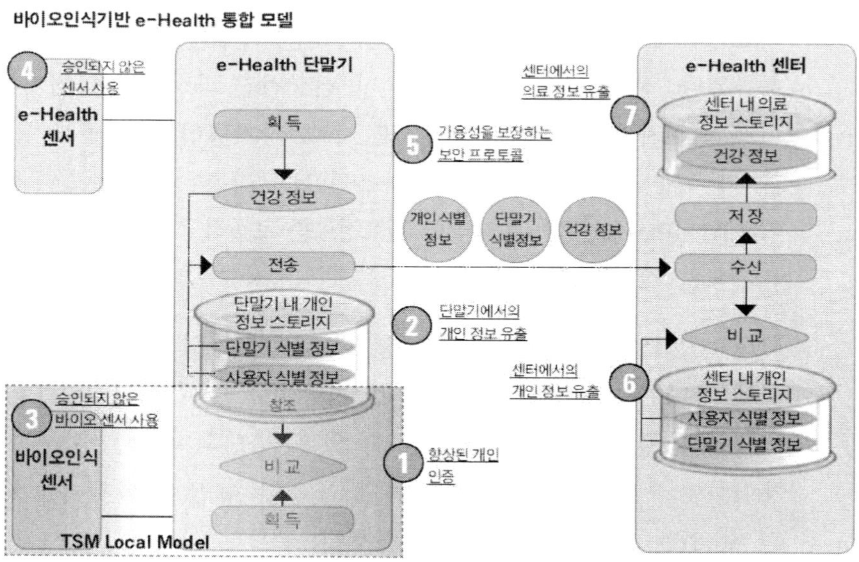

그림 5-13 스마트 의료의 보안 위협
*출처: 바이오인식기반 원격진료 보안기술 국제표준화 연구, TTA, 2012

전자의료기기와 유무선 네트워크가 결합된 스마트 의료 환경에서는 기존 TCP/IP 기반 보안 위협 및 신규 보안위협이 존재한다. 서버에 대한 DoS 공격에 대해 사용자 단말, 바이오센서 등과 연결된 서버에 대한 DoS 공격으로 서비스를 적시에 사용할 수 없는 위협이 존재한다. 또한 의료정보 도청/위변조 공격으로는 바이오센서와 서버, 의료진 시스템과 서버, 사용자 단말과 서버 간 전송되는 의료정보 및 개인정보의 도청 및 위변조가 가능하다. 의료정보 공유에 따른 개인정보 노출로는 환자 이동 또는 협진을 위한 환자 개인정보 및 의료정보 공유 시, 공유 범위, 열람 제한, 보안 감사, 생체 정보 노출 시 인증 방안 등에 대한 보안대책이 부재하다.

다. 보안 위협 사례

스마트 의료 산업이 발전함에 따라 의료기기에 대한 사이버 공격 위험성이 증가하여 국민의 생명과 안전에 직접적이고 심각한 영향 초래하고 있다. 국내의 경우 해킹에 의해 의료정보 등의 유출뿐만 아니라 병원 정보시스템을 장악하여 생명을 해칠 수 있는 사건이 2013년 8월에 발생하였다.

① Froedtert병원(미국) 정보유출

2013년에 직원 PC에 악성코드를 삽입하여 권한을 획득하고, 환자 개인보험증서, 카드정보, 사회보장번호 등 환자 개인정보를 43,000여건 유출되었다.

② 인슐린 펌프 원격공격 가능

해커가 인슐린 펌프를 사용하는 환자의 근처에 접근하여 인슐린 펌프 내부의 소형 컴퓨터의 취약점을 이용하여 인슐린의 양을 마음대로 조절하여 공급할 수 있음을 2012년에 확인하였다.

③ 정보 유출 및 PC 장악

국내 병원 내 각종 의료정보가 해외 서버에 수집되었다. 진료기록·처방목록·MRI 촬영 화면까지 담겼으며 병원 의료정보뿐 아니라 의약업체의 판매 현황 등이 유출되었다. 또한 해커가 의료정보 유출에 그치지 않고 병원 내부 PC를 장악하였다. 다수의 의료기관 PC가 악성코드에 감염되어 해당 서버가 최다 2000대의 PC를 동시 제어할 수 있었으며, 다수의 해커가 원격에서 병원 PC를 하여 처방전을 임의로 조작 가능하였고, 해커가 의료정보 유출에 그치지 않고 병원 내부 PC를 장악할 수 있었다.

3) 스마트 그리드

가. 보안취약점

스마트 그리드는 전력인프라와 정보통신기술을 접목시켜 전력 사용 및 관리를 최적화 하는 차세대 전력망으로 개방형 및 양방향 통신환경을 기반으로 다양한 보안사고가 발생할 수 있다. 스마트그리드는 전력망뿐 아니라 정보통신망을 기반을 두어 사용자 및 사용자의 개인적인 정보를 교환하면서 서비스를 제공해주기 때문에 기존의 IT환경에서의 보안위협과 함께 스마트그리드 특징에 따른 새로운 보안 위협들이 발생할 수 있다.

그중에서도 주요기반시설에 대한 사이버공격은 심각한 피해를 유발하는 공격이고 스마트그리드 대상 사이버 공격에 대해 해커들의 관심은 증가되고 있다. 스마트 그리드는 사이버테러에서 많이 이용되고 있으며 전 세계에 걸쳐 다양한 cyber 침해사고가 존재하고 있다. 또한 스마트 그리드는 국민들이 일상생활에 밀접한 관련이 있는데 소비자의 개인정보 및 전력사용정보가 양방향으로 전송됨에 따라 개인정보와 전력사용정보 등이 유출됨으로 소비자의 개인정보가 침해될 수 있다. 전력 사용정보에 대해 위조나 변조가 과금 전과 및 우회 등이 발생할 수 있는 위험이 있다. 스마트 그리드 환경에서의 보안 문제가 발생한다면 다양한 사회 인프라에 대한 공격이 확대된다면 피해 역시 막대할 것이라고 보고 있다. [9] [10]

나. 위협 분석

스마트그리드의 표준의 대상인 기기와 시스템, 프로토콜, 그리고 서비스 등 적절한 보안 대책 수립의 시작이라고 볼 수 있는 부분은 각 대상이 가지고 있는 보안 위협을 정확히 분석하는 것이라 볼 수 있다.

4) 스마트 카

스마트 카는 전통적인 자동차 기술에 차세대 전기·전자, 정보통신, 기능 제어 기술을 접목하여 자동차의 내·외부 상황을 실시간 인식하고 고안전, 고편의 기능을 제공하는 인간 친화적 자동차를 의미한다. 주로 새로운 텔레매틱스 서비스의 발굴과 IoT 서비스의 접목으로 차량 내부와 외부 간의 통

---

9) 2스마트 그리드 보안 기술동향 보고서

10) 스마트그리드 보안기술 및 표준화 동향 - 관동대학교 정보통신공학과 조병호 교수

신이 증가함에 따라 사이버 보안위협이 도로안전을 위협하는 새로운 위험으로 등장하고 있다. 그림 5-14는 스마트카의 개념도이다.

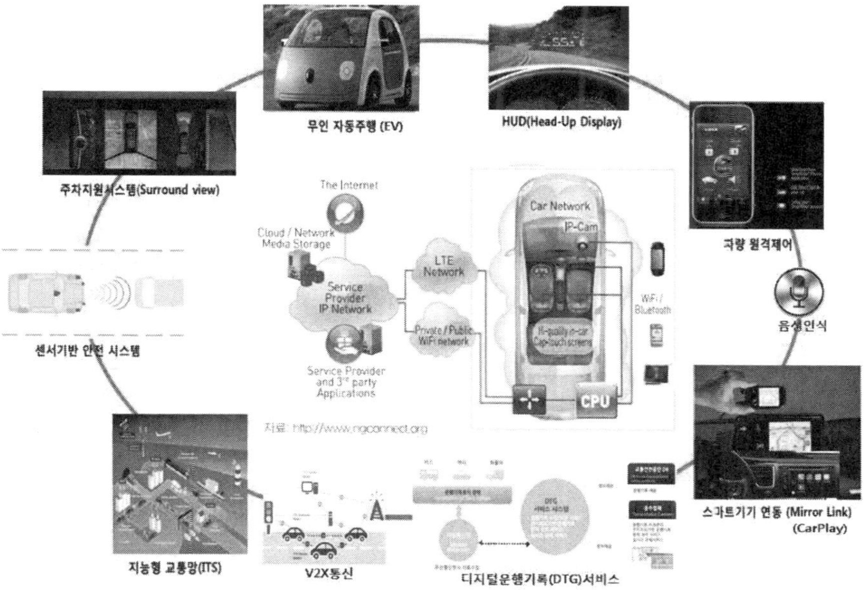

그림 5-14 스마트 카의 개념도
*출처: KIAT 2012

가. 보안취약점

기존 차량의 급격한 전자화 및 다양한 통신기능이 내장됨에 따라 발생할 수 있는 해킹, 오동작 등으로 인해 인간의 생명까지도 위협한다. 주요 보안 취약점은 차량 내부통신·처리 과정, OEM들이 제공하는 다양한 커넥티드 서비스에서의 정보유출 및 데이터 위·변조와 정부의 교통 빅데이터 구축 시 프라이버시 침해, 해킹을 통한 도로 안전정보 위·변조에 따른 운전자 생명위협 등이 있다. 최근에는 차량의 주행거리계(Odometer) 조작의 경제적 손실이 가장 큰 보안취약점으로 나타나는 추세이다.[11)]

나. 위협 분석

기존 차량의 급격한 전자화 및 다양한 통신기능이 내장됨에 따라 발생할 수 있는 해킹, 오동작으로 인해 인간의 생명까지도 위협한다. 주요 보안 취

11) 출처: 정책연구관리시스템「스마트기기 보급 확대에 따른 개인정보보호방안 연구 - 사물인터넷 환경을 중심으로」

약점은 차량 내부통신·처리 과정, OEM들이 제공하는 다양한 커넥티드 서비스에서의 정보유출 및 데이터 위·변조와 정부의 교통 빅데이터 구축 시 프라이버시 침해, 해킹을 통한 도로 안전정보 위·변조에 따른 운전자 생명 위협 등이 있다. 최근에는 차량의 주행거리계(Odometer) 조작의 경제적 손실이 가장 큰 보안취약점으로 나타나는 추세이다.

[표 5-5] **사용자 조작 미숙으로 인한 스마트카 보안위협**

위 협	피 해
부적절한 세팅	사용자의 인포테인먼트 기능사용 시 의도하지 않은 서비스 제공자에게 개인 식별 정보 등이 전송되거나 통신 내용이 유출
바이러스 감염	인포테인먼트 디바이스 장치의 바이러스에 감염된 콘텐츠가 차량 내 LAN에 유포되어 차량에 탑재된 다른 기기를 감염

*출처: 미래창조과학부 '사물인터넷(IoT) 정보보호 로드맵', 2014

[표 5-6] **해커의 공격에 의한 스마트카 보안 위협**

위 협	피 해
인가되지 않은 사용	정비 공장 및 유지 보수 담당자 해킹 등을 통하여 외부 공격자가 차량의 전자기기에 접속하는 경우, 차량의 운행 조작이 가능
인가되지 않은 설정	장비의 패스워드나 암호화 설정 등이 취소되어 차량의 상태 정보가 해커에게 자동으로 전송되거나 ECU나 차량 내 장비가 오작동
인가되지 않은 정보 접근	해커가 부적절한 세팅이나 취약점을 악용하여 차량 내 프로그램, 콘텐츠, 운행 기록 등을 확인
스니핑	암호화되지 않고 평문으로 전송되는 TPMS 메시지 등은 타이어의 시리얼 번호 등을 포함하고 있어 자동차와 특정 개인을 연결가능 하게 함에 따라, 운전자의 프라이버시를 침해할 수 있음
서비스 거부 공격	해커가 자동차의 텔레메틱스나 원격 제어와 관련된 포트에 대량의 패킷을 전송하여 자동차의 원격제어를 방해
메시지 변조	해커가 TPMS 메시지 등을 변조하여 이상 알림 계기판의 조작이 가능한 경우, 자동차의 안정적인 운행에 침해 발생
로그 삭제	해커가 시스템 로그를 삭제하거나 변경하여 침입한 흔적을 삭제할 수 있으며, 로그가 기록되지 않도록 설정할 수 있음
무단 릴레이	스마트키 등을 위한 LF(Long Frequency) 주파수 대역에 해커가 침입하는 경우, 원격지에서 차량의 문을 개폐 가능

*출처: 미래창조과학부 '사물인터넷(IoT) 정보보호 로드맵', 2014

다. 보안 위협 사례

① 2013년 CAN, 전장 ECU 해킹 시연

데프콘에서 포드 이스케이프와 도요타 프리우스에 대해 CAN과 전장 ECU를 해킹한 코드를 공개하였다. 특히 포드 이스케이프는 미국 판매량 1위를 차지할 정도로 베스트셀링 차량이며 도요타 프리우스는 하이브리드카 분야 전 세계 판매량 1위(누적 300만대)를 차지한 차량이라는 점에서 보안 위협 발생 시 파급 효과가 매우 클 것으로 예상하였다.

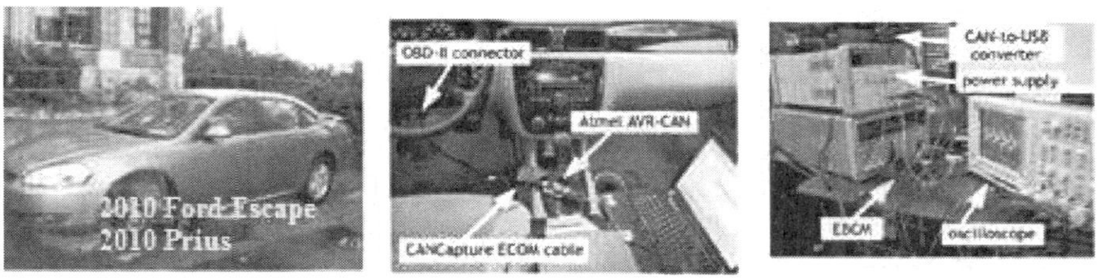

그림 5-15 CAN, 전장 ECU 해킹 시연

② 2012년 고속도로 교통표시판 해킹

미국의 고속도로 교통표시판(VMS)이 해킹되고 미국 주요 도시에 설치된 일부 교통제어시스템이 해킹에 노출되었다. 교통신호등의 경우 차량 감지를 위해 도로에 Sensys Networks社의 VDS240 매그네틱 센서에서 전달되는 교통상황 데이터에 대한 암호화 및 인증이 전혀 되어 있지 않은 것으로 나타났다.

그림 5-16 도고속도로 교통 표시판 해킹의 예

③ 2012년 BMW 차량 300대 이상 도난

해커들의 해킹 수법은 OBD-II의 보안 취약을 악용하여 BMW 차량 약 300대가 도난당했으며, 그 피해규모는 400억 원으로 추정하였다. 최근 BMW,

아우디 등 고급차를 대상으로 GPS트래킹 등 사이버 보안 취약점을 악용한 신종 차량 절도 사고들이 지속적으로 발생하고 있다.

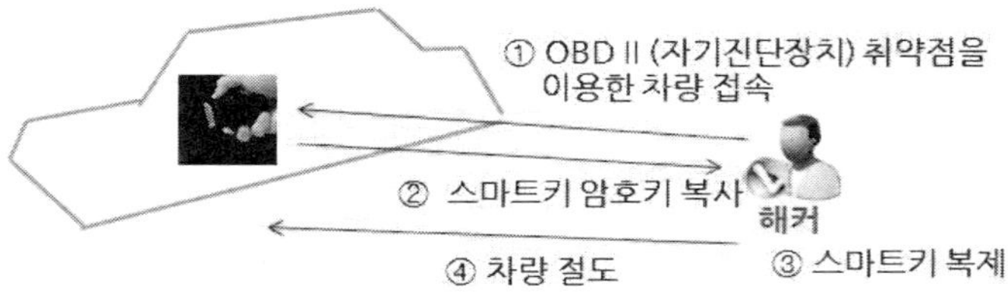

그림 5-17 차량 해킹의 개념도

5) 스마트 빌딩

가. 보안취약점

스마트 빌딩과 스마트 홈 개념은 유사한 것으로써 효율적인 소비 에너지 관리와 주거의 안전성, 보안 환경 등을 제공하는 것으로 기술적으로는 주변 환경 정보와 물리량의 변화를 감지할 수 있는 센서 기술과 네트워크 기술을 기반으로 하는 자동 인식, 제어 및 관리기능을 가지는 개념이다.[12)] 사물인터넷(Internet of Things, IoT)의 세계에서 난방, 조명, 환기, 엘리베이터, 기타 시스템 관리를 위한 웹 기반 기술이 적용된 스마트 빌딩은 기업에게 있어 일반적인 소비자 기술보다 위험한 보안 위협이 될 수 있다. 빌딩 관리 시스템은 상호적으로 긴밀하게 연결되어 있을 뿐만 아니라 스마트 그리드(Smart Grid)와 같은 외부 시스템과도 통합되어 있다. 현대적인 빌딩에 내장된 웹 기반 지능형 기기 대다수는 자체 보안 기능을 갖추고 있지 않아 건물 운영을 저해하고 안전상의 위험을 가할 수 있는 공격에 무방비로 노출되어 있다. 제대로 된 보호를 받지 못하는 스마트 빌딩 관리 시스템은 악의를 가진 공격자가 기업의 경영 시스템에 침투할 수 있는 새로운 수단을 제공할 수 있다.[13)]

나. 위협 분석

빌딩 출입통제, 침입탐지 시스템에서는 빌딩 내 다양한 센서를 통해 정보를 수집한다. CCTV와 같은 카메라, 마이크를 통해 영상 및 음성 정보를

12) 091210_스마트 빌딩용 센서 기술 현황 및 전망.pdf
13) http://www.itworld.co.kr/news/87527

수집하고, 화재감지기를 통해 온도나 연기 여부를 인식하고, 지문인식센서를 통해 개인의 지문정보를 수집한다. 빌딩 출입통제, 침입탐지 시스템의 서비스 흐름도와 수집되는 정보는 그림 5-18과 표 5-7에 나타나있다.

수집되는 정보는 Wi-Fi를 통해 중앙관제시스템에 보내진다. 영상 및 음성 정보를 통해 외부인 침입을 탐지하고, 도난 및 사고의 위험을 감지하며, 온도 및 연기 여부를 인식하여 화재의 위험에 대비한다. 수집한 지문 정보는 시스템에 입력된 개인정보와 대조하여 출입이 허가된 사람에게 출입을 허용하는데 이용한다.

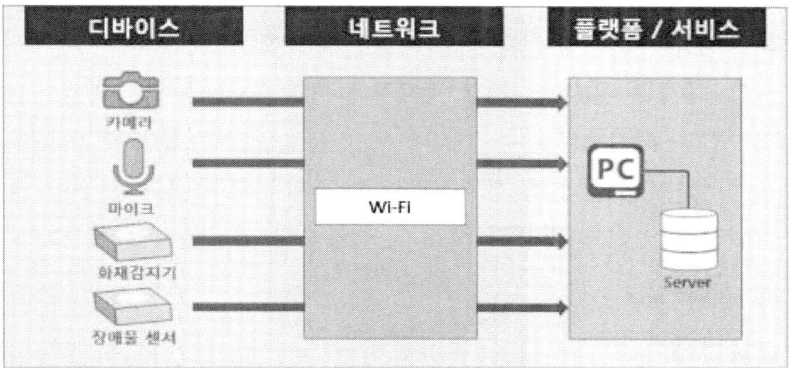

그림 5-18 빌딩 출입통제, 칩임 탐지 시스템의 서비스 흐름도 예시
*출처: 스마트기기 보급 확대에 따른 개인정보보호방안 연구 – 사물인터넷 환경을 중심으로

[표 5-7] **빌딩 출입통제, 침입탐지 시스템에서 수집되는 정보**

관리 영역		정보
디바이스		H: 사진, CCTV 영상, 음성, 지문정보, 위치정보 M: 출근 시간, 퇴근 시간
네트워크	Wi-Fi	SSID(Service Set Identifier), 단말기 정보(모델, 일련번호, IMIE 번호, USIM 번호, 구매년월일, MAC 정보)
플랫폼/서비스		H: 이름, 전화번호, 부서, 사원번호, 출근 시간, 퇴근 시간, 권한 정보

***출처: 스마트기기 보급 확대에 따른 개인정보보호방안 연구 – 사물인터넷 환경을 중심으로**

6) 웨어러블 디바이스

가. 보안취약점

2014년부터 국내에서 헬스케어 웨어러블 디바이스들이 잇따라 출시되면서 관련 보안 문제 및 개인정보 침해 문제가 거론되고 있다. 헬스케어 웨어러블 디바이스들을 통하여 사용자의 건강관리 기록을 수집하여 빅데이터 활용가치를 높일 수 있지만 데이터를 수집하고 처리하는 과정에서 개인정보가 유출되는 보안문제를 야기할 수 있다. 웨어러블 디바이스를 상용하게 되면 모든 순간순간이 저장 및 수집이 되어 '잊힐 권리'를 침해할 수 있다고 경고하고 있다.

의료현장에서 사용될 구글 글라스는 환자의 진료기록을 구글 서버에 전달하고 다시 이용자의 구글 글라스에 정보를 전달하는 과정에서 보안상의 취약점과 해킹으로 인한 개인정보가 유출될 가능성이 있기 때문에 정부는 웨어러블 디바이스의 개인정보보호 규제를 강화하고 안전한 틀 안에서의 적절한 개인정보 활용과 보호가 조화롭게 이루어져야 할 것이다.[14)]

나. 위협 분석

외부 공격자에 대해서는 정보를 서로 주고받는 단말들끼리 공유되는 정보가 악의적인 공격자로부터 도청 또는 트래픽 분석 등을 통해 노출되지 않아야 한다. 또한 서로 통신하고 있는 송수신자가 서로 정당한지를 인지할 수 있어야 하고, 데이터가 악의적인 공격자의 불법적인 위변조 과정이 일어나지 않도록 인증/무결성을 충족시켜야 한다.

반면 내부 공격자에 대해서는 수 많은 노드들로 구성되는 웨어러블 컴퓨팅 환경에서 공격자가 획득한 노드를 탐지하는 것은 어려운 문제이다. 그러므로 보안 프로토콜을 설계할 때 획득한 노드로 인해 발생할 수 있는 문제점을 고려하여 노드에 대한 탄력성을 고려해야 한다. 또한 시스템의 일부가 파괴되었을 경우 원래 제공받던 데이터 전송 속도에 비해 전송 속도가 많이 저하되더라도 지속적인 데이터를 받을 수 있도록 급격한 성능저하 방지 기능이 제공되어야 한다.[15)]

---

14) 한국보건산업진흥원「헬스케어 웨어러블 디바이스의 동향과 전망」보건산업브리프 VOL.115
15) 박현수「웨어러블 컴퓨터를 둘러싼 개인정보보호 이슈와 시사점」한국산업기술진흥협회, 2013.

5.3. 사물인터넷 보안 요구사항

스마트홈, 스마트의료, 스마트카 등 IoT 서비스가 일상생활로 확산되면서 기존 사이버세계의 위험은 현실세계로 전이(轉移)·확대되었다.

그림 5-19 IoT 환경 도래에 따른 정보보호 가치 변화
*출처: 미래창조과학부, 세계최고의 스마트 안심국가 실현을 위한 사물인터넷 정보보호 로드맵, 2014

IoT 환경은 기존 PC, 모바일기기 중심의 사이버환경과 달리 모든 사물 간 상호연결이 심화되기 때문에 보호대상 및 주체, 방법 등에 있어 새로운 정보보호 패러다임을 통한 접근이 필요하다. 또한 보안위협 역시 크게 증가하므로, 제품·서비스의 기획·설계단계부터 정보보호를 고려하여야 하는데, 기존 보안기술의 적용[16]은 보호해야할 기기의 수가 우리 일상생활의 모든 사물로 확대되고 있고, 그 특성 또한 다양화(경량·저 전력, 초연결성 등) 되면서 보안적 한계가 드러나고 있다. 즉, 다양한 분야에 IoT 응용서비스가 도입·적용되면서, 기존 제조업·서비스업 등 全산업분야에서 정보보호를 기본적으로 고려할 필요가 발생하였다.

'자산의 As-Is와 To-Be'를 고려하면 다음과 같다.

16) 경량 암호·인증 및 이기종 네트워크 보안관리, 프라이버시 보호 등 맞춤형 보안기술 요구

[표 5-8] **자산의 As-Is와 To-Be**

구분	As-Is	To-Be
보호 대상	PC, 모바일 기기	가전, 자동차, 의료기기 등 우리 주변 모든 사물(Things)
대상의 특성	고성능, 고가용성을 가지는 운영환경	고성능, 고가용성 + 초경량, 저 전력
보안 주체	ISP, 보안 전문 업체, 이용자	ISP, 보안 전문 업체, 이용자 + 제조사, 서비스제공자
보호 방법	별도의 보안장비, S/W 구현 및 연동	별도의 보안장비, S/W 구현 및 연동 + 설계단계부터 사물 내 보안 내재화
피해 범위	정보유출, 금전피해	정보유출, 금전피해 + 시스템 정지, 생명위협

***출처: 미래창조과학부, 세계최고의 스마트 안심국가 실현을 위한 사물인터넷 정보보호 로드맵, 2014**

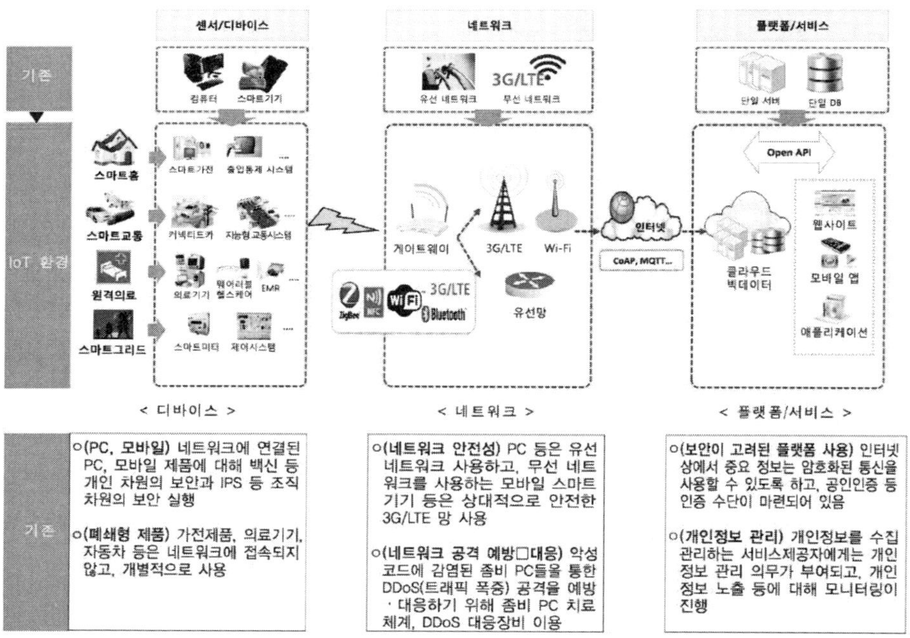

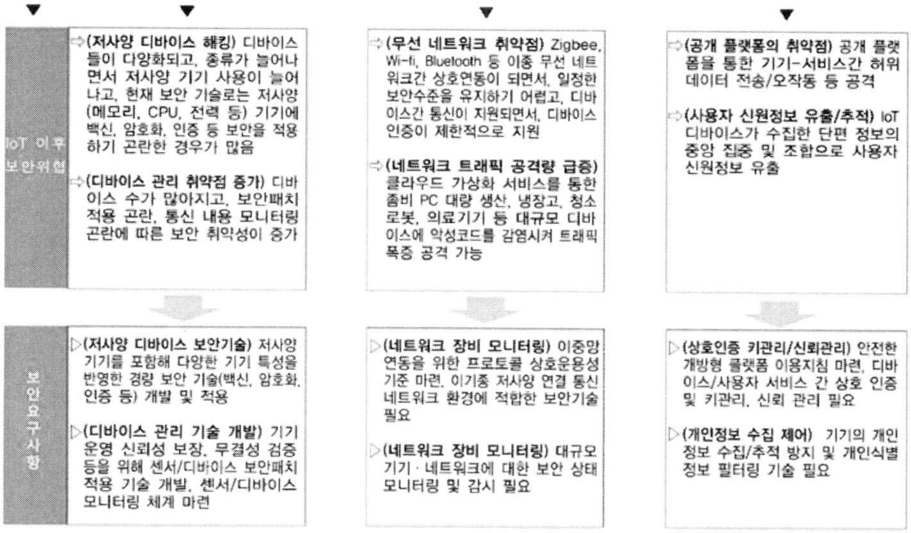

그림 5-20 IoT 적용에 따른 보안 요구 사항과 위험 가치

5장. 요약

1. 사물인터넷 공통 보안 원칙

- 정보보호화 프라이버시 강화를 고려한 IoT 제출 및 서비스 설계
- 안전한 소프트웨어 및 하드웨어 개발기술 적용 및 검증
- 보안 프로토콜 준수 및 안전한 파라미터 설정
- IoT 제품 및 서비스의 취약점 보안 패치 및 업데이트 체계 지속이행
- IoT 서비스의 안전한 운영, 관리를 위찬 정보보호 관리체계 적용
- IoT 침해 사고 대응체계 및 책임추적성 확보 방안 마련

2. 보안 위협 사항

- 스마트홈: 사람과 디바이스사이에서 발생하는 수많은 정보가 교환되기 때문에 보안 위험과 개인정보 노출 등의 위험이 항상 존재한다. 또한 가전제품들과 센서 등이 이종의 유무선 네트워크 및 프로토콜로 연결되고, 이를 위한 OS, S/W들이 혼재되어있어 다양한 보안 취약성 내재하고 있다.
- 스마트 의료: 원격지 환자의 진단 및 치료를 위한 원격의료시스템은 환자의 신체 및 의료 정보를 공유함에 따라 개인정보침해의 위협이 존재한다. 센서의 경우, 승인되지 않은 스마트 의료 센서/바이오인식 센서가 사용될 경우, 환자의 건강정보 노출 및 위변조가 가능하다.
- 스마트 그리드: 전력인프라와 정보통신기술을 접목시켜 전력 사용 및 관리를 최적화 하는 차세대 전력망으로 개방형 및 양방향 통신환경을 기반으로 다양한 보안사고가 발생할 수 있다.
- 스마트 카: 기존 차량의 급격한 전자화 및 다양한 통신기능이 내장됨에 따라 발생할 수 있는 해킹, 오동작으로 인해 인간의 생명까지도 위협한다.

- 스마트 빌딩: 보호를 받지 못하는 스마트 빌딩 관리 시스템은 악의를 가진 공격자가 기업의 경영 시스템에 침투할 수 있는 새로운 수단을 제공할 수 있다.
- 웨어러블 디바이스: 웨어러블 디바이스를 상용하게 되면 모든 순간순간이 저장 및 수집이 되어 '잊힐 권리'를 침해할 수 있다고 경고하고 있다.

3. 다양한 분야에 IoT 응용서비스가 도입·적용되면서, 기존 제조업·서비스업 등 全산업분야에서 정보보호를 기본적으로 고려할 필요가 발생하였다.

5장. 연습문제

1. 사물인터넷의 공통된 보안 원칙을 기술하시오.

2. 보안의 위협사항들을 사물인터넷의 6가지 범주를 기준으로 설명하시오.

3. 과거의 보안 요구사항과 사물인터넷에서의 보안 요구사항을 비교 설명하시오.

Chapter 06
사물인터넷 보안 기술

IoT 환경에서의 보안을 위한 필요사항으로는 데이터 기밀성, 데이터 무결성, 디바이스 무결성, 시스템 가용성, 사물과 사물 간의 디바이스 인증 및 서버 인증, 접근제어 및 인가, 네트워크 오용 방지, 프라이버시 보호, 추적성 방지, 부인 방지 등이 있다. 이 중에서 사물과 사물간의 디바이스 인증 및 서버 인증, 접근제어 및 인가, 부인 방지 등을 위해서는 반드시 인증 암호와 인증 프로토콜이 필요하므로, IoT에서 인증 암호와 인증 프로토콜의 역할은 매우 중요하다.

특히 데이터의 기밀성과 무결성, 디바이스의 무결성을 유지하기 위해서는 암호기술이 반드시 필요하다. 하지만, 사물인터넷에서 사용되는 사물들은 계산능력의 한계가 작은 것도 있어 기존의 암호 알고리즘을 모든 센서에 적용할 수 없다.

6.1. 암호 알고리즘

1) 경량 암호 알고리즘

기존의 암호 알고리즘은 기밀성, 가용성, 무결성을 중심으로 연구되어 구현을 위해서는 막강한 컴퓨팅 자원이 필요하다. 하지만 사물인터넷의 사물들은 사용할 수 있는 자원이 제한적이므로 기존의 암호 알고리즘을 적용할 수 없다. 그렇기 때문에 계산이 적어지는 경량의 암호 알고리즘이 필요하다.

대표적인 암호 알고리즘으로 AES(Advanced Encryption Standard)를 꼽을 수 있다. 현재 표준 암호하 기법 중에 가장 많이 사용하는 블록 암호화기법이다. 8비트 워드를 기준으로 설계되었다. 블록 길이는 128비트로 고정이고, 암호화 키는 128, 192, 256비트를 사용할 수 있다.

AES, DES 등의 표준 암호 알고리즘의 영향을 받아 PRESENT, CLEFIA, PRINCE, SEA, KLEIN, mCrypton, LED, DESLX, HummingBird-2, HIGHT, KATAN, TEA/XTEA, SIMON/SPECK, LEA, Salsa, KASUMI 등의 경량화된 암호 알고리즘이 개발되었으며 현재도 지속적으로 연구 중이다. 이 암호들은 표준 암호 알고리즘보다 1/2.5에서 1/15의 크기에서 구현할 수 있다.

2) ID 기반 암호 알고리즘

ID 기반 암호는 수신자의 식별 가능한 정보를 이용하여 암호화를 실시하여 암호문을 생성한다. 그리고 암호문을 받은 수신자는 키 생성 센터에서 복호키를 받아 복호가 가능한 방식이다. 즉, 별도의 공개키를 만들지 않고 사용자의 신원을 구분할 수 있는 E-mail 주소, IP주소, 전화번호 등과 같은 이미 알려진 정보로부터 공개키를 생성하여, 공개키의 인증과정을 생략한다. 하지만 사용자는 자신의 개인키를 직접 만들 수 없고, 비밀키 생성기관을 통해 발급받아야만 한다.

ID를 기반으로 하는 암호 시스템은 1984년 Shamir에 의해서 제안되었다. 그러나 실용적이고 인증이 가능한 시스템은 2001년에 이르러서 개발되었다.

비교 환경 : intel i7-4770K@3.50GHz, 동영상 파일(3GB)

암호화 방식	시간(sec)	암호화 시산(sec)	암호화 속도
암호화 미적용(압축)	25	-	
Zip 2.0 호환 암호화	44	19	
AES-128	44	19	
LEA-128	34	9	AES-128의 2.1배
AES-256	49	24	
LEA-256	35	10	AES-256의 2.4배

그림 6-1 SEA 각 round의 구조알집에서 압축 암호화 성능 비교
*출처: 전자신문, 국산 경량암호 LEA 적용 사례 늘어(2016.08.01.)

3) 속성 기반 암호 알고리즘

속성 기반 암호는 암호문의 사용자의 속성 정보를 이용하여 암복호화를 실시하는 방식이다. 암호문에 대한 접근여부는 속성 집합으로 생성한 접근구조로 구분된다.

속성기반 암호화는 2005년 Sahai 등이 최초로 제안하였다. 이후 암호문에 대한 접근을 제어하는 속성 집합과 접근 구조의 위치에 따라 Key-Policy 속성기반 암호화(KP-ABE)와 Ciphertext-Policy 속성기반 암호화(CP-ABE)로 나뉘어져서 연구되고 있다. 또한 속성값 철회에 대한 연구는 초창기에는 고려되지 않다가 2007년에 Bethencourt와 Ostrovsky에 의해 제안되었다.

6.2. 암호 알고리즘의 응용

정보 유출을 걱정하여 손쉽게 데이터를 암호화하고 나서 클라우드 서버에 저장한다. 이때, 혼자 데이터를 이용하고 있다면 좋지만, 여러 사람이 데이터를 교환하는 경우는 암호화에 사용된 키를 별도로 공유해야 한다. 즉, 키 공유에 대한 복잡함과 보안의 취약성이 있을 수 있다.

1) 프록시 재암호

프록시 재암호는 대리 암호, 대리인 암호, 재암호화, 대리인 재암호화 등으로

불리우는 암호화 기술이다. 영어로는 Proxy Re-Encryption(PRE)라고 한다. 프록시는 특정 사용자 또는 위임자의 공개키로 암호화된 암호문을 다른 사용자 또는 피위임자의 개인키로 복호화할 수 있도록 암호문을 변형하는 역할을 수행한다. 하지만 이러한 과정에서 프록시는 암호문 또는 재암호문으로부터 평문에 관한 정보를 알 수 없어야 한다.

프록시 재암호화는 1998년에 Blaze, Bleumer, Strauss에 의해 처음 제안되었다. 이후 최근까지 지속적으로 취약점을 없애면서 연구되어오고 있다.

프록시 재암호 방식과 속성기반 암호를 접목하면 속성기반 프록시 재암호 기법으로 사용할 수 있다. 또한 ID기반 암호와 접목하면 ID기반 프록시 재암호로 사용될 수 있다.

2) 준동형 암호

준동형 암호(homomorphic encryption)에서 준동형(homomorphic)은 수학에서 사용되는 용어로 연산이 정의된 2개의 집합사이에서 연산을 보존하는 맵핑을 의미한다. 즉, 준동형 암호는 평문과 암호문 공간에서 정의된 연산을 보존하는 암호화 함수로 산술연산을 적용하여 평문에 대한 연산을 수행할 수 있도록 하는 기법이다. 암호문 상태에서 연산을 하면 평문에 해당 연산이 적용된다는 특징이 있다.

$$E(m_1) + E(m_2) = E(m_1 + m_2)$$
$$E(m_1) \bullet E(m_2) = E(m_1 \bullet m_2)$$

(수식 1) 준동형암호의 연산개념

완전 준동형 암호는 클라우드 컴퓨팅 환경에서 사용자 정보와 데이터의 프라이버시를 보고하기 위해서 활용할 수 있다.

준동형 암호는 1978년에 RSA 암호를 발표한 Revest에 의해 RSA 암호의 변형으로 제안하였다. 하지만, 안전성에 문제가 있어서 적용하지 못하다가 최근에 다시 연구가 활발히 진행되고 있다. 대표적인 연구로는 2005년에 Boneh, Goh, Nissm이 덧셈 연산과 한 번의 곱셈 연산이 가능한 알고리즘을 제안하였고, 2009년에는 Gentry가 안전성이 증명된 완전 준동형 암호 알고리즘을 발표하였다. 이후로도 지속적으로 연구되고 있다.

3) 방송형 암호

방송형 암호는 디지털 방송 등에서 컨텐츠를 보고하기 위한 목적으로 제안된 암호화 방식이다. 디지털 방송은 영화나 스포츠 중계 등의 프로그램을 유료로 제공한다. 이러한 서비스는 컨텐츠를 암호화 해두고 접근이 허용된 사용자만 이용할 수 있도록 한다. 즉, 각 계약자마다 다른 비밀키를 배포하여 컨텐츠를 각각 다른 비밀키로 암호화하여 전달하던 계약자의 수 만큼 암호화 계산의 양이 증가한다. 때문에 이러한 낭비가 없이 공통키 암호화 및 DRM을 함 계 수신 제안기능이 연구되고 있다. 방송형 암호는 사용자의 제거기능, 부정자 추적기능이 반드시 필요하다.

방송형 암호는 1994년 Fiat와 Naor가 처음 제안하였다. 같은 해에 Chor와 함께 부정자 추적에 관해서도 제안하였다. 1998년에는 비밀분산을 이용한 기법이 제안되었으며, 2001년에는 페어링을 사용한 기법이 제안되었다. 최근에도 지속적으로 연구되고 있다.

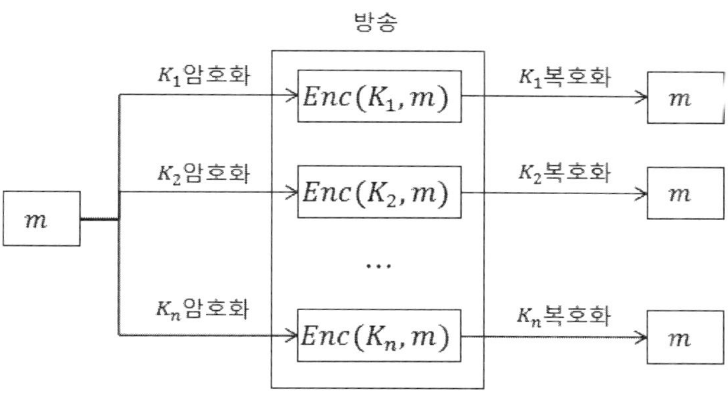

그림 6-2 평문을 개별적으로 암호화하여 전송교

4) 검색가능 암호

검색가능 암호는 암호화된 암호문 상태에서 원하는 자료를 검색할 수 있도록 하는 암호화 기법이다. 이는 데이터베이스에 암호문 상태로 저장된 데이터를 검색하기 위해 복호화하는 과정에서 일어나는 문제들을 해결할 수 있는 기법이다.

검색가능 암호는 크게 대칭키 기반의 암호화 기법과 공개키 기반 암호화

기법으로 나누어지며 키 생성 과정, 암호화 과정, 트랩도어 생성과정, 검색을 위한 테스트 과정으로 이루어진다.

검색가능 암호 중에서 대칭키 기반 단일 키워드 검색 기법은 2000년 Song 등이 처음 제안하였으며, 검색가능 암호호의 기본이 되는 기법이다. 또한 2004년에는 공개키 기반의 키워드 검색 암호화기법이 제안되었다.

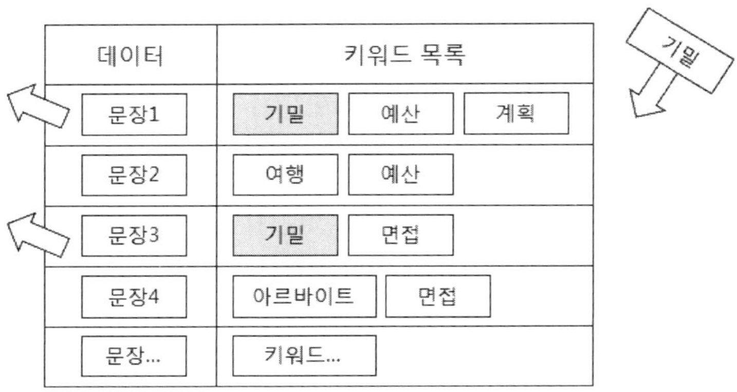

그림 6-3 키워드 검색

6.3. 메시지 전송 및 인증 프로토콜

1) TLS

TLS(Transport Layer Security)는 단대단 통신에서 TCP 통신 프로토콜을 이용할 때 보안 계층을 추가하여 통신에 대한 안전성을 확보하기 위한 방법이다. TCP 프로토콜 상에서의 전송계층에서 클라이언트, 서버에 대한 인증 및 데이터 암호화를 수행한다. 즉, 클라이언트와 서버 양단 간 응용계층 및 TCP 전송계층 사이에서 안전한 보안 채널을 형성해 주는 역할을 수행하는 보안용 프로토콜이다.

주로 웹 브라우저와 웹 서버 사이의 안전한 보안 채널을 제공하기 위해 많이 사용된다. 프로토콜 중에서 HTTP 또는 HTTPS, FTP, SMTP, SIP 등에서도 사용이 가능하다.

TLS는 1994년 7월에 넷스케이프사에서 SSL(Secure Socket Layer)이라는 이름으로 제안되었다. 이후 1994년 12월에 버전2가 발표되었고, 1996년 11월에 버전 3가 발표되었다. 버전3는 사실상의 웹 보안 보준으로 이용되었다. 이후 SSL 버전3을 참고로 하여 1999년에 TLS로 IETF에서 표준(RFC 2246)으로 발표하였다. 이것을 SSL 버전 3.1이라고도 한다. TLS는 2006년에 버전 1.1(RFC 4346)을 발표하였고, 2008년에 버전 1.2(RFC 5246)를 발표하였다.

TLS의 주요 기능으로는 상호인증, 메시지 압축, 메시지 인증(메시지 무결성), 암호화용 세션키 생성(대칭 키 합의)를 위한 키 교환, 생성된 공유 비밀키에 의해 암호화된 종단간 안전한 연결 통로 제공이 있다.

TLS의 보안적 특징으로 인증구조, 키 교환방식, 대킹키 암호화방식, 해쉬 알고리즘으로 구분된다. 인증 구조는 X.509를 사용하고, 키 교환방식과 디칭키 암호화 방법, 해쉬 알고리즘은 여러 방식 중에서 협상하여 선택이 가능하다.

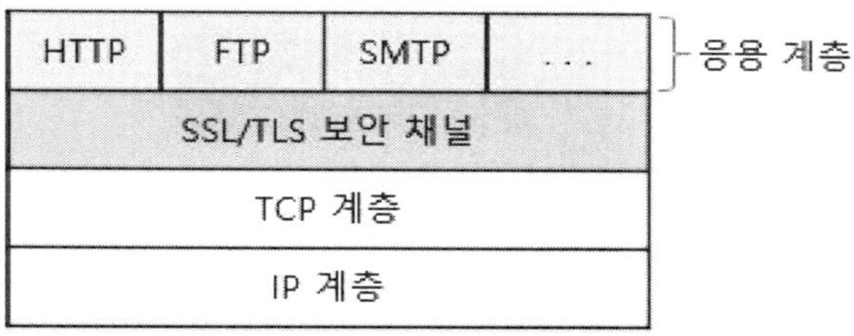

그림 6-4 TLS의 계층구조

프로토콜의 계층은 그림 6-4와 같이 전송계층인 TCP 위에서 '보안 소켓, 보안 채널, 터널링'을 구성한다. 이로 인해 응용계층에서 생성된 데이터에 대한 보안(인증, 무결성, 기밀성), 압축 등의 서비스를 제공한다.

2) DTLS

DTLS(Datagram Transport Layer Secure)는 Transport Layer의 TCP 프로토콜에 보안성을 제공해주는 TLS 프로토콜을 UDP(User Datagram Protocol)에 적용이 가능하도록 UDP를 위한 보안 프로토콜이라 할 수 있다. 이 기술은 크기가 큰 메시지들을 조각화하여 UDP를 통해 전송할 수 있게 해준다. 그러므로 UDP기반의 애플리케이션들은 이 DTLS를 사용함으로써 도청, 간섭, 메시지 변조 등 네트워크상에서 발생할 수 있는 공격들을 막을 수 있다.

특히나 UDP를 사용하는 IoT에 보안성을 추가해 줄 수 있는 프로토콜로 제시되고 있다.

DTLS 버전 1.0(RFC 4347)은 2006년에 TLS 버전 1.1을 기반으로 설계되었습니다. 그리고 DTLS 버전 1.2(RFC 6347)는 2012년에 TLS 버전 1.2를 기반으로 설계되었습니다. TLS와 버전 번호를 맞추기 위해 DTLS 버전 1.1은 건너 뛰었다.

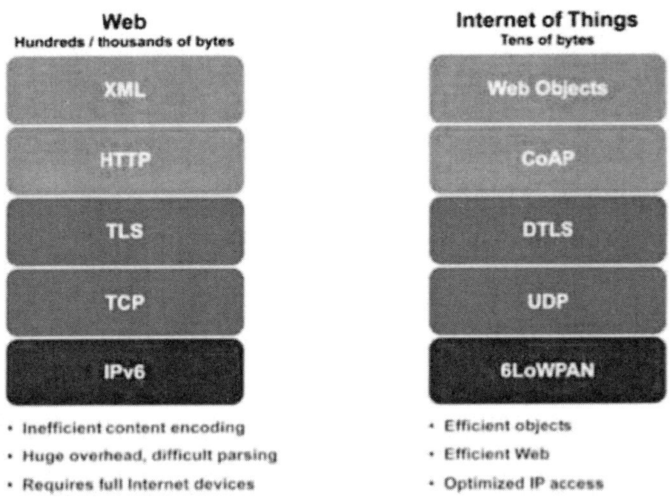

그림 6-5 웹 및 IoT 프로토콜 비교
*출처: Zach Shelby, Micro : bit Foundation

DTLS는 다음과 같이 크게 2가지 단계로 이루어진다.

- Handshake 과정: 암호화 통신에 요한 인자들을 노드 간 협상하고 상호 인증 제공
- Record 과정: 데이터 단편화 및 전송 메시지에 대한 무결성과 기밀성 제공

3) CoAP

CoAP(Constrained Application Protocol)는 제약이 있는 노드와 저전력 등 한정된 네트워크에 사용하기 위한 웹 전송 프로토콜이다. CoAP는 HTTP 에 대해 쉬운 인터페이스를 제공하기 위해 설계되었으며 목표는 단지 HTTP의 압축이 아니라, 스마트 에너지(smart energy)와 빌딩 오토메이션(building automation)과 같은 M2M 애플리케이션에 지원하는 웹 프로토콜을 적용하기 위함이다.

CoAP가 M2M관련 표준 아키텍처 중 어디 부분에 위치하는 지를 그림 6-6에서 보여주고 있다.

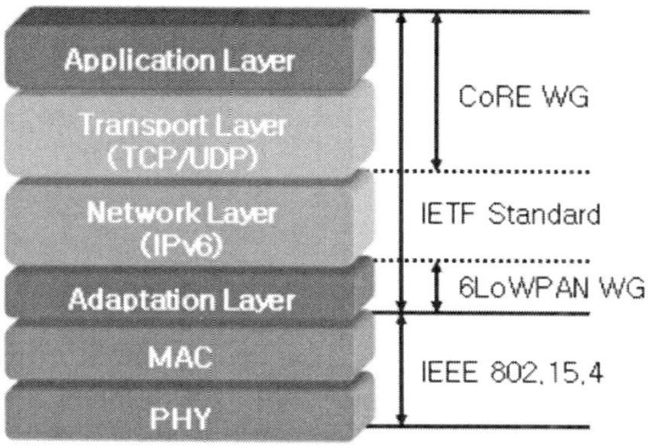

그림 6-6 CoAP가 M2M관련 표준 아키텍처
*출처: TTA ICT Standard Weekly, 기술표준이슈

그림 6-6과 같이 물리계층(PHY)와 MAC 계층은 저전력 센서노드를 위한 IEEE 802.15.4 표준을 기반 표준으로 삼고 있고, 네트워크 계층인 IPv6 프로토콜과 IEEE 802.15.4 표준과의 인터페이스를 위한 계층(Adaptation)으로 6LoWPAN 프로토콜이 위치하고 있다. CoAP는 이러한 표준들 상위의 트랜스포트와 애플리케이션 계층을 위한 응용 프로토콜이다.

4) MQTT

MQTT(Message Queuing Telemetry Transport)는 메시지 큐 원격 측정 전송의 약자이며 제한된 자원 (CPU, RAM, 배터리 등)을 가진 임베디드 디바이스를 제한된 네트워크에서 비동기 통신을 가능하게 해주는 경량 메시징 프로토콜이다. 이름에서 알 수 있듯이, 센서 데이터와 같은 원격 데이터 전송에 적합하지만 스마트폰의 페이스북 메신저와 같은 애플리케이션에서 클라이언트간 메시지 교환을 위해 MQTT 프로토콜을 사용한다.

다른 인터넷 프로토콜과 마찬가지로 MQTT는 클라이언트와 서버를 기반으로한다. 마찬가지로, 서버는 서로간에 데이터를 수신하거나 보내는 클라이언트의 요청을 처리하는 책임자입니다. MQTT 서버는 브로커라고하며 클라이언트는 단순히 연결된 장치이다.

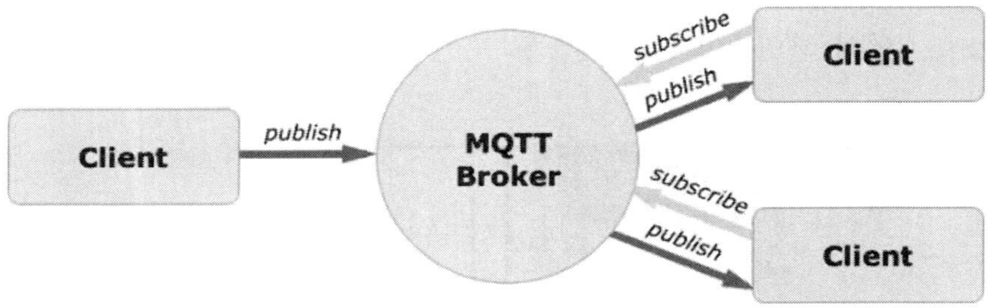

그림 6-7 MQTT의 동작방식

1999년 Dr. Andy Stanford-Clark(IBM)와 Arlen Nipper of Arcom(Cirrus Link Solution)에 의해 만들어졌으며 2010년 royalty-free license로 출판되었고 2013년 5월 M2M telemetry data communication으로 OASIS 표준화 작업이 시작되었다.

5) OAuth

OAuth는 클라이언트 집합과 서버 집합 사이의 인증방식을 표준화한 인증방식이다. OAuth를 이용하면 이 인증을 공유하는 애플리케이션끼리는 별도의 인증이 필요 없게 되므로, 여러 애플리케이션을 통합하여 사용하는 것이 가능하게 된다.

OAuth는 처음에 트위터와 소셜 북마크 서비스인 Gnolia 사이에 인증 방식을 논의 하면서, 두 회사의 개발자들이 API 접근 위임에 대한 표준안이 없다는 것에 착안하여, 2007년 OAuth 프로젝트 그룹을 만들어 OAuth 드래프트를 만들었다. 2010년 IETF OAuth 워킹그룹에 의해 OAuth 1.0 프로토콜 표준안 RFC5849가 발표되었고, 현재는 OAuth 2.0 인증 프레임워크에 대한 표준안인 RFC6749가 발표되었으며, 인증 방법에 따른 표준화 작업이 진행중이다.

OAuth 2.0에서는 3개의 주체 간에 인증 프레임워크가 동작한다. 사용자(Resource Owner), 클라이언트 응용프로그램(Client), 서비스 제공자(Resource Server)가 주요 주체이며, 옵션으로 인증서버가 있을 수 있다.

6장. 요약

1. 경량 암호알고리즘은 사물들의 자원이 제한적이므로 기존의 암호 알고리즘을 적용할 수 없다. 그렇기 때문에 계산이 적어지는 경량의 암호 알고리즘이 필요하다.

2. ID 기반 암호는 수신자의 식별이 가능한 정보를 이용하여 암호화를 실시하여 암호문을 생성한다. 그리고 암호문을 받은 수신자는 키 생성 센터에서 복호키를 받아 복호가 가능한 방식이다.

3. 속성 기반 암호는 암호문의 사용자의 속성 정보를 이용하여 암복호화를 실시하는 방식이다. 암호문에 대한 접근여부는 속성 집합으로 생성한 접근구조로 구분된다.

4. 프록시 재암호: 프록시는 특정 사용자 또는 위임자의 공개키로 암호화된 암호문을 다른 사용자 또는 피위임자의 개인키로 복호화 할 수 있도록 암호문을 변형하는 역할을 수행한다. 하지만 이러한 과정에서 프록시는 암호문 또는 재암호문으로부터 평문에 관한 정보를 알 수 없어야 한다.

5. 준동형 암호의 준동형(homomorphic)은 수학에서 사용되는 용어로 연산이 정의된 2개의 집합사이에서 연산을 보존하는 맵핑을 의미한다. 즉, 평문과 암호문 공간에서 정의된 연산을 보존하는 암호화 함수로 산술연산을 적용하여 평문에 대한 연산을 수행할 수 있도록 하는 기법이다.

6. 방송형 암호는 디지털 방송 등에서 컨텐츠를 보호하기 위한 목적으로 제안된 암호화 방식이다. 디지털 방송은 영화나 스포츠 중계 등의 프로그램을 유료로 제공되기 때문에 컨텐츠 개발자의 권익을 보호하는 역할을 한다.

7. 검색가능 암호는 암호화된 암호문 상태에서 원하는 자료를 검색할 수 있도록 하는 암호화 기법이다. 이는 데이터베이스에 암호문 상태로 저장된 데이터를 검색하기 위해 복호화하는 과정에서 일어나는 문제들을 해결할 수 있는 기법이다.

8. TLS는 클라이언트와 서버 양단 간 응용계층 및 TCP 전송계층 사이에서 안전한 보안 채널을 형성해 주는 역할을 수행하는 보안용 프로토콜이다.

9. DTLS는 TLS 프로토콜을 UDP에 적용이 가능하도록 개발된 보안 프로토콜이다.

10. CoAP는 HTTP 에 대해 쉬운 인터페이스를 제공하기 위해 설계되었으며 목표는 단지 HTTP의 압축이 아니라, 스마트 에너지와 빌딩 자동화와 같은 M2M 애플리케이션에 지원하는 웹 프로토콜을 적용하기 위함이다.

11. MQTT는 제한된 자원을 가진 임베디드 디바이스를 제한된 네트워크에서 비동기 통신을 가능하게 해주는 경량 메시징 프로토콜이다.

12. OAuth는 클라이언트 집합과 서버 집합 사이의 인증방식을 표준화한 인증 방식이다. OAuth를 이용하면 이 인증을 공유하는 애플리케이션끼리는 별도의 인증이 필요 없게 되므로, 여러 애플리케이션을 통합하여 사용하는 것이 가능하게 된다.

6장. 연습문제

1. 사물인터넷에서 경량암호 알고리즘이 필요한 이유를 설명하시오.

2. ID 기반 암호와 속성 기반 암호의 비교하시오.

3. 프록지 재암호의 장점에 대해 기술하시오.

4. TLS와 DTLS을 비교하여 설명하시오.

5. 사물인터넷에서의 사용자 편의성을 위해 고안된 인증기술은 무엇이며, 그 필요성에 대해 기술하시오.

Part 03

사물인터넷 비즈니스

IT 업계의 최대 화두는 사물인터넷이다. 스마트폰 이후 새로운 먹거리를 찾고 있던 IT 사업자들은 주저 없이 IoT를 차세대 성장 동력으로 내세우고 있다. 그러나 이 같이 높은 기대치가 거품으로 끝나지 않고 성공적으로 시장에 안착하기 위해선, 이제 천문학적인 경제적 가치를 논함에 앞서 실질적인 서비스 확산과 사업화에 필요한 고민을 구체화해야 한다.

IoT 기술이 기업의 일반적인 가치사슬 활동에 미치는 영향은, 지원적인 또는 본원적인 가치사슬에 존재하는 기존 기술에 센싱, 네트워킹, 인터페이스 기능의 활용을 통해 기존 업무방식 및 프로세스의 변화를 가져온 다는 점이다. 특히 기업의 가치사슬 활동에서 기본적으로 IoT 기술이 적용되어 발생하는 데이터를 활용할 수 있는 정보시스템이 활성화되어 일반 기업의 다양한 가치사슬 활동에 커다란 영향을 미치고 있다.

기업에서는 제품을 판매하여 소득을 얻는다. 기술이 발전함에 따라 제품에 대한 품질은 비슷해져 가격으로 경쟁을 한다. 하지만, 가격도 시간이 지나면 비슷해진다. 이렇게 되면 시장의 우위를 선점하기 위해 고객에 대한 맞춤 서비스를 제공한다. 즉, 제품과 서비스가 융합되어야 시장에서 경쟁력이 생기는 시대가 되었다. 고객 맞춤 서비스를 위해서는 고객에 대한 데이터가 필요하다. IoT에서는 데이터를 얼마나 많이 확보하고, 분석하고, 활용하는지가 기술의 척도가 된다.

이번에는 기업의 경쟁력 강화를 위해 IoT 기술을 활용한 제품과 서비스를 결합에 대한 개념을 알아보고, 그에 따른 경영전략과 비즈니스 모델을 알아본다.

Chapter 07 사물인터넷 비즈니스

7.1. 초연결 사회

인터넷이 처음 전파됐을 때, 현재의 인터넷을 상상하지 못했던 것처럼, 지금 사물인터넷 시대를 예측하는 건 불가능하다. 다만, "모든 것이 연결되는 세상이 다가온다."는 SF영화의 문구와도 같은 세상이 머지않아 현실로 맞이해야 할 때가 다가오고 있다. 사물인터넷은 가정에서부터 기업, 각 산업, 정부에 이르기까지 많은 영향을 줄 것이다. 특히 IT산업은 사물인터넷을 기준으로 재편될 것이다.

앞에서 사물인터넷(Internet of Things, IoT)에 대한 개념과 필요 기술들을 알아보았다. 이는 실생활에서 토스터가 연기 탐지기와 통신하는 스마트 홈에 대한 이야기를 들으면서 사물인터넷에 대한 막연하게 느꼈을 것이다. 그런데, 도대체 무엇이 이 모든 것을 연결시키는 걸까? 언제쯤 이러한 생활이 가능할 것이며, 제대로 동작은 할까?

사물인터넷이 무엇인지 아직 공인된 정의는 없지만, 어떤 대상이 사물인터넷의 일부인지 판단할 수 있는 기준은 존재한다. 그 기준은 다음과 같다.

- 어떤 공급업체의 제품이 다른 공급업체의 제품과 함께 동작하는가?

• 한 공급업체의 출입문 자물쇠가 다른 공급업체의 조명 스위치와 동작하며, 온도 조절 장치도 소통의 일부로 들어갈 수 있는가?

위의 기준을 기반으로 다음 시나리오를 살펴보자. 현관에 다가가면, 열쇠에 내장된 원격 제어기가 출입문을 연다. 출입문에 있는 무선 장치가 네트워크를 통해 메시지를 보내면 복도의 불이 켜진다. 출근한 뒤에 낮춰져 있던 집안의 온도 조절 장치는 쾌적한 온도로 설정된다. 모든 것이 서로 호흡을 맞춰 동작한다. 시나리오에서 살펴보았듯이 사람들의 삶 곳곳에서 존재하는 요소들이 서로 연결되어야 한다.

이와 같이 반도체 제조업체인 CSR의 저 전력 무선 담당 이사인 폴 윌리엄슨은 "진정한 사물인터넷은 여러 기기들 간의 조화"라고 정의했다.

1) 센서 – 사물인터넷이 사람처럼 느껴지는 이유

사물인터넷에서 핵심이 되는 요소는 센서들이다. 많은 사물인터넷 기기는 온도, 빛, 압력, 소리와 움직임 등의 변화를 알아낼 수 있는 센서를 가지고 있다. 센서는 세상에서 어떤 일이 일어나고 있는지에 대한 사용자의 눈과 귀 역할을 한다.

센서가 앞으로 펼쳐질 사물인터넷 기반의 사회에서 어떤 일을 하는지에 대해서 알아보기 전에, 센서가 무엇인지부터 알아보도록 하자. 센서는 미세전자기계시스템(Microelectro mechanical System, MEMS)이라 부르는 기기의 일부이며 감광막 프로세스(Lithography Process)를 통해, 마이크로프로세서 제조 방식과 거의 동일한 방식으로 제조된다.

이 센서들은 주문 형 반도체(Application-specific Integrated Circuit, ASIC)와 짝을 이룰 수 있다. ASIC은 제한된 수준의 프로그래밍 기능을 가지고 있는 회로이며 특정 작업을 처리하도록 고정 배선된다. 마이크로프로세서와 쌍을 이룰 수도 있으며 통신용으로 무선 장치에 부착될 가능성이 높다.

가. 일상생활에서의 사물인터넷 센서 동작 방법

예를 들어, 멀리 휴가를 떠난 상태이고 집은 비어있다. 습기 센서가 지하층에서 물을 감지한다. 이 센서의 감지 결과는 앱에 의해 처리되고, 마침 이 앱은 주 수도관의 물 흐름을 탐지하는 온도 센서로부터 또 다른 보고를 받은 상태다(물이 흐르면, 열을 빼어가서 온도가 낮아진다).

2개의 센서 모두가 예외 상황을 감지했다는 것은 우려할 만한 일이다. 물의 빠른 흐름은 파이프 파열을 의미할 수도 있기 때문에 자동 밸브 잠금 기능을 촉발시킨다. 물이 느리게 흐른다면 변기 고장일 수 있으며, 지하실의 물은 장마로 인한 일상적인 누출일 수 있다. 둘 가운데 어떤 경우든, 사용자는 발견 사항을 알려주는 기계 생성 메시지(machine generated message)를 받는다.

다음은 사용자가 상황을 파악하는 방식이다. 모바일 앱을 통해, 사용자는 정문을 열 수 있는 2개의 일회용 코드를 받는데, 1개는 이웃집 사람용이고 다른 1개는 배관공용이다. 현관문이 열리면, 문자 경보를 통해 누가 들어갔는지를 알 수 있다. 집안 사정을 알 수 있다는 것은 사물인터넷을 도입하는 중요한 동력이 될 수 있다.

나. 공공장소에서의 사물인터넷 센서 동작 방법

주차 상황에서는 많은 도시에서 스트리트라인이라는 기업이 도로 상의 주차 공간에 주차되었는지를 감지할 수 있는 센서를 파묻고 있다. 주차 공간을 찾고 있는 운전자는 빈 주차 공간을 알려주는 이 기업의 모바일 앱을 사용한다. 또한 스트리트라인은 도시들이 폭설에 대비해서 소금 살포를 위한 적정 시간을 측정하는 도로 표면 온도 센서와 법규 준수를 위한 소음 측정 센서를 추가했다.

공공 영역에서, 스마트폰은 센서로도 쓰일 수 있다. 보스턴에서는 자동차를 운전할 때, 스마트폰의 가속도계 센서가 도로의 배치되어 있는 요철을 추적한다. 가속도계는 위, 아래 움직임을 구분할 수 있으며, 가속을 더 정확하게 측정할 수 있다. 스마트폰을 도로 상태 감시 도구로 전환하는 데 필요한 것은 기존 센서를 새로운 방식으로 사용하는 앱이 전부다.

다. 욕실의 저울과 냉장고와의 대화 방식

사물인터넷은 창조적인 앱 개발자들에게 많은 기회를 열어준다. 스마트 냉장고를 예로 들어보자. 사용자는 온라인으로 식료품류를 사서 집으로 배달시킨다. 이제는 식료품상과 식품업체들이 제품에 RFID 타그를 부착하는 게 유리하게 됐다. 냉장고는 무게에 민감한 선반과 유효 기간을 통해 내부에 뭐가 있는지 파악한다. 또한 사용자가 식료품 목록을 유지하고, 주문을 자동화하며 영양 정보를 제공하는데도 도움을 줄 수 있다.

예를 들어, 사용자가 아이스크림을 냉동고에서 꺼내기로 결심했다고 가정하자. 실제로 아이스크림을 꺼내면, 연결된 무선 스피커가 큰 소리로 다음과 같이 방송을 할 것이다.

"이번 선택을 재고해 주세요. 요청하신 대로, 가장 최근 몸무게와 체질량지수(Body Mass Index: BMI)는 다음과 같습니다."

무선 스피커는 욕실 저울에서 수집한 데이터를 보고한다. 저울과 냉장고는 서로 통신할 수 있도록 설계되지 않았지만, 앱 개발자가 저울의 데이터와 냉장고를 연계시킨 것이다. 이런 저울과 냉장고, 스피커의 결합은 우스워 보일 수도 있다. 하지만, 우리가 주목해야 할 것은, 사물인터넷에서 앱 개발자는 이제 새로운 유형의 기능을 만들기 위해 겉보기에는 별개의 사물들을 연결시킬 수 있는 능력을 가지게 됐다는 점이다.

2) 네트워크 – 사물인터넷 기기들이 통신하는 방법

사물인터넷 기기는 무선 통신을 송수신할 수 있는 장치를 갖게 된다. 사물인터넷 무선 프로토콜은 몇 가지 기초적인 서비스를 할 수 있도록 설계되어 있다. 저 전력으로 동작하고, 낮은 대역폭을 사용하며, 그리고 메시(Mesh) 네트워크상에서 동작한다는 것이다.

일부 무선통신에서는 와이 파이와 블루투스도 사용하고 있는 2.4GHz 대역에서 동작하며, 일부는 서브 기가헤르츠(sub-GHz) 대역인 800~900MHz에서 작동한다. 868MHz와 915MHz 대역을 포함하고 있는 서브 기가헤르츠 주파수는 간섭이 덜하다는 이점이 있다(각국의 통신 주파수 대역은 각 정부의 주파수 정책에 따라 다르다.

가. 저 전력이 중요한 이유

일부 사물인터넷 기기는 전기 시스템에서 전력을 공급받을 것이지만, 현관문이나 단독형 센서와 같은 많은 사물인터넷 기기는 배터리를 사용하게 된다. 이런 기기들은 소량의 데이터를 간헐적으로 또는 주기적으로 송수신한다. 따라서 사물인터넷 기기의 배터리 수명은 짧게는 1.5년부터 10년까지도 갈 수 있다. 때문에 기기들은 최대한 전력을 사용하지 않아야 한다.

사물인터넷 제조업체 가운데 하나인 인스테온은 무선 통신과 유선 통신을 모두 사용하고 있으며, 무선 통신을 통해서뿐만 아니라 기존 전기 배선을 통해서도 데이터를 송신할 수 있어서 개선된 신뢰성 수준을 제공할 것이라고 주장하고 있다.

나. 메시 네트워크는 무엇인가?

메시 네트워크(mesh network)에 있는 기기들은 서로 직접 연결하며, 마치 이어달리기 선수처럼 신호를 전달한다. 중앙 집중화된 네트워크와는 다르게 메시 네트워크상에서 사물인터넷 기기의 전송 범위는 30ft(9.14m)~300ft(91.4m) 이상이다.

메시 네트워크 기기는 신호를 끊김이 없이 전달할 수 있으므로, 도시처럼 넓은 지역에 걸쳐 수천 개의 센서를 연결하고 조화롭게 운영할 수 있는 능력이 있다. 메시 네트워크에는 어떤 개별 기기의 장애를 우회해 동작할 수 있는 부가기능도 있다.

다. 사물인터넷용으로 최상의 무선 네트워크는?

현재, 사물인터넷 적용 분야에서 어떤 무선 기술도 지배적인 시장 점유율을 가지고 있지 않다. 가트너 애널리스트 닉 존스는 10개 이상의 사물인터넷 기술이 "사물인터넷 적용 분야에서 상당한 관심을 끌 것"이라고 말했다. 이런 무선 기술로는 이동통신(Cellular), 위성(satellites) 그리고 '유휴 대역(White Space)' 또는 비어있는 TV 채널을 사용하는 웨이트리스(Weightless) 같은 새로운 통신 기술이 포함된다.

더 중요한 것은, 어떤 1가지 무선 기술도 모든 필요 사항과 환경을 충족시키지는 못할 것이라는 점이다. 예를 들어, 커넥티드 카(Connected Car)는 가정 네트워크에 연락하기 위해 이동통신 네트워크를 사용해야 한다는 것이다.

라. 사물인터넷에서의 게이트웨이나 허브의 역할

네트워크에서 통신의 주체가 되지 않고 중간에서 전달을 해주는 게이트웨이(Gateway), 브리지(Bridge), 또는 허브(Hub)는 홈 네트워크와 다른 기기 간의 연결점을 제공해준다. 허브는 홈 라우터와 공조해 사용자의 사물인터넷 세상 일부분인 기계, 기기 그리고 센서에 대한 통신을 제공해준다.

기본적으로, 사용자는 지그비 무선 통신기술을 사용하는 스마트 전기계량기가 지웨이브나 인스테온 무선 통신 기술을 사용하는 온도 조절 장치와 통신하기를 원할 것이다. 이는 스마트 전기 계량 시스템에 연결된 세탁기에 대해서도 마찬가지이다. 전기 계량 시스템에 연결된 세탁기는 전기의 사용량을 줄이기 위해 전기 요금이 가장 낮은 시간대에만 세탁을 시작하도록 조절할 수 있다. 이런 연결은 여러 가지 무선 기술을 지원하는 허브를 통해 설정될 것이다.

예를 들어, 스마트싱스(SmartThings)는 연결 애플리케이션을 구축하기 위한 플랫폼이자 지그비와 지웨이브와 같은 무선통신 방식이 가능하도록 지원하는 허브를 생산하고 있다. 결국, 이런 무선 기술은 가정용 라우터, 케이블 업체의 셋톱박스나 심지어는 구글 크롬캐스트 같은 기기에 포함될 수 있다(2014년 8월, 스마트싱스는 삼성에 인수되었다).

마. 블루투스, 사물인터넷의 대세?

블루투스 LE(Low Energy)는 원래 광범위한 사물인터넷 시장이 아니라 웨어러블(Wearable) 기술을 목표로 했다. 그런데, 2014년 초 반도체 제조업체인 CSR이 수천 개의 사물에 연결할 수 있음을 의미하는 블루트스용 메시 네트워크를 발표했다.

모바일 기기에 있어서 블루투스의 편재성(ubiquity, 遍在性)은 폭넓은 사물인터넷 플랫폼으로써의 블루투스 메시 네트워크가 갖고 있는 몇 가지 장점을 의미한다. 블루투스가 이미 스마트폰에 포함되어있기 때문에, 스마트폰이 가정 내의 관리 허브로 작동할 수 있다. 그렇지만 완벽하지는 않다. 누군가가 직장, 슈퍼마켓과 같은 원격지에서 홈 네트워크에 접속하고 싶어할 때는 중계 역할의 허브가 필요하게 될 것이다.

바. 소비자 제품공급업체들이 사물인터넷을 필요로 하는 이유

모든 대형 공급업체들이 개방형 표준을 수용하지 않을 것이다. 일반적으로 사물인터넷에서는 업체 고유의 데이터 교환으로 규정된 개별 기술을 사용할 것이다. 개방형 표준이나 개방형 통신 프로토콜이 없다면, 네트워크상의 기기들은 데이터를 공유하거나 조화롭게 동작할 수 없게 될 것이다. 과연 애플이 삼성 제품과 연결되는 제품을 개발할까? 보쉬 제품이 삼성이나 시어스의 제품과 통신할까? 회의론자들은 그렇지 않을 것이라고 말한다. 이에 소비자들은 불만스러워할 것이고 완벽한 사물인터넷을 경험하기 위해서는 특정 공급업체의 제품 협력사 네트워크 제품을 사야만 한다는 말을 듣게 될 것이다.

3) 사물인터넷 시대의 보안

지금까지는 사물인터넷을 이용한 사회의 긍정정인 면만 살펴보았다. 서로 다른 기기들이 연결되어 데이터를 주고받으면서 개인에게 맞는 서비스를 제공한다. 하지만, 부정적인 측면도 있다. 프라이버시 그룹인 "민주주의와 기술센터(Center for Democracy and Technology, CDT)"는 사물인터넷에서의 악몽 같은 시나리오에 대해 다음과 같이 간단하게 설명했다.

"가정의 전등 센서는 어떤 방이 얼마나 자주 사용되는지를 알 수 있으며, 온도 센서는 누군가가 목욕하거나, 운동하는 시간, 집을 나서는 시간을 알 수 있다. 마이크를 통해 대화 내용을 손쉽게 알아낼 수 있다. 이것이 의미하는 바는 명확하다. 앞으로 몇 년 간 법원, 규제 기관과 입법자들은 사물인터넷 프라이버시 안전장치를 두고 치열하게 싸우게 될 것이다."

보안 전문가들은 소비자들이 자신들의 홈 네트워크상에 있는 안전한 기기와 불안정한 기기 간의 차이를 알아낼 수 없을 것이라고 걱정하고 있다. 이는 기업 네트워크에도 위협이다. 해외의 누군가가 만든, 저렴하고 허접스러운 기기들은 대부분 자체적으로 어떤 보안기술도 적용하고 있지 않을 것이다.

보안 전문가들은 최근 블랙햇(Black Hat) 컨퍼런스에서 사물인터넷 화장실(Connected Toilet)을 시연하여 이러한 문제를 제시했다. 사물인터넷 화장실은 공공화장실의 경우 화장실 문의 개폐를 감지하여 화장실 사용현황을 미리 밖에 알려준다. 또는 건물 내에서 각 층의 사용현황을 앱으로 볼 수도 있다. 또한 추가적으로 사람이 들어가면 변기 뚜껑을 자동으로 내려주는 기능도 한다. 하지만, 컨퍼런스에서의 인터넷 화장실은 기기들이 공격을 당해 물을 내리고 변기 뚜껑을 반복적으로 닫았다.

해커들은 가정용 기기와 HVAC(Heating, Ventilation, and Air Conditioning) 시스템 들을 오작동을 유발하여 큰 혼란을 야기할 수 있었다. 또한 아기 감시기가 외부인의 접속에 의해 손쉽게 장악 당했다.

사물인터넷 보안이 갖고 있는 1가지 장점은 아직 초기 단계이기 때문에, 보안 커뮤니티가 강력한 보호 방안을 보유한 사물인터넷 시스템을 구축할 수 있는 기회를 가지고 있다는 것이다. 한때 시스코는 사물인터넷 보안을 위한 아이디어에 30만 달러를 내건 콘테스트를 진행한 적이 있었다.

4) 사물인터넷의 미래

가. 사물인터넷의 황금기는 언제인가

공급업체들은 수년에 걸쳐 여러 가지 프로토콜들을 정리할 것이다. 현재는 가정용 센서와 허브의 판매가 증가하고 있지는 않다. 실제로 사물인터넷이 사용되는 분야는 따로 있다. 특히 가정 감시와 보안이 이에 해당된다. 당분간 센서 네트워크와 원격 정보 수집에 대한 대규모 사용자는 기업과 정부이다.

정부는 파손된 가로등, 급수 시설의 누수, 그리고 꽉 찬 쓰레기통에 대한 경보를 받기 위해 센서를 설치하고 있다. 센서는 교통 제어, 산불 그리고 산사태 탐지에서 중요한 역할을 할 가능성이 있다. 원격 감지는 많은 업계, 사무실 건물 그리고 에너지 공급 분야에서 이미 주류로 자리 잡았다.

사물인터넷은 거의 모든 산업과 플랫폼이 관련되어 있기 때문에 소비자 적용 분야가 가장 주목받고 있다. 의료 체계, 가정 에너지 사용, 하드웨어, 주택 건설, 전자 그리고 의류를 포함한 웨어러블 전체 범주까지 아우른다. 사물인터넷 밸브(connected shut-off valves) 때문에 배관공들까지도 사물인터넷에 대해 알아야만 할 것이다. 그렇지만, 누구도 최신 스마트 냉장고를 구매하기 위해 줄을 서지는 않을 것이다.

사물인터넷 출시는 더딜 것이며 가정용 기기가 교체되고 가정 전기 계통이 스마트 시스템으로 업그레이드됨에 따라 수년 동안 천천히 진행될 것이다.

나. 최악의 사물인터넷 시나리오, 폐쇄된 사물인터넷 환경 구축

최악의 사물인터넷 시나리오는 여러 기기 간의 진정한 조율이 실현되지 않는 것이다. 초기에는 공급업체들이 자사의 제품과 선택된 협력업체들이 만든 제품들끼리만 작동하는, 폐쇄된 사물인터넷 환경을 구축할 것이다.

또한 프라이버시 보호에 대한 방안이 추가되지 않는다면, 사용자들은 자신의 가정이 마케터들을 위한 거대한 스파이 카메라로 바뀌는 것을 바라지 않을 것이며 사물인터넷에서 손을 뗄 수밖에 없게 될 것이다. 사람들이 이웃 감시를 통한 범죄예방의 일환으로 실시간 스트림을 공유하기로 합의한 시나리오를 상상해보자. 이는 선의로 시작되었지만 차츰 감시 국가가 도래할 수 있다.

그러나, 사물인터넷은 생활을 더욱 효율적이며, 안전하고, 건강하며 환경 친화적으로 만들어 줄 수 있는 잠재력을 가지고 있다. 특히, 태양 에너지 시스템을 설치해 실질적으로 잉여 에너지를 전력회사에 되파는 전력 요금인하 제도를 활용하고 있는 사람이라면 상황을 인지하는 커넥티드 시스템(connected systems)을 설치해야 할 강력한 이유가 있을 것이다.

그렇지만, 이런 시스템들이 조화롭게 동작할 지의 여부는 자신들의 제품을 연결 가능토록 만들려는 공급업체들의 의지에 달려있다. 사물인터넷을 통제할 만큼 커다란 공급업체는 존재하지 않지만, 사물인터넷을 엉망으로 만들 수 있을 정도로 큰 공급업체는 존재한다.

5) 사물인터넷 서비스에 대한 기대

가. 사물인터넷이 가져올 사회 - 경제적 변화

ICBM(IoT, Cloud, Big Data, Mobile)이 새로운 성장 동력으로 주목받는 가운데, 인터넷 기반의 융합의 중심에서 IoT가 실제 생활영역에 적용되고 있다. 이는 다양한 경제적 가치를 가져오고, 효율성 증대와 편의성 증대 등이 현실화될 것으로 전망된다.

미국의 비즈니스 및 기술 뉴스 그룹인 Business Insider Inc는 2015에 "사물인터넷은 연결된 개체 및 임베디드 센서를 사용하여 데이터를 교환하는 광대한 성장 네트워크로, 생산성·효율성 및 혁신의 관점에서, 산업 혁명이후로 사회를 변형 시킬 주요한 기술"로 판단하였다.

또한 가트너는 2015년에 "2016을 움직일 10대 기술" 중 하나로, IoT 아키텍처와 플랫폼을 제시하였으며 동시에 향후 5~10년 사이에 안정화에 이를 것으로 예측하였다. 아래 그림은 가트너가 발표한 hype 곡선이다.

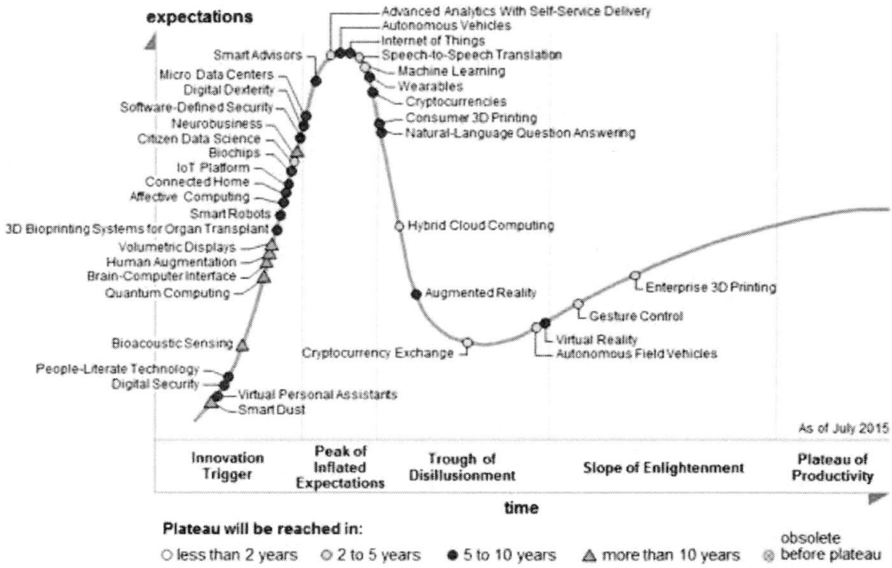

그림 7-1 Gartner의 hype 곡선(2015)
*출처: 가트너 그룹(2015. 08) 보도자료. http://www.gartner.com/newsroom/id/3114217

휴대전화의 표준화, 배치, 이용 장려를 지원할 목적으로 설립된 "GSM Association"는 2014에 사물인터넷을 통해 사람과 프로세스 사이에 널리 연결되어 산업간 협업 지원 등 잠재적으로 전 세계적으로 수십억의 사람들이 혜택을 누릴 것이며 운송, 물류, 의료, 유틸리티와 같은 경제의 많은 분야에 긍정적인 영향을 미칠 것으로 전망[17]하였다.

나. 사물인터넷의 생태계

사물인터넷은 특정 기관이나 기업, 개별적·폐쇄적인 형태에서 개방된 사물인터넷 서비스(Everything as a Service)로 진화되면서 주변 기술과 융합되어 하나의 생태계를 구성하고 있다. 모든 것이 연결되는 과정에서, 방대한 비정형 데이터의 처리·분석(빅데이터) 및 효과적인 정보처리(클라우드) 산업도 막대한 시장 형성하고 있다.

사물인터넷 생태계에서는 IoT 기기를 통해 기업이나 정부, 소비자들 등 서비스 이용자들이 플랫폼에 접근할 수 있도록 지원하고, 서비스에 연결하고

17) GSMA(2014.07), Understanding the Internet of Things(IoT))

모니터링 하는 등 목적에 따라 적절하게 활용할 수 있도록 지원[18]하고 있다. 아래 그림은 사물인터넷의 생태계를 보여주고 있다.

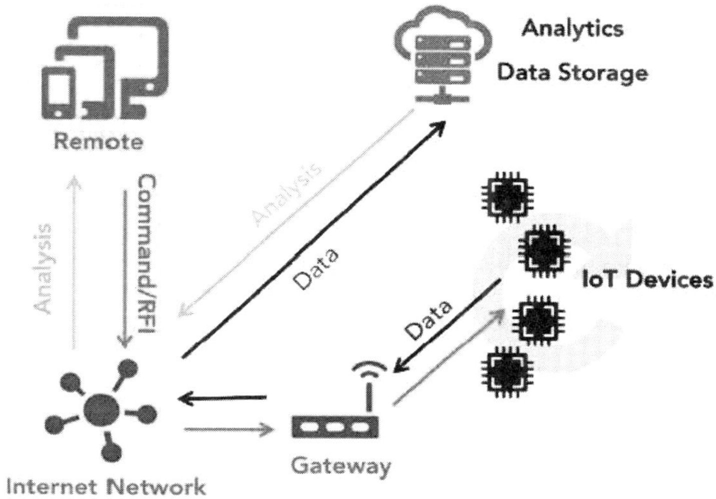

그림 7-2 사물인터넷 생태계자료: BI INTELLIGENCE (2015.9)

다. 사물인터넷 서비스에 대한 전망

국내 사물인터넷 시장은 2015년 3.8조 원에서 2022년 22.9조 원까지 성장할 것이며, 서비스 관련 매출의 비중이 52.6%까지 증가하며 성장을 주도할 전망이다.

그림 7-3은 국내 사물인터넷의 시장을 전망한 그래프이다.

18) `BI INTELLIGENCE(2015. 9), "THE INTERNET OF THINGS 2015: Examining How The IoT Will Affect The World"

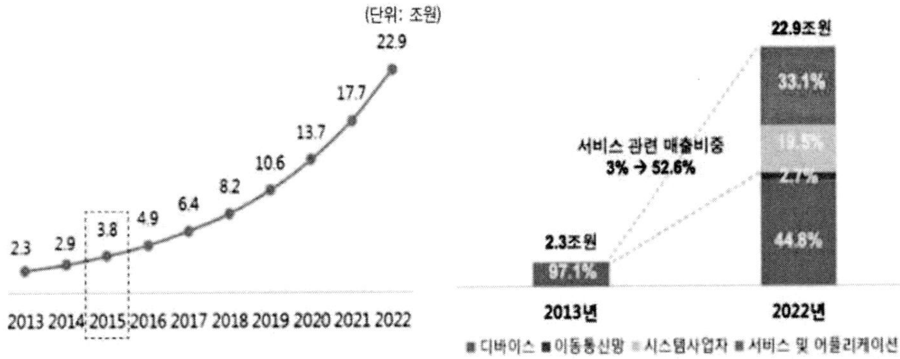

그림 7-3 국내 사물인터넷 시장 전망
*자료: 임정선(2015)

Business Insider, Inc는 2015에 세계적으로 IoT 디바이스 산업의 경우, 2015부터 2020년까지 연평균 성장률을 41%에 달할 것으로 전망하고 있으며, 6조 달러 투자에 대한 투자수익률(ROI)은 209%, 12.6조 달러에 이를 것으로 전망하고 있다. 하지만 각 부문별 투자수익률은 다르다.

네트워크 회사인 시스코는 2013에 IoT는 2020년까지 전 세계 기업 총 이익을 21% 성장시키는 잠재력을 가지고 있는 기술로, 모든 분야에 파괴적 혁신을 유발할 것으로 전망하고 있다. 또한 미국의 IT 및 통신, 컨슈머 테크놀로지 부문 시장 조사 및 컨설팅기관인 "IDC"는 2013에 현재와 같은 추세가 이어질 경우, 10년간(2013년~2022년)까지 공공 부문 4.6조 달러, 민간 14.4조 달러 규모의 가치를 발생시킬 것으로 전망되고, 이중 생활밀착형이고 지능화된 Sensing 융합서비스 및 차세대 디바이스의 규모가 증가할 것으로 전망했다. 맥킨지는 2015에 사물인터넷 시장에 대해 2025년까지 연간 최소 3.9조 달러 에서 최대 11.1조 달러로 내다보고, 2025년은 세계 GDP의 11%에 달하는 규모로 성장할 것이라 전망하였다. 그림 7-4는 맥킨지에서 전망한 사물인터넷의 잠재적 경제 영향력을 보여주고 있다.

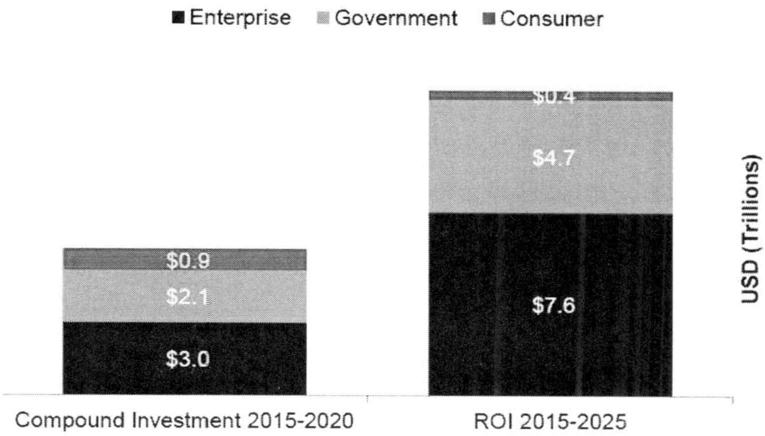

그림 7-4 사물인터넷 투자수익률(ROI) 예측
*자료: Business Insider, Inc (2015)

그림 7-5 사물인터넷의 잠재적 경제 영향력에 대한 전망
*자료: McKinsey & Company (2015.06)

6) IoT 서비스의 세계 동향

가. B2C 중심의 IoT 서비스 발전

기존 M2M 기술이 적용되는 전통적인 분야는 자동차, 원격 검침, 물류/유통/금융, 보안/관제, 의료, 자산 관리 등 B2B(Business to Business) 시장을 대상한 서비스들이 주를 이루고 있었으나, 최근에는 사람들의 삶과 밀접한 생활 영역에서 흥미로운 B2C(Business to Consumer) 서비스들이 등장하고 있다. 최근 주목을 받고 있는 B2C 영역에서의 IoT 서비스들을 살펴봄으로써 개별 서비스들의 특징을 이해하고, IoT 서비스들이 가지는 전반적인 공통점을 파악해보자.

다음 표 7-1은 B2C 기반의 IoT 서비스를 분류한 것이다.

[표 7-1] B2C 기반의 IoT 서비스 분류

분류	주요 기능	대표적인 서비스
헬스케어 서비스	운동량 및 수면상태 확인	Nike + FuelBand, Jawbone Up, Fitbit Flex
	허리 자세 확인	LUMOback
	심장박동 확인	Wahoo, NuMetrex
	식사 습관 확인	HAPIfork
감성 서비스	가족/연인 상태확인	Good Night Lamp, Pillow Talk
	노인 건강 확인	Lively, BeClose
스마트홈 서비스	에너지 관리	Nest Thermostat, SmartThings
	출입문 관리	Lockitron, August, Kwikset Kevo
애완 동식물 서비스	애완동물 관리	FitBark, Whistle
	애완식물 관리	Koubachi, Parrot Flower Power, Plant Link

나. 사물을 통한 헬스케어 서비스 확대

헬스케어 분야에서 주목을 받고 있는 IoT 서비스로는 Nike + FuelBand, Jawbone Up, Fitbit Flex 등이 있다. 밴드 형태의 센서 디바이스를 통해 평소의 운동량 및 수면 상태 등을 체크함으로 건강관리에 도움을 주는 서비스로서 최근 젊은 층을 중심으로 많은 관심을 받고 있다. 가속도 센서를 통해 사람의 움직임을 감지하고 분석하는 기능을 제공함으로써 사용자는 스마트폰 앱을 통해 언제 어디서나 자신의 운동량과 생활 패턴을 쉽게 파악할 수 있다. 최근에는 오픈 API를 통해 헬스케어 관련 다양한 외부 애플리케이션들과의 연동 기능도 제공하고 있다. 그림 7-6, 7-7, 7-8은 최근 유행하고 있는 손목에 차는 밴드 상품들을 보여주고 있다.

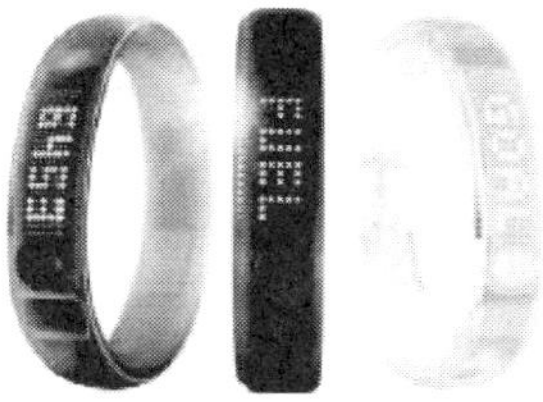

그림 7-6 Nike + FuelBand

그림 7-7 Jawbone Up

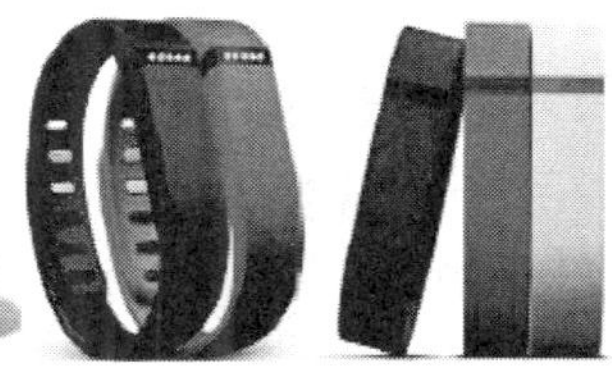

그림 7-8 FitbitFlex

올해 CES 2013에서 발표된 HAPIfork도 포크를 활용한 흥미로운 IoT 서비스로서 관람객들의 많은 관심을 받았다. 포크에 가속도 센서를 부착하여 사람들의 먹는 행위를 분석하고 이를 통해 식생활 습관을 개선하는데 도움을 주는 서비스로서, 총 식사시간, 분당 포크 사용 횟수, 포크 사용 간격 등의 데이터를 블루투스 4.0과 USB를 통해 스마트폰으로 전송한다. 사용자의 식사패턴에 대한 분석 및 코칭을 통한 올바른 식사 패턴을 추천함으로써 건강한 식생활 습관을 유도하는 것을 목적으로 한다. 다음 그림 7-9는 HAPIfork 포크를 보여주고 있다.

그림 7-9 HAPIfork 디바이스 및 서비스 구성 요소

의료 분야에서는 다양한 센서 디바이스를 통해 신체의 특정 위치에서 혈압 및 심장 박동 횟수 등의 정보를 파악하는 것은 이미 보편화되어 있다. 최근에 의료 분야와 직접적인 관련이 있는 것은 아니지만, 신체의 일부분에 센서 디바이스를 부착하는 형태의 흥미로운 IoT 서비스들이 등장하고 있다. LUMOback은 허리에 부착되는 센서 디바이스를 통해 일상생활에서의 허리 자세를 분석하고, 실시간으로 올바른 자세를 유지하도록 가이드함으로써 허리 건강관리에 도움을 제공하고자 한다. 스마트폰을 통해 사용자의 현재 허리 자세와 평소 생활 속의 허리 자세를 분석하여 제공한다. 다음 그림 7-10은 LUMOback의 디바이스를 보여주고 있다.

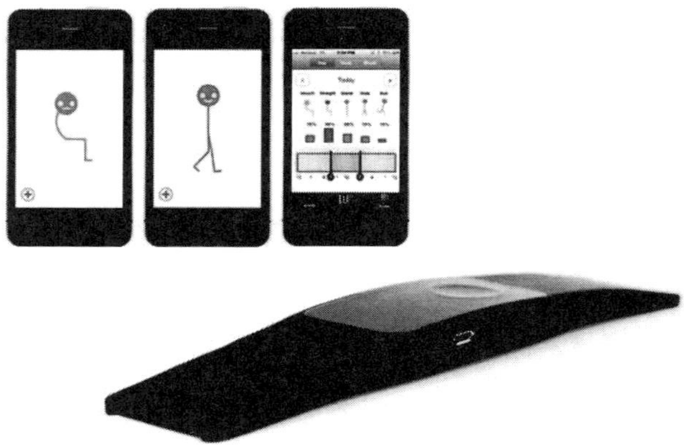

그림 7-10 LUMOback 디바이스 및 서비스 구성 요소

다. 사물을 통한 서로간의 감성 공유

멀리 떨어져있는 가족이나 연인간의 상태를 공유함으로써 서로간의 공감을 자극하는 감성적인 IoT 서비스들도 등장하고 있다. Good Night Lamp 서비스는 램프라는 매개체를 통해서 가족이나 연인이 함께 있는 것처럼 느끼게 해 주는 감성 서비스로서, 인터넷으로 연결된 램프의 상태를 상대방의 작은 램프를 통해 실시간으로 공유함으로써 마치 함께 생활하고 있다는 감정을 느낄 수 있다. 유사한 서비스로는 베개를 매개체로 연인간의 심장소리를 전달함으로써 감성을 자극하는 Pillow Talk 서비스가 있다. 다음 그림 7-11은 Good Night Lamp 디바이스를 보여주고 있다.

그림 7-11 Good Night Lamp 디바이스

또한, Lively 서비스는 혼자 사는 노인들의 일상생활의 움직임을 분석하여 멀리 떨어져 있는 가족들이나 지인들에게 공유함으로써 함께 생활하고 있다는 느낌을 제공하는 감성 서비스이다. 침실, 주방, 화장실 등의 일상 공간에 움직임 센서를 부착하여 노인들의 일상 행동에 이상이 없는지를 분석한다. 또한, 부가 서비스인 LivelyGram을 통해 가족들이 공유한 사진들을 소책자로 만들어서 인터넷이나 스마트폰에 익숙하지 않은 노인들에게 제공함으로써 또 다른 감성을 느낄 수 있도록 제공하고 있다. 다음 그림 7-12는 Lively 디바이스를 보여주고 있다.

그림 7-12 Lively 디바이스

라. 사물을 통한 생활 편의성 확대

기존 M2M 서비스에서 가장 보편적인 형태가 바로 원격 모니터링 서비스이며, 집안의 다양한 가전기기들을 제어하기 위한 스마트홈(Smart Home) 관련 새로운 IoT 서비스들이 등장하고 있다. Nest Learning Thermostat은 기존의 난방기기 온도제어 장치의 패러다임을 바꾼 새로운 아이디어로 온도 및 습도 센서를 통한 실내 온습도 감지 및 움직임 센서를 통한 외출 등의 상태 파악을 기반으로 적절한 실내 온도를 유지시킴으로써 에너지 절약에 도움을 제공한다. 사용자들이 상황에 따라 설정하는 온도를 지속적으로 학습하여 맞춤형 온도를 추천하며 스마트폰을 통해 원격에서도 난방기기의 온도를 제어할 수 있다. 또한, 스마트그리드 서비스와의 연동을 통해 에너지 비용이 가장 저렴한 시간대를 활용할 수 있는 플랜도 제공하고 있다. 최근에는 Nest Learning Thermostat에 에어컨을 포함한 다양한 홈 디바이스들이 연결됨으로써 단순한 제어 장치가 아니라 에너지 절감을 위한 홈 게이트웨이로 점차적으로 진화 발전하고 있다. 다음 그림 7-13은 Nest Learning Thermostat 서비스 및 디바이스를 보여주고 있다.

그림 7-13 Nest Learning Thermostat 서비스 및 디바이스

Lockitron은 도어 락을 인터넷으로 연결하여 스마트폰을 통해서 원격에서도 제어할 수 있도록 제공하는 간단한 서비스이다. 이처럼 집안의 다양한 사물들이 인터넷으로 연결되어 스마트폰을 통해 사람과 소통하는 서비스들이 지속적으로 등장할 것으로 예상되며, 미래에는 이러한 사물들끼리의 소통 및 협업을 통해 혁신적인 형태의 서비스도 등장할 것으로 기대된다.

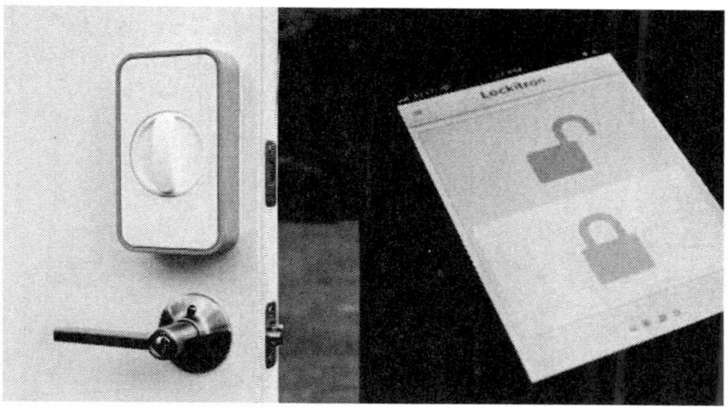

그림 7-14 Lockitron 디바이스 및 서비스

마. 사물을 통한 애완 동식물 관리

앞서 살펴본 IoT 서비스들은 의식주와 관련해서 생활의 편의성을 높이기 위해 사물들과의 소통을 활용하는 서비스인 반면, 사람들이 키우는 애완동물이나 식물과의 소통을 위한 다양한 IoT 서비스들도 등장하고 있다. FitBark는 애완동물에게 움직임 센서를 부착하여 스마트폰을 통해 애완동물의 활동량을 실시간으로 체크하는 서비스이며, SNS를 통해 자신의 애완동물의 상태를 공유하는 기능도 함께 제공하고 있다. 다음 그림 7-15는 FitBark 디바이스 및 서비스를 보여주고 있다.

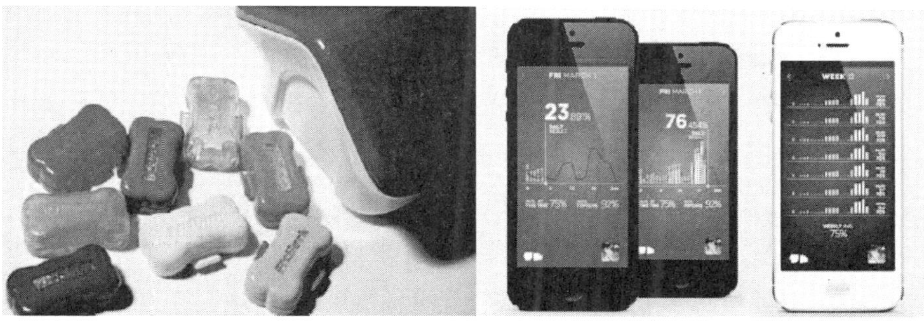

그림 7-15 FitBark 디바이스 및 서비스

Koubachi는 화분에 온도, 습도, 조도 등을 감지하는 센서 디바이스를 통해 식물의 상태를 확인함으로써 물을 주는 정확한 시기 등의 정보를 제공한다. 키우는 식물의 종류와 현재 기후 조건에 따라서 맞춤형 서비스를 제공하며, 스마트폰을 통해 현재 식물의 상태를 모니터링할 수 있다. 기존의 식물 재배와 관련된 일반적인 스마트폰 앱과는 달리 센서 디바이스를 통해 실제 식물의 상태를 모니터링해서 상황에 맞는 정보를 제공한다는 측면에서 Koubachi 서비스의 차별화 포인트를 찾을 수 있다. 그림 7-16은 Koubachi 디바이스 및 서비스를 보여주고 있다.

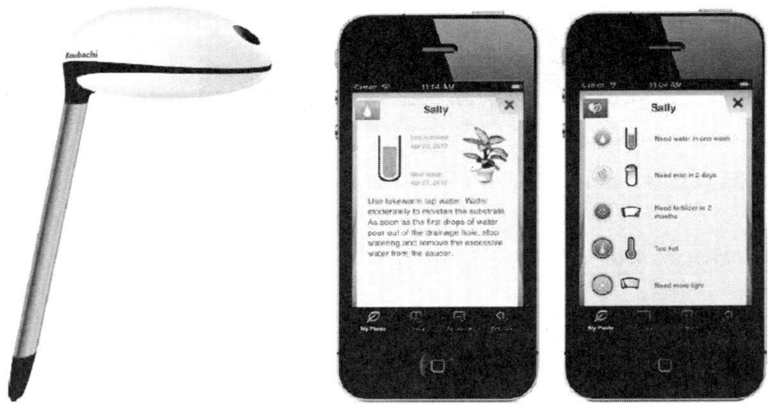

그림 7-16 Koubachi 디바이스 및 서비스

바. 소통의 매개체로서의 IoT 서비스

최근 IoT 서비스들의 기술 및 비즈니스 특징들을 정리하면 다음과 같다. 첫째, 모든 IoT 서비스들은 센서 디바이스를 통해 상황인지 기능을 제공하고 있으며, 스마트폰이라는 매개체를 통해 인간과 사물을 연결함으로써 새로운 소통의 가치를 만들어내고 있다는 점이다. 다시 말해, 스마트폰의 활성화가 IoT 서비스 성장의 원동력이라는 사실을 알 수 있다. 둘째, 서비스 개발에 있어 초기에는 오픈 하드웨어를 기반으로 프로토타입을 개발하고, 클라우드 펀딩을 통한 자금으로 상용 서비스로 진화 발전시켜나가는 것이 점차적으로 일반화되고 있다는 점이다. 셋째, IoT 센서 디바이스 연결을 위해 블루투스 4.0 기반의 무선 센서 네트워크 기술을 주로 사용하고 있다는 것도 주목할 만한 부분이며, IoT 서비스 제공을 위한 자신들의 독립적인인프라 구축보다는 개방형 IoT 클라우드 플랫폼 활용이 점차적으로 확산되고 있다는 것도 큰 기술적인 특징으로 볼 수 있다.

앞서 살펴본 모든 IoT 서비스들은 사람과 사물간의 소통, 사물과 사물간의 소통, 사람과 사람간의 소통을 통해 기존 사물이 제공하던 본연의 역할을 뛰어넘어 진화된 기능을 제공함으로써 궁극적으로는 우리 삶의 가치를 높이고자 한다. 예를 들면, 장식품으로서의 손목 밴드와 식사를 위한 도구로서의 포크에다가 IoT 기술 접목을 통해 사용자의 운동량과 식사 패턴을 분석하여 건강 증진에 도움을 제공함으로써, 우리의 삶에 새로운 가치를 부여하고 있다. 이렇듯 IoT 서비스 확산을 위해서는 사물이 주체적으로 행동함으로써 자신의 활동 범위를 점차 확대하고, 다양한 정보 분석을 통해 우리의 삶에 새로운 효용 가치를 제공해야 할 것이다.

7) 사물인터넷 시대 대응 및 활용을 위한 기업관점 실행과제

사물인터넷 시대에 대한 전략적, 구체적 기본 계획 개발이 시급하다. 사물인터넷의 높은 성장세와 타 산업에 미치는 영향이 크다는 것을 알 수 있을 것이다. 사물인터넷은 미래기술 혹은 단순 시사상식이 아닌 패러다임을 전환 시키는 경영환경의 변화로 기업은 인식해야 한다. 즉, 사물인터넷을 파악하는 단계가 아닌 전략적이면서도 구체적인 기본 계획 개발을 서둘러야 한다. 세계 4대 회계 법인으로 비즈니스와 기술적인 관점에서 컨설팅도 하는 딜로이트는 세계 선도 기업들과 수행한 프로젝트 경험을 바탕으로 기업들이 사물인터넷 시대를 선제적으로 준비하고 적극적으로 활용하기 위해 다음과 같은 5단계 과제를 도출하였다. 다음 그림 7-17은 딜로이트가 제안한 사물인터넷 혁신 5단계 전략을 보여주고 있다.

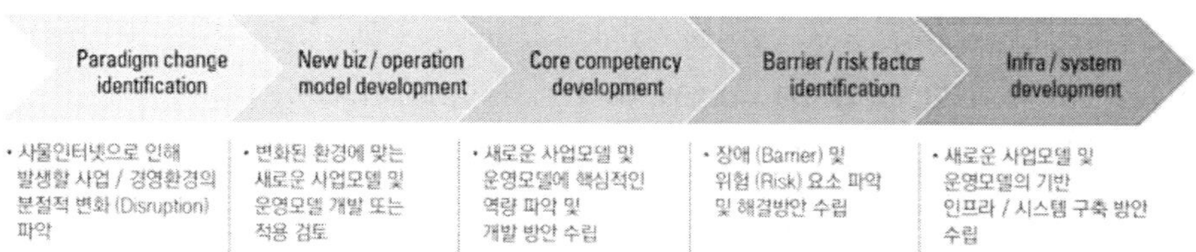

그림 7-17 딜로이트의 사물인터넷 혁신 5단계 전략

가. 1단계: Paradigm change identification

사물인터넷이 기존 경영환경에 초래할 변혁을 파악하고, 그 변혁에 앞서가야 한다. 즉, 기업은 단순히 거시적 측면에서의 경영환경 변화만을 파악하는 것이 아니라, 자신이 속한 산업과 기업에 나타날 현재와는 연속되지 않을 구조적 전환 Disruption에 대한 면밀한 고찰을 하여야 하며, 이는 사물인터넷 시대를 준비하는 첫걸음이 된다.

현재 기업 활동에서 홈페이지나 전자 우편 등 인터넷 없는 상황은 가정하기도 어려운 상황이다. 전화모뎀을 통해 인터넷을 연결하던 20년 전을 생각하면 얼마나 인터넷이 우리의 삶을 변화시켰는지를 알 수 있다. 향후 10년 후, 현재 기업 활동에 활용되는 기계장치, 운송수단, 적재시설, 심지어 필기도구 등이 사물인터넷과 연결되어 서로 스스로 소통이 가능할 경우, 시장과 경쟁 환경, 프로세스와 조직업무가 어떻게 변화될지 예측하여야 한다.

나. 2단계: New biz/operation model development

사물인터넷 시대에 맞는 새로운 사업모델 개발이 필요하다. 즉, 사물인터넷으로 인해 변화될 미래 환경에 대한 이해가 어느 정도 확보되면, 그 변화에서 새롭게 나타날 사업기회 및 운영혁신의 기회를 찾아내야 한다. 현재 선도 기업이 누리고 있는 많은 이점 및 우월적 역량이 사물인터넷 시대에는 무용해질 수 있고, 선도 기업은 이에 대한 방어전략, 후발주자/신규기업은 이에 대한 공격전략 차원에서 새로운 혁신적인 사업모델과 운영모델 개발이 필요하다.

인터넷 플랫폼 경쟁에서 마이크로소프트는 PC에서의 독점적 운영시스템(OS) 기반을 무기로 넷스케이프를 누르고 인터넷 브라우저 시장을 장악했으나, 구글이 우월한 검색엔진을 바탕으로 경쟁 축을 전환시키고 새로운 독점적 플랫폼 사업자로 부상한 사례가 주는 시사점은 대단히 크다.

다. 3단계: Core competency development

사물인터넷기반 사업 및 운영혁신에 필요한 역량 확보는 내부개발 또는 외부협력 차원의 전략적 확보방안 수립이 전제되어야 한다. 즉, 사물인터넷 시대에 맞는 혁신적 사업모델 및 운영모델을 찾아냈다면, 이를 자신의 기업에 적용하고, 경쟁력을 확보할 수 있도록 핵심역량을 도출하고 이의 확보방안을 찾아내야 한다. 새로운 사업모델이 성공하기 위해서는 후발주자가 복제하기 어려운 핵심역량 또는 자산의 확보가 필수적이다.

선도적 입지확보와 효율적 매장운영으로 도서유통 시장을 장악했던 반즈앤노블스를 아마존은 폭과 접근성에서 차원이 다른 서평과 독자리뷰 제공이라는 새로운 역량을 기반으로 압도할 수 있었다.

핵심 역량은 스스로 개발하고 내재화해야 할 역량도 있으나 전략적 제휴를 통해 확보하는 것이 나은 역량도 있다. 가장 대표적 사례로 삼성전자와 구글이 스마트폰에서 보여주고 있는 환상적인 협력체계를 들 수 있다. 내재화할 역량과 외부와 협력해야 할 역량에 대한 선정은 다음의 2가지를 중심으로 살펴보아야 한다.

❶ 기업이 보유하고 있는 해당 핵심 역량 개발능력

❷ 다른 업체와 협력할 경우 상생 구도를 만들 수 있는 능력

내부개발이 가능할 경우 상생 구도가 가능하면 전략적 제휴가 효과적일 수 있으나, 애플과 AT&T의 제휴관계에서 볼 수 있듯이 내부개발의 난이도를 떠나서 상생 구도가 만들어지지 못하는 경우에는 외부와의 협력이 오히려 족쇄가 될 수 있다. AT&T는 애플 아이 폰에 초기 무선통신시장 진입기회를 제공하였으나, 이후로는 애플과의 협상권에 완전히 밀려 독점 협력관계가 깨지게 되었다. 결국, 이용만 당하고 얻는 것은 없는 결과를 보고 말았다.

라. 4단계: Barrier/risk factor identification

사물인터넷 시대에 사이버 보안 은 현재와는 다른 핵심이슈로 대두될 것이다. 즉, 개인 사물인터넷 기기는 물론 가정 및 심지어 신체 일부까지 인터넷과 연결된 데이터 소스 화됨에 따라 프라이버시에 있어서 위험소지는 더욱 많아지게 된다. 실제로 아직 전면적 실용화 단계에 들어가지도 않은 구글 글라스는 공연관람 또는 운전 중 착용에서부터 이미 많은 논란을 일으키고 있다. 이처럼 기업은 사물인터넷 확산에 따른 데이터 취득, 축척, 전달, 공시 활용 등 전 데이터 관리 프로세스를 아우르는 포괄적 정책 및 기준 수립이 필요하다. 사물인터넷관련 제품 및 서비스 출시는 물론 업무 프로세스 혁신에 따라 향후 발생할 수도 있는 법적, 윤리적 제재에 대한 대비를 위해 위험요소의 파악 및 해결방안의 수립은 반드시 전제되어야 한다.

마. 5단계: Infra/system development

사물인터넷 관련 구현과제는 인프라와 시스템에 대한 밑그림이 전제되어야 한다. 즉, 사물인터넷 시대 대응 차원에서 수행할 구현과제가 정해졌다면, 신규 사업 또는 지속적 운영혁신을 이루기 위해 어떠한 시스템이 연결

또는 개발되어야 하는지 의사결정 하여야 한다. 아직은 사물인터넷 도입단계로 플랫폼은 물론 솔루션 및 주요기술요소들의 표준화가 이뤄지지 않았고, 일부는 아직 세상에 존재하지도 않는 상황이어서, 원하는 시스템 및 프로세스 개발을 위해서는 센서, 통신네트워크, 사용자 응용프로그램 등을 다양한 공급업체로부터 조합해내야 한다. 이러한 복잡한 과제를 효과적으로 수행하기 위해서 시작부터 기반 인프라와 시스템에 대한 체계적인 밑그림 개발과 통합적인 실행계획 수립이 필요하다.

사물인터넷은 더 이상 먼 미래가 아닌 이미 도래하고 있는 경영환경이고, 각 기업은 사물인터넷이 초래하는 새로운 패러다임에 대한 이해를 바탕으로 거시적이면서도 동시에 실질적인 대응/활용 전략 수립이 필요하다. 디지털 시대의 도래를 적극적으로 활용하여 한국이 정보 강국이 될 수 있었던 것처럼, 국가는 물론 기업도 보다 선제적, 적극적으로 사물인터넷을 준비할 때이다.

7.2. 사물인터넷 가치사슬

1) 사물인터넷 가치의 연결

가. IoT 플랫폼의 특징

IoT 서비스와 밀접한 관련이 있는 기술은 3가지 기술 요소로 구성된다. 첫째, 사물과 외부 환경을 인지하기 위한 센서 기술, 둘째, 센서 디바이스와의 연결 및 인터넷 연결을 지원하는 네트워크 기술, 셋째, 사물과 인간, 그리고 서비스 연결을 위한 다양한 인터페이스와 응용 서비스를 제공하는 플랫폼 기술로 정리할 수 있다.

그림 7-18 M2M 비즈니스 가치 사슬 구조

기존 M2M 비즈니스의 가치 사슬(Value chain) 구조를 살펴보면 센서와 네트워크 모듈을 제공하는 하드웨어 벤더, 네트워크 서비스를 제공하는 통신 사업자, M2M 서버를 통한 연결 서비스를 제공하는 플랫폼 벤더, 디바이스 관리와 같은 솔루션을 제공하는 솔루션 벤더, 개별 사업 영역별로 요구사항에 따른 서비스를 제공하는 서비스 벤더, 최종 서비스를 소비하는 사용자의 전형적인 형태로 구성되어 있다. 이러한 단계별 가치사슬 구조를 가진 기존 M2M 비즈니스 환경에서는 서비스 경쟁력을 강화하기 위해 가치 사슬을 단순화함으로써 시장 적시성(Time to market)을 높이는 것이 가장 중요한 성공 요인이었다.

나. 서비스 결합을 통한 가치 창출

IoT 시장 환경에서는 점차적으로 수직적(Vertical) 구조의 개별 서비스들이 서로 유기적으로 결합하여 새로운 가치를 만들어 내는 형태로 발전하고 있다. 예를 들면, M2M 환경에서는 개별적으로 제공되는 스마트 홈과 관련된 홈오토메이션 서비스, 스마트 미터 서비스, 생활 편의 서비스가 IoT 환경에서는 서로 연계됨으로써 기존 서비스와의 차별화가 가능하며, 더 나아가 서비스 결합을 통해 홈 시큐리티와 건강 모니터링과 같은 추가적인 기능도 제공할 수 있다.

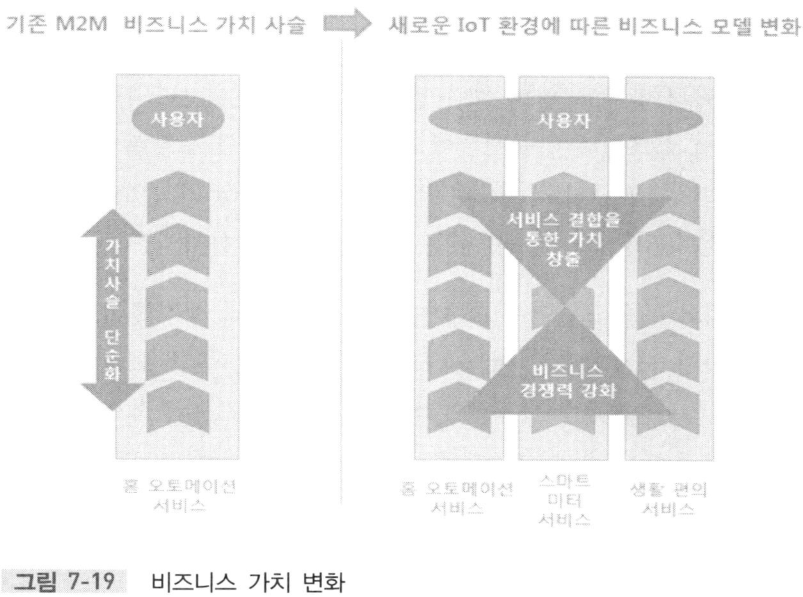

그림 7-19 비즈니스 가치 변화

다. 사물인터넷 가치사슬 성장구조

모든 IT 플랫폼은 하드웨어에서 시작하여 소프트웨어로 연결된다고 볼 수 있다. 사용자가 직접 사용할 수 있는 하드웨어를 기반으로 소프트웨어가 장착되고 인터넷이 연결되어 새로운 가치를 지닌 서비스가 만들어진다. 하드웨어는 처리장치, 저장장치, 입출력장치 등으로 구성되며 이를 구현하기 위한 다양한 부품들이 필요하다. 사물인터넷 시장의 성장도 이 같은 부품들의 조합인 하드웨어에서 시작된다.

[표 7-2] **사물인터넷 가치사슬 구조 및 성장률(단위: %)**

구분	하드웨어			서비스		
	반도체 칩	통신 모듈	단말기	플랫폼	통신	전문 서비스
유형	무선 송수신 칩, 센서	IoT 모듈	다양한 IoT 단말기	플랫폼 SW IoT 솔루션	유무선 네트워크	전문 IoT 서비스
평균 성장률 (2013~2022)	19.2	18.7	8.8	66.1	17.0	90.0

*출처: 한국수출입은행, Market Intlligence, 2014

사물인터넷의 가치사슬에서 가장 성장률이 높은 것은 하드웨어 부품이나 기기 자체 혹은 네트워크가 아닌 소프트웨어 플랫폼과 솔루션, 서비스 분야이다. IT 플랫폼의 성장은 새로운 기술이 하드웨어와 함께 선보이면서 시작된다. 이렇게 선보인 하드웨어는 다양한 경쟁자들의 참여 속에서 가격이 하락하며 이로 인해 보다 많은 이용자들에게 보급된다. 어느 정도 보급이 되어 소프트웨어 플랫폼이 자리를 잡으면 IT 플랫폼에 최적화된 네트워크가 탄생한다. 이후 기술은 상향평준화되고 본격적으로 서비스가 제공되면서 많은 사람들이 애용하는 킬러앱이 등장하기 시작한다.

일반적으로 하드웨어는 초창기에 보급될 때의 성장률이 좋다. 하지만, 대중화되어 보급되면서 어느 정도 발전되면 더 이상 보급이 이루어지지 않는다. 한편 보급된 하드웨어가 폐기되지 않고 지속적으로 이용됨에 따라 관련된 서비스 플랫폼 기반의 시장은 점차 확대된다. 예를 들어, 웹 플랫폼의 PC와 모바일 플랫폼의 스마트폰을 만들던 제조사는 초반 성장률이 뛰어났지만 기기의 보급이 인구수 대비 50%를 넘어가기 시작하면서 판매가 더뎌지기 시작했다. 이후의 성장 분야는 포털 서비스와 SNS와 같은 서비스를 만드는 기업과 더불어 관련 플랫폼 기업, 솔루션 개발사로 이동되었다.

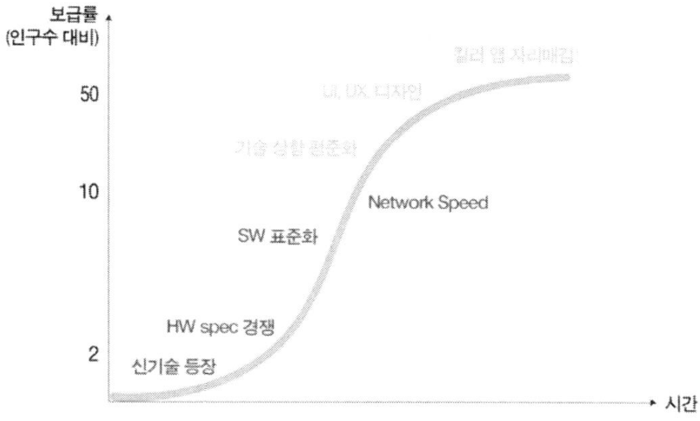

그림 7-20 IT 플랫폼의 진화 과정(단위:%)
*출처: 한국과학기술원

라. IoT 기술의 4가지 영역

최근 다양한 제품들에 IoT의 기술들이 적용되어 모니터링(monitoring), 제어(control), 최적화(optimization), 자율성(autonomy)이라는 4가지 영역으로 구분되어 발전하고 있다. 각각의 영역들은 그 자체로 가치가 있으며, 다음 영역을 위한 발판을 마련하는 기능을 한다. 각 영역은 다음 그림 7-21과 같이 구분할 수 있다.

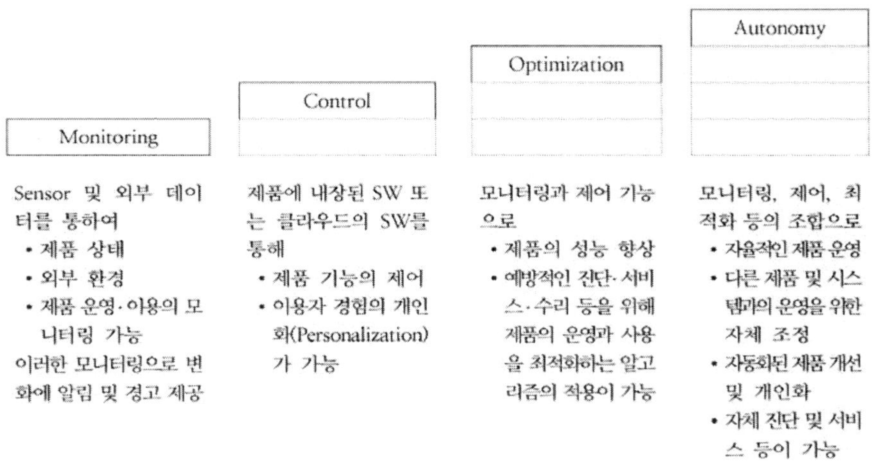

그림 7-21 IoT 기술을 적용한 제품의 기능
*출처: Porter & Heppelmann, "How Smart, Connected Products Are Transforming Competition", 2014

첫째, IoT 기술이 적용되는 제품에는 기본적으로 센서와 조직의 외부 데이터를 통해 제품의 상태, 운영 및 외부 환경을 종합적으로 모니터링할 수 있게 해준다. 이러한 감시, 관찰을 통해 기업과 소비자는 제품의 운영상 특성과 이력을 추적하고 제품이 실제적으로 사용되는 방식을 좀 더 분명하게 이해할 수 있다. 그리고 수집된 데이터는 제품 디자인, 시장 세분화, A/S와 같은 가치사슬 영역에 중요하게 활용된다.

둘째, IoT 제품 자체에 저장되어 있거나 제품 클라우드에 존재하는 알고리즘 및 명령을 통해 제품을 원격으로 제어할 수 있다. 여기서 알고리즘은 조건이나 환경이 특정하게 변화할 때 제품이 어떻게 대응할지 정해놓은 규칙을 뜻한다. 제품에 내장되어 있는 소프트웨어를 통하여 또는 클라우드 기술을 이용하여 제품을 제어함으로써 제품의 성능을 이용자가 원하는 수준으로 맞출 수 있는 개인화(Personalization)가 가능하다.

셋째, IoT 제품에서 모니터링을 통해 발생하는 풍부한 정보의 흐름과 제품의 작동을 제어하는 기능이 결합됨에 따라 과거에는 불가능했던 다양한 방식으로 제품 성능을 최적화시킬 수 있게 되었다. 과거 및 현재의 데이터를 분석하고, 이러한 결과를 바탕으로 알고리즘을 생성 및 적용함으로서 효율성, 활용성, 생산성 등을 향상할 수 있다. 특히 제품 상태에 대한 실시간 모니터링과 제품 조정 기능을 이용하여 고장이 예상될 때 제품을 미리 점검하고 원격으로 유지, 보수하는 최적화를 수행할 수 있다.

넷째, IoT 제품에서 모니터링, 제어, 최적화의 3가지 기능이 결합되면서 과거에는 수행할 수 없었던 수준의 자율성이 가능해진다. 주변 환경을 인식하고 자율적으로 수리(유지, 보수)의 필요성을 점검하며 사용자의 선호를 반영하여 적용할 수 있다. 또한 시스템에 존재 하는 다른 제품들과의 연동되는 활동을 포함한 운영 데이터를 모니터링하고, 이를 활용하여 알고리즘에 적용하며, 다른 제품들과 통신할 수 있다. 따라서 이러한 상황에서 운영자(Human operator)는 개별적인 제품이 아닌 제품군 전반이나 시스템 전체만을 관찰하고 이에 따른 성과만을 모니터링하면 된다.

2) IoT 산업의 경쟁구조

'기술의 변화'는 기술력보다 산업구조와 경쟁우위에 영향이 더 큰 의미를 가지게 된다. 따라서 IoT 기술이 기업의 위치나 산업의 매력도를 강화 또는 약화시킬 수 있으므로 산업 구조에 미치는 영향을 살펴보아야한다. 그리고 일반적으로 기술은 제품에 국한되어 기업에 영향을 미치는 것이 아니라, 다양한 측면에서 기업의 가치사슬 전체에 영향을 미치고 있다. 따라서 IoT 기술이 기업의 가치사슬 전반에 걸쳐 미치고 있는 잠재적인 영향력을 구체적으로 분석해 보아야 한다.

가. 산업구조의 변화

거시적으로 IoT가 산업구조의 변화에 미치는 영향을 살펴본다.

기술이 기업의 가치창출 활동에 이용되고 광범위하게 확산, 활용될 때, 그 기술은 산업구조를 결정하는 중요한 변수가 된다. 이렇게 산업 내에 확산되는 기술은 진입장벽, 기존경쟁, 대체재, 공급자 협상력, 구매자 협상력 등 5가지 경쟁요인에 영향을 미친다. IoT 기술도 최근 기업의 가치창출 활동에 이용되고 다양한 기관에서 확산 및 활용될 것으로 전망하고 있으며, 최근 Porter(2014)는 IoT가 산업 내 경쟁을 규정하는 5가지 경쟁요인에 미치는 영향을 다음의 표 7-3과 같이 설명하고 있다.

첫째, IoT 기술이 신규 또는 잠재적인 경쟁자의 진입장벽에 미치는 영향이다. IoT 기술은 스마트 기능, 유무선 연결, 클라우드 통한 데이터 분석, 전달, 보안 등을 다양한 기술적 계층을 포함하는 복잡시스템으로 고정비용을 올림에 따라, 진입장벽을 높인다. 또한 기존의 단순 디바이스 생산에서 디바이스를 상호연결하고 데이터 처리, 가공 및 원격으로 전달하는 영역이 포함되어 제품에 대한 정의가 확대된다는 점은 신규 또는 잠재적인 경쟁자에 진입장벽으로 작용한다. 이외에도 초기에 빅데이터를 수집, 축적, 분석, 활용하는 능력으로 제품, 서비스를 차별화하여 구매자의 충성도와 전환비용을 높이는 점은 진입장벽을 높인다. 하지만 이와는 대조적으로 IoT 제품을 구성하는 보완적인 업체들에게는 성장할 수 있는 새로운 기회를 제공함에 따라 진입장벽을 낮춘다.

둘째, IoT 기술이 경쟁기업 사이의 경쟁관계에 미치는 영향이다. IoT 기술은 하드웨어, 소프트웨어 개발, 안정적인 연결, 데이터 분석, 저장, 보안 등 다양한 기술 계층 구조로 고정비용이 높아진다. 이렇게 고정비용이 높아지면 가격경쟁보다 데이터, 서비스를 통해 제품의 가치를 넘어서는 가치 제안에 집중하여 경쟁하게 된다. 또한 기존 또는 과거에 는 분리된 제품이나 서비스사이에 경쟁관계가 존재하지 않았지만, IoT 기술로 인해 제품이나 서비스가 확장된 시스템의 일부가 되면서 경쟁관계가 새롭게 형성되어 경쟁관계가 강화된다.

[표 7-3] **일반적인 기술 및 IoT 기술이 5가지 경쟁요인에 미치는 영향**

경쟁요인	기술이 미치는 영향	IoT 기술이 미치는 영향
진입장벽	· 기술의 변화로 신규 또는 잠재적인 경쟁자의 진입장벽 구축 또는 낮춤	· 진입장벽 높임 - 복잡한 구조로 인프라 등 고정비용 증가 - 기존 제품의 정의가 확대됨 - 초기 빅데이터 수집, 축적, 분석, 활용 능력으로 제품, 서비스 차별화 · 진입장벽 낮춤 - 다양한 기술적 구성요소
기존경쟁	· 원가구조와 가격정책에 영향	· 제품, 서비스의 기능 확장 차별화 및 부가가치 서비스 경쟁 강화 · 제품이나 서비스가 확장된 시스템의 일부가 되어 기존 경쟁관계 치열
대체재	· 기존 제품을 대체할 수 있는 제품 개발	· 높은 성능, 맞춤성, 사용자 가치 제공으로 대체재 위협 감소 · 확장된 대체 제품을 제공할 수 있으므로 대체재 위협 증가
공급자 협상력	· 기존 공급자로부터 구매 필요성 감소 · 새로운 공급자로부터 구매 필요성 증가	· 전통적인 물리적 공급자 협상력 약화 · 스마트 및 연결성 관련 구성요소 공급하는 업체들의 협상력 강화
구매자 협상력	· 제품차별화나 교체비용을 형성	· 밀접한 고객관계 형성으로 협상력 약화 · 제품의 성능에 대한 이해로 제조사 비교기회 제공으로 협상력 강화

***출처:** 김민식 · 이은민(2014), Porter(198), Barney(200), Porter & Hepelman(2014)의 내용을 재구성

셋째, IoT 기술이 대체재의 위협에 미치는 영향이다. IoT 기술은 기존 제품에 과거에는 지원되지 않았던 스마트 기능, 데이터 분석을 통한 맞춤형 제품 생산 및 부가가치 서비스 등의 제공을 가능하게 해주기 때문에 대체제의 위협을 감소시킨다. 하지만, 기존 제품의 기능 및 관련 부가서비스를 포괄하는 새로운 제품의 공급은 기존 제품을 대체할 수 있다. 특히 IoT 기술에 의해 필요로 하는 시간과 장소에서 제품을 사용한 만큼 지불하는 공유형 비즈니스 모델의 경우 기존의 소유권 모델을 모다 쉽게 대체할 수 있다.

넷째, IoT 기술이 공급자의 협상력에 미치는 영향이다. IoT 기술에 의해 반도체, 소프트웨어, 네트워크 서비스, 내장형 운영체제, 데이터 저장과 분석, 클라우드와 같은 기술적 구성요소를 제공하는 강력한 공급업체들이 등장하여 협상력을 강화할 전망이다.

마지막으로 구매자의 협상력에 미치는 영향력이다. IoT 기술은 수요자가 실제로 어떻게 제품을 사용하는지에 대한 데이터를 활용하여 세분화, 맞춤형 제품 생산, 부가가치 서비스로 확장하여 제공할 수 있는데, 이는 수요자와의 관계를 강화하여 전환비용을 높임으로써 구매자의 협상력을 약화시킨다. 반면 IoT기술은 다양한 제조업체의 데이터를 활용하여 성과를 비교함으로써 업체를 선택할 수 있으며, 서비스로서의 제품을 다루는 비즈니스 모델이나 제품 공유 서비스는 전환비용을 줄여 구매자 영향력을 강화할 수 있다.

나. 기업의 가치사슬

미시적으로 IoT가 기업의 가치사슬 활동에 미치고 있는 잠재적인 영향력을 분석해 보고자 한다.

기업의 지속적인 경쟁우위에서 기술이 갖는 의미와 영향을 분석하기 위해서는 기본적인 도구로서 가치사슬이 필요하다. 일반적으로 기술은 기업의 본원적인 또는 지원적인 가치창출 활동 안에 내재되어 있으며, 이러한 기술의 변화는 실질적으로 기업의 가치사슬의 활동에 영향을 미쳐 경쟁우위 확보에 있어 중요한 작용을 한다.

그림 7-22는 기업의 가치사슬에서 대표적인 기술을 보여준다.

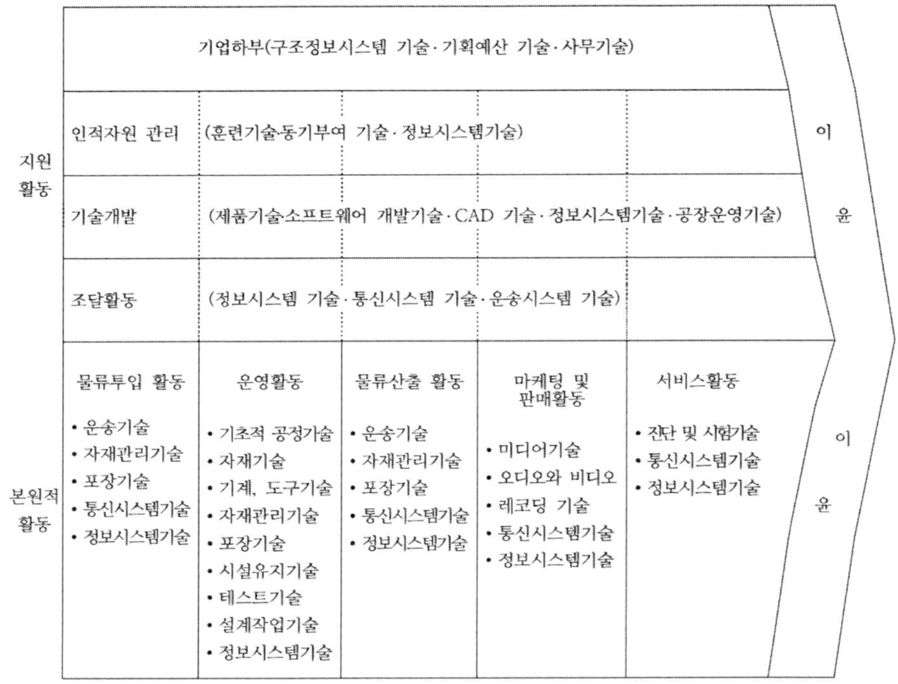

그림 7-22 가치사슬에서 대표적인 기술
*출처: Porter,"Competitive advantage: Creating and sustaining superior perfor mance",1998

실제적으로 본원적인 가치창출 활동에 있어서 투입물과 인적자원이 결합되어 산출물을 생산하기 위해서는 다양한 기술을 활용되어야 한다. 그리고 기업 조직의 외부에서 구입된 투입물 내에도 기술이 내재되어 있다. 이와 같이 내재된 기술은 본원적인 가치창출에서 사용되는 기술과 서로 상호작용을 한다.

또한 지원적인 활동에 다양한 형태의 기술이 활용되고 있다. 특히 가치사슬의 지원적인 활동 부문에 있어 정보시스템이 가치사슬에 광범위하게 연계되어있다. 이러한 정보시스템 기술은 다양한 가치창출 활동의 조정 및 최적화에 있어 정보의 흐름을 관리하는 역할을 수행하고 있다.

이와 같이 서로 다른 가치사슬에서의 활동에 활용되고 있는 다양한 기술들은 서로 관련되어 있기 때문에, 가치사슬에서의 연계를 위한 원천으로 작용하기도 한다. 따라서 극단적인 경우 한 부문에서의 기술변화가 기업 가치사슬 전반의 형태 변화를 초래하는 사례도 존재한다.

이러한 기술 사이의 상호적인 의존성은 기업 외부에 존재하는 공급기업, 유통채널, 구매자와의 연계도 가져온다. 결국 기술은 기업의 가치사슬 전반에 영향을 주며, 부분적으로 공급기업, 구매자, 유통채널 등의 기술과 영향을 주고받는다.

최근 센서, 마이크로프로세서, 저장장치 등이 소형화 되면서도 성능은 강화되고 동시에 에너지 효율성과 경제성이 증가됨에 따라 다양한 제품에 내장되고 있다. 또한 저렴하면서도 언제 어디서나 접속이 가능한 무선통신 환경이 도래하였으며, 보다 다양하고 수많은 사물들을 연결하는 접속기술들이 발전하고 있다. 이외에도 신속하고 보다 쉽게 애플리케이션을 개발·운용할 수 있는 지원도구 및 서비스들도 지원되고 있다.

이러한 ICT 기술 환경의 다양한 혁신은 IoT기술의 등장과 활용을 가능하게 하고 있다. 이러한 IoT 기술이 기업의 일반적인 가치사슬 활동에 미치는 영향은, 지원적인 또는 본원적인 가치사슬에 존재하는 기존 기술에 센싱, 네트워킹, 인터페이스 기능의 활용을 통해 기존 업무방식 및 프로세스의 변화를 가져온다는 점이다. 특히 기업의 가치사슬 활동에서 기본적으로 IoT 기술이 적용되어 발생하는 데이터를 활용할 수 있는 정보시스템(데이터베이스, 빅데이터 분석, 클라우드 서비스 등)이 활성화되면 일반 기업의 다양한 가치사슬 활동에 커다란 영향을 미치고 있다. 기업의 가치사슬에 사물인터넷 기술이 미치는 영향을 기존 가치사슬에의 대표적인 기술 중심으로 분석해 보면 다음 그림 7-23과 같다.

<table>
<tr><td rowspan="4">지원활동</td><td rowspan="4">○ IoT 기술을 도입되면 기존 정보시스템에 주요한 영향을 미침
- 기업정보시스템에서 빅 데이터를 수집 및 분석 처리
- 이를 위해 스토리지, 네트워크 접속, 데이터 분석 등 새로운 기반 솔루션 및 서비스 등이 업그레이드 및 새롭게 도입
- 이러한 빅 데이터의 분석을 통한 정보흐름으로 공급체인, 조직운영, R&D 등의 지원활동이 조정 및 최적화</td><td colspan="3">(정보시스템 기술·기획예산 기술·사무기술)</td><td>기업하부</td></tr>
<tr><td colspan="3">(훈련기술·동기부여 기술·정보시스템기술)</td><td>인적자원 관리</td></tr>
<tr><td colspan="3">(제품기술·소프트웨어 개발기술·CAD 기술·정보시스템기술·공장운영기술)</td><td>기술개발</td></tr>
<tr><td colspan="3">(정보시스템 기술·통신시스템 기술·운송시스템 기술)</td><td>조달활동</td></tr>
<tr><td rowspan="2">본원적활동</td><td>물류투입 활동
• 운송기술
• 자재관리기술
• 포장기술
• 통신시스템기술
• 정보시스템기술</td><td>운영활동
• 기초적 공정기술
• 자재기술
• 기계, 도구기술
• 자재관리기술
• 포장기술
• 시설유지기술
• 테스트기술
• 설계작업기술
• 정보시스템기술</td><td>물류산출 활동
• 운송기술
• 자재관리기술
• 포장기술
• 통신시스템기술
• 정보시스템기술</td><td>마케팅 및 판매활동
• 미디어기술
• 오디오와 비디오 레코딩 기술
• 통신시스템기술
• 정보시스템기술</td><td>서비스활동
• 진단 및 시험기술
• 통신시스템기술
• 정보시스템기술</td></tr>
<tr><td colspan="5">○ IoT 기술을 도입되어 소재, 반제품, 완성품, 생산설비 등에 센서, 네트워킹, 인터페이스 기능이 부착되면, 물류 투입에서 운영, 물류산출, 마케팅 및 판매활동, 서비스 활동에서 생성되는 데이터를 수집·분석·활용하여 다양한 문제점들을 실시간으로 해결하는 공정혁신을 강화(비용절감, 효율성 증대, 실시간 모니터링 및 피드백, 고객 맞춤형 생산 등)
- 빅 데이터를 활용하는 정보시스템기술은 지원활동과 본원적 활동을 연계하는 중요한 기능을 수행
- 기존 제품 및 서비스에 대한 IoT 기술 적용을 통해 새로운 수익 창출이 가능한 제품 혁신도 강화</td></tr>
</table>

그림 7-23 IoT 기술이 가치사슬에 미치는 영향

*출처: 김민식, 이은민, "IoT 기술 등장에 따른 기업 환경변화와 경쟁우위에 대한 고찰", 2014

다. 플랫폼 경쟁의 가속화

IoT의 구체적 성과가 가시화되기 위해서는 결과적으로 지배적 플랫폼이 필요하다. 때문에 인텔, 시스코, IBM 등 센서, 단말, 소프트웨어, 솔루션에 걸친 다양한 글로벌 사업자들은 IoT 시대의 패권을 잡기 위한 경쟁을 지속하고 있다.

글로벌 사업자들의 IoT 플랫폼 추진 현황은 그림 7-24와 같이 정리해볼 수 있다. 한 축은 디바이스와 데이터 중 어디에 중심을 두느냐에 따라 구분한다. 그리고 다른 한 축은 독자적인 서비스와 연결성(Connectivity) 중 어디를 강조하는가에 따라 플랫폼 유형이 구분된다. 이를 토대로 구성된 총 4가지 유형의 플랫폼을 살펴보면, 디바이스-서비스 중심 플랫폼은 독립적이

고 완결된 제품 간의 연결을 통한 공통 서비스 기능을 강조한 플랫폼으로 애플과 월컴 등이 경쟁하는 분야이다. 한 편 데이터-서비스 중심 플랫폼은 데이터의 수집 및 분석을 통한 지능적 서비스를 강조하는 플랫폼으로 구글과 IBM 등 데이터 분석에 역량을 가진 사업자들이 경쟁 중이다. 기기간 상호 연결성에 초점을 맞추고 있는 디바이스-커넥티비티 중심 플랫폼은 주로 통신사와 시스코와 같은 표준 네트워크 장비를 개발하는 기업들이 추진 중이며, 마지막으로 데이터-커넥티비티 중심 플랫폼은 지능형 시맨틱 기술을 활용해 주로 웹(Web)기반 연결성을 강조하는 플랫폼이다.

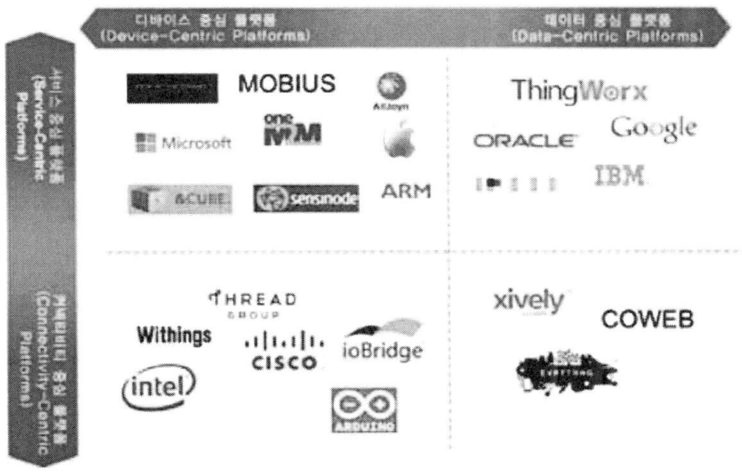

그림 7-24 IoT 플랫폼 유형과 종류
*출처: KEIT, 사물인터넷 플랫폼 추진 현황, 2014

초기에는 다양한 플랫폼 중 사물간의 연결에 초점을 맞춘 '사물 간 네트워크'를 구현하는 플랫폼들에 대한 관심이 높았다. 그러나 최근 들어 서비스가 부각됨에 따라 점차 서비스 중심 플랫폼의 영향력이 커질 것으로 예상되고 있다. 다만 서비스 중심 플랫폼 중 '디바이스-서비스 중심 플랫폼'과 '데이터-서비스 중심 플랫폼'은 상호 경쟁이 아닌 상호 보완적으로 발전할 가능성이 높다. 사물(디바이스)을 통한 서비스 구현은 주로 B2C 분야이고 여기서 발생하는 데이터를 모아 분석하는데 초점을 닺추는 분야는 주로 B2B 분야에서 활용되기 때문이다.

3) IoT 경쟁 우위를 위한 전략

가. 경쟁우위 확보 전략

① IoT와 경쟁우위

IoT 기술은 공정 혁신을 통해 운영의 효율성 강화와 제품 혁신을 통한 차별화 측면에서 다음과 같이 주요한 역할을 수행할 수 있다.

첫째, 기본적으로 본원적인 가치사슬 활동에 IoT 기술이 도입되어 소재, 반제품, 완제품, 생산설비 등에 센서, 네트워킹, 인터페이스 기능이 부착되면, 물류 투입에서 운영, 물류산출, 마케팅 및 판매활동, 서비스 활동에서 생성되는 데이터를 수집, 분석, 활용하여 다양한 문제점들을 실시간으로 해결하는 공정혁신이 강화된다. 이 때 지원활동 부분의 대표적인 기술인 정보시스템은, IoT 기술이 도입된 본원적 활동과 지원적 활동을 연계, 연동하여 기업의 전체 가치사슬 활동을 조정 및 최적화함으로써 운영의 효율화에 기여한다. 구체적으로 IoT 기술이 반영된 정보시스템에는 빅데이터를 수집·분석·처리하기 위한 스토리지, 네트워크 접속, 데이터 분석 등 새로운 기반 솔루션 및 서비스 등이 요구된다. 그리고 이러한 빅데이터의 분석기능을 포함하는 정보시스템에 의한 정보흐름으로 공급체인, 조직운영, R & D 등의 지원활동이 조정 및 최적화될 수 있다.

예를 들어 생산설비가 상호간에 서로 연결되는 동시에 정보시스템과 연동되면, 모니터링/제어와 동시에 최적화/자율적인 통제가 가능해 지며 더 나아가 에너지 효율 및 물류의 부문과의 최적화도 가능해 질 수 있다.

둘째, 기존 제품 및 서비스에 대한 IoT 기술 적용을 통해 새로운 수익 창출이 가능한 제품 혁신이 강화된다. 특히 기본적으로 IoT 기술이 제품에 적용으로 발생되어 수집·축적·분석되는 데이터는 새로운 또는 개선된 제품을 기획, 설계, 디자인 하는데 활용되는 동시에 맞춤화된 제품 및 부가 서비스를 제공할 수 있다. 더 나아가 단순히 제품을 팔고 유지·보수하는 기존 비즈니스 모델에서 제품을 상시 모니터링·제어하고 최적화해 주는 새로운 비즈니스 모델로의 변화도 가능하게 되었다.

예를 들어 기존 제품의 교체 및 유지, 보수를 통한 기능의 관리, 개선이 아니라, 제품의 기능을 상시 또는 실시간 모니터링하고, 제품에 탑재된 소프트웨어로 기능을 개선할 수 있다. 그리고 실시간으로 제품을 모니터링 하여 문제가 발생하면 원격으로 제어하는 동시에 데이터를 분석하여 예방적으로 문제를 해결하는 것이 가능해 진다. 따라서 제품의 판매·관리를 통한 단순 사업모델에서, IoT 제품과 부가서비스를 통해 사용자의 성과를 관리해 주고 수익을 창출하는 사업모델도 가능해 진다.

이와 같이 IoT 기술은 일반적으로 공정혁신을 통해 운영의 효율성 강화와 더불어 제품혁신을 통한 차별화로 기업의 경쟁우위에 영향을 미친다고 볼 수 있다. 특히 이러한 IoT 기술을 적절하게 활용하기 위해서는 관련 지식을 습득해야 하며, 전문 인력, 새로운 장비도입, 기존 시스템과의 연계 및 운영 등이 요구되는데 이는 모방하기 어려운 경쟁우위로 작용할 수 있다.

이외에도 IoT 기술을 초기에 도입하거나 공급하려는 업체들에게 초기 진입자 이익이 작용할 가능성이 존재한다. IoT 기술은 기본적인 센싱, 네트워크킹, 인터페이스 기능 등을 조합하여 적용하는 것 외에도 산출된 빅데이터를 수집, 축적, 분석, 활용할 수 있는 능력이 요구된다. 따라서 이러한 특성으로 지식의 누적성이 강조되어 초기 진입자의 이익으로 작용할 가능이 높다. 또한 IoT 기술은 특정 기업이 개발하여 제공하는 통제된 환경보다는, 생태계를 구축하여 개방된 협력구조가 이상적인 형태이다. 따라서 IoT 기술개발은 복잡한 기술적 구성요소로 인한 상호의존관계가 존재함으로 이러한 상호의존관계의 구축 및 운영은, 기술적 우위가 없어진 뒤에도 초기 진입자로서 비용구조 및 차별화 측면에서 잠재적인 이점을 보유할 수 있다.

그리고 IoT 기술은 공급시장에는 다양한 기회를 제공하며, 활용시장에는 성과향상을 가져올 수 있는 사업 전반의 구조적인 개선을 이룰 것으로 전망된다.

② IoT의 활용을 통한 경쟁우위 확보 전략

IoT 기술은 원가 절감 및 차별화, 초기 진입자 이익, 산업 전반의 구조개선 등 3가지 측면에서 표 7-4와 같이 기업의 경쟁우위 창출에 영향을 미치고 있는 것으로 분석된다.

따라서 기업은 경쟁자보다 초기에 IoT 기술을 도입하여 공정 및 제품혁신을 통해 운영의 효율화와 제품 차별화를 강화하여야 하며, 생태계를 구성하거나 활용하여 산업 전반의 구조 개선에 참여하는 전략 을 취하는 것이 필요하다고 제시할 수 있다. 하지만 최종적으로 기업 입장에서 "구체적으로 어떻게 이러한 경쟁우위를 확보할 수 있는가?"의 질문에 대해 보다 심도 높은 분석이 요구된다. 즉 다양한 전략적인 선택지에서 IoT 기술이 기업의 가치사슬에 미치는 영향력을 활용하여, 구체적으로 기업이 취할 수 있는 가치사슬 활동에서의 변화를 분석해 보는 것이 필요하다.

[표 7-4] IoT 기술과 경쟁 우위

상황	내용
원가 절감 및 차별화를 가져옴	· IoT 기술은 기존 공정의 혁신을 통한 효율화를 강화하며, 기존 상품과 서비스를 차별화하는 혁신도 가능하게 하여 신규 수익기회 제공 · IoT기술을 적절하게 활용하기 위해서는 관련 지식을 습득해야 하며, 전문 인력, 새로운 장비도입, 기존 시스템과의 연계 및 운영 등이 요구되는데 이는 모방하기 어려운 경쟁우위로 작용
초기 진입자 이익으로 작용	· IoT 기술은 기본적인 센싱, 네트워크킹, 인터페이스 기능 등을 조합하여 적용하는 것 외에도 산출된 빅데이터를 수집·축적·분석·활용할 수 있는 능력이 요구 ➜ 이러한 특성으로 지식의 누적성이 강조되어 초기 진입자의 이익으로 작용할 가능이 높음 · IoT 기술은 특정 기업이 개발하여 제공하는 통제된 환경보다는, 생태계를 구축하여 개방된 협력구조가 이상적인 형태 ➜ IoT 기술개발은 복잡한 기술적 구성요소로 인한 상호의존관계가 존재 함으로 이러한 상호의존관계의 구축 및 운영은, 기술적 우위가 없어진 뒤에도 초기진입자로서 비용구조·차별화 측면에서 잠재적인 이점 보유
산업 전반의 구조개선	· IoT 기술은 기존 ICT 영역의 파생 시장으로 다양한 구성요소 공급 업체들에게 성장할 수 있는 기회 제공 · IoT 기술이 적용되는 다양한 산업에 효율성, 혁신성, 생산성 등의 향상이 예상됨에 따라 급격한 파생시장의 성장이 예측

***출처: 김민식, 이은민, "IoT 기술 등장에 따른 기업 환경변화와 경쟁우위에 대한 고찰", 2014**

나. IoT를 활용한 경쟁우위 확보 사례 분석

① GE의 산업 인터넷(Industrial internet) 현황

IoT의 활용에서 세계적인 선구자 역할을 하고 있는 기업은 미국의 General Electric(GE)이다. 토머스 에디슨이 일으킨 이 회사는 한 세기가 넘게 산업용 장비 제조, 판매와 수리서비스를 통해 대부분의 이윤을 창출하였다. 하지만 최근 몇 년 사이 GE는 많은 주요고객을 기존 경쟁업체가 아니었던

IBM, SAP 등 ICT 기업들에게 빼앗길 위험에 처해 있는 상황이다. 이와 같이 새로운 경쟁 업체들은 산업용 장비에서 생성되는 데이터를 대상으로 발전된 분석과 알고리즘을 이용하여, 고객의 효율성을 개선하고 많은 가치를 제공함으로써 차별화를 시도하였다.

시행하고 있다. 구체적으로 GE는 비행기의 제트엔진과 발전소 터빈, 의료용 영상진단기구 등 여러 가지 장비를 제조하여, 이러한 장비에 연료와 온도, 진동 등을 측정하는 센서를 부착하고 있다. 그리고 클라우드 기반의 공통된 소프트웨어 플랫폼과 연결하여 방대한 양의 데이터를 수집하고, 이를 빅데이터로 분석·처리함으로써 장비의 생산성과 효율성, 내구성 등을 향상시키려는 것이 GE의 전략이다. GE는 이러한 전략을 '산업 인터넷(Industrial Internet)'이라 부르고 있으며 이것이 바로 IoT를 활용한 GE의 새로운 기업 전략이다.

이러한 IoT 전략을 채택한 주인공은 GE를 급성장시킨 잭 웰치 전 GE 최고경영자(CEO)의 후임자인 제프리 이멜트 회장이다. 이멜트 회장은 잭 웰치 전 CEO의 다각화 전략에 대해 본업 이외의 사업들을 축소하고, 제조업을 중시하는 방향으로 선회하였다. 다만, 전통적인 분야의 제조업으로 단순히 회귀하는 것이 아니라 GE가 제조하는 여러 가지 장비에서 수집되는 데이터를 새로운 서비스에 활용해 수익성을 높이려는 것으로, 이것이 바로 GE 제시하는 산업 인터넷 전략이다.

GE의 산업 인터넷이 제안하는 것은 장비, 데이터, 사람 등을 연계하는 개방적인 글로벌 네트워크를 통하여, 새로운 비즈니스 기회와 더불어 고객의 성과를 기반으로 하는 비즈니스 모델을 제시하는 것이다. 특히 산업 인터넷은 데이터를 종합 및 분석하고, 고객들의 복잡한 운영 방식을 최적화하기 위한 실시간 및 예측 솔루션을 설계하는데 주력한다. 이를 위해 GE는 센서, 마이크로프로세서와 내장형 소프트웨어(embedded software)를 통해 발전소와 제트엔진, 병원과 의료 시스템, 유틸리티 기업, 석유 굴착기 장비, 철도 그리고 전 세계에 존재하는 다양한 산업 인프라를 운영·관리 하는 중이다. 수십만 대의 GE 제품 장비들을 서로 연계하고, 더욱 더 복잡해지는 센서와 같은 기술을 발전시키고 갖추는 것은 유지·보수와 운영 중심의 비즈니스 모델에 대한합리적인 확장 방법이다. 또한 GE의 전략적인 경쟁적 우위를 강화해 줄 것으로 예상된다.

GE가 이러한 산업 인터넷 전략을 진행시키기 위해서 가장 필요했던 것은 ICT기술을 잘 이해하는 인재였으며, 이를 위해 미국 시스코시스템스(Cisco Systems)에서 윌리엄 루를 스카우트해 GE의 소프트웨어 담당 부사장으로 기용하였다. 윌리엄 루 GE 부사장은 GE 각 부문에서 우수한 소프트웨어 기술자를 실리콘 밸리에 집결시켜 GE 전체의 빅데이터를 수집·분석하는 공통의 소프트웨어 플랫폼을 만들기 시작하였다.

윌리엄 루 부사장은 GE그룹의 전체에 적용할 수 있는 공통 소프트웨어 플랫폼(common software platform)을 만드는 작업에 착수하여, GE의 공통 소프트웨어 플랫폼인 '프레딕스(Predix)'에서 운영되는 '프리딕티비티(Predictivity)' 브랜드로 솔루션 제품군을 제공하고 있다. 프레딕스는 사업 군 별로 각각 처리되던 컴퓨팅 작업과 빅데이터 분석, 자산관리, 사물통신, 보안, 무선연결을 하나로 통합하고 처리하는 역할을 수행한다. 궁극적으로는 GE에서 생산하는 모든 장비를 클라우드로 연계하면, 장비들끼리 데이터를 교환하고 과거 데이터로 부터 학습이 가능해 진다. 그리고 이를 통해 예측 정보를 제공함으로써 예상치 못한 운영 중단이 발생하지 않도록 지원하며, 이 밖에도 운영의 효율성을 높일 수 있다. 예를 들어 GE의 모든 사업 영역에서 장비의 모니터링, 유지·보수하는 작업들이 획기적으로 효율화된다. 또한 공통의 소프트웨어 플랫폼을 통해 좀 더 효율적으로 새로운 응용 애플리케이션을 개발하는 동시에 산업의 영역의 전반에 걸쳐 빠른 혁신도 가능해진다. 현재 이러한 공통 소프트웨어 플랫폼을 개발 및 운영하는 GE Software에는 1만 명이 넘는 소프트웨어 기술자가 있으며 이 중 약 1,000명이 사령탑으로서 실리콘밸리에 자리를 잡은 상태이다.

또한 GE는 산업 인터넷을 통해 기존 비즈니스 모델에 획기적인 변화를 가져왔다. 지금까지 단순히 제품을 생산하여 판매하고 문제가 발생하면 사후 관리해 주는 기존 접근 방식에서 벗어나고 있다.

GE가 에너지 대기업인 E.ON과 수행한 풍력 발전 장비(Wind farm) 계약을 대표적인 사례로 볼 수 있다. 과거에는 단순히 발전용 장비와 터빈의 판매에 집중했지만, GE와 E.ON은 동반 관계를 통해 GE가 E.ON의 광범위한 운영 데이터를 이용하여 분석과 시뮬레이션을 진행하면서 다른 시나리오가 진행되고 있다. 예를 들어 E.ON은 풍력 발전용 터빈 설비를 추가로 구입하여 발전 능력을 강화하는 대신에, 상대적으로 적정한 규모의 설비 구매로 전력 수요에 대응할 수 있었다. 능동적인 제어(dynamic control)와 실시간 분석(real time analytics)을 지원하는 소프트웨어를 통해 모든 터빈을 연결하는 장비를 구매하였다. GE는 터빈과 풍력 에너지 발전 장비에 달린 센서로 부터 유용한 데이터를 수집하고, 장비의 성능과 활용, 유지·보수를 최적화하는 정보를 활용하여 고객에게 가치를 제공한다. 이렇게 개선된 성능을 통해 증가된 고객사 매출의 일부를 수익으로 확보함으로써, 하드웨어 장비는 적게 판매하면서도 상호간에 이익이 되는 장기적인 협력관계를 발전시키고 있다.

이와 같이 GE가 생산한 제품을 프레딕스라는 공통의 IoT 플랫폼과 연계시켜 활용하는 또 다른 사례를 보면 다음과 같다. 전력·가스 공급하는 공기업 퍼블릭 서비스 엔터프라이즈 그룹(PSEG)은 실시간으로 변화하는 동력 수요, 배전망 상태, 연료 공급 상태의 변화에 대처하기 위해 프리딕티비티 제품을 사용하고 있다. PSEG는 자산 최적화 솔루션(aset-optimization solution)을 사용한지 몇 개월 만에 효과를 나타내었는데, 발전량이 6% 증가하고, 연료 소비는 1.5% 이상 감소하였고 또한 가스 터빈 설비를 보다 탄력적으로 운영할 수 있게 되었다.

세인트 루크 병원(St. Luke's Medical Center)은 또 다른 프리딕티비티 솔루션을 활용한다. 병실 배정, 부서 간 작업의 흐름, 환자의 후송 그리고 장비 관리를 통합함으로써 환자의 입·퇴실 절차 시간을 51분으로 단축했다.

철도사업자 Norfolk Southern은 프리딕티비티 네트워크 최적화 솔루션을 이용하여 좀 더 많은 화물운송을 보다 빠르고, 더욱 효과적으로 운송함으로써 전체적으로 기차의 운송 속도를 10% 높였을 뿐만 아니라 초과 근무로 인한 효율 손실을 50% 가량 감소 시켰으며, 정시 운행 성과도 개선하게 되었다.

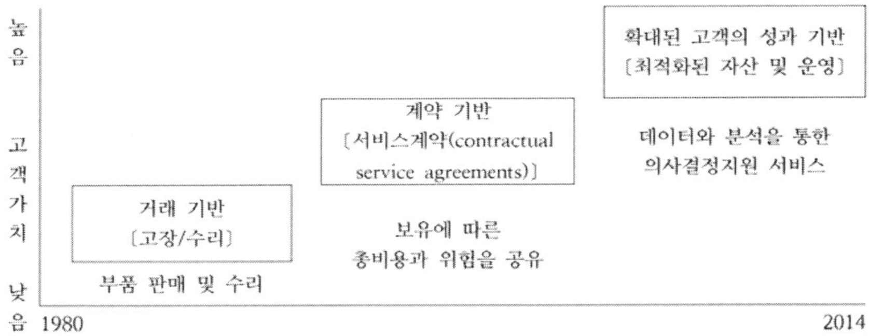

그림 7-25 GE의 비즈니스 모델 진화
*출처: Iansiti & Lakhani, "Digital Ubiquity: How Conections, Sensors, and Data Are Revolutionizing Busines.", 2014

② GE의 산업 인터넷(Industrial internet) 분석

GE는 IoT가 적용된 가치사슬의 변화를 수용하여, 산업 인터넷이라는 IoT 전략을 사업 군별로 적용하여 경쟁 우위를 획득하여 유지하고 있다. GE가 경쟁우의 획득하고 유지하기 위하여 구체적으로 가치사슬 활동의 어떠한 부문을 변화시켰는지 분석해 보면 다음 그림 7-26과 같이 표현할 수 있다.

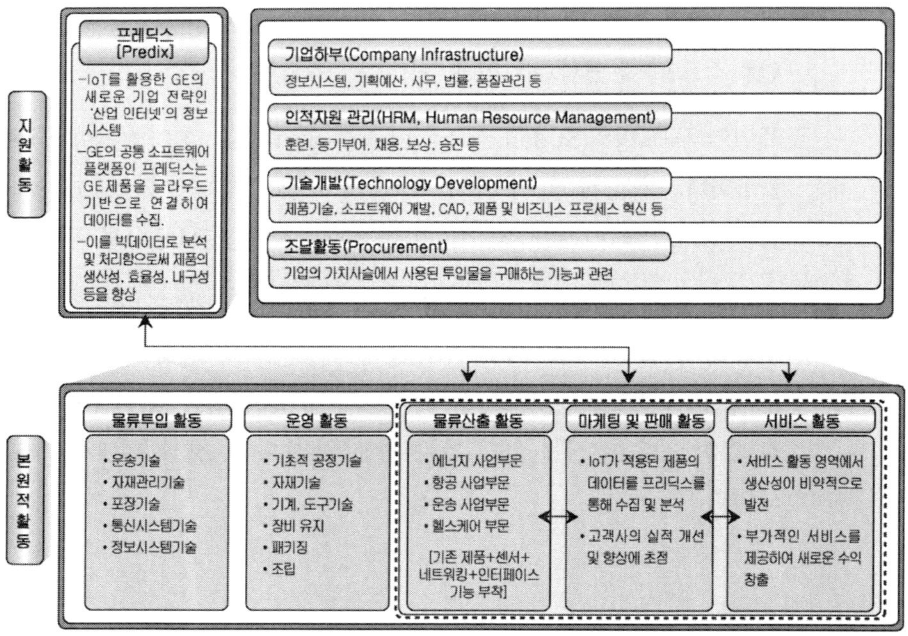

그림 7-26 가치사슬의 변화를 통한 GE의 Industrial internet의 이해

그림 7-26에서의 표현은 아래와 같이 분석할 수 있다.

첫째, GE는 지원 활동의 대표적인 기술인 정보시스템 영역에서 소프트웨어 플랫폼인 프레딕스라는 공통 IoT 플랫폼을 내부적으로 개발 및 구축하였다.

둘째, 본원적 활동의 물류산출 활동 영역에서 기존 제품에 센서, 네트워킹, 인터페이스 기능을 부착하여, 정보시스템 영역의 공통 IoT 플랫폼인 프레딕스와 연계 및 연동하였다.

셋째, 프레딕스라는 공통 IoT 플랫폼을 통해 수집된 데이터를 분석하고, 추출된 정보를 활용하여 마케팅 및 판매 활동 영역에서 고객의 사업 실적 개선 및 향상에 초점을 맞춘 솔루션 기반 영업을 수행하여 지금까지의 전통방식의 비즈니스 모델에서 벗어났다.

넷째, 서비스 활동 영역에서의 생산성을 비약적으로 발전시켰으며, 부가적인 서비스를 제공하여 수익을 창출하였다. 제품의 정보를 활용하여 현재는 물론 미래에 발생할 수 있는 문제를 미리 발견하여 예방할 수 있게 되었고, 적절한 시기에 수리할 수 있게 되었다. 때로는 원격으로도 수리가 가능하게 되었다. 예를 들어 GE의 전체 매출액 가운데 75% 정도가 제품 판매가 아닌 판매된 제품의 유지보수 서비스에서 발생되고 있을 정도로 서비스 활동이 GE의 핵심 사업으로 자리 잡고 있는 추세이다.

4) 경쟁 이후의 전략 방향

현재 IoT 시장에서는 대부분의 사업자가 제품부터 서비스까지 수직적으로 결합된 형태로 사업을 진행 중이다. 특히 대형 글로벌 사업자들은 플랫폼 비즈니스에 대한 주도권을 놓치지 않기 위해 자체 플랫폼의 활성화 노력도 진행하고 있다. 표준처럼 활용되는 플랫폼들이 자리 잡게 되면 각 사업자들은 자신에 맞는 전략을 선택해야할 수 밖에 없다. 그렇다면 IoT에서 기회를 찾고자 하는 사업자돌이 취할 수 있는 전략 방향은 어떤 것이 있을지 생각해보자.

대다수의 글로벌 사업자들은 현재 중심자 전략을 선택하고 있다. 이 사업자들의 분야는 칩셋 제조사, 단말 제조, 플랫폼, 솔루션, 3rd party, 연합체 등 매우 다양하게 분포되어 있다. 이들 사업자들은 자사의 플랫폼을 중심으로 IoT 생태계와 시장을 활성화하고자 한다. 그러나 플랫폼 경쟁에서 밀려날 경우 틈새 공략 또는 가교 전략으로 선회가 필요하다, 이중 칩셋, 센서, 기기 제조사와 같은 사업자들은 차별화된 제품 확보, 타 제조사와의 협력, 서비스 개발사업자와의 제휴를 통한 차별화를 모색하는 틈새 공략 전략으로의 전환이 필요하다. 그리고 타 분야에서 지배력을 보유하고 있는 네트워크, 솔루션, 플랫폼 사업자들은 가교 전략을 취하는 것이 바람직하다.

그림 7-27 IoT 사업 전략 유형
*출처: KT경제경영연구소, 2014

틈새 공략 전략을 시도하는 제조사나 서비스 사업자들은 유력한 플랫폼 사업자를 잘 선택하고 활용하는 것이 중요하다. 스마트폰 시대에 중심자 전략을 유지하다 실패한 노키아와 안드로이드OS를 빠르게 활용해 주요 제조사로 부상했던 HTC, 샤오미 등의 사례를 생각해 볼 필요가 있다. 상대적으로 경쟁 강도는 약하고 IoT에 선택적으로 활용될 가능성이 있는 네트워크 사업자나 글로벌 솔루션 사업자들은 자사의 자산들이 중심자와 틈새사업자를 잇는 필수요소가 될 수 있도록 노력해야 IoT 시장에서 기회를 만들어낼 수 있다. 예를 들어 이동성, 안정성, 신뢰성이 보장되어야 하는 환경에서는 네트워크 사업자의 네트워크 자산이 활용될 수 있다. 보안, 빅데이터 등 IoT에서 부가적으로 발생하는 이슈들을 해결할 수 있는 솔루션 사업자들도 기회를 얻을 수 있다.

7장. 요약

1. 사물인터넷의 기준은 '어떤 공급업체의 제품이 다른 공급업체의 제품과 함께 동작하는가?'라고 할 수 있다.

2. 사물인터넷 기기는 무선 통신을 송수신할 수 있는 장치를 갖게 된다. 사물 인터넷 무선 프로토콜은 몇 가지 기초적인 서비스를 할 수 있도록 설계되어 있다. 저 전력으로 동작하고, 낮은 대역폭을 사용하며, 그리고 메시(Mesh) 네트워크상에서 동작한다는 것이다.

3. 사물인터넷이 가져올 경제적인 변화로 ICBM(IoT, Cloud, Big Data, Mobile)이 새로운 성장 동력으로 주목받는 가운데, 인터넷 기반의 융합의 중심에서 IoT가 실제 생활영역에 적용되고 있다. 이는 다양한 경제적 가치를 가져오고, 효율성 증대와 편의성 증대 등이 현실화될 것으로 전망된다.

4. 기존 M2M 기술이 적용되는 전통적인 분야는 자동차, 원격 검침, 물류/유통/금융, 보안/관제, 의료, 자산 관리 등 B2B(Business to Business) 시장을 대상한 서비스들이 주를 이루고 있었으나, 최근에는 사람들의 삶과 밀접한 생활 영역에서 흥미로운 B2C(Business to Consumer) 서비스들이 등장하고 있다.

5. 사물인터넷 시대에 대한 전략적, 구체적 기본 계획 개발이 시급하다. 사물 인터넷의 높은 성장세와 타 산업에 미치는 영향이 크다는 것을 알 수 있을 것이다. 사물인터넷은 미래기술 혹은 단순 시사상식이 아닌 패러다임을 전환 시키는 경영환경의 변화로 기업은 인식해야 한다.

6. IoT 시장 환경에서는 점차적으로 수직적(Vertical) 구조의 개별 서비스들이 서로 유기적으로 결합하여 새로운 가치를 만들어 내는 형태로 발전하고 있다.

7. 최근 다양한 제품들에 IoT의 기술들이 적용되어 모니터링(monitoring), 제어(control), 최적화(optimization), 자율성(autonomy)이라는 4가지 영역으로 구분되어 발전하고 있다. 각각의 영역들은 그 자체로 가치가 있으며, 다음 영역을 위한 발판을 마련하는 기능을 한다.

8. 기업의 지속적인 경쟁우위에서 기술이 갖는 의미와 영향을 분석하기 위해서는 기본적인 도구로서 가치사슬이 필요하다. 일반적으로 기술은 기업의 본원적인 또는 지원적인 가치창출 활동 안에 내재되어 있으며, 이러한 기술의 변화는 실질적으로 기업의 가치사슬의 활동에 영향을 미쳐 경쟁우위확보에 있어 중요한 작용을 한다.

7장. 연습문제

1. 사물인터넷의 기준을 실제 생활의 예를 들어 설명하시오.

2. 사물인터넷이 가져올 경제적인 변화에 대해 기술하시오.

3. 사물인터넷의 동향을 M2M 기술을 기준으로 설명하시오.

4. 사물인터넷을 활용하기 위한 기업관점의 실행과제를 알아보자.

5. 사물인터넷 혁신을 위한 5단계 전략을 설명하시오.

6. 서비스의 결합의 가치창출에 대해 과거와 사물인터넷 시대를 비교하여 설명하시오.

7. 기업의 경쟁우위를 위해 가치사슬의 필요성을 설명하시오.

Chapter 08 사물인터넷 제품의 서비스 융합

8.1. 사물인터넷 플랫폼의 변화: 서비스 결합을 통한 가치창출

1) IoT 플랫폼과 서비스의 변화

사물인터넷의 개념이 나온 시기부터 IoT의 초점은 '사물간의 연결'에 맞춰져 왔다. 이는 사물들 간의 네트워크 구축을 통한 가치창출이 핵심이다. 그렇기 때문에 연결에 필요한 표준화와 기술 호환성이 강조된다. 이는 M2M(Machine To Machine)에서부터 반영된 것으로 볼 수 있다. 서비스는 주로 원격 관제나 모니터링과 같은 형태가 일반적이다. 이러한 'Network of Things' 관점의 IoT는 인터넷Ontemet)이 가져온 거대한 변화 같은 파급효과는 기대하기 힘들다.

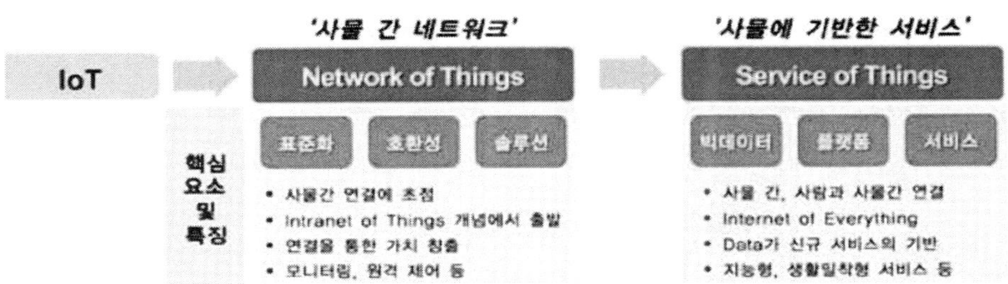

그림 8-1 IoT에 대한 관점의 변화 *출처: KT경제경영연구소, 2014

IoT의 발전을 위해서는 네트워크 중심의 시각에서 서비스 중심의 시각으로 변해야 한다. 예를 들어 주차장 내 자동차의 출입내역과 요금 정산을 관리하는 것은 네트워크 관점의 IoT라고 볼 수 있지만, 일반 소비자들에게 가까운 주차장의 빈자리를 알려주고 길 안내를 해주며 간편 결제까지 제공하는 것은 서비스 관점의 IoT라고 할 수 있다. 비슷해 보이지만 서비스는 기기간의 단순 통신을 포함하여 인간을 대상으로 하는 구체적인 서비스가 강조된다. 인간에게 구체적인 혜택을 줄 수 있어야 하므로 빅데이터의 활용이 핵심으로 떠오르게 되고, 기술 간의 호환성과 표준화 이슈뿐 아니라 다양한 산업 영역과 글로벌 차원에서 서비스가 구현될 수 있게 하는 플랫폼이 중요해진다.

2) IoT 플랫폼과 서비스의 유형

IoT의 기술이 서비스 중심으로 전환되는 것은 바람직한 방향이다. 하지만 현재는 각각의 서비스들이 서로 연결되고 융합되는데 한계를 갖고 있기 때문에 IoT 시대로의 전환을 보장하지 않는다.

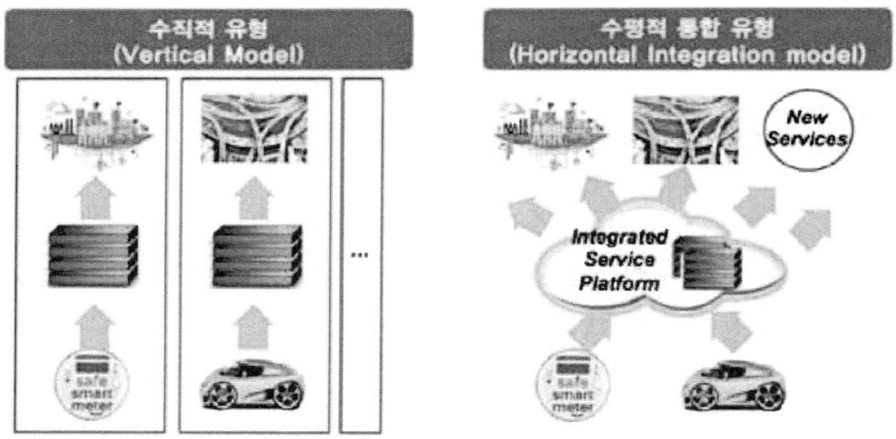

그림 8-2 사물인터넷 서비스의 2가지 유형
*출처: ITU-T 일부 수정, 2014

서비스 중심의 기술이 발전하면서 서비스의 방식은 크게 2가지 유형으로 나뉘게 되었다. 첫째는 각 산업 영역별로 독자적인 IoT 인프라를 구축·용하거나 단독 제품을 통해 서비스를 제공하는 '수직적 유형(Vertical Model)'이다. 현재까지 진행된 서비스가 주로 여기에 해당된다. 특히 B2B 영역에서 활발히 구축되고 있는 서비스는 대부분 수직 통합 형태로 제공되고 있다. 예를 들어, Nest Labs의 자동온도 조절장치와 같이 센서가 포함된 지능형 단독 제품이 있다. 이러한 유형은 각 분야에 특화된 솔루션과 서비스를 단기간에 쉽게 구축해 활용할 수 있다는 장점이 있으나, 타 서비스와의 연동을 기대하기 힘들다. 일반 사용자도 각 분야별 서비스가 독립적으로 증가하면서 오히려 이용하는 데 혼란스러움이 가중될 우려도 있다.

두 번째 유형은 '수평적 통합 유형(Horizontal Integration Model)'이다. 이는 공통 플랫폼을 통해 다른 산업 영역들의 데이터를 수집할 수 있고, 응용된 서비스가 창출될 수 있다. 여기서 통합 플랫폼은 다양한 산업 영역에서 모은 빅데이터를 토대로 다양한 서비스를 개발할 수 있게 하는 핵심 기술이 된다. 통합 플랫폼으로 인하여 각 산업 영역에서 독자적으로 구동되던 IoT는 수평적 통합 유형의 중요한 영역을 담당할 수도 있다. 이는 산업의 경계를 넘나드는 서비스의 확대 생산에 유용하다는 장점이 있다. 이와 같이 다양한 서비스가 융합될 수 있는 기반이 마련되었으므로 IoT는 더욱 큰 파급력을 가질 수 있다. 이는 대부분의 글로벌 사업자들이 새로운 플랫폼 개발과 사업자간 연합을 하는 이유이기도 하다. 하지만 수평적 통합 유형은 스마트폰 OS와 유사하게 소수 사업자의 플랫폼으로 수렴되기 전까지는 수많은 수직적 유형의 서비스를 통해 시행착오가 반복될 수 밖에 없는 상황이다.

또한, 기존 M2M 플랫폼은 개별 M2M 서비스마다 독자적인 통신 및 네트워크 기술과 서비스 기능들을 별도로 구축함으로써 서비스간의 상호 호환이 불가능한 상황을 초래하고 있다. 결국에는 서비스별 독자 플랫폼 구축 방식이 M2M 서비스 개발 비용을 상승시키고, 서비스 상호 연동으로 인한 시너지 효과를 차단함으로써 M2M 서비스 활성화에 걸림돌로 작용하고 있다. 이러한 문제를 해결하기 위해 2012년 7월에 글로벌 주요 표준화 단체들이 모여 oneM2M[19]이라는 글로벌 연합체를 만들어 관련 표준화 작업을 진행하고 있으며, 서비스에 종속적인 기존 M2M 플랫폼 구조를 벗어나 개방형 IoT 플랫폼으로 진화 발전하기 위한 많은 노력들이 진행되고 있다.

19) M2M 국제 표준 마련을 위해 2012년 7월에 결성한 글로벌 표준화 단체로서 TTA, ETSI, ATIS, TIA, CCSA, ARIB, TTC 등의 국가별 표준화 기구가 참여하고 있음

3) IoT 플랫폼의 특징

다양한 형태의 IoT 서비스를 지원하기 위한 플랫폼에서 고려해야 할 5가지 플랫폼 기능 요소는 SMART(Scalability, Manageability, Adaptability, Reliability, Trustworthiness)로 요약해서 설명할 수 있다. 첫째, 향후 다양한 사물들을 대상으로 수많은 IoT 디바이스와 데이터, 서비스가 인터넷으로 연결되기 위해서는 확장성(Scalability)이 보장되어야 한다. 둘째, 다양한 사물들과 IoT 디바이스, 데이터, 서비스에 대한 효율적인 관리(Manageability) 기능이 제공되어야 한다. 셋째, 외부 상황 및 의미 정보에 기반을 두고 있는 IoT 서비스의 물리적인 환경 및 연결 형태의 변화에 대해서도 즉각적인 대응과 재설정이 가능한 적응성(Adaptability)을 보장해야 한다. 넷째, 여러 가지 제약 사항을 가지는 디바이스와 안정적이지 못한 무선 네트워크 상황에도 지속적인 서비스를 보장하는 시스템 안정성(Reliability)이 제공되어야 한다. 마지막으로, 정보 보안이 중요한 IoT 서비스나 애플리케이션을 위해 IoT 디바이스와 데이터, 서비스 차원의 보안성(Trustworthiness)이 제공되어야 한다.

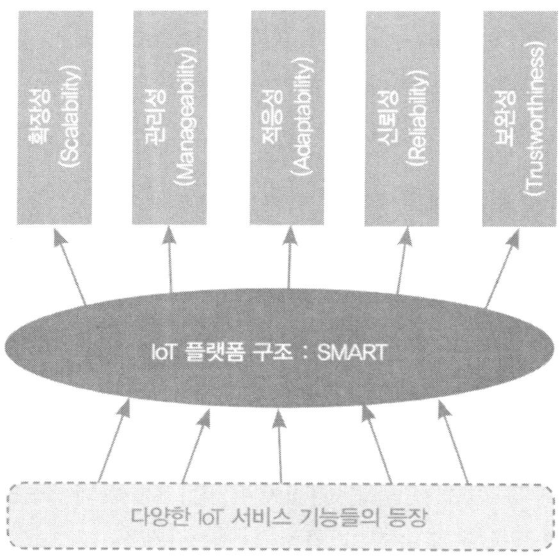

그림 8-3 IoT 플랫폼의 특징

IoT 플랫폼은 기존 M2M이 제공하는 기본적인 연결(Connectivity) 서비스와 콘텐츠(Content) 서비스뿐만 아니라, 클라우드(Cloud) 서비스, 상황(Context) 인식 서비스, 협업(Collaboration) 서비스, 인지(Cognition) 서비스 제공을 통한 플랫폼 차별화 전략(6C 전략)이 필요하다.

또한, IoT 플랫폼에서 가장 중요한 요소 중의 하나가 바로 개발자 에코시스템이며, 누구나 손쉽게 IoT 애플리케이션을 개발할 수 있는 환경을 제공하는 것이 앞으로 IoT 플랫폼의 핵심 경쟁력으로 평가받을 것이다.

4) IoT 플랫폼 사례

IoT 서비스는 다양한 센서 디바이스의 연결을 기반으로 하고 있으며, 가까운 미래에 다양한 형태의 대용량 IoT 데이터를 처리하기 위해서는 빅데이터 분석도 함께 요구될 것이다. 이러한 센서 디바이스 연결과 데이터 분석을 위한 가장 적합한 인프라 구조가 바로 클라우드 형태이며, 최근에 북미 시장을 중심으로 IoT 클라우드 플랫폼이 확산되고 있다. 국내에서도 최근 IoT 플랫폼 핵심 기술 개발에 주목하는 기업들이 등장하고 있다.

가. 클라우드 플랫폼: ThingWorx

대표적인 IoT 클라우드 플랫폼인 ThingWorx는 IoT 서비스를 쉽게 모델링할 수 있는 ThingWorx Composer와 코딩 작업이 없이 복잡한 애플리케이션과 실시간 대시보드를 개발할 수 있는 Mashup Builder를 함께 제공하고 있다. 다양한 이벤트 처리 기능 및 효율적인 데이터 처리를 위한 데이터 수집 기능을 제공하고 있으며, 강력한 검색 엔진을 통해 디바이스와 데이터를 탐색하고 처리할 수 있는 ThingWorx SQUEAL을 제공하고 있다. 최근 무선 센서 네트워크 장비 회사인 Libelium과 파트너 계약을 통해 점차적으로 비즈니스를 확대하고 있다.

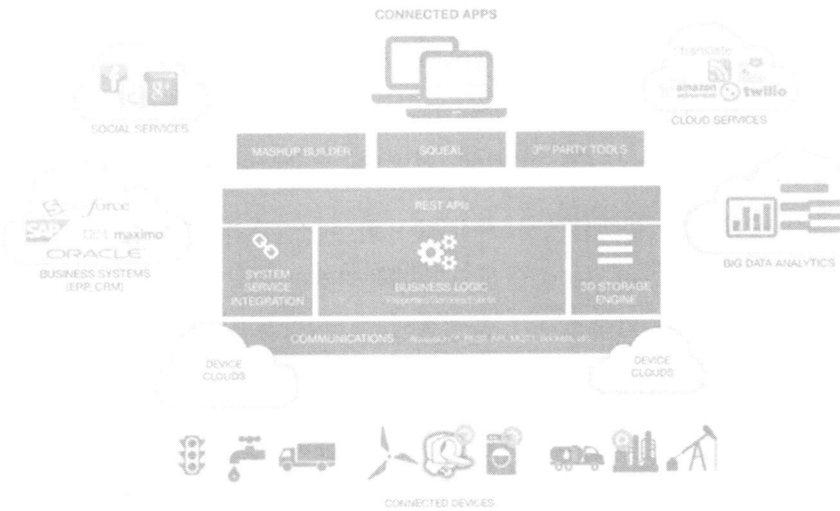

그림 8-4 ThingWorx 플랫폼 아키텍처

나. 오픈 IoT 클라우드: Xively

최초의 오픈 IoT 클라우드 서비스인 Pachube는 '12년 Cosm으로 서비스명을 변경하였으며, 최근 LogMeln에 인수되면서 서비스명이 다시 Xively로 변경되었다. 웹 기반의 개발 도구와 다양한 개발자 리소스를 제공하고 있으며, REST, 웹 소켓, MQTT 기반의 API를 통해 다양한 디바이스를 Xively 클라우드에 쉽게 연결할 수 있다. 최근 ARM과의 파트너 체결을 통해 Xively에 바로 연결할 수 있는 mbed 제품과 함께 개발자 환경을 제공하고 있다.

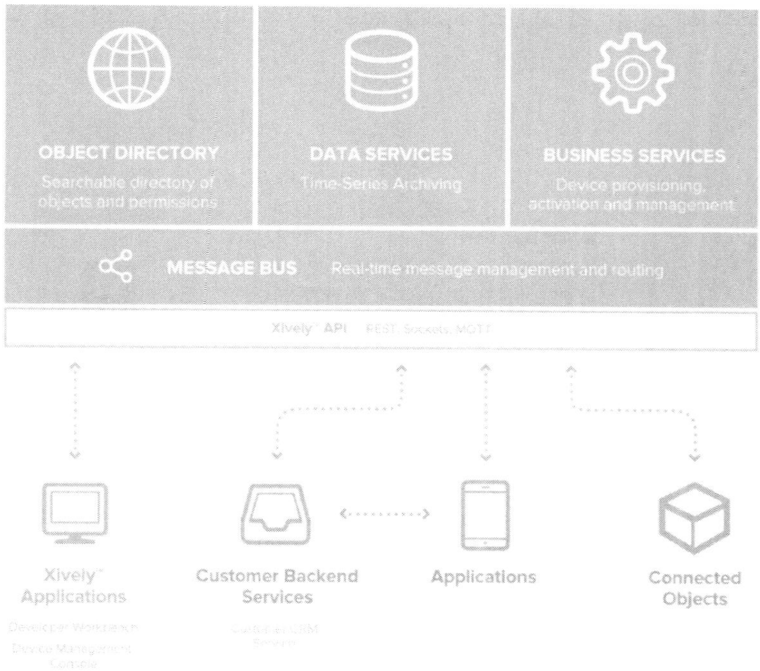

그림 8-5 Xively 플랫폼 구조 및 서비스 연동

다. 기타 플랫폼

원격 장비 모니터링 서비스를 제공하던 Axeda도 자신들의 모니터링 플랫폼을 IoT 서비스를 위한 플랫폼으로 진화 발전시키고 있으며, 무선 모니터링 장비 업체인 Digi도 자신들의 디바이스를 쉽게 연결해서 다양한 데이터 분석을 제공하는 Device Cloud 플랫폼 구축하고 점차적으로 시장을 확대하고 있다. 또한, 오픈소스 기반의 다양한 IoT 클라우드 서비스들도 등장하고 있으며, Nimbits와 ThingSpeak가 가장 대표적인 사례들이다.

5) IoT 플랫폼 기반의 4가지 비즈니스 유형

신뢰할 수 있고 안정된 플랫폼이 IoT 기술의 환경 조성에 반드시 필요하다. 또한 시장의 폭발적 성장의 기반이 된다. 이것은 PC시대의 Windows와 Web, 스마트폰 시대의 안드로이드 OS라는 지배적 플랫폼을 통해 검증되었다. 이와 같이 시장에서 채택되는 '디팩토(De Facto)' 플랫폼이 확고하게 자리 잡게 되면 이를 활용하는 다양한 비즈니스가 폭발적으로 증가된다. 이를 서비스 통합적 관리유무와 각 IoT 제품별로 독립된 통신회선을 사용하는지에 따라 분류해보면 아래와 같이 4가지 비즈니스 유형으로 구분해 볼 수 있다.

그림 8-6 IoT 사업 유형 분류
*출처: KT경제경영연구소, 2014

가. Smart Roamer

Smart Roamer 분야는 독립된 스마트 제품과 서비스 중심의 영역으로 와이파이, 지그비, 블루투스 등 개방형/근거리 네트워크를 활용한다. 현재 판매 중인 Nest Labs의 지능형 자동온도 조절기, 스마트 포크, 스마트 기저귀, W-iFi 디지털카메라 등 제품 중심의 생활밀착형 IoT가 대표 사례들이다. 이 유형은 제품 자체가 주는 기본적 효과가 매우 큰 영역으로 플랫폼의 영향력이 상대적으로 낮은 분야이다. 향후 유력한 플랫폼이 나타나더라도 현재 시점과 크게 달라지지 않는 영역이다. Smart Roamer 서비스들은 주로 근거리에서 스마트폰을 통해 제어하거나 자체 서버와의 연결을 통해 서비스를 제공한다. 그렇기 때문에 이를 위한 서비스 개발 및 운영에 대한 노하우가 필요하고 소규모 제조사들은 제품 개발 외에 추가적인 S/W 역량을 갖추어야 하는 부담이 있다. 특화된 시장에 맞춰 빠른 시간 내 제품화시킬 수 있는 스타트업들이 이 시장을 주도하고 있다. 하지만 개발부터 애플리케이션 설치까지 개별적으로 수행되어야 하는 사일로(Sib) 구조로 인해 틈새시장에 머물 가능성이 높다.

나. Vine

Vine 영역은 독립된 스마트 기기뿐만 아니라 작은 센서들까지 활용하는 플랫폼 중심의 서비스가 주를 이룬다. 대표적인 서비스는 가전기기 간 각종 센서와의 연동과 원격 제어, 통합관리를 제공하는 스마트 홈을 들 수 있다. 이 유형에서 가장 강조되는 것은 '플랫폼'으로, 앞선 Smart Roamer와 달리 개별적 기기의 활용보다 융합된 서비스가 더 중요하다, 애플의 HomeKit, 삼성전자가 최근 인수한 SmartThings와 같은 플랫폼이 유력 플랫폼으로 자리 잡을 수 있다, 제조사들은 이를 받아들여 제품 개발에만 전념할 수 있고, 이를 활용한 서비스는 여러 유형의 사업자에 의해 다양하게 나타날 수 있다, 다만 Vine 영역의 서비스들은 개방형/근거리 네트워크를 활용하기 때문에 이동성(Mobility)에 제약을 갖고 있으며 보안문제 발생 시 동시 다발적으로 큰 위협에 노출될 가능성이 높은 단점이 있다.

다. Resurrection

Resurrection 영역은 스마트 제품에 LTE와 같은 통신사의 모바일 네트워크를 결합시킨 유형이다. 이 영역의 제품들은 독립적으로 모바일 데이터망을 활용해야하기 때문에 제조사-통신사간 협력이 필요하다. 이 영역은 통신사가 상대적 강점을 지닌 영역으로 블랙박스, CCTV 등 각종 제품들에 자사의 네트워크를 결합시킴으로써 제품의 가치를 높이는 방식을 취할 수 있다. 통신사는 각 제품과 산업에 특화된 네트워크를 제공할 수 있다. 하지만 별도의 네트워크 활용에 따른 비용을 어떤 방식으로 해결하느냐에 따라 성과가 달라진다.

라. Reform

Reform 영역은 지금 시점에서 loT 시장을 주도하고 있는 SI(구축형) 형태의 사업과 글로벌 기업들이 강점을 보이는 영역이다. 이 영역에서는 특화된 네트워크와 광대한 영역을 포괄할 수 있는 B2B 사업이 중심을 이루고 있으며. 각 산업의 효율성올 향상시킬 수 있는 솔루션이 강조된다. 한편 장기적으로 보면 제품, 네트워크, 플랫폼, 서비스가 각기 특화되어 발전할 수 있는 분야이기도 하다. 택시업계에 혁신을 불러일으키고 있는 Uber를 예로 들면 현재는 범용 3G/LTE iPad에 자사 솔루션을 탑재 후 택시에 설치해 서비스를 제공하는 형태로 구현되어 있다. 하지만 향후에는 네트워크 임베디드된 다양한 단말이 증가하고 유력 플랫폼을 활용할 수 있게 된다면 이에 기반을 둔 서비스만을 전문적으로 구현하는 것이 가능해질 수 있다.

지금까지 본 4가지 유형은 어느 사업자나 참여가 가능하다. 하지만 시장에서 기대하는 규모의 IoT 시장은 Vine과 Reform 유형 중심의 사업이 활성화됨을 전제한다. 따라서 사업자들은 이 분야에서의 경쟁력 확보를 위한 전략 선택이 필요하다.

[표 8-1] **각 유형별 특징과 장단점**

	핵심 사업자	핵심 플랫폼	주요 기술	장점	단점
Vine	플랫폼	OS/글로벌 사업자	Big Data, 개인화	편의성 극대화	보안, 이동성
Smart Roamer	제조사	OS사업자	E/B Intelligence, Big Data, Cloud	다양성	보안, 호환성
Resurrection	통신사	통신사	네트워크	보안, 이동성	비용, 호환성
Reform	솔루션	통신사/글로벌 사업자	네트워크, 솔루션	효율성	비용

8.2. 데이터의 서비스화: PSS 모델

1) PSS의 개념

스티브 잡스는 제품의 혁신을 넘어 제품과 서비스의 융합을 제안하였다. 이러한 이유로 그의 천재성을 세상에서 인정하고 있다. 미디어 플레이어 전자제품인 아이팟의 성능은 MP3기기 중에서 최고로 꼽을 수는 없었다. 하지만, 서비스인 아이튠즈와 결합되면서 MP3 시장을 석권했다. 제품-서비스 융합(PSS: product service system)의 아이콘인 아이팟과 아이튠즈는 다시 아이 폰과 앱스토어로 진화하면서 800조가 넘는 세계 최대의 기업으로 성장하게 된 것이다.

1990년대 중반 유럽에서 PSS의 개념이 등장했다. PSS는 영국의 Financial Times에서 향후 20년을 주도할 새로운 학문으로 소개된 서비스 사이언스의 일환으로 '문제해결을 위해 유형의 제품과 무형의 서비스가 유기적으로 융합된 시스템'이라는 게 통상적 정의다. 하지만 학자들에 따라 다양한 정의가 존재한다.

즉, PSS란 기존의 제조기업 혹은 서비스기업이 '제품의 서비스화' 혹은 '서비스의 제품화'를 통해 제품과 서비스가 통합된 E2E(End-2-End)의 가치사슬화된 사업을 의미한다. 애플이 제품을 서비스화 했다면 아마존은 에코라는 인공지능 스피커를 통해 서비스를 제품화하고 있다. 그리고 고객을 위한 통합적 가치를 제공한다.

현재 경제유형을 본다면 서비스가 OECD 경제의 70%가 넘는다. 우리에게 필요한 것은 세탁이지 세탁기가 아니기 때문이다. 1990년대 등장한 서비스 융합이 제조업의 기회가 될 수 있는 것은 바로 4차 산업혁명에 수반된 사물인터넷/클라우드/인공지능 기술 때문이다. 과거의 개념이 신기술로 부활하고 있다.

캐터필러나 두산 밥캣은 중장비 출고 이후에도 IoT를 통해 데이터를 수집해 장비의 상태를 확인하고 사전 서비스를 제공한다. 제조업이 제품의 가치사슬 전 영역에 걸쳐 고객과 연결돼 간다. 바로 IoT의 데이터 수집과 클라우드의 빅데이터 저장과 인공지능의 분석역량의 결합이다. 한국타이어와 넥센도 T-스테이션과 타이어 렌탈서비스를 통해 고객과 판매 이후에도 지속적으로 연결된다.

우버, 에어비앤비, 쏘카 등 수많은 O2O 공유경제 서비스들은 본질적으로 PSS형태의 사업이다. 제품이 공유 플랫폼을 통해 서비스화한 것이다. 바디프렌드나 코웨이 같은 렌탈서비스도 동일한 개념의 사업모델이다. 소유가 공유로 진화하는 것이 4차 산업혁명의 속성이다.

2) PSS의 구분

PSS의 분류는 Tukker가 2004년에 발표한 기준이 대표적이다. 즉, PSS가 과거 순수 제품 판매 모델과 순수 서비스 판매 모델 사이에 존재한다고 보고, 이를 제품 중심(pro duct-oriented) PSS, 사용 중심(use-oriented) PSS, 결과 중심(result oriented) PSS의 세 범주로 분류하였다. 세 범주는 다시 8개의 유형으로 세분화된다.

다음 그림 8-7은 이러한 분류를 요약해서 보여주고 있다.

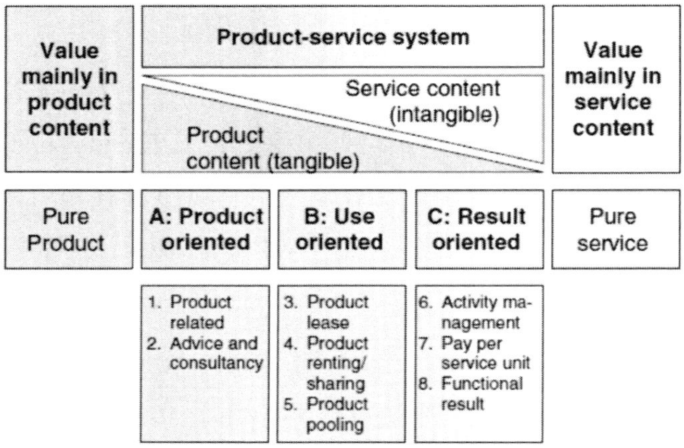

그림 8-7 PSS의 유형의 8가지 분류

*출처: Tukker, "Eight Types of Product Service System: Eight Ways to sustainability? Experiences from suspronet", 2004

가. 제품 중심 PSS

제품 중심 PSS는 제품을 판매한 뒤 제품 수명주기에 걸쳐 다양한 서비스를 더하는 유형의 PSS이다. 이 때 제품의 소유권은 고객에게 있다. 제품 중심 PSS는 제품의 사용 시에 필요한 관리, 재활용 서비스 등을 제공하는 제품 관련(product-related) 유형과 제품의 효율적 사용 방법을 제공하는 조언 및 컨설팅(advice and consultancy) 유형으로 세분화된다.

제품 중심 PSS의 사례로는 애플의 아이 폰 사례가 대표적이다. 애플은 아이 폰을 위한 앱스토어 플랫폼 상에서 독립적인 서비스 제공자들이 생산하는 다양한 애플리케이션 서비스를 고객에게 중개한다. 이때 아이 폰은 애플리케이션 서비스를 전달받기 위한 접점 기기의 역할을 수행한다. 이러한 PSS를 통해 아이 폰 사용자는 다양한 애플리케이션 서비스들을 활용, 자신의 생활 방식에 특화된 형태의 가치를 제공받을 수 있다. 애플의 아이 폰 PSS는 고객이 소유하는 휴대폰에 애플리케이션 서비스를 더해 제공한다는 측면에서 제품 중심 PSS로 분류된다.

또 다른 제품 중심 PSS 사례로는 MS의 Zune, Amazon과 Sony의 e-book리더, IBM의 컨설팅서비스, SFNB(Security First Network Bank)의 Provice(제

품과 서비스의 결합을 뜻함), Iprint의 Prosumer, Amway의 Disumer, 필립스의 파이프라인, GE의 '항공엔진 교환을 비롯한 각종 서비스', 한국타이어의 T-스테이션, 가천의대 길병원의 당뇨병 진단/관리 서비스, 게스코리아의 청바지 리폼 서비스 등을 들 수 있다. T-스테이션은 타이어 제품 판매에 더불어 타이어 구매 및 사용을 컨설팅해주는 서비스, 타이어 관리 서비스 등을 함께 제공해 고객이 자신에게 특화된 형태로 타이어를 사용할 수 있도록 도와준다. 가천의대 길병원은 자가 혈당 측정기와 함께 혈당 측정 결과에 대한 원격 진단 서비스를 당뇨병 환자들에게 제공해 환자 개인이 자신에게 특화된 당뇨병 치료를 받을 수 있도록 한다. 게스코리아의 경우 명동의 리폼하우스에서 리폼에 필요한 재료를 무료로 제공하고, 고객의 셀프 리폼을 가이드 하는 서비스를 통해 자신만의 제품을 소유하고자 하는 고객의 요구를 효과적으로 해결하고 있다.

나. 사용 중심 PSS

사용 중심 PSS는 제품의 사용권만을 판매하는 유형의 PSS이다. 이 때 제품의 소유권은 기업에게 있으며 고객은 계약된 시간 동안 제품 사용 권한을 가지게 된다. 사용 중심 PSS는 사용자가 일정 기간 동안 제약 없는 사용 권한을 가지는 제품 임대(product lease), 사용 권한이 제약적이며 여러 사람이 연속해 제품을 사용하는 제품 대여/공유(product renting/sharing), 여러 사람이 동시에 제품을 사용하는 제품 풀링(product pooling)의 세 가지 유형으로 세분화된다.

사용 중심 PSS의 사례로는 Zipcar의 Car Sharing 사례(Willi ams, 2007)가 대표적이다. Zipcar는 언제 어느 지점에서 자동차를 사용하고자 하는지 예약하면 자동차를 바로 픽업해 사용할 수 있도록 하는 서비스를 제공한다. 사용자는 가입비와 연회비만 내면 Zipcard를 수령하고, 북미 지역 8,000여 개의 지점에서 이용할 수 있게 된다. 고객은 자동차의 기능만을 취하고 보험, 관리 등의 제반 책임은 질 필요가 없게 된다. Zipcar의 Car Sharing PSS는 자동차 소유주가 고객에게 자동차 사용 권한을 판매하며 여러 고객이 공동의 제품을 사용한다는 측면에서 사용 중심 PSS로 분류된다.

또 다른 사용 중심 PSS 사례로는 웅진의 렌탈 서비스, 독일의 CALL A BIKE, Hilti의 공구 대여 서비스, Tauschticket의 책 공유 서비스 등을 들 수 있다. CALL A BIKE는 베를린, 프랑크푸르트 등의 독일 주요 도시에서 무인 대여 시스템을 통해 자전거를 매우 싼 가격에 대여해 주며, 교통 체증 완화 및 탄소 발생 저감의 효과를 내고 있다. 소형 전동공구 제작사인 Hilti는 매달 일정 사용료만 지불하면 언제든지 전동공구 세트를 임대할 수 있는 서비스를 제공한다. 반환된 전동공구는 항시 깨끗이 관리되며, 고객은 웹사이트를 통해 공구의 재고 상태를 파악할 수 있다. Tauschticket는 회원들이 등록한 백 만권이 넘는 책들을 서로 공유할 수 있는 서비스를 제공한다. 소비자가 Tauschticket에 회원으로 가입하고 회원들은 자신의 책을 기부하면 가상의 표를 발부 받아 타인의 책을 빌려볼 수 있다.

다. 결과 중심 PSS

결과 중심 PSS는 기업이 제품을 사용함으로써 얻고자 하는 결과를 보장하는 유형의 PSS이다. 이때 제품의 소유권은 항상 기업이 가지고 있으며 고객은 제품 단위가 아닌 결과물의 단위에 따라 비용을 지불한다. 결과 중심 PSS는 기업의 특정 활동이 제 3자에게 위탁되는 활동 아웃소싱(activity management/outsourcing), 제품이 아닌 제품 사용의 결과에 가격을 부여하는 서비스 단위 당 판매(pay per service), 제공자가 고객에게 정해진 수준의 결과를 보장하는 기능적 결과(functional result) 세 가지 유형으로 세분화된다.

결과 중심 PSS의 대표적 사례로는 Xerox의 Document Mana gement Service(Rothenberg, 2007)가 있다. Xerox는 단순히 복사기를 판매하는 것이 아니라, 복사기는 무상으로 제공하는 대신 복사기 사용에 관한 제반 서비스를 제공함으로써 수익을 창출하고 있다. 여기에는 복사기 관리 서비스, 사용 프로세스 분석 서비스 등이 포함되며, 이를 통해 일정 수준 이상의 복사 품질을 보장한다. 이때 제품 및 서비스에 대한 과금은 복사물의 양에 따라 이루어진다. 고객은 낮은 가격으로 쉽게 복사기를 사용할 수 있게 되며, 필요 복사기의 수, 소모품(토너, 용지 등)의 양 또한 절약된다. Xerox의 PSS는 복사기 제품이 아닌 복사의 결과를 보장하고, 복사 결과의 유닛에 따라 과금을 한다는 측면에서 결과 중심 PSS로 분류된다.

또 다른 결과 중심 PSS 사례로는 PPG의 Painting 솔루션, York의 찬 공기 보장 서비스, EcoLab의 깨끗한 환경 보장 서비스 등이 있다. PPG는 자동차용 페인트의 주문, 재고관리 서비스 등을 통해 고객의 페인트 사용 프로세스를 단순하고 편리하게 하고, 페인트 사용에 의한 환경 영향 도를 감소시켰다. 이때 과금은 사용된 페인트의 양 대신 페인트가 칠해진 자동차 대수(페인트 사용의 결과) 에 따라 이루어진다. 에어컨 제조 기업인 York는 에어컨은 고객에게 목표가 아닌 수단임을 인식하고 고객이 원하는 수준의 냉방이라는 결과를 전달한다. 이를 위해 York는 에어컨 설치, 사용, 관리 모두를 대행하며, 이 경우에도 과금은 에어컨이 아닌 냉방의 결과에 따라 이루어진다. York의 사례와 유사하게, 청소 약품 제조 기업이었던 EcoLab은 자사의 제품을 활용, 고객에게 깨끗한 환경을 보장하는 청소 서비스를 제공한다.

3) PSS의 성공과 실패 사례

다양한 PSS의 유형 중에서 "제품 중심 PSS"유형에 해당하는 사례에서 상업화 정도가 높고, 경쟁 정도가 치열하고, 제품과 서비스가 결합된 가치제공이 높다고 판단되는 음악, 전자책 부분의 사례를 보여준다.

음악 콘텐츠 기기는 Rio, Sony의 '워크맨 빈', Dell의 'DJ'와 'DJ 디티', Olympus, iriver가 주를 이루고, 전자책 콘텐츠 부분에는 Amazon의 Kindle, Barnes and Noble의 Nook, Sony의 PRS 시리즈, Borders의 Kobo 등이 있다. 이들 중에서 제품의 시장점유율을 기준으로 성공과 실패 사례로 구분한다.

가. Apple의 iPod의 성공사례

Apple은 2001년 10월 23일 iPod을 시장에 출시했으며, Apple의 iPod의 성공요소는 뛰어난 디자인, 사용자 환경(UI), 특히, iTunes로 시작해 오픈생태계로 진화한 앱스토어 플랫폼이다. 오픈 생태계로 진화하면서 앱스토어는 사용자가 iPhone, iPad, iPod touch등을 이용하여 앱을 구매할 수 있게 하였는데, 이는 구매자입장에서 단순히 스마트폰을 사는 것이 아니라 제조사가 어떤 생태계를 구축하고 있는지를 이해하는 것을 의미하며, 이러한 오픈 환경은 구매자에게 편의성과 새로운 경험이라는 가치를 제공할 수 있었다.

① 디자인 측면

전원 버튼과 불필요한 기능의 버튼을 제거함으로써 디자인의 심플함과 편리성을 강조하였다. 또한 하나의 제품에 여러 색을 동시에 합치는 더블샷 공법을 이용하였다.

② **차별화된 가치 제공**

Apple은 성능이 뛰어난 음향기기인 iPod(제품)과 유통채널(iTunes), 편리한 구매 프로세스를 결합함으로써 사용자들이 완벽하게 음악을 체험할 수 있는 가치 제안을 했다. 따라서 고객들은 디지털 음원을 쉽게 검색하고 구매할 수 있게 되었다.

③ **플랫폼 측면**(iTunes)

iTunes.com은 Apple의 온라인 스토어로 이 플랫폼을 통해 소비자들은 쉽고 편리하게 음악을 구입하고 들을 수 있다. 이와 같은 플랫폼 구조는 Apple이 iPod 판매뿐만 아니라 온라인 뮤직 스토어를 통한 음악 콘텐츠 수익을 얻을 수 있게 하였다. '음악 저작권자'들을 구매자들과 직접 연결시키는 전략과 더불어 2008년 iPhone을 위한 앱스토어 서비스를 개시함으로써 플랫폼 전략을 강화했다.

④ **마케팅 측면**

iPod은 윈도우를 지원하면서 대중화되었다. 초기 Apple의 모든 기기를 매킨토시에서만 돌아가도록 했으며, 2003년 4월 윈도우를 사용하는 PC에서도 완벽하게 사용할 수 있는 iPod 3세대를 공개하였다. 3세대가 나오기 직전 2003년 1분기 판매량은 7만 8천 대였던 반면 iPod 3세대 출시 후 판매량은 30만대가 넘었다. 이러한 점을 보았을 때 네트워크 효과 측면에서 사용자 기반을 확보하는 것이 중요하며, 이는 즉 다양한 OS 지원의 중요성을 암시한다.

⑤ **사업 참여자와의 관계**

5대 메이저 음반사는 불법 다운로드로 인해 IT업계에 반감을 가지고 있었으며 스티브 잡스는 끈질기게 이들을 설득하였다. 결국 5대 메이저 음반사는 불법음악 다운로드 문제를 해결해 줄 수 있는 저작권 관리 소프트웨어인 '퀵타임'을 가지고 있던 Apple의 플랫폼에 참여함으로써 이들의 디지털 음원 수익이 증가하였으며, Apple은 주요음반사가 참여한 iTunes를 만들어 사업 참여자 모두가 윈윈할 수 있는 플랫폼을 만들었다.

나. Microsoft의 Zune의 실패 사례

2007년 11월, Microsoft사에서는 MP3플레이어 기기인 Zune을 미국에서 발매하였다. 총 3가지 모델로 발매된 본 기기는 PC에 저장된 음악·동영상 등을 무선으로 복사해 올 수 있는 것이 특징으로, 기존의 MP3플레이어와 달리 무선 랜을 내장하고 있어 무선 동기화를 할 수 있다. 또한 다른 Zune사용자들과 '로컬 커뮤니케이션'을 할 수 있도록 애드-혹(ad-hoc) 와이 파이를 채용하였는데, 2008년 12월 31일에 오작동이 발생하였고, 2011년 3월, 판매부진을 이유로 Zune 단종 계획을 발표하였다.

① 네트워크 효과 측면

Microsoft사에서는 Zune을 이용하면 무선 공유플랫폼을 기반으로 음악을 보다 간편하게 다운받을 수 있고 사용자간 공유가 가능하다고 주장하였지만, 경쟁사인 Apple이 웹서핑이 가능한 iPod touch를 출시함으로써 충분한 사용자 기반을 확보하지 못했다. Microsoft가 핵심 기능으로 주장하는 무선랜 기능은 다른 Zune 사용자가 많아야 제 기능을 발휘할 수 있지만 부족한 사용자 기반으로 인하여 사용자들이 무선랜 기능을 효과적으로 사용할 수 없었다.

② 마켓플레이스 측면

Microsoft사의 Zune은 하드웨어적 측면에서 Apple의 3세대 iPod touch보다 우위에 있는 상태에서 가격은 더 저렴하였고, 생산 원가 인상의 요인인 라디오 기능까지도 갖추었지만, 가격대는 그대로 유지하였다. 그러나 iPod touch에 비해 활용할 수 있는 애플리케이션이 적다는 점과 당분간 구입할 수 있는 지역이 미국으로 한정되어 있다는 부분이 약점으로 등장하였다.

③ 애플리케이션 측면

제 3개발자들이 본 Zune의 마켓플레이스는 애플리케이션을 개발하는데 있어 충분한 사용자 기반이 없어 매력이 없었으며, 이로 인해 Apple의 iTunes에 비해 애플리케이션의 수가 적고 그 질도 떨어졌다. Microsoft는 무료로 게임, 날씨, 트위터와 페이스북 애플리케이션과 3D 게임을 제공하였지만 Apple의 iTunes에 비해 애플리케이션 수나 콘텐츠의 품질 측면에서 역부족이었다.

④ 생태계 측면

앱스토어를 통해 상생의 생태계를 만든 Apple은 소비자인식, 시장지배력,

현금 보유에서 Micro soft사가 추월하기 힘든 진입 장벽을 만들었고, 이러한 Apple과 경쟁하기 위해서 Microsoft는 하드웨어, 소프트웨어, 서비스에 대한 통합적인 설계가 필요하였음에도 불구하고, 소프트웨어와 콘텐츠 강화보다는 신제품 출시에 치중한 점이 실패 원인 중 하나였다.

⑤ **경쟁자와의 비차별성**

Microsoft사는 MP3플레이어 뒷면에 간단한 글귀를 새겨주는 Apple의 각인 서비스까지 모방했다. Apple은 글자를, Microsoft사는 그림을 새겨준다는 것만 다르다.

다. Amazon의 Kindle 성공사례

Amazon은 2007년 11월 전자종이 디스플레이 방식의 359달러로 가격이 책정된 Kindle과 전자책 서비스를 출시하였다. 독자적인 Kindle 포맷(AZW) 방식을 사용하였고, Amazon닷컴의 위스퍼넷에서 해당 콘텐츠를 무료로 다운로드 받을 수 있었다.

2009년 2월에 Kindle2를 출시하였다. Kindle 1의 디자인과 인터페이스에 대한 사용자 개선요청이 반영되어 출시되었고, 출시 2개월 만에 30만대 이상 판매되었고, Kindle2 출시 이후 e book 콘텐츠 판매량은 종이책 판매량의 13%에서 35%까지 급등할 수 있었다.

2010년 1월에 KindleDX를 출시하였다. 기존에 출시된 6인치 'Kindle'보다 큰 9.7인치 대형 스크린을 달아 도서는 물론 신문 잡지 등도 편리하게 볼 수 있도록 했다. 3.3기가바이트(GB)의 대용량 메모리를 탑재해 저장 공간을 대폭 늘렸고, Amazon 웹 사이트(www.amazon.com)에서 40만 여권의 책과 100여 개의 신문 및 잡지 등을 내려 받을 수 있고, 가격은 489달러로 책정되어 판매되었다.

이어 2010년 7월에 Kindle3을 출시하였다. Apple의 iPad 견제용으로 출시된 Kindle3는 무선인터넷 전용제품 가격이 139달러로 기존에 출시된 제품에 비하여 가장 낮았다. 저렴한 가격에 비하여 디자인은 더욱 향상되어 이전 제품인 Kin dleDX보다 크기는 21% 작아지고, 무게는 15%이상 작아졌으며, 명암 비를 50% 향상시켜, 보는 즐거움을 더하고 있으며, 배터리 수명도 2배 이상 향상시켰다. 가격은 저렴하면서도 향상된 기능과 독서라는 1가지 목적에 집중시킨 제품을 출시한 것이다.

2001년 9월에 Kindle Fire를 출시하였다. iPad와 유사한 Kindle Fire의 최대 강점이자 전략은 저렴한 가격과 풍부한 컨텐츠이다. Amazon의 영화와 노래, 게임, 책, 애플리케이션 등 1800만개 이상의 콘텐츠를 보유하고 있고, 가격은 199달러에 불과하다는 것이 장점이다. 가격과 더불어, 7인치 디스플레이를 제공함으로써, 크기면 에서도 차별성을 가지고 있고, "Amazon Silk"라는 클라우드 기술을 통하여 더욱 빨라진 서비스를 제공하게 되었다.

① 사용자 편의성

미국 이동통신 업체인 스프린트(Sprint)와 제휴한 Amazon은 도서 콘텐츠를 사용자가 원하는 장소로 종이책보다 저렴한 가격으로 전송하고, e Ink 기술을 사용하여 실제 종이책과 유사한 느낌을 제공하였다.

② 핵심역량에 집중

iPad와 같은 태블릿 기기들이 등장하면서, Kin dle과 같은 e-book reader에 커다란 위협으로 작용하기 시작하였다. Kindle은 이에 대응하기 위해 가격 인하를 하고 동시에 독서라는 기능자체에 집중하고 이를 특화시켰다.

③ 상대적인 저렴함

Kindle은 별도의 통신비용을 사용자가 부담하지 않고, 통신망을 이용해 콘텐츠 다운로드가 가능하도록 지원하였다. Kindle용 전자책은 9.99달러로 일반도서의 약 3분의 1수준으로, 사용자 입장에서 는 비용이나 휴대의 부담 없이 도서를 읽을 수 있다는 장점이 있다.

④ 서비스 연동

Amazon의 '개인화 클라우드 컴퓨팅'(Personal Cloud Computing) 서비스는 전자책 콘텐츠를 구매한 사용자들이 어떤 종류의 디바이스를 사용하든 상관없이 자신이 읽고, 메모했던 콘텐츠를 동기화된 상태로 구독할 수 있게 하였다.

⑤ 폐쇄적이지만 풍부한 콘텐츠

Kindle은 Amazon에서 구입한 도서 콘텐츠만 볼 수 있다는 단점에도 불구하고 풍부한 도서 콘텐츠를 제공하고 있다. 미국의 Kindle 스토어는 무료나 저작권이 경과된 1923년 이후 출판된 서적180만권을 포함하여 300만권에 가까운 도서 콘텐츠를 제공하고 있다.

라. Sony의 e-book reader 실패 사례

Sony는 2004년 일본에서 e-book 리더기를 출시한 바 있지만 2007년에 실적 부진으로 사업을 중단하였으나, 미국에서 Amazon이 'Kindle'을 출시한 이후 시장이 급성장하자 다시 ebook 시장에 진입하였다. Sony는 뛰어난 하드웨어와 콘텐츠, 소프트웨어를 연계시키는 것으로 부가가치를 높이는 전략을 취하였다. Sony는 2011년 9월에 출시한 PRS-T1을 포함하여 총 10개의 PRS 시리즈 e-book 리더기를 출시하였으며, 미국과 캐나다에서 e-book Library 스토어를 통해 콘텐츠를 제공하고 있다. E-book 리더는 PDF, ePub, RSS, JPEGs, BBeB(BroadBand eBook)포맷을 제공하며, 오디오 기능을 장착하고 있다. 2006년 9월 처음으로 PRS-500이 출시됐으며, 2006년까지 Borders와 독점적 계약을 하면서 Borders에서만 e-book리더를 판매하였다. 2007년 4월부터 Costso, Best Buy 등 미국 전역의 다양한 상점에서 제품을 판매하기 시작했다. 2008년 9월 영국에서도 PRS-505을 판매하기 시작했으며, 2008년 10월 터치스크린과, 조명기능을 가지고 있는 PRS-700을 출시하였다. 이 제품은 Kindle에 경쟁할 새로운 단말로서 양방향 터치스크린 화면을 탑재하였으며, 다양한 파일 형식을 지원한다. 하지만 가격이 400달러로 시중의 다른 e-book 리더보다 가격이 높아 얼리어답터 제품군에 속한다.

한편 e-book 스토어 웹 사이트에 디지털 도서를 검색하고 구매하는데 필요한 검색 툴도 업데이트함으로써 검색 프로세스를 단순화시켰다. 2009년 5월 PRS-300 Pocket Edition과 PRS-600 Touch Edition, PRS-900 Daily Edition을 출시하였다. 특히, PRS-900 Daily Edition은 Ama zon Kindle DX와 경쟁하기 위한 제품으로 출시됐으며, 사용자가 컴퓨터 없이 AT&T 통신망을 이용하여 컴퓨터 없이도 Sony의 e-book 스토어에 접속할 수 있는 3G 무선 통신을 제공하는 첫 번째 모델이다. Sony의 e-book리더는 e-book 스토어 이외의 콘텐츠 또한 PC를 경유해 다운로드 한 후 구독할 수 있으며, 7인치 터치스크린으로 16단계의 명암을 가지고 있는 흑백화면이다. 또한 미국 내 각 지역 도서관이 보유하고 있는 e-book을 이용할 수 있도록 'Library Finder'을 제작하여 도서관의 e-book을 PC에 다운로드 한 후 Daily Edition

에 전송해서 열람할 수 있게 했다. 한편, Kindle의 경우 이미 2007년부터 3G접속을 지원하고 있었으며, 9.7인치 모델 489달러, 6인치 모델 299달러에 판매하고 있었다.

2009년 Amazon의 'Kindle'을 견제하기 위해 Sony와 구글이 전략을 제휴를 체결했다. Sony 유저들은 구글의 도서 디지털화 프로젝트로 제공되고 있는 저작권이 걸려있지 않은 50만권 이상의 서적을 Sony의 e-book 스토어에서 다운받아 'Sony Reader'를 통해 무료로 제공받을 수 있다. 하지만 무료로 제공되는 대부분의 서적은 고전분야로 한정되었다.

2010년 9월 Sony는 기존의 PRS-300 Pocket Edition과 PRS-600 Touch Edition을 대체할 PRS-350 Pocket Edition과 PRS-650 Touch Edition을 출시하였으며, 이 모델은 뉴질랜드와 호주에서도 출시되었다. 또한 Sony는 다양한 플랫폼에서 이용할 수 있는 e-book 애플리케이션도 발표했는데, MacOS 및 Windows용 'Reader Desktop Edition'과 iPhone 및 Android 용 'Reader Mobile Edition'을 제공하여 복수의 디바이스 간에 e-book 동기화를 가능하게 하였다. 2011년 8월 Sony는 PRS T1 모델을 출시하였으며, 이는 Wi-Fi 기능이 있는 유일한 모델이다. Sony는 Sony 리더기를 위해 개발된 'Calibre'라는 'open source third party so ftware'을 제공하여, 사용자가 다른 e-book 포맷을 변환하고 디지털 라이브러리를 관리할 수 있도록 하였으며, 이곳은 약 30개의 다른 브랜드와 리더기에 사용되고 있다. 'Sony Reader Library'는 Sony리더기에 책, 음악, 이미지 등과 같은 콘텐츠를 관리할 수 있는 iTunes와 같은 소프트웨어로, Sony의 e-book 스토어에서 제품을 구매할 수 있도록 해준다.

① 다른 제품에 비해 높은 가격

Sony는 e-book 단말과 콘텐츠 가격을 1위업체인 Amazon보다 비싸게 책정하였다. 2010년 6월 Amazon과 Barnes and Noble 또한 단말 가격을 인하하였고, 이러한 방침은 하드웨어 판매보다는 e-Book 콘텐츠 판매에서 이익을 얻고자 하는 전략이며, 상대적으로 콘텐츠를 보유하고 있지 못한 Sony는 단말의 가격을 인하하기 어려워 가격측면에서 경쟁력이 떨어질 수밖에 없었다.

② 부족한 콘텐츠

Sony는 2008년 Sony 스토어 이외의 다른 스토어의 전자도서도 Sony의 사용자들이 구입할 수 있게 하였다. 따라서 유저들은 다른 전자서적 스토어, 웹 사이트, 'Library Finder' 애플리케이션을 통해 공공도서관의 무료 및 유료 콘텐츠를 구독할 수 있게 되었다. 또한 Google과의 제휴를 통해 50만권의 책을 유저들에게 제공하였다. 하지만 저작권이 완료된 고전이라는 한계가 있었으며, 약 45000권 정도의 상대적으로 적은 콘텐츠만을 보유하고 있었다.

③ 컴퓨터와의 연동

E-book 리더에서 무선 접속 기능은 유저편의성 측면에서 필수 기능으로 인식되고 있다. 따라서 초기에 출시된 무선 접속 기능이 없는 Sony의 제품은 사용자가 PC와 연동해서 콘텐츠를 다운 받아야 하는 불편함을 겪게 함으로써 사용자 편의성 측면에서 경쟁력을 확보하기 어려웠다.

4) PSS의 비즈니스 모델

가. 제조기업의 서비스 기회 매트릭스

제조기업의 서비스 기회 매트릭스는 시간적 확장, 공간적 확장, 시간적 재배치, 공간적 재배치 등 제조 기업이 새로운 서비스를 만들어 내기 위해서 성장의 형태와 성장의 초점으로 구분하여 시간적 재배치, 시간적 확장, 공간적 확장, 공간적 재배치 등 제품과 서비스 융합의 4가지 유형을 제시하였다. 이런 매트릭스에서는 시간적 확장은 고객의 핵심 활동체인에 새로운 활동을 추가하는 서비스로부터 발생하는 성장을, 공간적 확장은 고객의 보조 활동 체인에 새로운 활동을 추가하는 서비스를 제공함으로서 이루어지는 성장을, 시간적 재배치는 고객의 핵심 활동체인 내 활동의 구조와 통제를 변경시키는 서비스로부터 발생하는 성장을, 공간적 재배치는 고객의 보조 활동체인 내 활동의 구조와 통제를 변경시키는 서비스로부터 발생하는 성장을 의미하며 각각의 사례로서, 코닥, GM, UPS, 나이키 등을 예시하였다.

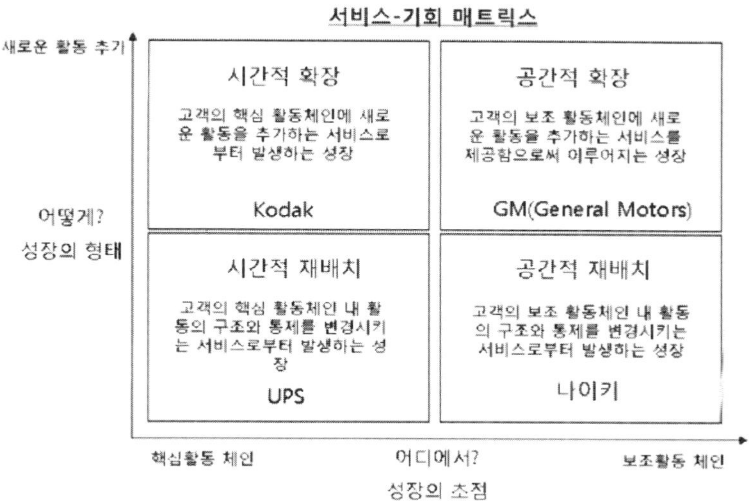

그림 8-8 서비스 기회 매트릭스
*출처: Sawhney, Balasubramanian & Krisnan, "Creating Growth with Services", 2004, 재구성

나. 서비스 개발 모델과 제품의 역할

독일 프라운호퍼 연구소에서는 서비스 개발에 대한 이론적 모형으로 서비스 개발 모델(Fraunhofer service development model)을 개발하였다. 이 모델에서는 기존의 제품 개발 프로세스에서 진행되어온 업무의 전체적 흐름은 유지하면서, 서비스의 특성을 고려하여 새로운 서비스를 체계적으로 개발하는 일련의 프로세스 프레임워크를 제시하였다. 프라운호퍼의 서비스 개발 모델에서는 전체 서비스 개발 프로세스를 5개의 단계로 나누고 있는데, 일반적인 제품 개발 프로세스와 비교해볼 때 개념설계 이전까지의 단계들에 비교적 많은 초점이 맞추어져 있다. 이는 서비스 제공자와 고객의 협동생성이 중요시되어 있으며 상세설계보다는 개념설계 부분이 강조되어 있다.

특히, 서비스 개발에 있어 제품(Product)의 역할을 통합적으로 고려하고 있는데, 전체 5단계 중 3단계인 서비스 개념(Service concept) 단계에서의 제품 모델(Product model)과 4단계인 서비스 구현단계에서 제품 구현(Product im plementation)을 서비스 개발의 전체 단계에서 통합적으로 고려하고 있다.

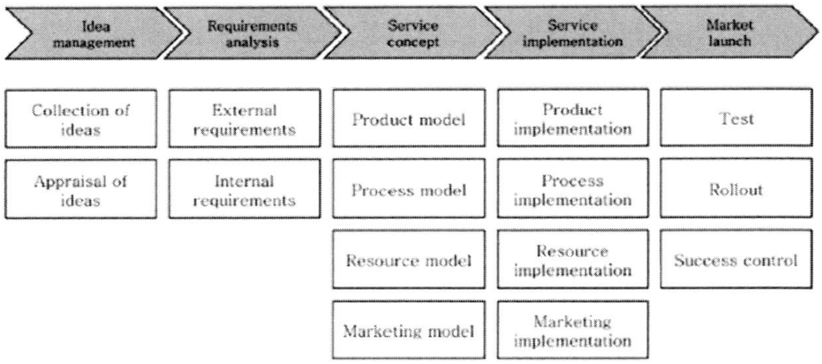

그림 8-9 프라운호퍼 서비스 개발 모델
*출처: Fahnrich and Meiren, "Service engineering : state of the art and future trends", 2007

다. 제품의 서비스화 4단계 전략

제품의 서비스화(Servitization) 전략의 실행 과정에 초점을 맞추고, 서비스화의 수준을 4단계로 정의하였다. 1단계(Transition 1: Initial con solidation of services)는 제품과 관련된 서비스를 통합하는 단계이고, 2단계(Transition 2: Entering the installed base)는 제품의 설치와 관련된 서비스, 3단계(3a: Expanding to relationship-based, Transition 3b: Expanding to proc ess-based)는 제품관련 관계 및 프로세스기반의 서비스 확장, 4단계(Transition 4: Taking over the customers operation)는 고객의 운영에 대한 역할 자체를 서비스하는 단계로 확장된다.

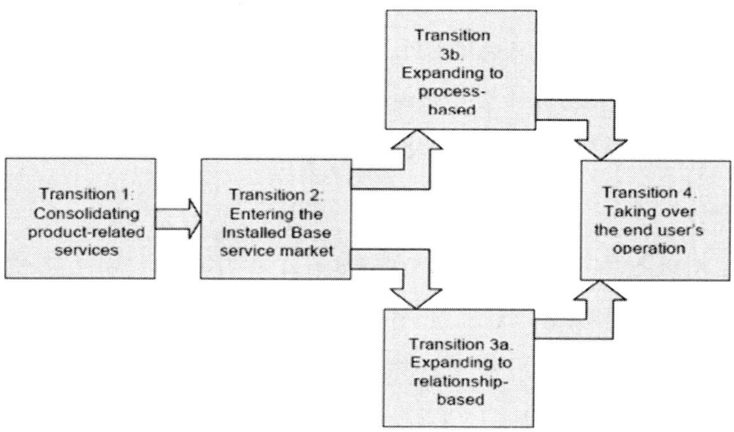

그림 8-10 서비스화 맵(Servitization route map)
*출처: Mills et al. "Toward a framework to assist servitization strategy implementation", 2008

라. 제품 · 서비스 시스템(Product-Service System; PSS) 개발 방법론 및 모델

제품 서비스 융합 관점에서 제품 서비스를 하나의 시스템으로 보는 제품·서비스 시스템(Product-Service System; PSS)에 대한 연구가 이루어지고 있다. PSS는 서비스가 함께 어우러진 시스템을 지칭하는 것으로 제품과 서비스의 결합을 통하여 보다 많은 부가가치를 창출하는 것을 목표로 하고 있다. 이 연구에서는 PSS 개발절차 모델을 제시하였는데, 본 모델은 기존의 제품 개발 프로세스를 근간으로 하되, 서비스 요소가 결합됨으로써 갖게 되는 PSS의 특성을 각 단계에 반영하고 있다. PSS 개발절차 모델은 PSS 개발업무를 단계별로 구분하고 있다는 점에서는 프라운호퍼의 서비스 개발 모델과 유사하나, 각 단계별로 설계모듈과 평가 모듈로 나뉘어 구성되어 있다는 특징을 가지고 있다.

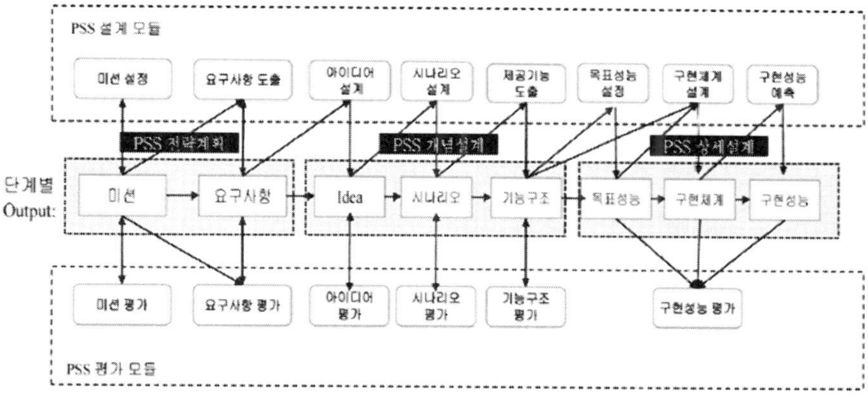

그림 8-11 PSS 개발 방법론
*출처: 김광재, "서비스 혁신 연구: 프레임워크와 연구이슈", 2009

이러한 PSS 개발 절차에 도움을 주고자 PSS 모델이 제시되었다. PSS 모델은 일반 요구를 해결하는 데 사용 가능한 참조 모델로서 모두 25개의 PSS 모델을 제시하고 있다.

세부 모델은 다음 표 8-2와 같다.

[표 8-2] **PSS 모델 리스트**

분류	PSS 모델	의미 및 예시
제품 중심 PSS	M1.재활용 서비스	제품을 재사용, 재활용, 수리, 재생산 예) Hartman : 가구+재활용 서비스
	M2.관리 서비스	재품/서비스를 수리,관리 예) LIEBHERR : 크레인+관리, 컨설팅 서비스
	M3.금융 서비스	고객의 자산 관리에 도움을 줄 수 있는 금융 서비스 제공 예) Electrolux : 세탁기+대여, 금융 서비스
	M4.진단 서비스	제품/서비스의 상태를 모니터링, 분석, 진단 예) Kluber : 윤활유+사용성 진단, 컨설팅 서비스
	M5.정보 제공 서비스	제품/서비스의 수명주기 동안 필요한 정보 제공 예) PEERFLIX : 중고 DVD의 판매자/구매자 정보 제공 서비스
	M6.컨설팅 서비스	제품/서비스를 최적으로 사용할 수 있도록 지원하는 전문 지식 제공 예) EsCo : 전기 사용 제품 + 에너지 사용 컨설팅 서비스
	M7.교육 서비스	제품/서비스 관련한 교육, 트레이닝 제공 예) Thales Training & Simulation : 군용 제품+사용 교육 서비스
	M8.설치 서비스	제품의 설치 및 배치 서비스 제공 예) Coro : 가구+가구 배치 컨설팅 서비스
	M9.대행 서비스	고객의 제품/서비스 사용 활용을 대행하거나 두 이해관계자 간 연결 대행 예) Wash & Tumble : 세탁기+세탁 대행, 컨설팅 서비스
	M10.체험 서비스	제품/서비스의 일정 기간의 사용 경험을 줄 수 있는 체험 버전 제공 예) 말로&도터스 정육점 : 고기+고기가공 기술 컨설팅, 가공 체험 서비스
	M11.수명주기 종합 케어 서비스	제품/서비스의 수명주기 동안 일련의 케어 서비스 제공 예) Philips : 의료기기+수명주기 종합 케어 서비스
	M12.종합 패키지 솔루션	'One stop 패키지 솔루션 ' 제공 예) GB Innomech : 제품 생산 기기+기기 사용, 생산 프로세스 관련 모든 활동을 지원하는 종합 서비스
	M13.맞춤 솔루션	고객의 환경에 맞춤화된 제품/서비스를 제공 예) NorLux : 조명제품(LED)+제품 구매 컨설팅 서비스, 맞춤 솔루션
	M14.성분 옵션으로 판매	제품/서비스를 이루는 성분으로 나누어 제공 예) IKEA : 가구를 부품으로 판매하는 서비스, 조립 대행 서비스
	M15.사용 접근 경로 확장	제품/서비스에 접근할 수 있는 새로운 방법을 제공 예) 하니웰 : Telehealth 기기+의료 서비스

사용중심 PSS	M16.셀프 서비스	고객이 스스로를 서비스 하도록 함 예) 뮌헨시 : 자전거+자전거 셀프 대여 서비스
	M17.공유	여러 고객이 제품/서비스를 공동으로 사용할 수 있게 함 예) Lego Educational Center : Lego+공유 서비스
	M18.단기 및 장기 임대	제품/서비스를 단기, 혹은 장기로 임대 예) 웅진코웨이 : 정수기+대여서비스
	M19.사용 자격 부여	예약 시스템, 멤버십 제도 등을 통해 고객에게 제품/서비스의 사용 자격 부여 예) Japan' s Cat Cafes : 카페의 고양이와 놀 수 있는 자격 부여
결과중심 PSS	M20.보장 계약	일류의 제품/서비스 사용 결과 보장 예) EcoLab : 세제 등의 청소 용품 사용 대행을 통한 '깨끗한 환경' 제공
	M21.사용 단위당 지불	제품당 지발이 아닌 사용 횟수, 혹은 서비스당 지불 예) Xerox : 복사 횟수당 지불
기타	M22.친환경 자원 이용	제품/서비스의 생산/제공에 있어 친환경적 자원 이용 예) Greenstar : 개발도상국에 태양에너지를 이용한 인터넷 서비스 장비+사용법 교육, 시골 마을 부흥 지원 서비스
	M23.이익 공유	제품/서비스로부터 창출되는 이익을 고객과 공유 예) 스포츠월드 : 요트 공유 서비스, 중고 제품 판매 시 이익 공유 서비스
	M24.신기술 활용	효율성 제고를 위해 제품/서비스에 관한 신기술 활용 예) Pepsi : 자판기+자판기 원격 관리 서비스
	M25.서비스 모듈화	서비스의 모듈화, 제품화를 통해 서비스의 유형성 높임 예) SAP : 모듈 화된 IT 서비스

*출처: 김광재 외, "고객 요구 일반화하면 혁신 콘셉트 보인다.", 2010

마. Cook 확장 서비스화 유형

Cook의 서비스화 유형 분류법에 기반을 두어 이를 확장한 새로운 서비스화 유형 분류법이 제시되었다(서비스혁신연구소, 2009). 이 모형에서는 기존 Cook 유형의 상품 모델을 서비스 add-on과 가치사슬 변화로 확장하였고, 사용자 모델은 유틸리티와 라이프 타임으로 세분화 하였다. 서비스 모델은 제품 중심적 모델과 확장 서비스 모델로 구분하였다.

[표 8-3] Cook의 확장 서비스화 유형

유형	상품모델		사용자모델		서비스모델	
	서비스 add-on	가치사슬 변화	유틸리티	라이프 타임	제품 중심적	확장 서비스
특징	기존 제품에 새로운 서비스 수익은 제품 매출에 의하여	상품 기획, 디자인, 판매 방식을 바꾸어 고객에게 새로운 가치 제공	사용량에 따른 과금	기간에 따른 과금	제품을 중심으로 한 새로운 서비스 서비스로 수익 창출	고객의 job-done을 목적으로 한 서비스
사례	제품에 1년 품질 보증	델의 mass customization	ASP, 클라우드 컴퓨팅	웅진 정수기	롤스로이스	York의 냉각서비스

*출처: 서비스혁신연구소, "제조업의 서비스화 국내외 사례 발굴, 분석", 2009

5) R&D 정책

가. 국내 정책

지식경제부는 제조업과 서비스업의 융합 활성화를 위해 민관 공동의 "지식서비스 융합 포럼(Forum 2.5)"을 구성 2009.7월 발족해 운영하고 있다. 이 포럼은 제조 서비스 분과와 서비스 혁신분과로 구성되어 있으며 각 분과에는 지식서비스 전문가 그룹이 참여한다. 각 분과에는 기업인, 전문가들이 참여하여 업종별로 서비스 우수사례를 공유하고, 비즈니스 모델, 서비스 R&D 과제, 제도개선 과제 발굴을 지원하고 있다. 또한 제조업과 서비스업 융합 활성화를 위한 민간과 정부 간 협력체계 구축방안, 제도개선 및 애로사항을 검토한다.

전자전기 분과의 주요 참여기관은 삼성전자, LG전자, KT, LG텔레콤, 삼성전기, LG전자기술원, 삼성 SDI, LG이노텍, 두산전자, LS전선, 대우일렉트로닉스, 전자정보통신산업진흥회, 전자부품연구원, 웅진코웨이, 유닉스전자, 대적지디에스, 엠텍비전, 일진전기 등이 참여하고 있다.

그림 8-12는 지식서비스융합 포럼의 구성을 보여주고 있다.

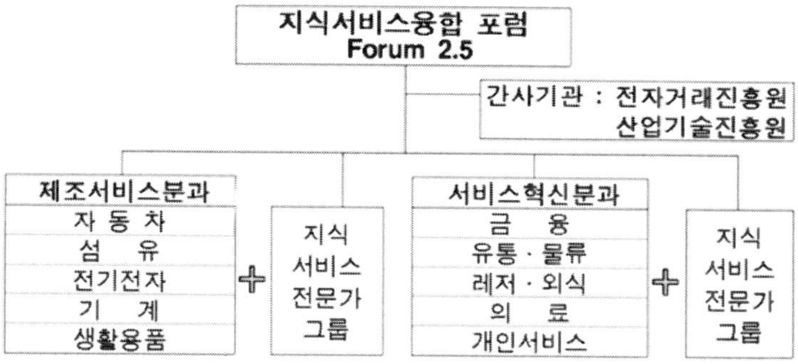

그림 8-12 지식서비스융합 포럼

① 진행 모델 사업

지식경제부는 제조업과 서비스업의 융합을 위한 서비스 R&D 사업으로 제조와 서비스 융합 모델 사업을 추진하고 있다. 본 사업은 제조업의 서비스화 비즈니스 모델 개발과 타당성(시장성) 분석이 주 대상이며 본 사업에서는 시범사업이 제외되며, 향후 타 사업과 연계하여 추진이 가능하다.

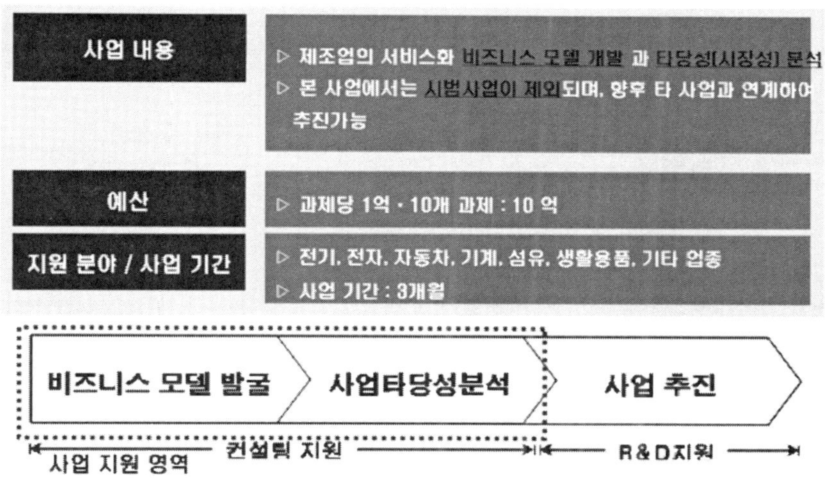

그림 8-13 2010 제조와 서비스 융합 모델 사업

② 사업의 한계점

본 사업은 제품 서비스 융합을 촉진하는 측면에서 비즈니스 모델 기획 및 사업 타당성 분석에 한정되어 사업화로 연계되기 어려운 문제점을 가지고 있으며 아이디어 개발 수준의 사업으로 시장성 검증 및 성과 확인이 어려운 점도 가지고 있다. 또한 시제품 또는 시범 서비스가 부재하며, 컨설팅 기업이 중심 역할을 수행하고, 제조업의 서비스화만 지원하여 서비스의 제품화가 이뤄지지 않았다. 또한 방법론 중심으로 시행되었다는 한계점이 있다.

나. 해외 정책 사례

① 독일

독일은 연방교육과학기술부(BMBF)를 중심으로 “Integration of Product and Services”를 주제로 2006년부터 2010년까지 2754만 유로(약 423억 원, 환율 기준 1539원/유로)를 서비스 R & D에 투자하고 있다. 본 사업에서는 상품과 서비스의 결합에 따른 하이브리드 상품 모델발굴 및 혁신 프로세스 연구를 주목적으로 하고 있으며 주요 연구주제는 4개의 포커스 그룹 1) 가격과 수익모델, 2) 프로세스와 수단, 3) 변화프로세스 및 조직 4) 의료서비스 산업 수출 등 4개의 포커스 그룹으로 운영되고 있다. 포커스 그룹별 주요 과제는 다음과 같다.

[표 8-4] **가격과 수익모델 영역 과제**

프로젝트명	참여기관	예산(유로)	기간	URL
하이브리드 상품시장 확대를 위한 가격책정, 계약 전략 (HyPriCo - Implementierung hybrider Produkte durch Preis- und Vertragsgestaltung)	Technische Universitat Munche, Siemens Aktiengesellschaft - Corporate Technology, EOS GmbH Electro Optical Systems, Knurr AG, Freiberg Instruments GmbH, avaso GmbH, santix Aktiengesellschaft, Technische Universitat Bergakademie Freiberg	1,351,697	06.05.01-09.04.30 (36개월)	www.hyprico.de
고가 특수기기의 지속가능한 이용을 위한 성장촉진 서비스 (Wachstumsfordernde Dienstleistungen zur nachhaltigen Nutzung von hochwertigen Sondermaschinen) (NANUSO)	Sitec, Xenon, Voith, Finzel Hydraulik, SudLeasing, TOP Technik, Technische Universitat Dresden	1,341,000	06.10.01-10.01.31 (40개월)	http://mciron.mw.tu-dresden.de/cimtt/Nanuso/index.html
소비자지향적인 제품-서비스 통합, 평가, 마케팅 방법론 (Kundennutzenorientierte Entwicklung, Bewertung und Vermarktung von Leistungsbundeln) (KorServ)	IPRI International, Universitat Munster, Elektronische Informationssysteme, Pfohl Maschinen- und Anlagenbau GmbH & Co. KG, Wittenstein, Tschan GmbH, Euchner	1,270,000	07.02.01-09.01.31 (24개월)	http://www.korserv.de/projekt.html
기계, 설비 분야 제품-서비스 결합에 대한 가격책정 프로세스 (SmartWert - Integrierter Preisfindungsprozess im Maschinen- und Anlagenbau)	RWTH Aachen, Schoen & Company, Hassia, SMS Demag, Symedia, Cragobull Telematics, TU Dresden, Ruhr-Universitat Bochum	1,220,000	06.11.01-09.06.30 (32개월)	http://www.smartwert.rwth-aachen.de/de/projekt.html

*출처: KIST(2009), BMBF

[표 8-5] 프로세스와 수단 영역 과제

프로젝트명	참여기관	예산(유로)	기간	URL
기계, 설비 분야의 제품-서비스 결합에 따른 하이브리드 부가가치 창조 (Hybride Wertschöpfung im Maschinen- und Anlagenbau - Prozessorientierte Integration von Produktentwicklung und Servicedokumentation) (PIPE)	Deutsches Forschungszentrum für Künstliche Intelligenz, Interactive Software Solutions, Fachverband Sanitär, Heizung, Viessmann, DIN, Universität Hamburg	1,205,000	06.05.01-09.02.28 (34개월)	http://www.wiso.uni-hamburg.de/index.php?id=381#c571
하이브리드 부가가치 네트워크의 유동적 정보시스템 구조 (FlexNet - Flexible Informationssystem-Architekturen für hybride Wertschöpfungsnetzwerke)	UniMünster,DIN,PsipentaSoftware	976,000	06.10.01-10.03.31 (42개월)	www.flexnet.uni-muenster.de
하이브리드 생산 전략 (HyPro - Ganzheitliche strategische Veränderung zum hybriden Produzenten)	Fa. Rhiem, Fraunhofer-IPT, Heim&Haus, aixTeMa, Universität Duisburg-Essen	1,401,000	06.05.01-09.04.30 (36개월)	http://www.hypro.info/
건축분야 제품과 서비스의 통합 경영 (Management der Integration von Dienstleistungen und Produktion im Baugewerbe) (Mind-Bau)	Frankfurt, FH Münster, ISFM-Institut für Site und Facility Management GmbH, veloton	1,254,000	06.05.01-09.07.31 (39개월)	http://www.fh-muenster.de/ilf/logistik/forschung.php
제품과 서비스 결합을 위한 시스템 디자인 (SPRINT - Systematisches Design zur Integration von Produkt und Dienstleistung - hybride Wertschöpfung)	TU München, Handelshochschule Leipzig	1,029,000	06.05.01-10.01.31 (45개월)	http://www.sport.med.tum.de/projekte.html#SPRINT

[표 8-6] 변화프로세스 및 조직 영역 과제

프로젝트명	참여기관	예산(유로)	기간	URL
하이브리드 상품의 통합 개발 (HyProDesign - Integrierte Entwicklung hybrider Produkte)	Forschungsinstitut für Rationalisierung (FIR) e.V. an der Rheinisch-Westfälischen Technischen Hochschule Aachen, Universität Duisburg-Essen, NILES-SIMMONS Industrieanlagen GmbH, PUTZMEISTER Aktiengesellschaft, SITEC Industrietechnologie GmbH	1,246,000	06.09.01-09.08.31 (36개월)	www.hyprodesign.de
제조 및 유통업체의 솔루션 서비스 개발 (TRANSOLVE - Die Transformation von Produzent und Händler zum Solution-Anbieter)	UniversitätMünster, Technische Universität München, Universität Dortmund	987,000	06.11.01-10.07.31 (45개월)	http://www.marketing.wi.tum.de/joomla/content/view/121/1004/lang,de/
하이브리드 부가가치 네트워크를 위한 경영 혁신 (Serv.biz - Business Transformation für hybride Wertschöpfungsnetz-werke)	FhG-IAO, TU München, GSI Gesellschaft für Steuerungs- und Informationssysteme mbH, CAD-FEM Gesellschaft für computerunterstützte Konstruktion und Berechnung mbH, Fichtner Consulting & IT Aktiengesellschaft, Siemens Business Services GmbH & Co. OHG, Katholische Universität Eichstätt-Ingolstadt	1,854,000	06.08.01-09.07.31 (36개월)	http://www.servbiz.de/
건축분야 제품 및 서비스 통합 전략 (Strategien der Integration von Produkten und	Universität Hohenheim, BAUMEISTER-HAUS Gesellschaft	1,029,000	06.10.01-09.03.31 (30개월)	http://www.sinprod.de/index.php

Dienstleistungen in der Bauindustrie) (SInProD)	mit beschränkter Haftung, Bauunternehmung Karl-Heinz Rahm GmbH, Wohnungsbaugesellschaft Neustadt GmbH			
혁신적 중소기업 성장 전략 (Innovative Wachstumsstrategien für KMU durch produktionsnahe hybride Dienstleistungen) (InnoWa)	Institut für Technologie und Arbeit e.V. an der Universität Kaiserslautern, John Deere Werke Mannheim Zweigniederlassung der Deere & Company, LITEF GmbH, Tehalit GmbH	1,478,000	06.08.01-09.07.31 (36개월)	http://131.246.30.23/innowa/
CAM 기반 상품기획을 위한 서비스 혁신 모델 (Innovatives Dienstleistungsmodell für die CAM-basierte Produktionsplanung) (InDiCAP)	Siemens,AlbertHackerodtMaschinen-undWerkzeugbauGmbH&Co.KG, JANUSEngineeringGmbH, Alfing Kessler Sondermaschinen GmbH, Universität Hannover	1,255,000	06.09.01-09.08.31 (36개월)	http://www.ifw.unihannver.de/forschung/forschungsprojekte/forschungsprojekt.html?tx_tkforschungsberichte_pi1%5BshowUid%5D=132&tx_tkforschungsberichte_pi1%5Bbackpid%5D=161&cHash=3d0c257c03

[표 8-7] **의료서비스산업 수출 영역 과제**

프로젝트명	참여기관	예산(유로)	기간	URL
헬스케어 네트워크와 IT 경영시스템의 결합 (IMIV - IT-basiertes Management von integrierten Versorgungsnetzwerken)	Technische Universität Berlin, Technische Universität Carolo-Wilhelmina zu Braunschweig, OFFIS e. V.	800,000	06.05.01-09.12.31 (44개월)	http://www.tu-braunschweig.de/mi/personal/hellrung/projects/imiv http://www.imiv.de/html/common/index.php

② 핀란드

핀란드의 서비스 R&D 사업은 제품과 서비스 융합 영역만을 초점으로 하지는 않고, 전체 서비스 R&D 분야에 포함에서 함께 지원하고 있다. 특히, 핀란드는 2004년 핀란드 30개 주요 기업이 참여하는 제품-비스 융합 포럼을 발족하여 운영하고 있다. 본 포럼은 2005년부터 BestServ Forum Research Programme 라는 4개년 연구 프로그램을 운영하고 있는데, 이 프로그램에서는 현재 비즈니스 모델 연구 프로젝트(Business Models Research Project 와 라이프 사이클 비즈니스 프로젝트(Life-cycle Business Research Project)를 추진 중이다. 비즈니스 모델 연구 프로젝트에서는, 제품-서비스 융합 관련 비즈니스 잠재력과 드라이버 식별과 이해, 제품-서비스 융합 관련 고객을 위한 가치창출, 수익논리, 가격결정 이해, 신서비스 비즈니스 콘셉트 협성 방법 이해, 제품-서비스 융합 비즈니스 잠재력 실현을 위한 새로운 혁신적인 비즈니스 모델과 경영 콘셉트 창출 등에 대한 연구를 수행한다.

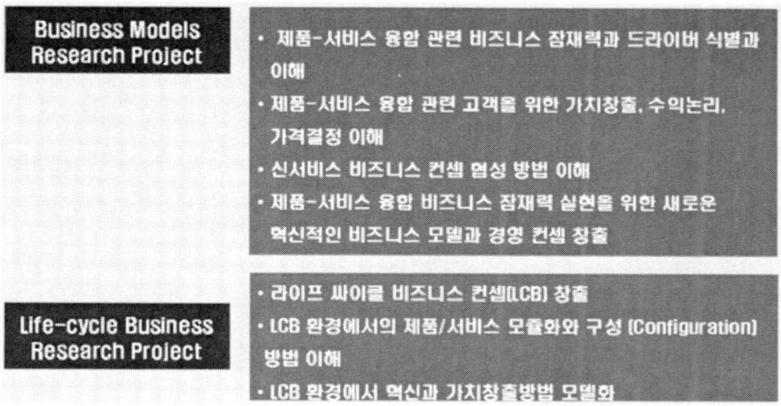

그림 8-14 2010 핀란드 비즈니스 모델연구 과제와 라이프 사이클 비즈니스 연구 과제

8.3. 사물인터넷 데이터화 경영전략

1) 사업가치 실현: 비용 절감, 리스크 관리, 매출 증대, 혁신

기존의 IoT 솔루션의 대부분은 비용 절감과 리스크 관리에 특화되고, 다른 사업 분야에 응용되지 않는다. 실제로 2009년부터 2013년까지 주요 업체 20개사가 제공한 89개의 IoT 솔루션 용도를 분석한 결과 비용 절감과 효율성이 65%, 리스크 관리가 22%를 차지하고 매출증대와 혁신을 목적으로 한 것은 불과 13%였다.

물론 비용 절감과 효율화는 기업에게 의미 있지만, 그 효과는 시간과 함께 감소하며, 대개는 경쟁 업체도 유사한 효율화를 추진하기 위해 우위성 (경쟁우위전략, M.Porter)을 유지하지 못한다. IoT 제공자는 IoT에 의한 사업 가치 확대를 보다 넓게 잡고, 기존 솔루션을 진화시켜, 최적화에만 한정하지 않고 '창조적 파괴'를 추진해야 한다.

가. 비용 절감과 효율화

시스템의 비효율성, 자산의 분실·도난·배치 오류, 프로세스의 비효율성, 또는 인적 오류 등은 모두 운영비용을 증가시키는 요인이다. 이러한 비용은 네트워크 화된 장치, 인프라, 데이터 분석, 처리의 최적의 조합(업종별

다름)에 의해 절감된다. 이러한 영역에서는 IoT의 진가가 발휘된다. IoT에서는 다양한 트랜잭션에서 무한한 가능성을 지닌 방대한 데이터를 추출하고 고급 분석에 따라서 그 가치를 키울 수 있다. 예를 들어, 여러 소스에서 생겨 인간의 손을 거치지 않고 자동 전송되어 온 실시간 데이터를 통합·분석(매시업)하고 사업상의 의사 결정에 활용하는 것이 가능하다. 구체적으로 가공 식품 도매업이 POS(판매 시점) 데이터에 날씨나 트랙의 위치 정보, 생산 데이터 등을 조합하여 품절을 예상하거나 배송 루트를 변경하거나 만기 재고의 감가상각을 줄일 수 있는 예를 들 수 있다.

한편, 이를 실현하기 위해서는 복잡한 데이터 분석과 상응하는 비용을 요구하기 때문에 투자에 대한 가치를 얻을 수 없는 위험이 있다. 따라서 기업으로서는 현재의 과제가 추가 데이터를 제공함으로써 인적 자원을 줄일 수 있으며, 새로운 솔루션 투자를 통해 얻을 수 있는 효과를 파악할 필요가 있다. 또한 엔드 포인트 시스템에 통합되는 IoT 솔루션도 검토할 필요가 있다. 예를 들어, 감시 제어 시스템(SCADA)에 설치된 센서에서 발생된 '경고 및 신호 등의 트랜잭션' 프로세스 및 장비를 모니터링에 사용할 수 있다. 이러한 시그널이 보여주는 실시간 정보를 장기간 추적·분석하고 관계구축으로부터 시스템의 성능을 확인하고 장비와 시설의 문제를 예견이 가능하게 된다.

기업이 수집한 데이터를 활용하여 비용 절감과 효율화를 위해 한 가지 방법의 하나로 자산 추적(네모기사 참조)이 있다. 대량 또는 비싼 자산을 여러 위치에 배치하는 경우 업무 효율은 적절하고 신속한 자원 재배치 자산의 활용에 의존한다. 자동추적을 이용하면 일손을 줄이고 편리성을 높이고 인적 오류를 제거하고 자산 관리를 개선, 의사 결정을 순화할 수 있다. 예를 들어 해운 물류 기업은 무선 중계를 통한 지속적인 모니터링을 실시함으로써 고액의 물품(단가·수량 대소에 불구하고)을 쌓은 운송 팔레트의 상태나 위치, 움직임을 정확하게 추적할 수 있다.

나. 위험 관리

기업이 직면하는 위험은 데이터 자산의 물리적·가상보안 근로자(특히 트럭 운전자 및 유지 보수 기술자, 건설 노동자 등 현장에 배치된 인원)의 안전성 및 최종 고객을 위한 제품·서비스 품질 등이다. 이러한 위험은 원격지에서 근무할 노동자가 증가한다. 따라서 고객은 시간과 장소를 가리지 않고 높은 품질의 통신 인프라에 연결할 수 있고 동시에 보안 유지될 것으로 기대하고 있다.

네트워크 화된 장치는 다양한 기술을 통해 물리적 안전성을 확보하고 있다. 예를 들어, 비디오 모니터링 통해 전략적인 현장 동향 추적·포착하고 그 동영상을 직원이 확인하고 결정하는 등의 예가 있다. IoT는 지오펜싱을 설정하여 현장 및 시설에 접근을 제한하거나 설비나 자산 상황을 추적할 수 있다. 원격 노동자가 많은 기업은 자율적 시스템을 활용하여 근로자의 안전과 비즈니스 연속성을 관리할 수 있다. 여기서, 노동자의 스마트 디바이스 센서를 이용하여 직원과 자산의 물리적 위치를 실시간 콘텍스트·어웨어 정보로 상시 감시하는 것이 필요하다. 마찬가지로, 긴급구조대원과 채탄 등 현장 작업원의 장비에 장착된 장치에 주변 환경 데이터를 수집·분석하고 그 정보를 중앙 사령센터에 보내는 것으로, 상황의 변화에 신속하고 효과적인 의사 결정을 가능하게 한다.

텔레매틱스 등 차량 유지에 IoT를 활용함으로써, 리스크 관리를 도모하면서 고객 경험을 높인 사례도 있다(네모기사 참조). 텔레매틱스는 운전자의 운전 패턴 프로그램에 영향을 미칠 수 있으며, 실제로 젊은 운전자를 둘러싼 사고나 충돌이 20% 감소했다는 보고가 있다. "프로그레시브 보험"이라는 보험 프로그램은 운전자의 행동을 모니터링 하여 직접 리스크를 줄여 안전운전을 하는 운전자에 대해 약 16%의 보험료 할인을 제공할 수 있도록 했다. 또한 운전행동 모델, 부정 충돌 통계에 추가하여 리얼 메신저 시나리오를 다시 만들거나 부정 청구를 탐지·방지하는 것이 가능하다.

다. 매출 증대와 혁신의 기회

IoT 솔루션의 도입에 관심을 보인 기업의 4분의 3 가까이는 기존의 제품을 강화하는 새로운 사업 기회와 수단을 모색하고 있다. 그러나 전술 한 것과 같이 2009년부터 2013 년에 제공된 IoT 솔루션 중 매출증대와 혁신을 목적으로 한 것은 불과 13%였다. 현재 IoT 프로바이더가 제공하는 솔루션은 오히려 수익성의 감소를 초래한다. 고객이 불안을 인식할 수 있는 상품 제공은 어렵다. IoT를 활용하여 매출 증대나 신제품·서비스 개발, 제품 프로세스 혁신 등 지속적인 이익을 확보하는 솔루션의 등장이 기대되고 있는 상황이다.

사업 가치 프레임워크를 기반으로 전망하면 비즈니스 기회가 있는 것은 매출 증대 노력, 신규 시장 개척, 제품·고객 라이프 사이클 관리를 축으로 한 제품·서비스의 개선, 그리고 지속적인 가치를 창출하는 IoT 솔루션의 개발이다. 예를 들어, IoT 기술을 이용하여 비용 절감을 목적으로 데이터를 수집하고 전송하는 물류 회사에 대해서는 취득할 수 있는 신호데이터에서 고객의 이용 경향을 더 깊이 이해하고 서비스 품질 개선 및 기타 공급 장치라인 체인과 연계한 부가 서비스 제공이 가능하게 될 수 있다. IoT 기술을 도입하면 많은 고객에게 혜택이 있을 뿐만 아니라 자사에 대한 이해와 통제가 높아지고, 고객, 비즈니스 파트너, 그리고 자사 직원의 3 자간의 관계 강화도 가능하게 되는 것이다.

즉, 비즈니스 가치전략은 상황정보를 통해 가치를 창출하는 것이다. IoT에 대한 큰 기대는 여러 데이터 소스(Multi-sensor)로부터 장기간에 걸쳐 실시간 및 컨텍스트·어웨어 데이터를 획득(Data Fusion)하는 것으로 새로운 가치를 창출하는 잠재력을 가지고 있는 것에 의한다. 예를 들어, 기업은 직원에 착용할 수 있는 장치(웨어러블 디바이스)를 갖게 하여 건강과 작업 효과비율과 관련된 행동을 추적하고 피드백을 제공함으로써 적절한 지원 체제를 정비하고 전사적으로 생산성을 높일 수 있게 된다.

그러나 웨어러블 장치가 진정으로 혁신적인 제품과 서비스로 힘을 발휘하는 것은 모바일 헬스(mHealth) 플랫폼을 통해 가능할 것이다. 실제로 이 플랫폼은 의료 산업을 격변시키고 있다. 자택 요양 및 원격지 거주 환자를 대상으로 한 원격 모니터링이 실현되면 병원 측은 '통원 치료'보다 저렴한 비용으로 치료 서비스를 제공할 수 있고 동시에 환자가 일부러 집을 떠날 필요 없이 치료를 받을 수 있게 된다. 의료 산업은 그 밖에도 당뇨병, 심장병에서 신생아 감염에 이르기까지 다양한 질병에 대응하기 위한 의료장비 및 의료 서비스 개발 기회를 모색하고 있다. 또한 헬스케어 분야의 IoT 기술의 활용에도 큰 발전이 예상된다. 진찰하는「대증 요법 형」에서 개인과 항상 연결되는 상황에 가치를 찾는다는 발상의 전환이다. 따라서 의료·건강 제공자의 가치란 개인의 신뢰를 획득하고 의료 데이터를 활용한 건강 증진을 지원하는 것이다. 이러한 '파괴적인 혁신'에 의해 전통적인 의료 산업도 변혁을 이루고 있다.

2) 네트워크 화된 장치의 비즈니스 가치를 극대화하는 6가지 전략

가. 솔루션의 목적을 비용 절감과 리스크 관리에 한정하지 않고, 매출 증대와 혁신 추진까지 넓힌다.

일반적으로 CIO는 매출 책임이 없기 때문에 CIO 자신을 판매 대상으로 하고 있는 업체의 제안에 트랜잭션 및 유지 보수비용 절감이 많아진다. 비용 절감은 나쁜 것은 아니지만, 충분하지 않다. CMO와 CFO 주요 라인마저, 나아가서는 CEO도 제안하고, 적용 범위 및 사업 가치의 가능성을 넓히는 것이 바람직하다. 또한 IoT 솔루션 개발자가 경영진에게 이야기를 듣고 다른 사업 부문에서도 IoT 요소와 데이터를 활용할 수 있는지를 확인해야 한다.

IoT 기술은 수익 면에서 어떻게 공헌하는지, 또 네트워크 화된 장치들과 실시간 컨텍스트를 마케팅에 활용할까, 어떻게 하면 여러 거점에 걸쳐 실시간 모니터링 및 예측 분석 프로세스혁신 프로그램에 활용하거나 자산을 보다 효과적이고 선행적으로 배치하고 새로운 고객 세그먼트와 지역에서 사업 확대하기 위해 무엇을 해야 할지 모바일 근로자에 의한 자율적인 네트워크 분석을 통해 판매 사이클 단기화 및 잠재 고객의 전환율 개선에 무엇을 해야 할지 등 공급자는 다방면에 제안을 해야 한다.

나. 제품·고객 라이프 사이클에 주목한다.

mHealth의 사례에서 알 수 있듯이 “설비 생명주기 관리”에서 “제품 수명주기 관리”또는 다른 사람은 “고객 라이프 사이클 관리”로 전환 가치 증가에 높은 잠재력이 있다. 그 때의 중요한 과제는 성능 개선을 위해 어떤 기술이나 시스템을 도입할 것인지를 정확하게 파악하는 것이다. 즉, 그 기술이나 시스템을 어떻게 도입하고 얼마나 적용하고 도입 기간 동안 어떤 수익이나 이익을 담는지에 대한 것을 생각할 필요가 있다.

소매 분야의 사례에서 실시간 데이터의 활용을 통해 트랜잭션 중심의 응용에서 탈피하여 고객 및 제품에 대한 이해를 심화 효과로 올리고 있는 것을 알 수 있다. 영국의 소매 Tesco는 “클럽 카드”라는 유비쿼터스 회원 카드를 통해 고객의 내점 상황이나 구매 행동, 지불 방법, 재고 등의 정보를 관리하고 있다. 고객(고객 라이프 사이클)과 판매 제품(제품 수명주기)에 주목하여 회사는 지역의 기호성에 맞춘 역동적인 제품 구성 변경, 고객 별 할인율 변경, 재고 수요 및 구매 상황에 근거한 관리 등이 가능하게 되었다.

그 결과로 매출을 시작으로 고객 로열티 쿠폰 이용률이 모두 상승했다. Apple® 매장에서 위치·근접 감지 기술 iBeacon ™가 고객의 모바일 단말기와 통신하여 제품·서비스 정보를 제공하고 있다. iBeacon ™ 위치·근접 감지 기술은 고객이 찾고 있는 제품에 관련된 게임과 컨텍스트를 통해 고객과의 관계를 심화하고 있다. 그리고 고객이 구입을 결정하면 모바일 지갑에 의한 자동 결제이용을 촉구한다. Apple®은 매장에서 수집한 트랜잭션 데이터를 저장하고 고객 행동의 이해나 타깃 프로모션에 활용함으로써 고객과의 관계를 강화하고 있다.

다. 초기 도입의 대상을 좁혀, 효과를 극대화한다.

IoT의 과제는 보다 많은 장치에 컨텍스트가 도입되면 될수록, 가치가 극적으로 향상되는 것에 있다. 그러나 이러한 컨텍스트를 모두 망라하는 대규모 투자는 긴 리드 타임이 필요하며, 따라서 최초기의 도입 대상을 신중하게 수정하여 투자를 억제하고, 가치 창출까지의 리드 타임을 단축하고 가치를 극대화시키는 것이 바람직하다. 경영진이 이를 실천하기 위해 유용한 것이 “Metrics that Matter” 프레임워크이다. 여기에서는 먼저 기업이나 사업 부문에서 가장 중요시되는 재무 수준을 과제 개선 여지에 주목한다. 예를 들어 매출 증대를 생각하자. 매출증대를 위한 과제를 해결하기 위해 업무 수준의 문제를 추출한다. 여기에서는 매출증대를 방해하는 가장 큰 요인인 해약 율을 높인다고 가정한다.

나아가 IoT 기술의 도입효과를 극대화할 수 있는 현장 레벨의 과제를 생각한다. 만일 해약률의 높이가 제품 고장에서 수리까지 대응 시간에 고객이 불만을 품고 기인하고 있다고 하자. 그 경우, IoT 대응센서를 제품의 통합 성능을 모니터링 하여 고장 가능성의 예측이 가능하며, 결과적으로 고객 만족도가 높아 해지율이 저하된다. 이와 같이, “Metrics that Matter” 프레임워크 의해 전사적인 성능의 이상화를 가져 왔고, 동시에 초기 투자를 억제하는 방법이 있기 때문이다. 그리고 초기 투자의 성과를 내면 IoT 기술을 사내의 다른 부서에도 도입하고자 하는 관심과 의욕이 높아질 것으로 예측된다.

라. 데이터 매시업(데이터 퓨전)을 이용한 컨텍스트 창출과 관계성의 구축·강화

이는 M.Porter 경쟁전략 인용 및 가치창출 개선사항이 해당될 수 있다. M2M 커뮤니케이션은 이미 널리 보급되고 있으나, 취득된 데이터는 일반적으로 로컬 환경 또는 분단된 silo에 남아 새로운 통찰력을 갖는 것까지는 이르지 않았다. IoT는 하나의 사물로부터 생성, 수집된 정보를 다른 장소에 있는 정보와 통합하여 유용성을 높여야 경이적인 의미(그리고 아마도 파괴적인) 가치를 발휘한다. 즉, Data Fusion은 상황정보 추출로써 이뤄지고, 이러한 상황 정보를 이용하여 맞춤형 서비스 제공를 제공한다.

예를 들어, 내비게이션 앱 Waze는 일정 지역 차량 GPS 시스템들을 연결하고 운전자의 지시 없이 자동으로 통신한다. 다양한 위치에서 취득된 실시간 교통 데이터를 통합, 운전자에게 실시간 교통상황을 기반으로 최적 경로(가치)를 나타낸다.

센서와 통신모듈이 장착된 네트워크 화된 장치가 생성하는 데이터양은 방대한데, 예측 분석은 고객(운전자) 이해도와 연결되고, 결과적으로 고객 행동(예를 들면, 졸음운전, 음주운전, 난폭운전 등)의 예상을 가능하게 한다. IoT에 고급 분석 기능을 부가하는 동시에 고객 행동을 적극적으로 감지·형성, 고객의 의사 결정을 일정한 타이밍에 맞게 제품이나 서비스를 사용자 정의하는 것을 허용한다. 또한 대화식 시각화 도구(UI/UX)를 결합해서 대량의 클린 데이터뿐만 아니라 드문드문 애매한 데이터(예: 인지 컴퓨팅)도 활용하고 통찰력을 심화할 수 있다.

제공자와 고객 기업은 새로운 매시업에 기반을 둔 통찰력이 시장과 업계에 극적인 변화를 가져올 가능성이 있음을 염두에 두어야 한다. 당연히, 네트워크 화된 스마트 장치에서는 현재 데이터 분석 과제를 해결하는 것은 아니다. 통합 방법을 어떻게 할 것인가, 상용 소프트웨어와 사용자 소프트웨어 어느 쪽을 사용하거나 데이터 무결성을 어떻게 실현할 것인가와 같은 문제는 계속 검토가 필요하다.

마. 예방적이고 적응성 있는 보안의 확립

기업의 자산을 연결시킴으로써 엄청난 가치가 창출된다. 그러나 다른 한편으로, 가상 (또는 물리적) 취약점이 새롭게 생길 위험이 있다. IoT 솔루션 제공자와 고문고객 기업은 협력하여 취약점을 보강함과 동시에 보안 위반의 조속한 감지 및 대응 방안을 수립할 필요가 있다. 많은 전문가는 주위를 100% 보호하는 것은 불가능하다고 생각하고 있지만, 보안 위반의 결과, 1대의 머신이 1시간 다운되는 것도, 광범위한 지역에 걸쳐 인프라 전체가 다운되는 것도 모두 심각하다는 사실에는 변함이 없기 때문에 같은 수준의 대책이 필요하다.

다행히 기술은 발전하고 더 높은 수준의 보안을 가능하게 하고 있다. 흥미로운 대처 예로 HE(준동형-암호화 상태 처리)라는 것이 있다. 이것은 데이터를 암호화한 채로 실시간 알고리즘을 수행하는 기술로, 데이터를 복호하여 재 암호화할 필요가 없기 때문에 프라이버시 보안 취약점이 완화된다. 그 좋은 예로서 IBM 소속 발명자가 최근 기존 M2M 보안을 대신할 수 있는 암호화 기술로 특허를 취득하고 있다. IoT 생태계 내 기업은 HE 기술을 이용해 원래 데이터를 복호할 필요 없이 고객 데이터 분석이 가능하기 때문에, 기밀성을 보장할 수 있다.

또한 Global Industry Analysis에 따르면, 공중 회선을 통한 데이터 통신의 각 계층에서 보안 강화의 필요성이 높아지고 있어 HE 시장의 급성장이 예상되고 있다(예: 스마트 컴퓨팅이나 네트워크 화된 장치의 인터넷 및 클라우드를 기반으로 한 서비스: 자율주행 서비스)

바. 최대한의 투명화에 의해 사용자의 신뢰를 높인다.

IoT 제공자는 수집된 데이터의 내용과 그것이 어떻게 공유되는지를 사용자에게 명시하고 동시에 사용자의 리얼 데이터 확인, 분석, 그리고 이용을 가능하게 하여 개인 및 기업 고객의 신뢰성을 높일 수 있다.

단, 투명성은 양날의 검과도 같다. 예를 들어, Waze는 운전 데이터를 이용하여 효율적인 운전을 지원하지만, 보험 회사는 운전 데이터에 따라 보험료를 인상할 가능성도 있다. 기획 사업은 고객에게 가치를 제공하는 데 필요한 정보를 명확히 한 후, 사용자가 허용한 데이터만 공유(사용자 암호화 정책에 따른 접근권한 제어 필요)해야 한다. 사용자 자신이 데이터를 관리할 수 있으면, IoT는 프라이버시 보호에 있어서 한발 앞서 갈 수 있다.

따라서 앱 개발자의 요구와 사용자가 얻을 이점을 명확하게 명시한 후, 앱이 언제 어떤 정보에 접근할 수 있는지를 직접 결정할 필요가 있다. 예를 들어 Machine to Machine Intelligence Corporation의 Lockbox라는 기술을 사용하면, IoT 생태계에서 사용자 자신이 정보의 흐름을 관리할 수 있다. 즉, IoT 생태계의 이해 관계자인 사용자는 사전에 설정한 규칙(암호화나 접근제어 정책)이나 지침에 따라 데이터에 대한 접근이 허용된다. IoT 에코시스템에서 특정 연결을 설정 제한 또는 완전 정지함으로써 고객 정책의 준수를 보장하는 것이다.

8장. 요약

1. 사물인터넷의 개념이 나온 시기부터 loT의 초점은 '사물간의 연결'에 맞춰져 왔다. 이는 사물들 간의 네트워크 구축을 통한 가치창출이 핵심이다. 그렇기 때문에 연결에 필요한 표준화와 기술 호환성이 강조된다.

2. 다양한 형태의 IoT 서비스를 지원하기 위한 플랫폼에서 고려해야 할 5가지 플랫폼 기능 요소는 SMART(Scalability, Manageability, Adaptability, Reliability, Trustworthiness)로 요약해서 설명할 수 있다.

3. IoT 서비스는 다양한 센서 디바이스의 연결을 기반으로 하고 있으며, 가까운 미래에 다양한 형태의 대용량 IoT 데이터를 처리하기 위해서는 빅데이터 분석도 함께 요구될 것이다. 이러한 센서 디바이스 연결과 데이터 분석을 위한 가장 적합한 인프라 구조가 바로 클라우드 형태이며, 최근에 북미 시장을 중심으로 IoT 클라우드 플랫폼이 확산되고 있다.

4. IoT 사업 유형 분류

	핵심 사업자	핵심 플랫폼	주요 기술	장점	단점
Vine	플랫폼	OS/글로벌 사업자	Big Data, 개인화	편의성 극대화	보안, 이동성
Smart Roamer	제조사	OS사업자	E/B Intelligence, Big Data, Cloud	다양성	보안, 호환성
Resurrection	통신사	통신사	네트워크	보안, 이동성	비용, 호환성
Reform	솔루션	통신사/글로벌 사업자	네트워크, 솔루션	효율성	비용

5. PSS란 기존의 제조기업 혹은 서비스기업이 '제품의 서비스화' 혹은 '서비스의 제품화'를 통해 제품과 서비스가 통합된 E2E(End-2-End)의 가치사슬화된 사업을 의미한다.

6. PSS는 Tukker가 2004년에 제품 중심(pro duct-oriented) PSS, 사용 중심(use-oriented) PSS, 결과 중심(result oriented) PSS의 세 범주로 분류하였다. 세 범주는 다시 8개의 유형으로 세분화된다.

7. 제조기업의 서비스 기회 매트릭스는 시간적 확장, 공간적 확장, 시간적 재배치, 공간적 재배치 등 제조 기업이 새로운 서비스를 만들어 내기 위해서 성장의 형태와 성장의 초점으로 구분한다.

8. 제품의 서비스화(Servitization) 전략의 실행 과정에 초점을 맞추고, 서비스화의 수준을 4단계로 정의하였다.
   - 1단계(Transition 1: Initial con solidationof services) : 제품과 관련된 서비스를 통합하는 단계이다.
   - 2단계(Transition 2: Entering the installed base) : 제품의 설치와 관련된 서비스이다.
   - 3단계(3a: Expanding to relationship-based, Transition 3b: Expanding to proc ess-based) : 제품관련 관계 및 프로세스기반의 서비스 확장이다.
   - 4단계(Transition 4: Taking over the customers operation) : 고객의 운영에 대한 역할2) 자체를 서비스하는 단계로 확장된다.

8장. 연습문제

1. 사물인터넷 플랫폼에서 고려해야할 5가지 기능요소는 무엇인가?

2. 사물인터넷 사업의 4가지 유형을 설명하시오.

3. 제품-서비스 융합(PSS)의 개념을 설명하여라.

4. Tukker가 제안한 PSS이 3개 범주에 대해 설명하여라.

5. 제조기업의 서비스 기회 매트릭스가 분류한 4가지 유형은 무엇인가?

6. 제품의 서비스화 4단계 전략에 대해 설명하시오.

Chapter 09
사물인터넷 비즈니스 모델

9.1.
제품과 서비스의 융합

사물인터넷 시대에 주목해야 할 산업의 변화는 제품과 서비스의 융합이다. PC 시대에는 컴퓨터를 만드는 제조사와 운영체제를 개발하는 소프트웨어 개발사, 그리고 통신사와 인터넷 서비스 기업 간의 경계가 분명했다. 각 산업은 서로의 영역을 침범하지 않았다. 하지만 스마트폰 시대에 들어서자 스마트폰을 만드는 제조사와 운영체제를 개발하는 소프트웨어 업체의 경계가 모호해지기 시작했다. 애플은 아이 폰과 iOS를 함께 개발하고 있으며, 아마존과 샤오미 등도 스마트폰 제조와 운영체제를 직접 개발하고 있다. 마이크로소프트 역시 노키아를 인수하며 모바일 운영체제와 스마트폰 제조를 함께하려는 준비를 마쳤다.

앞으로 사물인터넷 시대에는 제조와 소프트웨어의 통합에 이어 서비스까지도 통합될 것이다. 아마존이 개발한 '대시(Dash)'라는 디바이스는 스마트폰이나 PC 없이도 현실에 존재하는 생필품들의 바코드를 인식해서 아마존 장바구니에 저장할 수 있도록 해준다. 바코드가 없는 상품은 대시에 마이크가 있어 직접 음성으로 이야기하면 해당 상품을 장바구니에 넣을 수 있다. 또한 Wi-Fi가 내장되어 있어 실제 모든 상품들을 단숨에 인터넷 장바구니에 넣도록 해준다. 단순한 제품이 아니라 아마존의 쇼핑 서비스와 밀접하게 결합된 프로비스(Provice, Product + Service)인 것이다.

핏비트(Fitbit)와 페블(Pebble)은 손목에 차는 사물인터넷 밴드, 스마트워치이다. 이 기기들을 개발한 제조사는 기기를 효과적으로 이용할 수 있도록 해주는 서비스를 함께 제공하고 있다. 이 역시 제조와 서비스가 결합된 프로비스의 대표적 사례이다. 사물인터넷 디바이스들은 대부분 기기만 만드는 것이 아니라 기기를 효율적으로 이용할 수 있도록 도와주는 서비스를 함께 제공한다.

앞으로 제조는 단순히 제조를 넘어 서비스를 어떻게 결합시켜 제공할 것인지 고려해서 준비해야 한다. 제조는 판매가 되어야 소비자와 만나고 또 수익이 발생한다. 하지만 서비스는 이용자가 이용할 때마다 소비자와 만날 수 있으며 이용할 때 수익이 발생한다. 삼성전자의 갤럭시 S5는 판매 시에만 삼성전자에 수익이 발생하고 이후 기기를 이용할 때는 구글이 플레이 스토어와 광고를 통해서 매번 수익을 발생시킨다. 이처럼 사물인터넷의 제조사는 판매를 넘어 서비스를 통해 소비자와 지속적으로 만나기 위해 변화하고 혁신해야 한다.

비 IT 기업의 변신

사물인터넷 시대에 두 번째로 주목해야 할 변화는 IT 기업뿐만이 아니라 비 IT 기업도 사물인터넷 기술을 이용해 혁신을 주도할 수 있다는 점이다. 모든 사물에 인터넷이 연결되면 그 사물을 만드는 기업이 시장을 주도할 수 있는 기회를 보다 빨리 얻을 수 있다.

나이키가 2006년부터 서비스하는 나이키 플러스 앱은 운동을 보다 체계적으로 할 수 있도록 도와주는 서비스이다. 매텔(Mattel)은 바비인형을 만드는 미국 회사인데 앱티비티(Apptivity)라는 새로운 개념의 사물인터넷 완구를 만들어 태블릿 위에 완구를 올려두면 이 완구를 태블릿 속의 게임이 인식해 게임을 보다 재미있게 즐길 수 있도록 도와준다. IT와 무관한 이들 기업은 사물인터넷 시대를 적극적으로 수용하며 회사의 비전을 세우고 신성장동력을 찾는 데 적극 나서고 있다.

스타벅스 코리아는 사이렌 오더(Siren Order)라는 솔루션을 스타벅스 앱에

도입해서 스타벅스 매장에서 줄 서서 기다린 다음 메뉴를 주문하고 결제를 하는 과정을 모두 스마트폰에서 진행할 수 있도록 하고 있다. 스타벅스 앱에서 커피를 주문하고 결제를 한 이후 스타벅스 매장에 가면, 매장 내의 스피커에서 사람이 들을 수 없는 고주파 소리가 스마트폰 마이크를 통해 인식되어 앞서 주문한 내용이 점주의 POS에 나타나서 주문을 인식하게 된다. 이 역시 비콘이라 부르는 사물인터넷 기술을 기반으로 구현된 것인데, 이러한 혁신은 IT와 무관한 분야에서 이루어지고 있다. 이미 미국 스타벅스 본사에서는 스퀘어라는 스마트폰을 이용해 카드 결제를 할 수 있도록 해주는 새로운 기술에 투자를 하면서 IT 기술을 적극 도입하고 있다.

9.2. 사물인터넷의 비즈니스 모델

1) 서비스 기반 수익모델

사물인터넷의 수익모델은 기본적으로 제품 판매에서 시작된다. 하지만 디바이스의 판매는 한시적 이고 제한적이다. 특히 디바이스 판매는 수익률이 낮기 때문에 대부분의 사물인터넷 기업들은 서비스를 기반으로 한 비즈니스 모델에 대해 더 큰 기대를 걸고 있다. 에버노트, 드롭박스와 같이 이미 모바일에서는 유료 서비스로 수익화에 크게 성공한 기업들이 있다. 사물인터넷 기기는 관련된 서비스가 함께 제공되기 때문에 이 서비스를 고도화해서 이용료를 지속적으로 지급받는 방식을 고려해 볼 수 있다.

또한 서비스를 사물인터넷 기기를 제조하는 업체만이 아니라 해당 하드웨어의 SDK(Software Development Kit)와 API(Application Program Interface)를 공개해서 이를 활용하려는 서드 파티에 제공할 수 있다. 즉 외부의 사업자가 서비스를 개발할 수 있도록 함으로써 에코 시스템을 형성할 수 있다. 이럴 경우 외부 서비스 사업자들에게 API 등의 이용료를 받을 수 있다. 서비스의 B2B 수익 모델인 셈이다. Sphero, Dice+ 등의 완구들이 API를 오픈함으로써 에코 시스템을 형성하는 것 역시 이러한 수익 모델을 고려했다고 볼 수 있다.

디지털 스탬프를 만드는 에코스는 사물인터넷 기기인 전자 도장을 B2B로 판매하기도 하지만, 이 기기를 활용해 솔루션을 제공하면서 이 솔루션의 이용료를 월 단위로 받는다. 이용자 수에 따라 이용료 또한 달라진다. 일종의 ASP 방식으로 이용량에 따른 요금을 부과하는 식이다. 일반 소비자가 아닌 판매자, 즉 비즈니스를 하는 기업에 사물인터넷 기기를 제공하고, 이 기기를 이용하는 소비자와 판매자 사이에 거래가 이루어질 때 비용을 받는 모델로 볼 수 있다.

2) 데이터 기반의 수익 모델

향후 사물인터넷의 수익 모델로 기대하는 것은 이들 기기를 통해 얻게 될 데이터이다. 이 데이터를 이용하면 다양한 부가가치를 창출할 수 있다. 구글이 30억 달러에 인수한 네스트 랩스는 '네스트'라는 사물인터넷 기기로 보일러 온도 조절 장치를 만드는 기업이다. 네스트에는 집안의 온도와 집주인이 언제, 어떻게 집안의 온도를 설정해서 이용하는지 정보가 기록된다. 나이키 플러스에는 전 세계 사람들이 언제, 어디서, 얼마만큼, 어떻게 운동하는지 데이터를 기록한다. 웨어러블 헬스기기 핏비트는 하루에 얼마나 걷고, 잠은 몇 시간을 자고 언제 깨는지 일상의 모든 것을 측정하고 기록해준다. 이렇게 기록된 데이터는 새로운 가치를 만들어낼 수 있다.

네스트에 기록된 데이터는 미국의 각 지역별로 온도가 어떻게 다르며, 보일러를 어떻게 이용했는지를 기록하기 때문에 이를 분석하여 에너지 이용량을 실시간으로 측정하고 가구별 집안 온도의 설정에 대한 취향을 분석할 수 있다. 이 데이터는 에너지 관련 연구조사와 이러한 정보를 기반으로 한 광고에 활용할 수 있다. 나이키에 기록된 데이터들은 전 세계의 주요 도시에서 사람들이 어떻게 운동하는지 비교 분석할 수 있다. 이 데이터는 국가뿐만 아니라 각 지역별 그리고 이용자별로 나이키의 상품을 판매하는 데 활용되고, 마케팅과 상품기획에 이용될 수 있다. 핏비트를 통해서는 지진이 일어날 때 사람들이 어떻게 반응하고, 지진이 어느 정도 규모일 때 잠에서 깨는지 등을 확인할 수 있다. 이렇게 기록한 데이터는 사람들의 수면 양상과 건강을 분석하는 연구에 이용될 수 있다.

기존 스마트폰으로는 측정하거나 기록하지 못했던 새로운 데이터는 새로운 부가가치를 만들어내는 데 이용될 수 있다. 5년 전 카카오 톡이나 페이스북이 어떤 비즈니스 모델을 만들어낼지 상상할 수 없었던 것처럼, 사물인터넷의 수익 모델 또한 상상하기 쉽지 않다. 하지만 사물인터넷이 만들어내는 가치와 트래픽은 기존과 다른 부가가치와 사업 기회를 창출할 것이다. 이것은 20년간 디지털 기술이 진화하는 가운데 트래픽과 데이터가 있는 곳에서 새로운 비즈니스 모델이 있었다는 점에서 이미 증명되었다.

9장. 요약

1. 사물인터넷 시대에 주목해야 할 산업의 변화는 제품과 서비스의 융합이다. 앞으로 사물인터넷 시대에는 제조와 소프트웨어의 통합에 이어 서비스까지도 통합될 것이다.

2. 앞으로 사물인터넷 시대에는 제조와 소프트웨어의 통합에 이어 서비스까지도 통합될 것이다.

3. 사물인터넷의 서비스 기반 수익모델은 기본적으로 제품 판매에서 시작된다. 하지만 디바이스의 판매는 한시적 이고 제한적이다. 특히 디바이스 판매는 수익률이 낮기 때문에 대부분의 사물인터넷 기업들은 서비스를 기반으로 한 비즈니스 모델에 대해 더 큰 기대를 걸고 있다.

4. 향후 사물인터넷의 데이터 수익 모델로 기대하는 것은 이들 기기를 통해 얻게 될 데이터이다. 이 데이터를 이용하면 다양한 부가가치를 창출할 수 있다.

5. 기존 스마트폰으로는 측정하거나 기록하지 못했던 새로운 데이터는 새로운 부가가치를 만들어내는 데 이용될 수 있다.

9장. 연습문제

1. 사물인터넷 시대를 위해 기업은 제품과 서비스의 융합을 주목해야할 필요성에 대해 기술하시오.

2. 사물인터넷의 서비스 기반 수익모델과 데이터 기반 수익모델에 대해 설명하시오.

Tip

사물인터넷 업체 12선

사물인터넷(Internet of Things, IoT) 시장은 앞으로 큰 성장이 기대된다. 가트너의 조사에 의하면, 사물인터넷은 2020년까지 3,000억 달러의 매출을 내고 인터넷에 연결된 기기들은 250억~2,000억 개를 넘어설 것으로 예상된다. 이런 기기들을 유용하게 사용하기 위해서는 센서, 네트워크, 백엔드 인프라, 애널리틱스 소프트웨어 등이 필요하다. 사물인터넷 시장을 현실화하려는 일부 대기업들의 활약상을 살펴보자. 이 대기업 목록 순서는 알파벳 순서다.

1. 아마존 웹 서비스(Amazon Web Services)

클라우드는 사물인터넷에서도 큰 역할을 할 것인데, 현재 최대 인프라 클라우드 업체는 아마존 웹 서비스(Amazon Web Services)다. 아마존 웹 서비스는 이 모든 데이터에 대해 사용자들이 분석을 할 수 있게 해줄 준비가 되어있다.

아마존 웹 서비스는 아마존 RDS(Amazon Relational Database Service) 관계형 데이터베이스, 자체 다이나모DB NoSQL 데이터베이스, 자체 레드 시프트(Red Shift) 데이터 웨어하우스 툴, 키네시스(Kinesis)같은 새로운 분석 툴, 스트리밍 데이터를 위한 실시간 프로세싱 서비스 등 다양한 데이터 플랫폼을 갖추고 있다. 만약 사물인터넷이 클라우드에 존재하게 된다면, 아마존 웹 서비스가 이 시장에서 큰 역할을 하게 될 것이다.

2. AT&T

AT&T는 사물인터넷의 네트워크로서 자사의 위치를 강화시키려는 움직임을 보이고 있다. AT & T는 시스코, GE, IBM, 인텔 등이 목록상의 대부분의 기업들과 제휴 관계를 체결했고, 이들 기기 모두를 연결하는 사실상의 네트워크 제공업체가 되고자한다. 보다폰(Vo-dafone), 텔레포니카(Telefonica)와 버라이즌(Verizon) 같은 다른 통신업체들도 이 시장에 진입을 모색 중이다.

3. 액세다(Axeda)

순수 사물인터넷과 M2M(Machine to Machine) 기술 업체인 액세다(Axeda)는 아마 가장 덜 알려진 업체일 것이다. 하지만 이 비상장 개발업체는 2000년에 설립됐다. 액세다의 클라우드 기반 소프트웨어는 센서와 기기가 생성한 데이터를 수집, 분석한다. 기업들은 이 정보를 활용해 사용 패턴을 식별하고, 원격 서비스 등을 고객에게 제공한다. 2014년 7월 말, 액세다는 PTC에 인수됐다.

4. 시스코(Cisco)

근원적으로 사물인터넷은 더 많은 기기들을 네트워크에 연결하고 그 정보를 분석하기 위해 라우팅 하는 것이 핵심이다. 시스코는 커넥티드 그리드 라우터(connected grid routers), 임베디드 스위치, 애플리케이션-중심 네트워킹 소프트웨어(application-centric networking software) 등을 통해 그 과정을 보조하는데 큰 역할을 담당하고자 한다. 시스코는 최근 사물인터넷 사업을 추진하던 경영진의 사임으로 인해 사물인터넷 점령 전에 어느 정도 차질이 발생했다.

5. GE

지난해 IDC는 GE를 사물인터넷 운동의 ‘개척자(pioneer)’로 꼽았다. 이 초거대 기업은 ‘산업 인터넷(Industrial Internet)’이라는 용어를 만들어내면서 사물인터넷 기기의 아이디어를 상업과 제조 분야로 끌어들였다.

프레딕스(Predix)는 GE의 사물인터넷 노력을 뒷받침하는 소프트웨어 플랫폼으로, 기계 생성 데이터를 전통적인 데이터베이스와 클라우드 데이터베이스와 통합해준다. GE는 이미 병원 운영 관리, 항공기 연료 최적화, 유틸리티 기업의 그리드 IQ(Grid IQ) 솔루션을 위한 제품을 갖추고 있다. 슈나이더 일렉트릭(Schneider Electric) 역시도 사물인터넷을 강력하게 추진하고 있다.

6. 구글(Google)

구글은 사용자의 생활 패턴을 스스로 학습하고 사용자와 소통하는 ‘스마트’ 실내온도조절기와 화재 감지기를 팔던 네스트(Nest)를 인수하며 사물인터넷 시장에 파문을 일으켰다. 32억 달러 규모의 이 인수는 사물인터넷

세계에 뛰어 들겠다는 구글의 포부를 보여준다. 구글은 네스트의 현재 제품들을 넘어서는 난방, 조명, 가전제품까지 아울러 모두 연결되고 자동적으로 사용자에 반응하는 사물인터넷을 그리고 있다.

7. IBM

IBM은 세상을 좀더 '스마트'한 곳으로 바꾸고자 희망하는데 사물인터넷이 중요한 역할을 수행할 것이라고 예상한다. 객체들이 서로서로 연결되면 이들로부터 더 많은 통찰을 수집할 수 있다. IBM에는 메시지사이트(MessageSight)라는 이름의 M2M 메시징 플랫폼, 대상에 모바일 능력을 주는 모바일퍼스트(MobileFirst), 사물인터넷 데이터 수집과 분석을 관리할 수 있는 앱 개발 플랫폼 블루믹스(BlueMix) 등 이 분야의 다양한 제품들이 있다. IBM은 IT 중심적인 사물인터넷 솔루션을 제공하는 유일한 업체는 아니다. 와이프로(Wipro)와 CGI 같은 서비스 업체들 역시 이 분야에서 강력하게 대시하고 있다.

8. 인텔(Intel)

이런 커넥티드 기기의 세계 속에서 하드웨어는 프로세서를 필요로 하는데 인텔은 다양한 칩을 내놓으며 이 시장에 참여하고 있다. 인텔은 낮은 수준의 작업부하를 위한 고도로 전력 효율적인 쿼크Soc X1000(QuarkSoc X1000)에서부터 고도의 프로세싱을 위한 제온(Xeon)까지 폭넓은 옵션을 갖추고 있다.

사물인터넷 시장을 높이 평가하는 프로세서 업체가 인텔만은 아니다. 경쟁업체인 ARM 역시 센서 분야를 위한 칩을 준비하고 있다.

9. 마이크로소프트(Microsoft)

마이크로소프트는 사물인터넷을 모든 비즈니스 활동에 적용할 수 있게 만들기를 희망한다고 말한다. 데이터를 수집 분석하기 위한 맞춤형 윈도우 임베디드 운영체제를 포함한 다양한 제품들과 함께 데이터 분석을 클라우드로 오프로드 하는, 비록 현재까지는 미리보기 모드에 머물러있는 애저(Azure) 클라우드 제품들을 통해 추진하고 있다.

10. 오라클(Oracle)

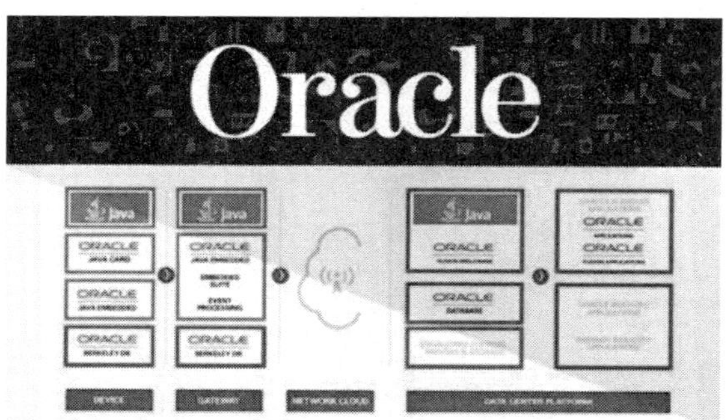

사물인터넷은 근원적으로 더 많은 데이터를 생산해낸다. 오라클은 이 모든 데이터를 저장할 장소가 필요할 것이라고 말했다. 오라클은 임베디드 센서 기기 내에 자바를 활성화 플랫폼, 데이터 수집을 위한 애플리케이션 생성용 미들웨어 플랫폼, 이 모두를 저장하기 위한 데이터베이스 등을 포함한 다양한 서비스를 갖추고 있다.

11. 세일즈포스닷컴(Salesforce.com)

사물인터넷에서 다른 많은 업체들은 산업적, 상업적 운영에 영향을 주기 위해 커넥티드 기기를 위한 방법을 만들어가고 있는 반면, 세일즈포스닷컴 측은 사물인터넷이 마케터들에게 잠재 고객과 고객에 대한 더 깊은 통찰을 수집하기 위한 새로운 기회를 가져다준다고 말한다.

커넥티드 기기는 최고 마케팅 책임자들이 그들의 제품이 어떻게 평가받고 사용되며 잠재 고객들이 어느 단계에 머물러 있으며, 무엇이 구매 행동에 잠재적으로 영향을 미치는 지에 대해 배울 수 있게 해준다. 세일즈포스닷컴은 사물인터넷을 커넥티드 기기뿐만 아니라 커넥티드 제품과 마케팅에까지 확대시킨다.

12. 퀄컴(Qualcomm)

퀄컴은 현재는 리눅스 재단에서 관리되고 있는 커넥티드 기기용 오픈소스 사물인터넷 프레임워크 올조인(AllJoyn)을 만드는데 기여했다. 기기들을 인터넷에 연결하려는 많은 노력들이 있었지만, 퀄컴은 올조인 같은 공통 오픈소스 표준 프로토콜로 이런 기기들을 통합하는 것이 중요하다고 주장한다.

비즈니스 가치창출 사례연구 Tip 2

1. 사례 연구 1: 유전에서의 자산 추적

석유 및 가스 업계에서 효율적이고 효과적인 자원 배치는 매우 중요하다. 예를 들어 원유 유출 사고 후 제거 작업을 위한 자원 부족이 비상과 제목으로 부상한 경우는 더욱 그러하다. “충분한 자산을 신속하게 배치 않았다”고 석유·가스 설비 자산 추적·활용 솔루션 업체인 Geoforce의 판매·마케팅 수석 부사장 헨리 로젠 씨는 말한다. “기존의 RFID(전파에 의한 개체 식별) 기술에서 GPS 추적 및 IoT를 활용한 솔루션으로 전환한 결과, 고객 기업의 업무·자본 지출이 감소하고 최종 이익에도 좋은 영향이 나왔다. 연료비용과 노동 공수의 감소에 따라 업무 지출이 감소하고 회전비율과 사용 빈도가 증가함으로써 자본 지출이 감소했다”고 그는 말한다. 원격지에 배치한 자산의 관리 비용에 고심하는 석유·가스 시설 대여 업체의 사례를 보자. 이러한 설비는 복잡하기 때문에 사용자가 어려움을 겪는다. 기술자가 현지에서 조사해야 할 필요가 있고, 이동거리가 수백 킬로미터의 배열이 자주 있었다. 그래서 기계의 주요 부분에 센서를 설치하고, 문제가 발생했을 경우에는 경고 및 필요 데이터를 자동 발신하여 중앙관리실의 기술자가 원격으로 대응 해결할 수 있도록 했다. 그 결과 현지에 파견 빈도가 50% 감소하고 노동 출장비용이 감소했다. 또한, 문제 진단시간이 몇 시간에서 몇 분으로 감소한 결과, 기계의 가동 중단 단축에도 성공했다. 작업 부하가 감소했기 때문에 기술자를 다른 사업에 배치하는 것도 가능해졌다.

✓ 석유 · 가스 회사가 비용 절감 이상의 효과를 얻을 IoT 활용법

석유 및 가스 회사는 IoT를 활용함으로써 보다 깊이 복잡한 저수지를 탐사하고 새로운 에너지원을 발견할 수 있다. 탐사 현장에 센서기를 설치함과 동시에 지진 데이터를 수집 중앙 관리실에 전송함으로써 그 데이터 흐름에 따라 새로운 에너지원의 가능성을 찾아낼 수 있다. IoT 솔루션은 지표로부터 몇 킬로미터 깊이의 석유·가스를 보다 정확하게 탐지할 확률이 높아지면 자산·설비·인력 계획 세우기 쉬워질 것이다. 또 다른 활용 방법으로 생각할 수 있는 것은 유전서비스 회사는 고객인 정유기업과의 관계를 활용하여 부가가치를 창출하는 방법이다. 유전서비스 회사는 정유 회사로부터 입수한 실시간 데이터에 설비 성능에 관한 자사 데이터와 공표된 상품 가격 데이터를 결합한다. 이 통합된 데이터를 이용하여 정유 생산 속도와 에너지 가격의 움직임을 대비시켜 시설 요구를 지역별로 예약한다. 이렇게, 부가 가치 서비스를 새롭게 제공할 수 있는 것이다.

2. 사례 연구 2: 텔레매틱스 및 차량 유지 보수

차량 유지 보수하는 기업에서는 텔레매틱스를 사용, 운영 작업을 개선했다. 그러자 동시에 비용을 절감하고 고객 만족도를 높일 수 있었다. 특히 "예방 보전(유지보수)과 리스크 관리"에서는 제품·서비스를 만전의 상태로 유지하는데 유용했다. KORE Telematics 마케팅 디렉터, 스타일 바겐 솔버그 씨에 따르면, GPS 수신기와 각 차량에 탑재된 전자 GSM장치에 의해 "차량의 위치, 움직임, 상태, 행동 모니터링이 가능하다."라고 말한다. 이러한 솔루션을 이용하여 차량 사용 전에 문제를 감지한다. 예를 들어, 크레인과 불도저 (1대에 수십만에서 수백만 달러 상당)를 제조하는 업체는 타이어에 센서를 설치하여 시스템이 정지 위험을 줄일 수 있다. 타이어 압력을 상시 모니터링 함으로써 결함 허용가능성을 예견하고 장애가 발생하기 전에 수리를 가능하게 한다.

✓ 텔레매틱스 및 IoT가 가져올 위험 관리와 안전 확보 이외의 사업 가치

자동차 메이커는 텔레매틱스를 활용하여 자사 제품을 개선시키는데 필요한, 의미 있고 지속적인 정보를 얻을 수 있다. IoT에서 각 차량에서 생성되는 수백억 개의 데이터를 분석하고 제품과 서비스에 새로운 콘셉트이나 성능을 추가할 수 있다. 예를 들어, 중장비에 센서를 장착 해두면 매일 자동차는 자사 제품이 어디에서 어떻게 사용되며 제품 라이프 사이클 동안 성능 등 의미 있는 정보를 얻을 수 있다. 이러한 정보는 제품의 규격 변경에도 활용되고, 또한 고객 사업을 깊게 이해하는 양식이 되기 때문에 결정적으로 다른 제품 기능의 특정도 용이하게 된다. 제조업체는 고객에 대한 방안을 제시하고, 새로운 제품이나 융자, 리스 모델을 개발할 수 있게 된다.

3. 사례 연구 3: mHealth와 원격 의료 모니터링

MedStar Health의 혁신 그룹에서 고객건강 이니셔티브 담당 디렉터인 피터 세라노 씨는 IoT 솔루션이 건강에 미치는 영향을 목격하고 있다. "컴퓨터끼리 지능형 통신을 하는 시대에 의료 업계에도 구조적인 전환기간이 도래해 무선 의료 기기의 가능성이 원격 의료 모니터링 방식을 변경시키고 있다"고 그는 말한다. 의료 시스템은 차세대 의료 기기의 혜택을 받았으며, 예방 치료의 새로운 의료 센서는 적절한 예이다. 환자의 거처에 관계없이 중요한 건강 관련 지표를 원격으로 실시간으로 모니터링 할 수 있으며, 환자가 가정에서 상시 연결 무선네트워크를 통해 건강 관련 데이터를 클라우드로 전송하고 간호사가 상태악화의 전조를 감지한 경우에는 의료 전문가가 적절한 개입을 실시한다. 또한 동씨는 다음과 같이 말한다. "병원이 비용을 부담하는 이 시대 입원은 사전에 막을 필요가 있다." 결과(성과)를 낼 수 없는 의료기관은 수익 어려움에 직면하며, 기존의 검사 중시, 대면 진료 모델이 전환기를 맞이하고 있다. 스마트 의료 제도 하에서 환자가 응급실로 이송 위험을 줄이기 위해, 예방 프로그램이 경쟁적으로 개발되고 있다. 이 지능형 모니터링을 통해 차세대 스마트 헬스 대시보드나 건강 허브라는 새로운 의료 서비스와 치료법이 개발되어있다. 헬스케어 시장에서 IoT 혁신의 매출은 2012년 추계 106억 달러에 달하며, 2016년에는 두 배로 예상되고 있다.

원격 의료 모니터링은 기존의 치료 환경과 발병률에 근거한 모델을 파괴하기 시작했다. 착용할 수 있는 장치 및 기타 지능형 장치 조합을 개인이 자신의 데이터를 포착, 추적, 분석 및 공유하는 구조가 현실화 되는 것으로, 한층 더 가능성이 열리는 것이다. 의료 기관을 대신하여 개인이 자신의 의료 데이터를 소유한다. 그리고 의료·건강 프로바이더는 그 데이터를 활용하여 생활 상황이나 과거의 행동에 따라 개별 치료와 조언을 제공한다. 개인 건강 제공자의 다양한 에코시스템과 연결하여 자신의 데이터를 건강 증진에 활용하고, 컨디션이 붕괴된 때 등에는 기존의 의료기관을 보다 효율적으로 활용할 수 있을 것이라고 생각할 수 있다.

사물인터넷 시장 규모 Tip 3

1. 사물인터넷은 IT산업에서 가장 빠르게 성장하고 있는 Sector이다

사물인터넷과 연관된 기기 수는 2009년 약 9억 대에서 2020년에는 약 30배 증가한 260억 대로 늘어날 전망이다. 사물인터넷 시장은 기관에 따라 예측치가 상이 하긴 하지만 모두 높은 수준으로 성장할 것으로 전망하고 있다.

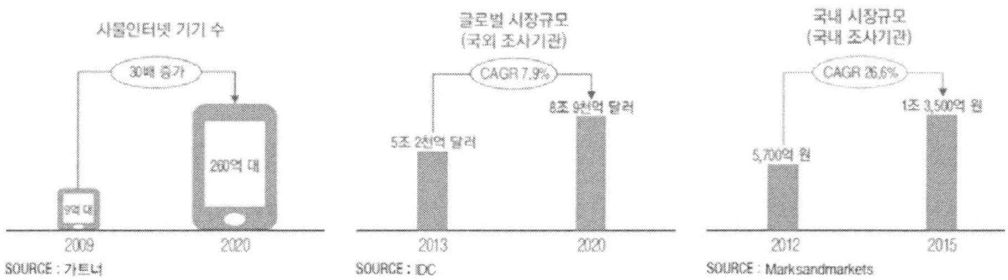

Tip 그림 1 사물인터넷 시장규모

2. 사물인터넷을 통한 신규 사업 출현은 전 산업영역에서 동시 다발적으로 나타날 것이다

사물인터넷의 높은 성장성 배경에는 이의 무한한 확장성과 지속적인 혁신성에 있다. 현재 사물인터넷을 주도하고 있는 IT 및 홈네트워킹 차원의 소비자 가전산업과 앞에서 사례를 든 자동차 산업뿐만 아니라, 패션, 에너지, 유통, 헬스케어 등 대부분 산업에서 글로벌 선도 기업들은 사물인터넷을 신규성장 축으로 삼고 적극적으로 투자하고 있다.

각 산업별 글로벌 선도업체들이 주도하고 있는 사물인터넷 관련 투자가 사업 및 운영상 혁신으로 이어지면서 차세대 표준으로 정착되면, 사물인터넷 시장규모가 기하급수적으로 증대될 것으로 전망된다.

[Tip 표 1] **사물인터넷을 통한 신규 사업**

산업	제품		설명
스포츠 /헬스케어	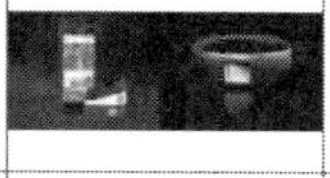	웨어러블 디바이스	• 사용자의 건강 및 운동 상태를 의료기기 및 스마트 폰과 연계해 문자, 이메일, 일정 등의 정보를 제공함으로써 운동량 및 건강상태를 자동으로 관리 할 수 있게 됨
전력산업		스마트 그리드	• 전력회사는 스마트 그리드를 통해 에너지 사용량 원격 자동측정 및 이에 기반한 자동 요금청구 / 결제 등 다양한 영역에서 사물인터넷을 활용하고 있음
유통산업		스마트 카트	• 스마트폰에서 구매목록 다운로드, 관련쿠폰 자동검색, 구매희망상품 위치 안내, 매장내 위치기반 관심상품 자동 홍보등 소비자에게 혁신적인 쇼핑 경험을 제공
생활용품		스마트 전구	• 필립스 휴 : Wi-Fi 연결을 통해 무선으로 조명색상 / 밝기 타이머 및 알람 제어 / 외부소리 및 음악에 맞추어 조명 변경 등을 제어할 수 있는 무선 조명 시스템

SOURCE : Nike, IBM 스마트 카트, 필립스 휴 각 사 웹사이트

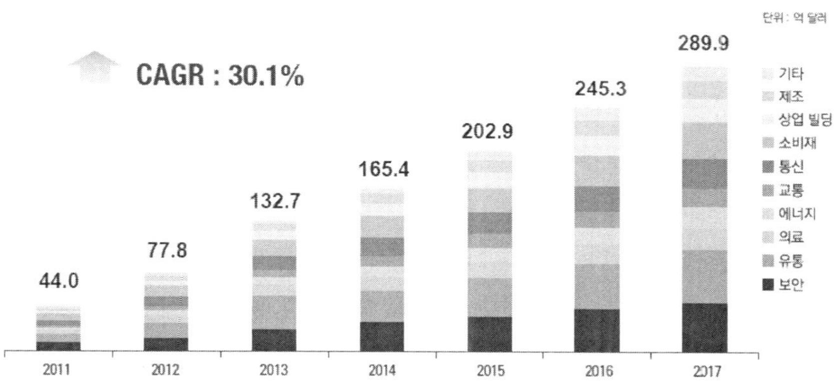

SOURCE : Marksandmarkets

Tip 그림 2 주요 산업별 사물인터넷 시장규모(2011년~2017년)

IoT 적용 사례 Tip 4

1. 사물인터넷 시장은 다양한 산업과의 융복합을 통해 확대 ➜ 사물인터넷 적용범위는 헬스케어, 홈케어, 자동차, 교통, 건설, 농업, 환경, 에너지, 식품 등 이 세상의 모든 영역에 해당

'사물인터넷(IoT)시장'은 다양한 산업과의 융복합을 통해 확대되고 있다. '사물인터넷'의 적용범위는 가전, 헬스케어, 홈케어(homecare), 자동차, 교통, 건설, 농업, 환경, 엔터테인먼트, 에너지, 식품 등 사실상 이 세상의 모든 영역에 해당된다.

가전분야에서는 삼성전자와 LG전자가 냉장고와 세탁기를 스마트폰과 연결시키면서 스마트홈네트워크를 구현하고 있으며, 스마트홈네트워크가 전형적인 '사물인터넷'이라고 할 수 있을 것이다.

헬스케어는 현재 '사물인터넷'에서 가장 활발하게 적용되고 있는 분야로, 생체 데이터를 수집하고 분석하여 실시간으로 전달하고 나아가 홈케어 영역까지 확대되고 있다. 블루투스(Bluetooth), 와이파이(Wi-Fi), NFC 등의 네트워크를 활용한 센서들이 개발되고 있으며, 환자의 생체정보를 획득하는 센서, 개인의 운동량이나 신체 특징을 측정하는 센서 등의 개발이 중요하다.

홈케어 분야에서는 문/조명등 제어, 지능주택관리, LBS 방범 외출 보안시스템, 냉난방 환기 자동조절, 스마트홈서비스, 취약계층 원격 케어서비스 등이 있다. 스마트 홈은 외출 시 보안시스템이 작동되어 외부에서 화재나 범죄 여부에 대한 체크가 실시간 가능하고 냉난방을 조절할 수 있다.

자동차분야에서는 스마트폰으로 원격 관리하는 텔레매틱스가 대표적인 '사물인터넷' 서비스이며, 나아가 구글이 추진하고 있는 스마트카 역시 '사물인터넷'의 확장된 개념이다. 교통 분야에서는 차량 내 장착된 심카드를 통해 차량의 운전 상태는 물론 사고의 발생 시점 및 위치를 보험회사로 전송하는 차내 기술이 앞으로 확대될 것이고, 택시 무선결제와 고속도로 하이패스 등에 이미 '사물인터넷' 서비스 개념이 적용되고 있다.

[Tip 표 2] **사물인터넷(IoT) 적용 분야**

분야	내용	주요제품
헬스케어	건강보조도구, 혈당량 측정, 건강정보송신, 원격진료, 스마트폰 헬스케어 어플리케이션	핏빗플렉스(핏빗), 픽스(코벤티스), S헬스 서비스(삼성전자), 2net(퀄컴), 헬리어스(프로테우스바이오메디컬), 트윗피(하기스)
홈케어	문/조명등 제어, 지능 주택 관리, LBS 방범, 외출 보안시스템, 냉난방 환기 자동조절, 스마트홈서비스, 취약계층 원격케어 서비스	스마스싱스(Smartthings), 스마트홈, 스마트라이트(SKT)
자동차	텔레매틱스, 무인자동차, 스마트카, 커넥티드카, 차량원격관리	OnStar(GM), Sync(포드), 블루링크(현대차), 무인자동차(구글), 스마트 오토모티브(SKT), 실시간 차량관제 서비스(LG유플러스)
산업	시설물 관리, 공장 자동화, 유통망 검색, 오폐수 자동관리, 결제/과금 서비스, 스마트융합가전, 물류시설관리	NFC 결제단말, 공장 자동화 센서, POS 모바일 소액결제
교통	교통안전, 국도 모니터링, 배기가스 실시간 감지, 택시 무선결제, 디지털 운행 기록관리	지능형 교통 서비스, 지능형 주차 서비스 SF Park(샌프란시스코시)
건설	건물/교량 원격관리 서비스, 시설물 관리, 스마트시티	가로등 밝기 자동조절, 건물 에너지 효율화 시스템(미 Valarm 사), 송도 스마트시티(시스코), 원격 조명관리시스템(ARM)
농업	실시간 작물상태 모니터링, 온도/습도 감지 및 조정, 농작물 수확량 재고관리	스마트팜(SKT), 지능형 파종 서비스(일본 신푸쿠청과), 지능형 젖소관리 서비스(네덜란드 사프크드사)
환경	날씨나 온도 측정 센서, 야생동물 위치 확인, 서식지 보존, 방사능 등 위험물질 위치파악, 지능형 쓰레기 수거시스템	네탓모(Netatmo), 쓰레기통 최적 수건경로 안내, 불법 벌목 방지, 온도·물 관리시스템(ARM), 스마트 에셋트래킹(SKT), 스마트클린시스템(LG유플러스)
엔터테인먼트/게임	재미, 오락	버블리노(Bubblino), 스마트워치(소니), 구글글라스, 스마트기어(삼성전자), 퓨얼밴드(나이키), 조본업(조본)
에너지	중앙 전원 통제, 고압 전력 원격검침, 전력 신청 및 공급, 에너지 하베스팅, 분산 전원	위모(WeMo), 스마트미터, 스마트그리드(누리텔레콤)
안전	재난 예측, 재해 조기감지, 실시간 화재 및 침입경보 서비스	스마트 원격관제 서비스(KT), 안심마을 zone 서비스(LG유플러스)
경로추적	애완동물이나 자동차 추적	트랙티브펫트래커(Tractive pet tracker)
식품/급식	초밥감지 서비스, 지능형 식기도구, 단체급식 위생관리 솔루션	회전초밥감지(스시로), 하피포크(하피랩스), 스마트 프레시(LG유플러스)

자료: ETRI, 유진투자증권

2. 무선 디바이스 간 연결로 원격 요리 가능한 레인지월풀 ➜ LG전자는 메신저 '라인'을 통해 스마트가전과 대화를 주고받는 'LG 홈챗'을 선보임

'사물인터넷(IoT)'이 각 산업별 제품별로 적용되고 있는 사례들을 구체적으로 살펴보고자 한다. 먼저, 레인지월풀은 스마트폰이나 태블릿 PC 등과 연결되어 정보를 주고받으며 무선 네트워크를 통해 다양한 음식과 요리 정보, 현 요리 상태 등을 사용자에게 전달함으로써 주방 이외의 장소에서 자유롭게 요리가 가능하도록 지원한다. 레인지월풀은 사용자의 디바이스가 없어도 모든 정보화면을 레인지 디스플레이를 통해 보여주기 때문에 요리를 하는 동시에 게임이나 음악청취, 영화감상 등이 가능하다. 또한, 레인지의 디스플레이는 생생한 색상과 간편한 아이콘, 민감한 터치스크린 방식으로 구성되어 사용자환경(UX)이 크게 개선되었다.

LG전자는 메신저 '라인(Line)'을 통해 로봇청소기, 냉장고 등 스마트 가전과 일상 언어로 대화를 주고받을 수 있는 'LG 홈챗(HomeChat)'을 선보였다. '라인(Line)'은 미국 등 전 세계 3억1천만 명 이상의 가입자를 확보하고 있어 LG전자는 스마트 가전의 글로벌 메신저 플랫폼으로 선택한 것이다. LG전자는 향후 홈챗 서비스 후 '데이터베이스 관리시스템(DBMS)'를 구축해 빅데이터 개념을 도입하면 한층 진화된 소통도 가능할 것으로 전망된다. 홈챗 서비스가 발전하면 전자기기가 사람에게 먼저 말을 걸어오고 기기가 인간을 챙기는 세상이 올 수 있을 것이다. 가령, 냉장고가 사용자의 상태를 먼저 살필 수도 있고, 날씨 정보와 전자기기를 연계할 수도 있다.

Tip 그림 3 사물인터넷 적용사례-인터랙티브 레인지월풀
*출처: ceswhirlpoo.com, 한국정보화진흥원, 유진투자증권

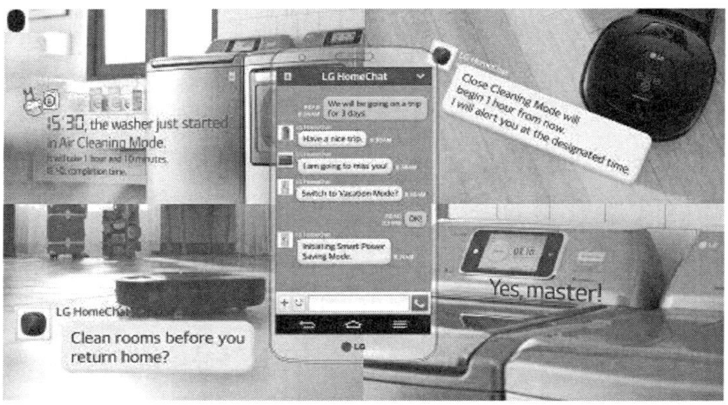

Tip 그림 4 사물인터넷 적용사례-'LG 홈챗(HomeChat)'
*출처: LG전자, 한국정보화진흥원, 유진투자증권

3. 지능형 약 뚜껑인 '글루로우 캡'은 환자에게 정확한 시간에 약을 복용할 수 있도록 서비스 ➜ 심장박동 모니터링 기계를 통해 의사에게 연결시켜 진료하는 홈케어 서비스

미국 바이탈리티(Vitality)社가 개발한 지능형 약 뚜껑(intelligent pill cap)인 '글로우캡(GlowCap)'은 불빛, 오디오, 전화, SMS 메시지 등을 통해 정기적으로 약을 복용하고 있는 환자에게 정확한 시간에 약을 복용할 수 있도록 도와주는 사물인터넷(IoT) 서비스의 전형이다. '글로우캡(GlowCap)'을 사용한 경우 98% 이상의 복약 이행률을 보임에 따라 무선통신을 활용한 의료케어 서비스의 긍정적 사례로 꼽을 수 있다.

미국 코벤티스(Corventis)社가 개발한 심장박동 모니터링 기계 'NUVANT Mobile Cardiac Telemetry'는 '픽스(Pixx)'를 이용해 환자의 심장 이상 여부를 판단하고, 이상이 발견될 경우 환자에게 가장 적합한 의사를 연결해줌으로써 심장 질환으로 인한 사망 확률을 최소화할 수 있다. 일회용 밴드형태의 '픽스(Pixx)'는 15cm 길이로 가슴 부위에 붙이기만 하면 체온, 심장박동, 호흡속도, 체액, 신체 움직임과 같은 환자의 생체 신호(vital sign) 데이터를 수집하는 것이 가능하다.

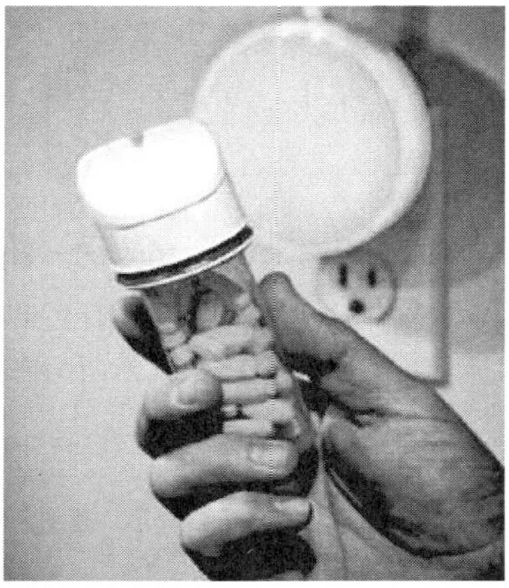

Tip 그림 5 사물인터넷 적용사례-'글로우캡(GlowCap)'
*출처: Vitality, 한국정보화진흥원, 유진투자증권

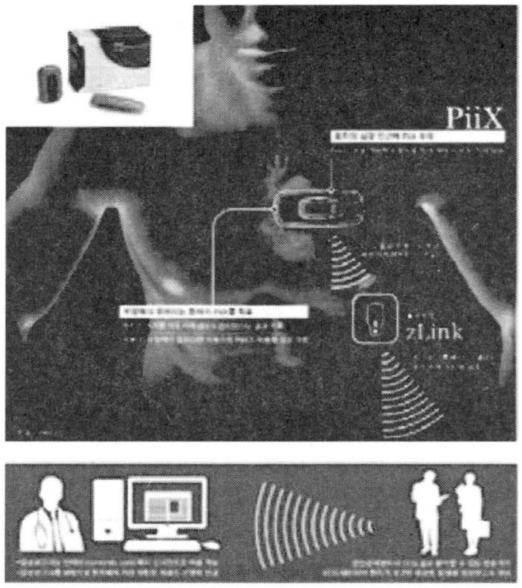

Tip 그림 6 사물인터넷 적용사례-심장박동 모니터링 기계
*출처: Corventis, 한국정보화진흥원, 유진투자증권

4. 사물인터넷의 대표적인 제품인 스마트워치 → 구글의 '토킹 슈즈'는 신발과 스마트폰을 연결하여 사용자의 건강 및 행동에 관한 서비스 제공

조본(Jawbone)에서 출시한 '조본 업(Jawbone Up)'은 건강한 삶을 영위하기 위해 사용자의 수면, 이동 및 식사를 추적하고 사용자가 이 정보를 이용해 최상의 컨디션을 유지할 수 있도록 돕는 손목 밴드이며, 스마트폰과 연결해서 사용하고 있어 현 시점에서 가장 쉽게 접할 수 있는 '사물인터넷(IoT)'의 대표적인 제품이다.

구글의 '토킹 슈즈(Talking Shoes)' 역시 블루투스(Bluetooth)를 활용하여 신발과 스마트폰을 연결하고 사용자의 움직임에 대해 지속적으로 메시지를 전달하는 제품이다. 건강에 대한 관심이 증가하면서 자신의 움직임 및 행동에 관한 정보를 수집해서 제공하는 서비스에 대한 수요가 증대하고 있다.

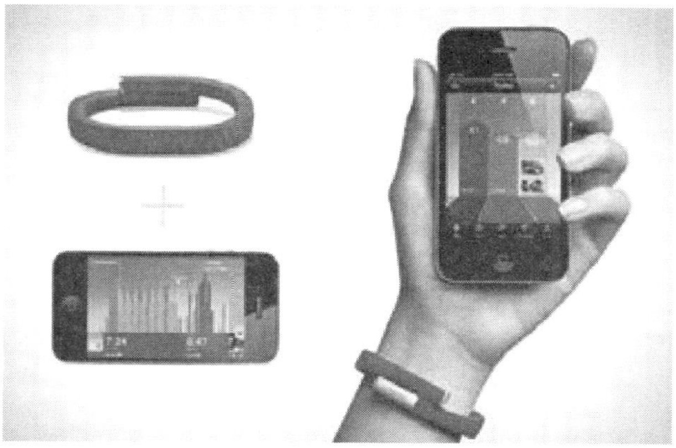

Tip 그림 7　사물인터넷 적용사례-'조본 업(Jawbone Up)'
*출처: Jawbone, 시장자료, 유진투자증권

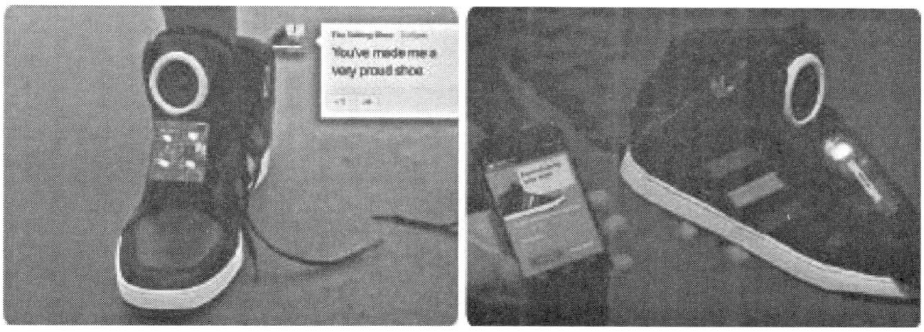

Tip 그림 8　사물인터넷 적용사례-구글의 '토킹 슈즈'
*출처: Google, 한국정보화진흥원, 유진투자증권

5. 새로운 건강보조 기기로 '해피포크' 부각 ➜ 사물인터넷이 산업영역에 접목

'해피랩(HAPILABS)'은 과학적인 건강관리로 삶의 질 향상을 돕는 '해피포크(HAPIfork)'를 선보였다. 포크에 부착된 센서를 통해 식사시간과 사용빈도 등을 기록하고, 식사속도가 빠를 경우 경고음으로 안내해준다. 인간의 행동을 읽고 분석하면서 사물과 소통하는 새로운 건강보조 기기가 부상하고 있는 것이다.

'사물인터넷(IoT)' 기술은 산업적으로 확대 적용되고 있으며, SK텔레콤의 '스마트 팜(Smart Farm)'은 농장에 '사물인터넷(IoT)' 기술을 적용하여 농업 생산량 증대 및 업무효율성 강화시킨 개념이다. SK텔레콤은 2011년부터 '스마트 팜(Smart Farm)' 지능형 비닐하우스 관리시스템을 선보였다. 비닐하우스 내 온/습도를 자동으로 조절해주고, 설치된 CCTV와 스마트폰을 활용하여 원격으로 농민들이 비닐하우스 내 상황을 확인할 수 있게 해준다. '스마트 팜(Smart Farm)'은 땅에서 식물을 키우던 방식에서 벗어나 식물의 생육 특성에 적합한 인공 환경을 제공하는 자동화된 재배시스템을 말하며, 종래 과채류의 시설재배 및 수경재배를 더욱 발전시킨 미래형산업이다.

Tip 그림 9 사물인터넷 적용사례-'해피포크(HAPIfork)'
*출처: HAPILABS, 한국정보화진흥원, 유진투자증권

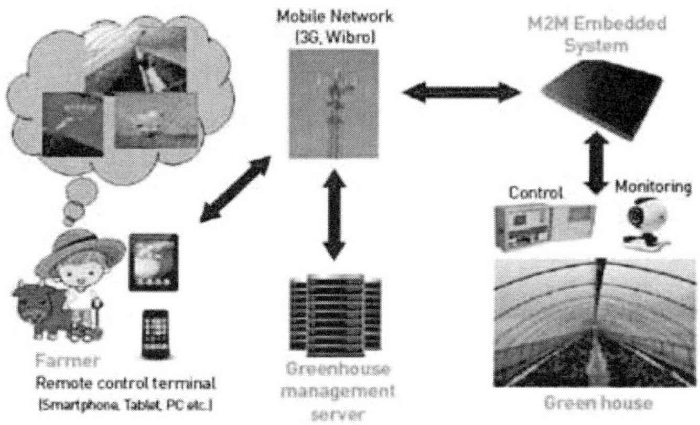

Tip 그림 10 사물인터넷 적용사례-'스마트 팜(Smart Farm)'
*출처: 시장자료, 한국정보화진흥원, 유진투자증권

6. IT기반의 지능화된 차량인 스마트카 개발 가속 → 아마존의 무인비행기 '드론'은 무인화된 물류시스템에 적용

IT기반의 지능화된 제어시스템이 차량에 탑재되어 스스로 상황을 판단하고 주행하는 '스마트카(Smart Car)' 개발연구가 전 세계적으로 적극적으로 진행되고 있다. 구글은 2010년 10월 '구글카(Google selfdriving Car)'를 처음으로 발표하였으며, 기존의 자동차에 IT 기술을 활용한 자동운전 시스템

을 장착하여 운전자의 조작 없이 스스로 주행환경을 인식하여 목표지점까지 운행할 수 있도록 설계하였다. 최근에는 자율주행방법을 보강할 수 있도록 새로운 기술로써 주변 소리를 듣고 자동으로 제어 가능한 자동차 기술을 개발 중이며, 구글은 현재 미국 전역에 자동운전 자동차의 법제화를 추진하고 있다.

아마존의 공중 배달서비스 '프라임 에어(Prime Air)'는 무인비행기 '드론'을 이용해 30분 안에 최대 2.3kg의 물건을 물류센터 반경 16km 이내의 도착지로 배달할 수 있는 택배 서비스이다. 모든 물류시스템이 자동화로 이루어지기 때문에 사람이 없으며, 2015년 초부터 사용화를 시작할 예정이다.

Tip 그림 11 사물인터넷 적용사례-'구글카(Google self-driving Car)'
*출처: Google, 유진투자증권

Tip 그림 12 사물인터넷 적용사례–'프라임에어(Prime Air)'
*출처: Amazon, 유진투자증권

7. 사물인터넷 통해 사회시스템과 국가시스템 연결 ➔ 스마트 플랫폼을 통해 도시자원의 최적화 분배를 시도하기 위해 스페인 바르셀로나 '스마트 시티' 설립 추진

'사물인터넷'을 통해 궁극적으로 사회적 시스템과 국가시스템으로까지 연결하려는 시도가 이루어지고 있다. 최근 시스코(Cisco)는 스마트 플랫폼을 통한 데이터 수집 및 분석으로 한정된 도시자원의 최적화 분배를 통해 도시문제를 해결하는 방안으로 스페인 바르셀로나에 '스마트 시티(Smart City)' 설립을 추진하고 있다. 바르셀로나 시청은 까딸루니아 주정부, IDEA(스페인 에너지 다양화/절약기구)를 위시해 엔데사, Seat(폴크스바겐 계열 자동차 브랜드), 지멘스(Siemens)와 함께 2009년부터 2012년까지 Live 프로젝트(전기자동차 소비촉진 프로그램)를 시행하였으며, 이를 위해 바르셀로나 시청은 전기자동차 충전 인프라를 확대해 나가는 한편, 전기자동차 구매 지원 인센티브(승용차 최대 7,000유로, 오토바이 최대 750유로) 등을 제공하였다. 또한, 바르셀로나 시정부는 무선인터넷을 위해 500Km 규모의 네트워크를 설치하고, 정보통신기술기업들이 센서, 데이터 수집 및 분석, 위치정보(LBS), 클라우드 등 다양한 기술을 제공하여 '커넥티드 스마트 도시' 솔루션을 구축하고 있다. 스페인뿐만 아니라 세계 각지에서 소위 '스마트 시티(Smart City)' 구현을 위한 프로젝트를 진행하고 있으며, 영국에서

는 도시화와 환경오염 등과 같은 도시문제를 해결하기 위해 스마트 플랫폼을 통해 도시자원의 최적화 분배를 세계 최고의 IT기업들인 IBM 및 인텔 등과 추진하고 있다.

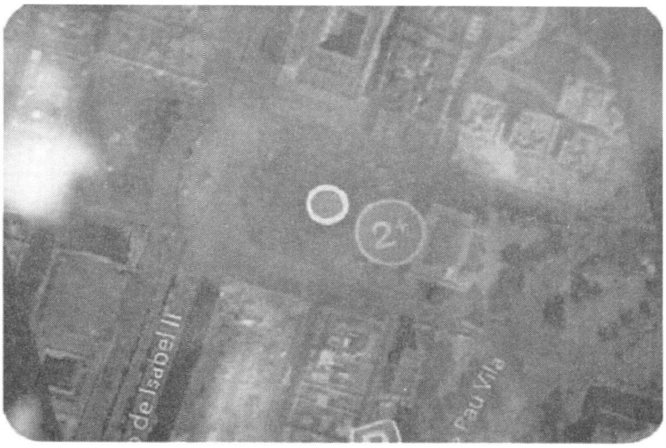

Tip 그림 13 사물인터넷 적용사례-바르셀로나 '스마트시티(Smart City)' → 비어있는 주차공간을 알려주는 애플리케이션 파카비

*출처: 시장자료, 한국정보화진흥원, 유진투자증권

Tip 그림 14 사물인터넷 적용사례-바르셀로나 '스마트시티(Smart City)' → 비어있는 주차공간을 알려주는 센서

*출처: 시장자료, 한국정보화진흥원, 유진투자증권

Tip 그림 15 사물인터넷 적용사례-바르셀로나 '스마트시티(Smart City)'→스마트 쓰레기통
*출처: 시장자료, 한국정보화진흥원, 유진투자증권

Tip 그림 16 사물인터넷 적용사례-영국 '글래스고우의 스마트시티(Smart City)' 제안서
*출처: BBC News, 한국정보화진흥원, 유진투자증권

IoT 디바이스 제품 동향 Tip 5

1. 스마트 홈/가전 IoT 디바이스

퀄컴은 사물인터넷 플랫폼인 "올조인(Alljoyn)" 개발을 통해 미래 가정의 모습인 "Connected Smart Home" 제시하였는데, 이 플랫폼으로 스마트폰과 태블릿으로 가정 내 조명과 TV, 시계, 스피커 등을 조절할 수 있다. 올조인은 운영체제(OS)나 애플리케이션 프로세서(AP)가 탑재되지 않은 조명이나 에어컨에서도 구현이 가능하도록 되어 있으며, 각 가전제품에 탑재되는 와이파이 칩에 올조인이 소프트웨어 형태로 통합돼 있어 별도의 칩을 필요로 하지 않는다. 아래 그림과 같이 퀄컴은 다른 제조사에서 만들어진 조명, 스마트 워치, 냉장고, 에어컨, 도어락, 스마트폰, 태블릿이 "올조인"이라는 허브를 통해 연결되고 소통하는 것을 지향하고 있으며, 이를 위해 LG 전자, 파나소닉, 하이얼 등 25개 업체가 참여하고 있는 "ALLSEEN Alliance"를 주도하고 있다.[20]

Tip 그림 17 퀄컴의 올조인 및 ALLSEEN Alliance

유럽의 NXP 사는 6LoWPAN 기반의 JenNet-IP 기술을 이용하여 네트워크 재구성과 self-healing 기능을 갖는 네트워크를 통해 최대 500개 노드를 무선 IP 와 연결할 수 있으며, 다양한 형태의 램프를 지원할 수 있는 IoT 기반

---

20) http://www.ddaily.co.kr/news/article.html?no=113138

지능형 조명 솔루션을 개발하였다. 또한 NXP사는 Tip 그림 18과 같이 광범위한 색 재현율을 갖으며 650Lumen을 제공하는 IoT 기반 RGB Lamp를 개발하였다.

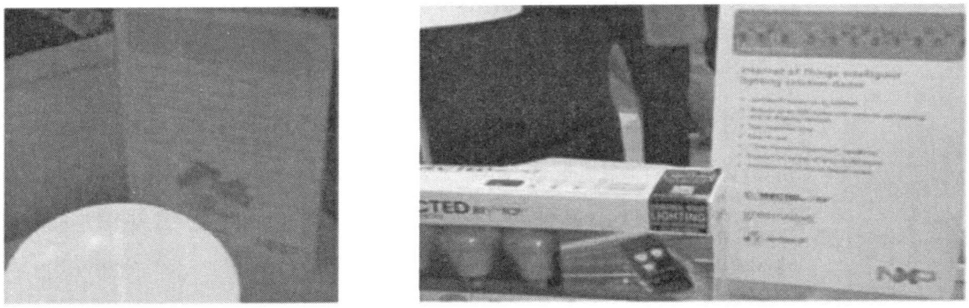

Tip 그림 18 NXP 사의 IoT 기반 RGB Lamp

2. 웨어러블 IoT 디바이스

스마트 폰과 연동하여 다양한 IoT 서비스를 제공할 수 있는 다양한 형태의 웨어러블 디바이스가 개발 및 출시되고 있다. 미국 Fitbit사는 Tip 그림 19와과 같이 개인 활동량을 측정할 수 있는 IoT 웨어러블 디바이스 인 핏비트 플렉스를 개발하였다. 이 제품은 걸음 수 같은 개인 활동량부터 섭취· 소모 칼로리 같은 식생활 습관까지 데이터화해 사용자가 한눈에 볼 수 있게 그래픽으로 보여주는 대표적 웨어러블 디바이스로, 작은 센서와 무선통신 칩이 들어 있어 사람의 활동량을 실시간으로 측정할 수 있다. 미국 iHealth Lab사는 Tip 그림 19와 같이 스마트폰에 동글 형태의 센서를 부착하여 당을 측정할 수 있는 “Smart Gluco-Monitoring System”을 포함하여 블루투스를 통해 스마트폰 앱과 연동되어 실시간으로 혈압을 모니터링 할 수 있는 ‘무선 혈압 모니터’ 등을 개발하여 출시하고 있다.[21)]

21) http://www.youtube.com/watch?v=FUnwjslqHb0

Tip 그림 19　Fitbit의 핏비트 플레스와 iHealth의 혈압모니터링

한편, 삼성전자는 아래 그림과 같이 미국의 자전거 제조업체 트렉(Trek)사와 협업해 갤럭시 노트3와 연동한 '커넥티드 자전거'를 개발하였다.[22] 자전거 프레임에 설치된 센서가 실시간으로 주행속도, 운행 거리 등을 측정하여 자전거는 핸들 중앙에 거치되어 있는 스마트 폰으로 자신의 운동량이나 주행거리 등을 파악할 수 있으며, 갤럭시 기어와도 연동돼 여러 정보를 자전거 주행 중에 쉽게 볼 수 있다. LG전자는 다음 Tip 그림 20과 같이 사용자의 움직임을 추적해 칼로리 소모량과 걸음 수, 움직인 거리 등 신체 활동량을 측정하는 손목 밴드형태의 웨어러블 디바이스인 '라이프밴드터치'를 개발하였다.

Tip 그림 20　삼성의 커넥티드 자전거와 LG의 라이프밴드 터치

22) http://realog.net/1236

3. 스마트카 IoT 디바이스

자동차와 IoT 와의 만남은 하나의 빅이슈로 대두되고 있다. BMW는 Tip 그림 21과 같이 삼성 갤럭시 기어를 이용해 차량 상태 확인 및 잠금 등 원격제어가 가능한 "i리모트애플리케이션"을 공개하였다. 갤럭시 기어 내에서 BMW i3의 전기 충전량, 차량의 관리상태, 썬 루프와 문 잠김, 창문 개폐 여부 등을 한눈에 확인할 수 있다. 또한 S보이스 기능을 탑재하여 음성으로 내비게이션에 주소지 입력, 차량 제어도 가능하도록 되어 있다.[23)]

Tip 그림 21 BMW의 i리모트 애플리케이션

Tip 그림 22와 같이 벤츠의 Pebble은 차량의 주차 위치나 도어 잠김 여부, 주유 상태 등을 파악할 수 있는 손목시계 형태의 웨어러블 디바이스로 자동차 제어 및 각종 정보 제공 등 운전자가 계기판을 보지 않고도 주행에 필요한 대부분의 정보를 얻을 수 있다.

Tip 그림 22 벤츠의 Pebble

23) http://www.motorgraph.com/news/articleView.html?idxno=1325

4. 생활밀착형 IoT 디바이스

IoT 디바이스는 개인 및 가정의 일상생활에도 점점 파고들고 있다. 프랑스의 Kolibree 사는 Tip 그림 23과 같이 가속계가 내장돼 있어 얼마나 효과적으로 양치질하는지를 측정하는 스마트 칫솔을 개발하였다. 측정된 데이터는 블루투스를 통해 스마트폰으로 전달되는데, 관련 앱이 이를 분석해 사용자가 충분히 오래, 입안 구석구석 양치질을 했는지 그래프로 알려준다.[24] 홍콩 HapiLabs 사는 다음 그림과 같이 사용자가 음식을 먹는 데 투입하는 속도와 포크질 횟수 등을 측정해 다이어트에 필요한 식습관을 제안할 수 있는 100 달러짜리 해피포크(HAPIfork)를 개발하였으며, 측정된 기록은 블루투스를 이용해 스마트폰이나 컴퓨터에 동기화할 수 있다.

Tip 그림 23 Kolibre의 스마트 칫솔과 HapiLabs의 해피포크

국내 (주)모뉴엘은 Tip 그림 24와 같이 청각장애인 부모가 아기를 편리하게 돌볼 수 있도록 해주는 아기 돌봄 장치인 "Babble"을 개발하였다. 이 제품은 본체에 해당하는 스테이션(Station)과 손목에 차는 뱅글(Bangle, Wearable Watch)로 이루어진 시스템으로, 스테이션에 장착된 센서를 통해 아기 울음, 온도, 습도 등을 감지하여 블루투스 네트워크를 이용하여 웨어러블 워치인 뱅글 및 스마트폰과 손쉽게 연결하여 부모에게 아기상태에 따른 진동과 불빛으로 알려주는 기능을 제공한다. Babble제품은 CES2014에 출품하여 "Best Of CES 2014", "CES 2014 Innovation Award", "USA Today Reviwed.com Editor's Choice" 등을 수상하기도 하였다. 모뉴엘에서

24) http://www.kolibree.com/

개발한 상기 제품은 한국전자통신연구원(ETRI)에서 개발한 스마트 디바이스 기반 센서가상머신(SVM)기술을 활용하였다.

Tip 그림 24 모뉴엘의 아기 돌봄 장치Babble

5. 스마트 에너지 IoT 디바이스

스마트 미터는 IoT 디바이스의 대표적인 적용영역으로 지난 몇 년간 미국 전력회사들은 최신 스마트 미터를 설치해 왔으며 많은 다른 나라들도 스마트 미터 기술을 보급 중이다. 스마트 미터는 거의 실시간에 가깝게 에너지소비에 관한 실시간 전력요금 데이터를 생성할 수 있다. 스마트미터는 전력소비자들로 하여금 그들의 에너지소비 데이터에 접근할 수 있도록 함으로써 스스로 에너지이용을 보다 잘 관리할 수 있도록 해준다. LS 산전의 스마트미터 기술은 수용가가 원하는 요금제를 선택할 수 있고, 이에 따른 에너지 사용량을 실시간으로 감시할 수 있으며, 또한 전력 피크 시간대에 부하를 자동으로 제어해 전력요금을 줄일 수 있는 기능을 포함하고 있다. 아래 그림과 같이 수용가 단위의 에너지 측정을 위한 스마트 미터뿐만 아니라 가전기기별 에너지 소비량 측정을 위해 벨킨사의 위모와 같은 다양한 형태의 스마트 플러그 제품이 개발되고 있는데 이러한 제품은 웹포털을 통한 원격제어가 가능하다.[25)]

빌딩용 조명, 공조용 IoT 디바이스의 경우 BACnet/IP, KNX, Dali, Lontalk, CoRE, 6LoWPAN, Roll, oBIX, eMIX 등의 기술이 적용되고 있으며 Web 기반 인터넷 액세스가 가능한 구조로 개발되고 있다. 특히 스마트 조명의 경우

---

25) http://www.belkin.com/us/Products/homeautomation/c/wemo-home-automation/

다양한 통신 방식(Wi-Fi, Bluetooth, Zigbee 등)을 통해서 스마트폰의 애플리케이션으로 전구의 빛 세기부터 색상 조절까지 가능한 제품들이 개발되고 있다.

Tip 그림 25 belkin 사의 WeMo 스마트 플러그

올해 초 구글이 인수한 Tip 그림 26과 같이 네스트랩스 제품은 사물인터넷의 개념을 담고 있는 대표제품으로 볼 수 있다. 네트스랩스의 제품은 사용자의 생활습관 학습을 통해 가정용 에너지를 효율적으로 사용하기 위해 상호작용 할 수 있다. 네스트랩스의 제품으로는 스마트 온도조절장치 및 화재경보장치 등이 있다.

Tip 그림 26 네스트랩스의 온도조절 장치

6. 산업 및 환경용 IoT 디바이스

고 신뢰성이 요구되는 산업용 시설 및 안전 설비의 모터, 펌프, 밸브, 튜브 배관과 같은 IoT 디바이스의 경우 Wireless HART, ISA100 등의 기술이 적용되고 있으며, IEEE802.15.4e/k/g 기술의 경우 초기 도입단계이다.

HoneyWell 사의 Tip 그림 27인 OneWireless Solution은 플랜트의 생산성과 안정성을 개선함과 동시에 네트워크 구성에 필요한 설치비용을 절감할 수 있는 혁신적인 솔루션으로 알려져 있으며, 필드에서 컨트롤 시스템에 이르기까지 단순한 구성으로, 안전한 설치, 운영 및 관리가 용이하며, FHSS (Frequency Hopping Spread Spectrum) 기술을 적용하여 뛰어난 보안성을 가지고 있다. 또한, Wi-Fi, Modbus, HART, Foundation Fieldbus 등의 산업표준 프로토콜을 적용하여 기기간 상호호환성이 보장된다.[26]

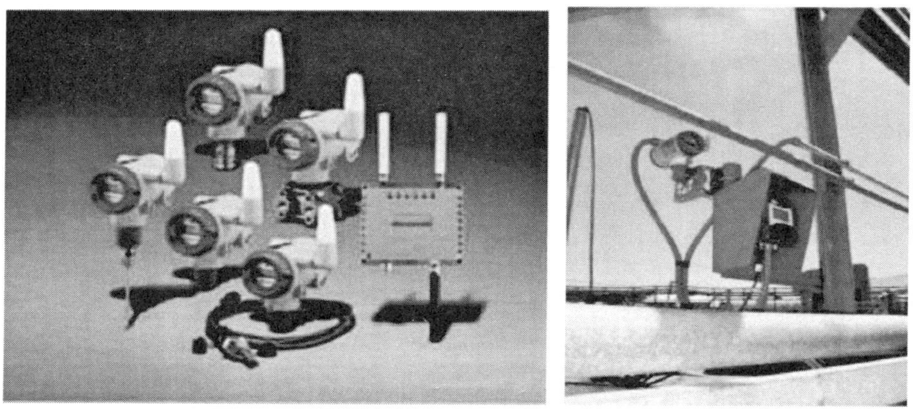

Tip 그림 27 HoneyWell 사의 OneWireless Solution

환경 모니터링용 IoT 디바이스의 경우 저 전력 장거리 통신이 지원되면서 높은 수준의 전송 신뢰성을 만족하는 Tip 그림 28의 Weightless 및 IEEE 802.15.4g/e 등의 기술을 시도하고 있다.

26) https://www.honeywellprocess.com/enUS/explore/products/wireless/Pages/default.aspx

Neul(英)	TI(美)	OnRamp(美)
Weightless 무선송수신 칩 (169MHz ~ 876MHz 대역)	IEEE 802.15.4g FSK 동작모드 송수신 칩	IEEE802.15.4k 광역통신 전용 칩 및 플랫폼 솔루션
 (사물인터넷 디바이스(Iceni) 및 개발환경보드)	 (사물인터넷 디바이스 CC1200)	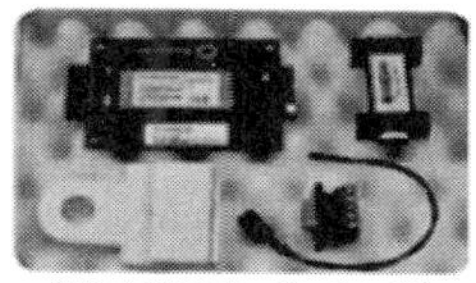 (개발환경용 통신모듈)

Tip 그림 28 저 전력/장거리 통신 디바이스

Appendix 부록
아두이노를 위한 IoT 실습

사물인터넷이 활성화 되면서 오픈소스로 누구나 사물과 사물을 연결하여 사용할 수 있다. 이러한 개발에 두각되고 있는 것이 아두이노와 라즈베리 파이이다. 이중에서 아두이노를 이용한 실습을 하고자 한다. 실습을 위해서는 아두이노 보드와 소프트웨어가 필요하다. 보드가 준비되어 있지 않은 환경을 위해 가상의 보드를 사용하는 방법으로 실습을 하고자 한다.

1. 아두이노의 개요

아두이노는 이탈리아 회사에서 처음 개발된 AVR 기반의 마이크로컨트롤러 하드웨어와 소프트웨어를 합쳐서 일컫는 제품이다. 아두이노의 개발을 쉽게 해주기 위한 개발환경 소프트웨어는 무료로 지원한다. 그리고 오픈소스 정책을 따르며 여러 가지 운영체제를 지원한다. 하드웨어는 디자인 설계방법이 모두 공개되어 있는 오픈소스이다. 이로 인해 누구나 제작할 수 있는 아두이노와 호환되는 센서와 네트워크 장치 등을 이용하여 쉽게 대기압, 자세제어, 밝기, 온도, 모션, 온습도 등 대부분의 센서와 릴레이, 부저, 조이스틱까지 모두 통합으로 구성되어 보다 편리하게 IoT를 구현할 수 있다. 또한 간단한 컨트롤러와 OLED 디스플레이 시스템으로 변경할 수 있어 IoT를 위한 최적화된 제품이다.

아두이노의 응용 분야는 모터제어를 통한 기초 로봇, 음악이나 사운드 장치, 온도, 습도, 화염, 기울기 등 다양한 센서 인터페이스와 게임 분야 또는 유무선 네트워크 시스템에 적용할 수 있다.

(1) 아두이노 소프트웨어

아두이노 소프트웨어는 하드웨어를 제어할 수 있는 프로그램 개발을 쉽게 해주기 위한 통합개발환경을 제공한다. 스케치(sketch)라고 불리며, 여기서 개발된 소스코드는 컴파일을 통해 하드웨어에 바로 업로드를 할 수 있다. 쉽게 업로드를 할 수 있는 이유는 Bootloader라는 프로그램이 하드웨어에 존재하기 때문이다.

- 아두이노 소프트웨어 다운로드 주소:https://www.arduino.cc/en/Main/Software

(2) 아두이노 하드웨어

아두이노 하드웨어는 오픈소스 정책을 따르고 있다. 때문에 수많은 제조회사에서 다양한 기능을 갖는 제품들을 출시하고 있다. 때문에 하드웨어의 종류는 아주 다양하다. 이탈리아의 Arduino.cc에서 생산한 보드를 공식 아두이노 보드라고 불리우며, 공개된 디자인으로 타 회사에서 제조한 보드를 호환보드라 불린다.

가장 많이 사용되는 제품은 "Arduino Uno R3"이다. 때문에 전 세계에서 인터넷으로 공개한 예제들을 다운로드 받아서 실습해 볼 수 있다. 이외에도 Leonardo, Mega 2560, Due, Nano, Mega ADK, LilyPad, ArduPiot Mega 등이 있다.

- 아두이노 공식 보드 주소: https://www.arduino.cc/en/Main/Hardware

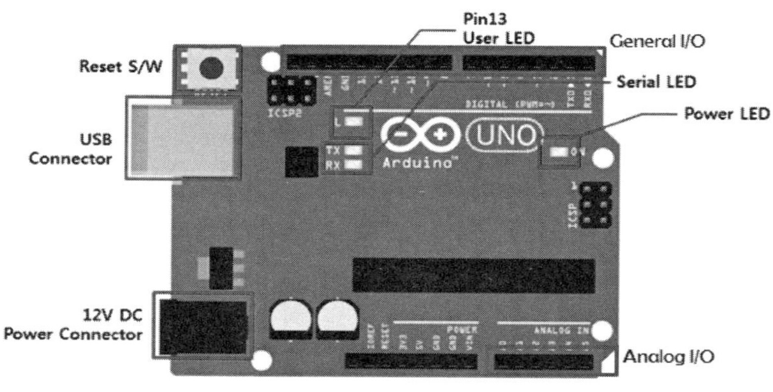

부록 그림 1 아두이노 보드의 구조

아두이노 Uno R3의 구성은 그림과 같다. Reset s/w는 프로그램의 재부팅을 수행한다. USB Connector는 보드에 전기를 공급하며 컴퓨터와 데이터를 전송한다. 12V DC Power Connector는 보드에 전기를 공급한다. Pin13 User LED는 13번 입출력 핀과 연결된 LED이다. Serial LED는 시리얼 통신의 여부를 표시한다. Power LED는 전원여부를 표시한다. Analog I/O는 아날로그 신호를 입출력한다. General I/O는 범용 입출력으로 디지털 신호를 입출력한다. 입출력은 특정 핀의 전압을 HIGH 또는 LOW로 설정하는 것이다. General I/O 중에서 핀 번호 앞에 "~"가 표시된 핀은 PWM(Pulse Width Modulation)기능이 있는 출력 포트이다. PWM은 아날로그 신호를 디지털 형태로 나타낸 것으로 측정 및 제어 애플리케이션 등 다방면에 사용된다. 특히 모터제어에 많이 쓰인다.

(3) 아두이노 시뮬레이터

아두이노 실습을 위해서는 아누이노 보드가 필요하다. 처음 접하거나 보드를 구매하지 못한 사람들을 위한 아두이노 시뮬레이터가 여러 가지 존재한다. 주요 제품으로는 tinkercad, Virtualbreadboard, Fritzing 등이 있다. Tinkercad는 AutoCAD로 유명한 Autodesk 사에서 만든 웹기반 시뮬레이터이다. 별도의 프로그램을 설치하지 않고 인터넷만 연결되어 있다면 어디서든지 실험을 해볼수 있다. 단순 회로구성 뿐만 아니라 소스파일을 업로드하여 보드의 동작을 볼 수 있다. Virtualbreadboard는 여러 가지 기능을 추가로 제공하는 프로그램으로 다양하게 사용할 수 있지만 유료로 이용할 수 있다. Fritzing은 도면을 그릴 때 좋은 프로그램이다.

- Tinkercad 사이트: https://www.tinkercad.com
- Virtualbreadboard 사이트: http://www.virtualbreadboard.com
- Fritzing 사이트: http://fritzing.org/download

2. 아두이노 시뮬레이터 사용준비

여러 가지 시뮬레이터가 있지만 웹기반으로 쉽게 사용할 수 있는 Tinkercad를 사용해보자. tinkercad에서는 아두이노 실습 뿐만 아니라 3D 디자인까지 가능하다.

(1) 사이트 접속

tinkercad 사이트(https://www.tinkercad.com)에 접속하면 메인화면이 나온다. "등록" 또는 "Start Tinkering" 버튼을 누르면 시작할 수 있다.
계정이 있다면 로그인을 하고, 없다면 계정을 만들어 자신이 작성했던 실습내용들을 관리할 수 있다.

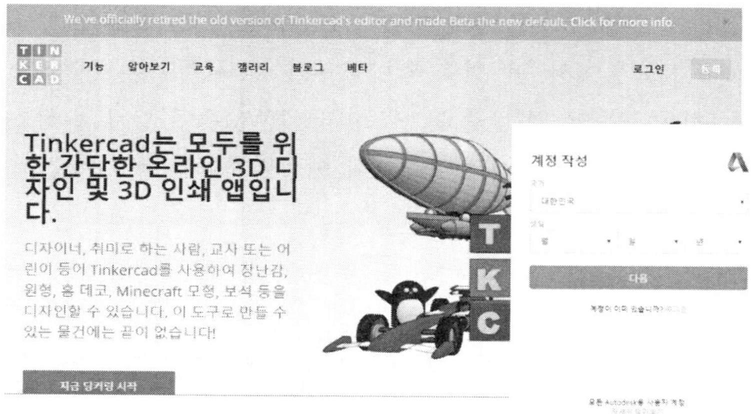

부록 그림 2 Tinkercad 사이트 메인화면

(2) 아두이노 실습준비

로그인을 한 후 "내 페이지"로 이동하면 프로젝트를 작성할 수 있는 화면이 보인다. 왼쪽 메뉴 중 "디자인"은 3D 디자인을 할 수 있다. "Circuits"를 누르면 아두이노 실습을 할 수 있다. "Create New Circuit"를 클릭하여 새로운 아두이노 실습을 작성할 수 있다.

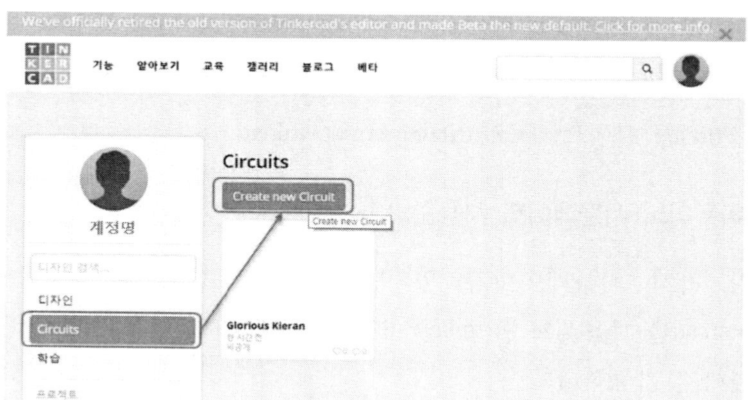

부록 그림 3 로그인 화면

3. 실습

(1) 미리 알아둘 내용

LED는 발광다이오드(Light Emitting Diode)의 약자이다. 단방향으로 전류가 흐르기 때문에 +와 −를 잘 구분하여 연결해야 한다. 보통 다리가 긴쪽이 +극이다. 브레드 보드는 부품을 납땜하지 않고도 회로를 쉽게 구성할 수 있게 해주는 전기 회로 개발 도구이다. 프로토타이핑이라고도 불리운다. 브레드 보드의 각 핀이 부록 그림 4와 같이 내부적으로 연결되어 있어 각 전기/전자 부품을 연결하기 편하다.

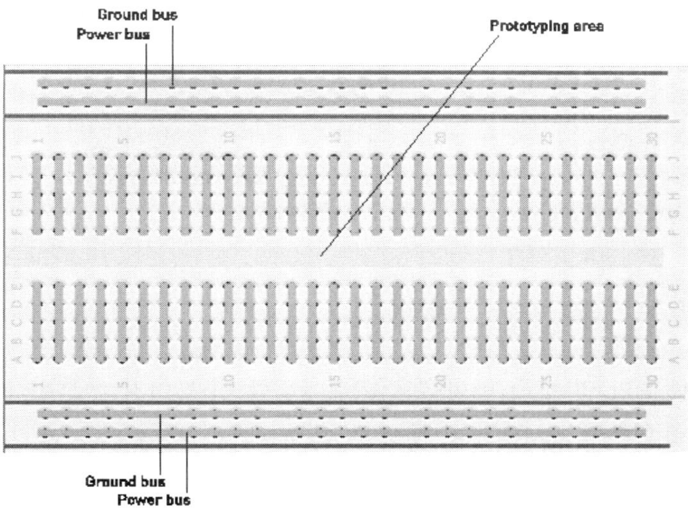

부록 그림 4 브레드보드의 내부 연결구조

일반적으로 LED는 2V의 전압과 2mA의 전류를 소모하기 때문에 5V의 아두이노 전압을 낮추기 위해 저항을 사용해야한다. 만약 저항을 사용하지 않고 LED를 5V 전원에 직접 연결하면 LED가 타버리거나 손상될 수 있다.

(2) 버튼으로 LED 제어하기

이 실습은 버튼을 이용하여 별다른 스케치(프로그램 소스코드)없이 LED를 제어하는 동작을 볼수 있다. 2개의 LED와 2개의 푸시버튼을 브래드 보드에 연결하여 구성한다. 첫 번째 버튼을 누르고 있으면 파란색 LED가 켜지고 버튼을 때면 파란색 LED가 꺼진다. 두 번째 버튼도 노란색 LED에 대해서 동일하게 동작한다.

실험에 필요한 준비물은 브래드 보드, 파란색과 노란색 LED, 1k 저항, 푸시버튼이 필요하다.

부록 그림 5와 같이 LED와 푸시버튼을 아두이노에 연결한다.

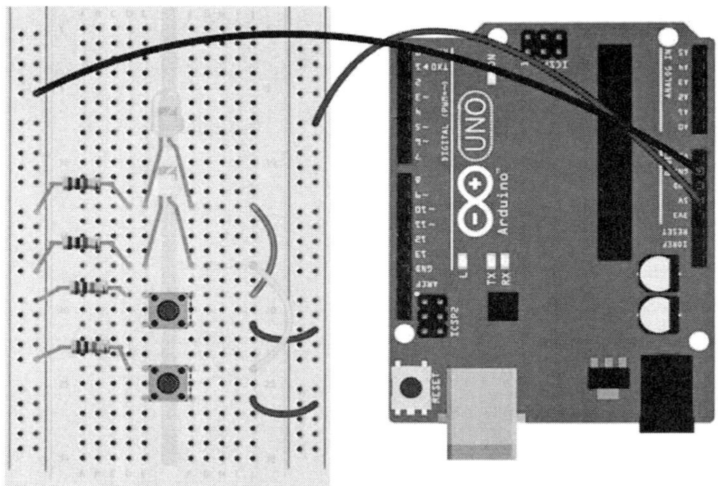

부록 그림 5 실습1 회로의 구성도

구성할 때 LED의 다리 방향을 주의해야한다. 구부러진 부분이 +극으로 되어야 한다. 또한 푸시버튼의 방향도 유의해야한다. 붉은 선은 +극으로 아두이노 보드의 5V 핀에 연결되었고, 검은선은 −극으로 아두이노 보드의 GND 핀에 연결되었다.

구성이 다 되었으면, "Start Simulating" 버튼으로 실행을 해본다.

(3) LED 깜빡이기

이 실습은 아두이노 하드웨어 외부에 브레드보드를 이용해서 LED를 깜박이게 하는 것이다. 500msec(0.5초) 간격으로 LED2개가 동시에 켜졌다가 꺼지는 동작을 반복한다.

실습을 위해서는 아두이노 보드와 브래드 보드, LED와 1K 저항이 2개씩 필요하다.

부록 그림 6과 같이 LED를 아두이노에 연결한다.

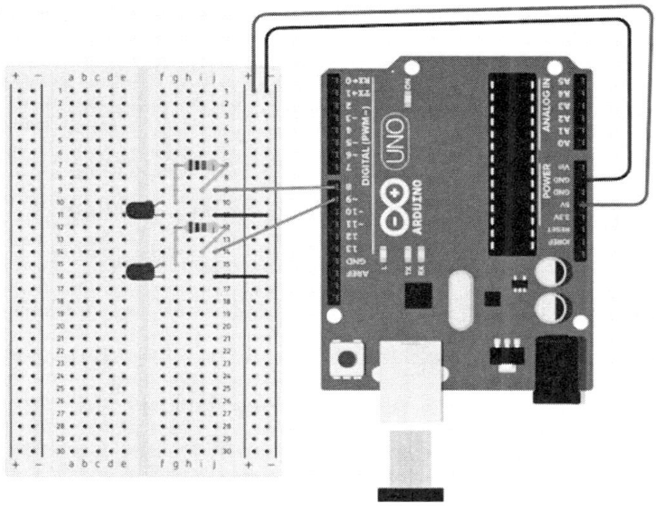

부록 그림 6 실습2 회로의 구성도

아두이노 보드의 5V는 +극에 연결되고, GND는 −극에 연결된다. 입출력은 8번, 9번 핀에 연결되어 있다.

부록 그림 7과 같이 스케치를 기술하여 아두이노의 동작을 제어할 수 있다.

```
int led1 = 8;
int led2 = 9;

void setup()
{
    pinMode(led1, OUTPUT);
    pinMode(led2, OUTPUT);
}

void loop()
{
    digitalWrite(led1, HIGH);
    digitalWrite(led2, HIGH);

    delay(500);

    digitalWrite(led1, LOW);
    digitalWrite(led2, LOW);

    delay(500);
}
```

부록 그림 7 실습2의 코드

01, 02 라인은 디지털출력포트의 8번, 9번 핀에 연결하기 위한 변수로 상수의 역할을 한다. 이 다음라인부터는 8번, 9번이라는 숫자대신 led1, led2라는 변수로 사용할 수 있다. setup()함수는 아두이노의 동작이 시작될 때 실행되는 부분이다. 06, 07 라인에서는 8번, 9번 핀을 출력으로 이용하기 위해 OUTPUT으로 설정하였다. pinMode(8, OUPUT)으로 변경도 가능하다. loop()함수는 아두이노의 반복동작을 수행하는 부분이다. 12, 13라인은 8번, 9번 핀을 HIGH로 출력하는 것이다. 출력의 전압값이 0V에서 5V로 바뀌어 전기가 제공된다. 즉, LED가 켜진다. 15 라인은 Milisecond 단위로 시간을 지연한다. 즉, 0.5초간 동작을 멈추도록 한다. 17, 18 라인은 8번, 9번 핀을 LOW로 출력한다. 즉, 전압값이 5V에서 0V로 변경되어 LED가 꺼진다.

(4) 부저(Buzzer) 울리기

일상생활에서 부저가 굉장히 광범위하게 사용되고 있다. TV, 세탁기, 에어컨 등에서 알람음으로 사용되기도 하고, 도난 경보기, 디지털 도어락 등에도 사용된다.

이 실습에서는 디지털 출력으로 부저를 울린다. 1초에 한 번씩 부터를 켰다, 껏다를 반복하도록 한다.

준비물은 부저가 필요하다.

부록 그림 8과 같이 아두이노를 구성한다.

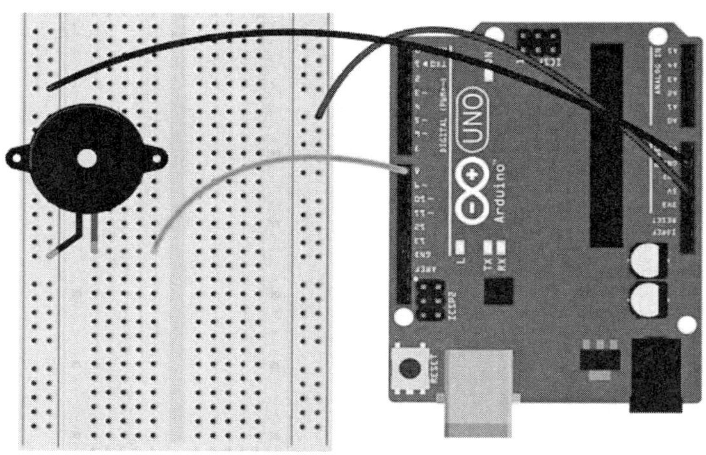

부록 그림 8 실습 3 회로의 구성도

5V 핀의 전원(+극)과 GND 핀의 접지(−극)dp 연결된다. 부저를 위한 출력은 8번핀에 연결한다. 부저의 선에도 빨간 색이 +극이고 검은색 선이 −극 방향이다.

구성이 완료되었으면, 부록 그림 9처럼 스케치를 완성한 후 실행해본다.

```
01 int buzzer = 8;
02
03 void setup()
04 {
05    pinMode(buzzer, OUTPUT);
06 }
07
08 void loop()
09 {
10    digitalWrite(buzzer, HIGH); // Buzzer on
11    delay(1000);
12
13    digitalWrite(buzzer, LOW); // Buzzer off
14    delay(1000);
15 }
```

부록 그림 9 실습3의 코드

01 라인은 부저의 핀번호를 지정한다. buzzer라는 변수를 사용한다. 아두이노가 동작을 시작할 때 05 라인이 동작하여 8번 핀을 출력용으로 설정한다. 10 라인은 8번 핀의 출력을 HIGH로 변경하여 부저를 울린다. 11라인에서 1초간 동작을 지연하여 소리를 지속시킨다. 13 라인에서 8번 핀의 출력을 LOW로 변경하여 부저의 울림을 멈춘다.

참고 문헌

[1] 강남희, 사물인터넷 보안을 위한 표준기술 동향, 정보와 통신 제31권 제9권, 한국통신학회, pp.40-45, 2014

[2] 강창묵, 이지환, 박준석, 민세준, 홍유석, 김광재, 박광태, 시나리오를 활용한 제품-서비스 통합시스템 개념 설계 방법론, 2009년 대한산업공학회 춘계공동학술대회 논문집, 대한산업공학회, pp.400-413, 2009.05

[3] 김광재, 홍유석, 박광태, 임치현, 허준현, 강창묵, 백민정, 박근완, 제품-서비스 통합시스템 : 현황 및 연구방향, 대한산업공학회지 제37권 제3호, 대한산업공학회 pp.234-247, 2011.09

[4] 김대영, Body Area Network 표준화 동향, ICT Standard Weekly, 한국정보통신기술협회, 2008.08

[5] 김도향, 홍원균, Connected Car, AT&T의 신성장 엔진, DIGIECO 보고서 Issue & Trend, 한국정보산업연합회, 2016.05

[6] 김민석, 허성욱, IoT 기술의 활용을 통한 기업의 경쟁우위 확보 전략 및 시사점(I), 정보통신방송정책 제27권 제7호 통권 598호, 정보통신정책연구원, pp.1-14, 2015.04

[7] 김민석, 허성욱, IoT 기술의 활용을 통한 기업의 경쟁우위 확보 전략 및 시사점(II), 정보통신방송정책 제27권 제9호 통권 600호, 정보통신정책연구원, pp.1-16, 2015.05

[8] 김민식, 이은민, IoT 기술 등장에 따른 기업 환경변화와 경쟁우위에 대한 고찰, 정보통신방송정책 제26권 제16호 통원 584호, 정보통신정책연구원, pp.1-19, 2014.09

[9] 김민식, 정원준, 사물인터넷(IoT) 관련 가치사슬 및 시장 구성요소 현황, 정보통신방송정책 제26권 제8호 통원 576호, 정보통신정책연구원, pp.22-27, 2014.05

[10] 김수진, 유민정, 사물인터넷 네트워크 전략 및 시사점, DIGIECO 보고서 Issue & Trend, 한국정보산업연합회, 2014.06

[11] 김용세, 제품과 서비스가 만나면 새로운 세상이 열린다:제품-서비스 통합시스템 디자인(PSS Design), ITFIND 메일진 제462호, 한국산업기술진흥원, 2010.07

[12] 김용태, 박길철, 스마트 시대의 멀티미디어, 한빛미디어, pp.467-483, 2014.12

[13] 김호원, 사물인터넷 서비스 보안 기술, 발표자료, 부산대학교, 2014.05

[14] 네이버 블로그, 클라우드와 IoT의 만남, 사물인터넷의 미래=CoT, http://blog.naver.com/gojump0713/220359410741, 2015.05

[15] 류지희, 임호순, 박광태, 김홍일, 제품 서비스화(Product Servitization) 동향 및 분석, 2009년 대한산업공학회 춘계공동학술대회 논문집, 대한산업공학회, pp.414-437, 2009.05

[16] 미래부, 사물인터넷(IoT) 정보보호 로드맵 3개년 시행계획, 정책브리핑, 미래부 정보보호지원과, 2015.06

[17] 미래창조과학부, 사물인터넷(IoT) 정보보호 로드맵, 정책자료, 미래창조과학부, 2014.10

[18] 박광용, 송유진, ID 기반 암호방식을 이용한 데이터 공유와 권한 관리, 정보보호학회지 제19권 제4호, 한국정보보호학회, pp.569-905, 2009

[19] 박남제, 고정숙, 김경환, 고영해, 박순우, M2M/IoT 환경에서의 보안기법 연구, 연구보고서, 한국전자통신연구원, 2014.12

[20] 박수경, 한윤규, 이봉규, IoE의 지능형 아키텍처 요구사항 분석, EJIT 스페셜 이슈 13권 제1호 통권 26호, 엘지씨엔에스, pp.7-18, 2014

[21] 박용준, 이윤정, 사물인터넷 보안 위협과 대응방안에 관한 연구, 한국통신학회 2015년 하계종합학술대회, 한국통신학회, pp.41-42, 2015

[22] 성기훈, IPv6 기반 Internet of Things(사물인터넷) 기술 동향, 인터넷주소센터 IPv6 Focus, 한국인터넷진흥원, 2014.08

[23] 송유진, 박광용, 데이터베이스 아웃소싱을 위한 준동형 암호기술, 정보보호학회지 제19권 제3호, 한국정보보호학회, pp.80-89, 2009.06

[24] 신동형, IoT 세상의 사업 기회와 고려사항, 강의자료, ICT Inside, 2014.07

[25] 심승현, 김학범, 사물인터넷과 MQTT 기술, 정보보호학회지 제24권 제6호, 한국정보보학회, pp.37-47, 2014

[26] 양종모, 사물인터넷(IoT) 관련 사이버범죄 동향 및 형사법적 규제, 형사법의 신동향 통권 제48호, 대검찰청, pp.305-350, 2017.09

[27] 연승준, 이명륜, 사물인터넷 수요 및 시장동향, IT & Future Strategy 제15호, 한국정보화진흥원, 2015.12

[28] 우상재, 사물인터넷이 기업에 주는 과제, Industry Highlights, Deloitte Anjin Review, 2014.06

[29] 유한종, 사물인터넷 기술 및 시장 현황, SW Insight 리포트, 정보통신산업진흥원, 2013.08

[30] 윤용익, 김스베틀라나, "상황인지"를 중심으로 변하는 라이프스타일, SW Insight 리포트, 정보통신산업진흥원, 2013.08

[31] 이순호, 사물인터넷, 소통을 통한 새로운 가치 창출, SW Insight 리포트, 정보통신산업진흥원, 2013.08

[32] 이정, 박성현, 사물인터넷, 새로운 세상의 시작, 2014년 이슈 Report:반도체, 유진투자증권, 2014.04

[33] 이정아, 윤훈주, 김현구, 초연결 사회를 견인할 IoT 데이터화(DataFication) 전략, IT & Future Strategy 제1호, 한국정보화진흥원, 2015.03

[34] 이정현, 'CES 2016'서 주목해야 할 4대 이슈, ZDNet Korea, 2016.01

[35] 임양수, 성민현, IoT 시대의 기회와 전략 방향, DIGIECO 보고서 Issue & Trend, 한국정보산업연합회, 2014.10

[36] 장병열, 이윤준, 이공래, 제품 서비스 융합을 위한 서비스 R&D 전략, 정책연구 2010-07, 과학기술정책연구원, 2003.09

[37] 장봉임, 김창수, 사물인터넷 보안 기술 연구, 보안공학연구논문지 제11권 제5호, 보안공학연구지원센터, pp.429-438, 2014

[38] 장연상, IoT 공통플랫폼의 구축 및 활용 전략, IT & Future Strategy 제4호, 한국정보화진흥원, 2015.06

[39] 장영재, 빅데이터, 비즈니스 애널리틱스, IoT:경영의 새로운 도전과 기회, 정보시스템연구 제24권 제4호, 한국정보시스템학회, pp.139-152, 2015.12

[40] 정완, 고도 인터넷환경 하에서의 개인정보보호에 관한 연구, 경희법학 제50권 제2호, 경희대 경희법학연구소, pp.213-236, 2015

[41] 정재윤, 사물인터넷(IoT) 보안 : 전망 및 도전 과제, 정보통신산업진흥원, 2014.12

[42] 주대영, 김종기, 초연결시대 사물인터넷(IoT)의 창조적 융합 활성화 방안, 산업연구원, 2014.01

[43] 주대영, 초연결시대 사물인터넷(IoT)의 활성화 방안, 산업연구원, pp.16-24, 2014.03

[44] 주용완, 윤석웅, 윤미연, IoT 시대의 보안 패러다임 변화와 보안 내재화 전략, 주간기술동향, 정보통신기술진흥센터, 2015.07

[45] 편석준, 진현호, 정영호, 임정선, 사물이터넷-클라우드와 빅데이터를 뛰어넘는 거대한 연결, 미래의 창, 2014.06

[46] 한국방송통신전파진흥원, 무선 센서 네트워크 기반 IoT를 위한 통신 기술, 방송통신기술 이슈&전망, 제37호, 2014

[47] 한국인터넷진흥원, 2014 한국인터넷백서, 한국인터넷진흥원, 2014

[48] 한국인터넷진흥원, 2015 한국인터넷백서, 한국인터넷진흥원, 2015

[49] 한국인터넷진흥원, 2017 한국인터넷백서, 한국인터넷진흥원, 2017

[50] 허진, 사물인터넷(IoT) 융합비즈니스 촉진전략에 대한 연구, 석사학위 논문, 한성대학교 지식서비스&컨설팅대학원, 2014

[51] 황도연, 제조업 패러다임의 변화 : 제품-서비스 통합, 과학기술정책 제20권 제1호, 과학기술정책연구원, pp.9-19, 2010

[52] CISCO, The Internet of Things Reference Model, CISCO Confidential, 2014

[53] Francois Carrez, IoT-A Project Deliverable D1.5, IoT-A Project, Technical Report, 2013

[55] ITWorld 편집부, 사물인터넷 현황과 의미 분석, 그리고 기업에게 주어진 과제, 한국IDG, 2014.12

[55] Kaivan Karimi, IoT(Internet of Things)에서 센서 퓨전과 REC(Remote Emotive Computing)의 역할, 반도체네트워크(잡지), 2013.05

[56] 光成滋生, クラウドを支えるこれからの暗号技術, 단행본, 2015.06

Index

찾아 보기

저자약력

송유진 song@dongguk.ac.kr

- 일본 Tokyo Institute of Technology에서 정보보호 전공으로 박사학위를 취득하였으며, 한국전자통신연구원에서 근무하였다. 현재 동국대학교 경영학부에서 재직 중이다. 정부관련 프로젝트를 다수 진행하고, 주요저서로는 최신정보보호개론, u-Business를 위한 정보관리론 등이 있다. 주요 연구 분야는 사물인터넷 보안 및 블록체인, 차세대 인터넷 및 암호 프로토콜 등이다.

양호경 porori2000@kw.ac.kr

- 광운대학교 컴퓨터과학과를 졸업하고, 국방IT보안 전공으로 박사학위를 취득하였으며 현재 선문대 IT교육학부에서 재직 중이다. 정보보안 및 네트워크와 관련된 다수의 프로젝트에 참여하였다. 주요 연구 분야는 사물인터넷, 블록체인, 융합보안 등이다.

차현종 chj826@kw.ac.kr

- 광운대학교 컴퓨터과학과를 졸업하고, 국방IT보안 전공으로 박사학위를 취득하였으며 현재 선문대 IT교육학부에서 재직 중이다. 정보보안 및 네트워크와 관련된 다수의 프로젝트에 참여하였다. 주요 연구 분야는 정보보안, 센서 네트워크, 애드혹 네트워크 등이다.

정가 27,000원

사물인터넷 기술과 비즈니스

2019년 3월 8일 초판 인쇄
2019년 3월 13일 초판 발행
저　자 : 송유진 · 양호경 · 차현종
발행자 : 송　준
발행처 : 홍릉과학출판사
주　소 : 서울시 강북구 인수봉로 50길 10
01093
등　록 : 1976년 10월 21일 제5-66호
전　화 : (02) 999-2274~5, 903-7037
팩　스 : (02) 905-6729
e-mail: hongpub@hongpub.co.kr
http://www.hongpub.co.kr
ISBN: 979-11-5600-587-2

저자와의 협의하에 인지생략